高等院校计算机任务驱动教改教材

软件工程项目驱动式教程

陈承欢　编　著

清华大学出版社
北京

内 容 简 介

本书针对软件开发职业岗位的从业需求，系统化重构教学内容，以真实软件项目的开发过程为主线设计教学单元，达到学以致用的目标。根据软件岗位需求和软件项目开发的过程，将教学内容划分为7个单元：软件项目开发的立项与启动→软件项目的分析与建模→软件项目的概要设计与详细设计→软件项目的编码实现与单元测试→软件项目的综合测试与验收→软件系统的运行与维护→软件项目的管理与安全保障。每个教学单元面向教学全过程设置了7个必要的教学环节：知识梳理→方法指导→模板预览→项目实战→小试牛刀→单元小结→单元习题，教学实施过程整体上按照理论指导→实战体验→训练提升的进程组织教学。

本书以真实的软件系统为教学案例，优选了3个软件项目（人力资源管理系统，进、销、存管理系统，图书管理系统）作为教学项目，精心设置了近50项软件工程教学任务和部分综合实训任务，在完成各项具体开发任务过程中学习知识、训练技能、积累经验、固化能力。

本书可以作为本科院校和高等职业院校计算机类各专业以及其他各相关专业的教材和参考书，也可以作为从事软件系统开发的技术人员和管理人员的参考书。

图书在版编目(CIP)数据

软件工程项目驱动式教程/陈承欢编著. --北京：清华大学出版社，2015(2020.1重印)
高等院校计算机任务驱动教改教材
ISBN 978-7-302-38317-8

Ⅰ. ①软…　Ⅱ. ①陈…　Ⅲ. ①软件工程－高等学校－教材　Ⅳ. ①TP311.5

中国版本图书馆 CIP 数据核字(2014)第 241368 号

责任编辑：张龙卿
封面设计：徐日强
责任校对：刘　静
责任印制：李红英

出版发行：清华大学出版社
网　　址：http://www.tup.com.cn，http://www.wqbook.com
地　　址：北京清华大学学研大厦 A 座　　**邮　　编**：100084
社 总 机：010-62770175　　**邮　　购**：010-62786544
投稿与读者服务：010-62776969，c-service@tup.tsinghua.edu.cn
质量反馈：010-62772015，zhiliang@tup.tsinghua.edu.cn
课件下载：http://www.tup.com.cn，010-62795764
印 装 者：北京九州迅驰传媒文化有限公司
经　　销：全国新华书店
开　　本：185mm×260mm　　**印　张**：20.75　　**字　　数**：498 千字
版　　次：2015 年 1 月第 1 版　　**印　　次**：2020 年 1 月第 3 次印刷
定　　价：39.80 元

产品编号：059759-01

前　言

近年来，国家大力发展软件产业，软件产业在国民经济中起着越来越举足轻重的作用。软件产业的发展需要大量的软件人才。为了实现面向软件产业培养实用软件人才的目标，软件人才的培养方式应突破传统的培养方式，学生除了要学习和掌握软件工程基本的理论知识和软件开发技术外，更应加强软件工程实践能力的培养，以适应我国软件产业对人才培养的需求。

软件工程学是一门将计算机科学理论与现代工程方法论相结合，着重研究软件过程模型、设计方法、工程开发技术和工具，指导软件开发和管理的一门新兴的、综合性的应用科学。随着计算机科学和软件产业的迅猛发展，软件工程学已成为重要的计算机分支学科和异常活跃的研究领域，并正在不断涌现出新方法、新技术。

传统的软件工程课程教学主要采用课堂讲授为主、验证性实验为辅的教学方法，以学习软件工程的概念、原理和技术方法为主，强调知识的系统性。这种教学模式实践性不强，在培养学生分析问题和解决问题的能力方面有缺陷，不能完全达到培养学生软件工程综合实践能力的目标。随着软件工程理论与技术的发展，各种各样的辅助软件开发的CASE(计算机辅助软件工程)工具不断涌现，软件开发效率大大提高，软件开发成本也逐渐降低。同时，这也对从事软件开发及其相关行业的从业人员提出了更新、更高的要求。为了培养适应软件行业发展的实用软件人才，软件工程课程的教学有必要引入行之有效的教学模式，加强对软件工程实践能力的培养，本书采用真实软件项目驱动的教学模式，通过对软件系统的剖析、讨论和实践，可以深入理解和掌握软件项目本身所反映的软件工程相关的基本原理、技术和方法，进而提高学生分析问题和解决问题的能力，实现软件开发全过程的软件工程实践方法的建立和实践能力的提高。

本书主要有以下特色：

(1) 针对软件开发职业岗位的从业需求系统化重构教学内容，以真实软件项目的开发过程为主线设计教学单元，达到学以致用的目标。

对软件开发类职业岗位的从业需求进行认真分析，目前的需求主要包括软件系统的开发测试、运行维护和应用操作。根据软件岗位需求和软件项目开发的过程，将教学内容划分为7个单元：软件项目开发的立项与启动→软件项目的分析与建模→软件项目的概要设计与详细设计→软件项目的编码实现与单元测试→软件项目的综合测试与验收→软件系统的运行与维护→软件项目的管理与安全保障。

(2) 在真实的工作环境中完成真实软件项目的开发,并在完成各项具体开发任务过程中学习知识、训练技能、积累经验、固化能力。

本书以真实的软件系统为教学案例,其中软件项目和开发任务来源于实际需求,代表性较强,业务逻辑关系清晰,基础数据和业务数据容易采集,业务功能容易理解和实现,有助于激发学生的学习兴趣。在完成软件项目的立项与启动、分析与建模、概要设计与详细设计、编码实现与单元测试、综合测试与验收、运行与维护、管理与安全保障等各项具体任务过程中体验真实软件项目的实现方法,训练软件项目的开发技能,掌握软件工程的理论知识,积累软件系统的开发经验,从而形成适应软件行业岗位需求的软件开发能力。

(3) 充分考虑教学实施的可行性,面向教学全过程设置完善的教学环节。

本书的每个教学单元面向教学全过程设置了7个必要的教学考核环节:知识梳理→方法指导→模板预览→项目实战→小试牛刀→单元小结→单元习题,其中"项目实战"环节分为任务描述→任务实施→任务扩展三个实施步骤,教学实施过程整体上按照理论指导→实战体验→训练提升的进程组织教学,符合认识规律和技能成长规律,有利于提高教学效果和教学效率。

(4) 采用"理论实践一体"方式组织教学,强调"做中学",注重理论指导实践。

本书采用"项目导向、任务驱动"的方法训练技能与学习知识,适用于理论实践一体化教学。强化了操作技能的训练,可以有效地提高学生的实践能力。

本书使用的编程语言为C#,集成开发环境为Microsoft Visual Studio 2008,数据库开发工具为Microsoft Access 2010,数据库建模工具为Microsoft Visio 2010。

本书由陈承欢教授编著,宁云智、冯向科、颜谦和、吴献文、谢树新、颜珍平、肖素华、林保康、王欢燕、杨茜玲、刘荣胜、林东升、郭外萍、言海燕、薛志良、侯伟、唐丽玲、张丽芳等多位老师参与了教学案例的设计、优化和部分章节的编写、校对和整理工作。

由于编者水平有限,书中难免存在疏漏之处,敬请各位专家和读者批评指正,作者的QQ为1574819688。感谢您使用本书,期待本书能成为您的良师益友。

编　者

2014年10月

课程教学设计

1. 教学单元设计

教学单元设计如下表所示。

单元序号	单元名称	建议课时	建议考核分值
单元 1	软件项目开发的立项与启动	6	5
单元 2	软件项目的分析与建模	8	15
单元 3	软件项目的概要设计与详细设计	10	15
单元 4	软件项目的编码实现与单元测试	14	20
单元 5	软件项目的综合测试与验收	8	10
单元 6	软件系统的运行与维护	8	10
单元 7	软件项目的管理与安全保障	6	5
综合实训	软件工程综合实训	20	20
小计		60	100

2. 教学流程设计

教学流程设计如下表所示。

教学环节序号	教学环节名称	说明
1	知识梳理	对软件工程相关理论知识进行系统化、条理化的归纳与分析
2	方法指导	为完成各个单元的项目实践任务提供必要的方法指导
3	模板预览	为编写各软件文档提供模板支持
4	项目实战	一步一步详细阐述软件工程各阶段任务的实现过程和实施方法
5	小试牛刀	参照项目实战环节介绍的步骤和方法，同步完成类似的任务
6	单元小结	对本单元所学习的软件工程理论知识和训练的技能进行简要归纳总结
7	单元习题	通过习题测试软件工程理论知识的掌握情况

3. 教学任务设计

教学任务设计如下表所示。

单元序号	教学任务
单元 1	任务 1-1　编制人力资源管理系统开发的立项报告 任务 1-2　编制人力资源管理系统开发的招标公告 任务 1-3　编制人力资源管理系统开发的招标书 任务 1-4　编制人力资源管理系统开发的投标书 任务 1-5　编制人力资源管理系统开发的合同书 任务 1-6　人力资源管理系统立项与启动的扩展任务 任务 1-7　进、销、存管理系统开发的立项与启动

续表

单元序号	教学任务
单元 2	任务 2-1　人力资源管理系统开发的背景分析 任务 2-2　人力资源管理系统开发的可行性分析 任务 2-3　制订人力资源管理系统开发计划 任务 2-4　人力资源管理系统的需求分析 任务 2-5　人力资源管理系统的建模 任务 2-6　人力资源管理系统分析与建模的扩展任务 任务 2-7　进、销、存管理系统的分析与建模
单元 3	任务 3-1　人力资源管理系统的总体设计 任务 3-2　人力资源管理系统的接口设计 任务 3-3　人力资源管理系统总体架构和软件平台设计 任务 3-4　人力资源管理系统的数据库设计 任务 3-5　人力资源管理系统的输入/输出设计 任务 3-6　人力资源管理系统开发平台与开发工具的选择 任务 3-7　人力资源管理系统的用户界面设计 任务 3-8　人力资源管理系统概要设计与详细设计扩展任务 任务 3-9　进、销、存管理系统的概要设计与详细设计
单元 4	任务 4-1　人力资源管理系统公共类与公共方法的创建 任务 4-2　人力资源管理系统的"用户登录"模块设计与测试 任务 4-3　人力资源管理系统的"单位信息设置"模块设计与测试 任务 4-4　人力资源管理系统的"基本信息设置"模块设计与测试 任务 4-5　人力资源管理系统的"个人所得税计算器"模块设计与测试 任务 4-6　人力资源管理系统的"主界面"模块设计与系统联调 任务 4-7　人力资源管理系统编码实现与单元测试的扩展任务 任务 4-8　进、销、存管理系统编码实现与单元测试
单元 5	任务 5-1　人力资源管理系统的集成测试 任务 5-2　人力资源管理系统的系统测试 任务 5-3　人力资源管理系统的验收 任务 5-4　人力资源管理系统综合测试与验收的扩展任务 任务 5-5　进、销、存管理系统的综合测试与验收
单元 6	任务 6-1　人力资源管理系统的数据采集与数据初始化 任务 6-2　人力资源管理系统的运行管理 任务 6-3　人力资源管理系统的维护 任务 6-4　人力资源管理系统运行与维护的扩展任务 任务 6-5　进、销、存管理系统的运行与维护
单元 7	任务 7-1　人力资源管理系统开发的项目管理 任务 7-2　人力资源管理系统开发的文档管理 任务 7-3　人力资源管理系统开发的质量管理 任务 7-4　人力资源管理系统开发过程的安全保障 任务 7-5　人力资源管理系统运行过程的安全保障 任务 7-6　人力资源管理系统管理与安全保障的扩展任务 任务 7-7　进、销、存管理系统的管理与安全保障
综合实训	软件工程综合实训
任务合计	49

目　录

单元1　软件项目开发的立项与启动

软件行业是一个极具挑战性和创造性的行业，软件开发是一项复杂的系统工程，涉及各方面的因素。在实际工作中，经常会出现各种各样的问题，甚至面临失败。如何总结、分析失败的原因，取得有益的教训，是今后的软件项目开发中取得成功的关键。

软件项目开发的立项是要解决“做什么”的问题，确定待开发的项目，关注点是效率和利润。项目立项后，开始执行启动项目活动。启动项目活动的主要任务是建立必需的组织机构，制订相关工作计划和标准。

【知识梳理】

1.1　项目、软件与软件项目

无论是“项目”、“软件”还是“软件项目”已经越来越被大家所熟悉，而且普通存在于我们生活或者社会的各方面。

1. 项目

简单地说，项目(project)就是在既定的资源和要求的约束下，为实现某种目的而相互联系的一次性工作任务。项目是为了创造一个产品或提供一项服务而进行的临时性的努力，是以一套独特而相互联系的任务为前提，有效地利用资源，为实现一个特定的目标所做的努力，是一个特殊的将被完成的有限任务，是在一定时间内满足一系列特定目标的多项相关工作的总称。例如举办一次庆典活动、修建一座体育馆、开发一件新产品都可以看做是项目。

2. 软件

软件是计算机系统中与硬件相互依存的部分，它是包括程序、数据及其相关文档的完整集合。其中，程序是按事先设计的功能和性能要求执行的指令序列；数据是程序加工、处理的对象；文档是与程序开发、维护和使用有关的图文资料。

软件开发不同于硬件生产，软件有其自身的特点。

(1) 软件是一种逻辑产品，不是具体物理实体，它具有抽象性，更多地带有个人智慧因素，这使得软件与其他的机械制造、建筑工程有很多的不同。

(2) 软件的生产与硬件不同，开发过程中没有明显的制造过程，也不存在重复生产过程。软件难以大规模、工厂化地生产，其产品数量及其质量在相当长的时期内还得依赖少数技术人员的聪明与才智。

(3) 软件没有硬件的机械磨损和老化问题，然而，软件存在退化问题，在软件的生存期中，软件环境的变化将导致软件失效率的提高。

(4) 软件本身是复杂的，软件维护困难，其复杂性来自应用领域实际问题的复杂性和应用软件开发技术的复杂性。软件开发过程的进展时间长、情况复杂，软件质量也较难评估，软件维护意味着改正或修改原来的设计，使得软件的维护很困难甚至不可以维护。

(5) 软件的开发受到计算机系统的限制，对计算机系统有不同程度的依赖。硬件的发展改变很快，使得软件难以即时跟上硬件的应用，往往是出现了新的硬件产品，却没有相应的软件与之配合。因此，许多软件要不断地升级、修改或者维护。

(6) 软件开发至今没有摆脱手工的开发模式，软件产品主要以“定制”为主，目前做不到利用现有的软件组件组装成所需要的软件。

(7) 软件的开发成本相当昂贵。软件开发需要投入大量的、复杂的脑力劳动，开发成本比较高。

(8) 很多软件的运行涉及社会因素，例如许多软件要受到体制、机构、管理方式等问题的限制。

3. 软件项目

软件项目除了具备项目的基本特征(目标性、周期性、相关性、独特性、约束性和不确定性)之外，还有如下的特点。

(1) 软件项目的需求总是不稳定的，处于不断变化之中。一些重要需求的变化甚至会影响到整个系统的解决方案。

(2) 软件开发活动是一项以脑力劳动为主的知识活动，受团队成员技能与知识水平的影响较大，许多开发活动很难做到规范化。

(3) 软件是知识产品，其开发进度、质量很难估算和度量，生产效率也难以预测和保证。软件项目的交付成果事先“看不见”，并且难以度量。特别是很多的应用软件项目已经不再是业务流程的“程序化”，而是同时涉及业务流程再造或业务创新。

(4) 软件开发难以完全做到功能分解，软件规模也无法简单地以“人·天”数值的多少来衡量。团队成员人数越多，沟通成本就越高，也不能简单、直接地判断开发进度与开发效率。

(5) 软件项目周期长、复杂度高、变数多。软件系统的复杂性导致了软件开发过程中各种风险难以预见和控制，因此几乎不可能准确地制订出软件开发计划，即使制订计划的人员经验丰富，也很难对软件开发的各项任务做出准确的估算。

软件项目是一种特殊的项目，它创造的产品或者服务是逻辑载体，没有具体的形状和尺寸，只有逻辑的规划和运行的结果。软件项目不同于其他的项目，涉及的因素比较多，管理比较复杂。目前，软件项目的开发远远没有其他领域的项目规范，很多的理论还不能适应所有的软件项目，经验在软件项目中仍起很大的作用。软件项目是有相互作用的各个系统组成的，“系统”包括彼此相互作用的部分，软件项目中涉及的因素越多，彼此之间相互的作用就越大。另外变更在软件项目中也是常见的现象，例如需求的变更、设计的变更、技术的变更、环境的变更等，所有这些都说明软件项目管理的复杂性。

一个软件项目的要求包括软件开发的过程、软件开发的结果、软件开发赖以生存的资源以及软件项目的特定委托人。软件项目的特定委托人也称为客户，它既是项目结果的需求者，也是项目实施的资金提供者。

一个成功的项目应该是在工程允许的范围内满足成本、进度、客户满意的产品质量。所以，项目目标的成功实现主要受4个因素制约：项目范围、项目成本、项目进度和客户满意度。项目范围是为使客户满意而必须做的所有工作。项目成本就是完成项目所需要的费用。项目进度是安排每项任务的起止时间以及所需的资源等，是为项目描绘的一个过程蓝图。项目目标就是在一定时间、预算内完成工作范围，以使客户满意。客户能否满意要看交付的成果质量，只有客户满意才能意味着可以更快地结束项目，否则会导致项目的拖延，从而增加额外的费用。

1.2 软件的分类

一般来讲，软件被划分为系统软件和应用软件两大类，其中系统软件包括操作系统和支撑软件；应用软件包括管理软件、工具软件、行业软件、安全防护软件、多媒体软件、游戏软件等。

1. 系统软件

系统软件为计算机使用提供最基本的功能，可分为操作系统和支撑软件，其中操作系统是最基本的软件。系统软件是负责管理计算机系统中各种独立的硬件，使得它们可以协调工作。系统软件使得计算机使用者和其他软件将计算机当作一个整体而不需要顾及底层每个硬件是如何工作的。

(1) 操作系统。操作系统是一种管理计算机硬件与软件资源的程序，同时也是计算机系统的内核与基石。操作系统身负诸如管理与配置内存、决定系统资源供需的优先次序、控制输入/输出设备、操作网络与管理文件系统等基本事务。操作系统也提供一个让使用者与系统交互的操作接口。操作系统主要分为DOS、Windows、Linux、UNIX、Mac OS、OS/2、QNX等。

(2) 支撑软件。支撑软件是支撑各种软件的开发与维护的软件，又称为软件开发环境(IDE)。它主要包括环境数据库、各种接口软件和工具软件。著名的软件开发环境有IBM公司的Web Sphere、微软公司的Visual Studio. NET等。支撑软件包括一系列基本的工具，例如编译器、数据库管理、存储器格式化、文件系统管理、用户身份验证、驱动管理、网络连接等方面的工具。

2. 应用软件

应用软件是为了某种特定的用途而被开发的软件，不同的应用软件根据用户和所服务的领域提供不同的功能。它可以是一个特定的程序，例如一个图像浏览器；也可以是一组功能联系紧密、可以互相协作的程序集合，例如微软的Office软件；还可以是一个由众多独立程序组成的庞大的软件系统，例如数据库管理系统。

较常见的应用软件有以下几种。

(1) 行业管理软件，例如人力资源管理软件，图书管理软件，进、销、存管理软件，仓库管理软件，资产管理软件，教学管理软件，财务管理软件，ERP等。

(2) 文字处理软件，例如Office、WPS、永中office、openoffice等。

(3) 数据管理软件，例如Access数据库、MySQL数据库等。

(4) 辅助设计软件，例如AutoCAD、Pro/Engineer、UG(Unigraphics NX)、CAXA等。

(5) 媒体播放软件,例如 Windows Media Player、Real Player、QQ 影音、千千静听、快播、暴风影音、QuickTime Player 等。

(6) 系统优化软件,例如腾讯电脑管家、QQ 软件管理、Windows 优化大师、超级兔子、驱动精灵、驱动人生等。

(7) 杀毒软件,例如瑞星、金山毒霸、卡巴斯基、诺顿等。

(8) 教育与娱乐软件,例如风行、PPTV、PPS 等。

(9) 图形图像软件,例如 CorelDraw、Photoshop、Illustrator、Fireworks 等。

(10) 网页制作软件,例如 Dreamweaver、Frontpage、DFM2HTML 等。

(11) 动画制作软件,例如 Adobe Flash、Cool3DDesigner、Easy GIF Animator、Cliplets、Animation Creator、Beneton Movie GIF 等。

(12) 数学软件,例如 Mathematica、Maple、Matlab、MathCad 等。

(13) 统计软件,例如 SAS、SPSS 等。

(14) 后期合成软件,例如 After Effects、Combustion、Digital Fusion、Shake、Flame 等。

目前,企业信息化已经从复杂的手工操作方式向简单的操作方式过渡,在企业管理中,管理软件为节约人力成本、决策成本,提高工作效率和企业效益做出了很大贡献。一般来说,提高企业信息化的应用软件主要分为两类,即通用软件和定制软件,例如用友财务软件、金蝶财务软件、Office、ERP、OA 等都是通用软件。通用软件通常应用于某一领域,它具有一定的通用性,通用软件主要是卖复制器,其购买费用比较低。定制软件是按需定制的专用软件,即建立在某一特定用户的实际需求上,以解决用户实际问题为目的的软件,用于帮助用户提高工作效率、实现办公自动化、为决策层的决策提供数据支撑,定制软件的费用一般比通用软件高。

本书以人力资源管理系统,进、销、存管理系统,图书管理系统 3 个管理信息系统作为案例,探讨软件工程在实际软件项目开发中的应用。

1.3 软件工程的基本概念

概括地说,软件工程是指导计算机软件开发和维护的一门工程学科。采用工程的概念、原理、技术和方法来开发与维护软件,把经过时间考验而证明正确的管理技术和当前能够得到的最好的技术方法结合起来,以经济地开发出高质量的软件并有效地维护它,这就是软件工程。

人们曾经给软件工程下过许多定义,下面给出两个典型的定义。

1968 年在第一届 NATO 会议上曾经给出了软件工程的一个早期定义:“软件工程就是为了经济地获得可靠的且能在实际机器上有效地运行的软件,而建立和使用完善的工程原理。”这个定义不仅指出了软件工程的目标是经济地开发出高质量的软件,而且强调了软件工程是一门工程学科,它应该建立并使用完善的工程原理。

1993 年 IEEE 进一步给出了一个更全面更具体的定义:“软件工程是:①把系统的、规范的、可度量的途径应用于软件开发、运行和维护过程,也就是把工程应用于软件;②研究①中提到的途径。”

1.4 软件工程的基本原理

自从1968年在联邦德国召开的国际会议上正式提出并使用了“软件工程”这个术语以来，研究软件工程的专家学者们陆续提出了100多条关于软件工程的准则或“信条”。著名的软件工程专家B. W. Boehm综合这些学者们的意见并总结了TRW公司多年开发软件的经验，于1983年在一篇论文中提出了软件工程的7条基本原理。他认为这7条原理是确保软件产品质量和开发效率原理的最小集合。这7条原理是互相独立的，其中任意6条原理的组合都不能代替另一条原理，因此，它们是缺一不可的最小集合。然而这7条原理又是相当完备的，人们虽然不能用数学方法严格证明它们是一个完备的集合，但是，可以证明在此之前已经提出的100多条软件工程原理都可以由这7条原理的任意组合蕴含或派生。

下面简要介绍软件工程的7条基本原理。

(1) 用分阶段的生命周期计划严格管理。有人经统计发现，在不成功的软件项目中有一半左右是由于计划不周造成的，可见把建立完善的计划作为第一条基本原理是吸取了前人的教训而提出来的。

在软件开发与维护的漫长的生命周期中，需要完成许多性质各异的工作。这条基本原理意味着，应该把软件生命周期划分成若干个阶段，并相应地制订出切实可行的计划，然后严格按照计划对软件的开发与维护工作进行管理。

不同层次的管理人员都必须严格按照计划各尽其职地管理软件开发与维护工作，绝不能受客户或上级人员的影响而擅自背离预定计划。

(2) 坚持进行阶段评审。我们已经认识到，软件的质量保证工作不能等到编码阶段结束之后再进行。这样说至少有两个理由：第一，大部分错误是在编码之前造成的，例如，根据Boehm等人的统计，设计错误占软件错误的63%，编码错误仅占37%；第二，错误发现与改正得越晚，所需付出的代价也越高。因此，在每个阶段都进行严格的评审，以便尽早发现在软件开发过程中所犯的错误，这是一条必须遵循的重要原则。

(3) 实行严格的产品控制。在软件开发过程中不应随意改变需求，因为改变一项需求往往需要付出较高的代价。但是，在软件开发过程中改变需求又是难免的，只能依靠科学的产品控制技术来顺应这种要求。也就是说，当改变需求时，为了保持软件各个配置成分的一致性，必须实行严格的产品控制，其中主要是实行基准配置管理。所谓基准配置又称为基线配置，它们是经过阶段评审后的软件配置成分(各个阶段产生的文档或程序代码)。基准配置管理也称为变动控制：一切有关修改软件的建议，特别是涉及对基准配置的修改建议，都必须按照严格的规程进行评审，获得批准以后才能实施修改。绝对不能谁想修改软件(包括尚在开发过程中的软件)就随意进行修改。

(4) 采用现代程序设计技术。从提出软件工程的概念开始，人们一直把主要精力用于研究各种新的程序设计技术，并进一步研究各种先进的软件开发与维护技术。实践表明，采用先进的技术不仅可以提高软件开发和维护的效率，而且可以提高软件产品的质量。

(5) 结果应能清楚地审查。软件产品不同于一般的物理产品，它是看不见摸不着的逻辑产品。软件开发人员(或开发小组)的工作进展情况可见性差，难以准确度量，从而使得软件产品的开发过程比一般产品的开发过程更难以评价和管理。为了提高软件开发过程的可见性，更好地进行管理，应该根据软件开发项目的总目标及完成期限，规定开发组织的责任和产品标准，从而使得所得到的结果能够清楚地审查。

(6) 开发小组的人员应该少而精。这条基本原理的含义是，软件开发小组的组成人员的素质应该好，而人数则不宜过多。开发小组人员的素质和数量是影响软件产品质量和开发效率的重要因素。素质高的人员的开发效率比素质低的人员的开发效率可能高几倍至几十倍，而且素质高的人员所开发的软件中的错误明显少于素质低的人员所开发的软件中的错误。此外，随着开发小组人员数目的增加，因为交流情况讨论问题而造成的通信开销也急剧增加。当开发小组人员数为 N 时，可能的通信路径有 $N(N-1)/2$ 条，可见随着人数 N 的增大，通信开销将急剧增加。因此，组成少而精的开发小组是软件工程的一条基本原理。

(7) 承认不断改进软件工程实践的必要性。遵循上述 6 条基本原理，就能够按照当代软件工程基本原理实现软件的工程化生产，但是，仅有上述 6 条原理并不能保证软件开发与维护的过程能赶上时代前进的步伐、跟上技术的不断进步。因此，Boehm 提出应把承认不断改进软件工程实践的必要性作为软件工程的第 7 条基本原理。按照这条原理，不仅要积极主动地采纳新的软件技术，而且要注意不断总结经验，例如，收集进度和资源耗费数据，收集出错类型和问题报告数据等。这些数据不仅可以用来评价新的软件技术的效果，而且可以用来指明必须着重开发的软件工具和应该优先研究的技术。

1.5 软件工程方法学

软件工程包括技术和管理两方面的内容，是技术与管理紧密结合所形成的工程学科。所谓管理就是通过计划、组织和控制等一系列活动，合理地配置和使用各种资源，以达到既定目标的过程。

通常把在软件生命周期全过程中使用的一整套技术方法的集合称为方法学，也称为范型(paradigm)。在软件工程领域中，这两个术语的含义基本相同。

软件工程方法学包含 3 个要素：方法、工具和过程。其中，方法是完成软件开发的各项任务的技术方法，回答“怎样做”的问题；工具是为运用方法而提供的自动的或半自动的软件工程支撑环境；过程是为了获得高质量的软件所需要完成的一系列任务的框架，它规定了完成各项任务的工作步骤。

目前使用得最广泛的软件工程方法学，分别是传统方法学和面向对象方法学。

1. 传统方法学

传统方法学也称为生命周期方法学或结构化范型。它采用结构化技术(结构化分析、结构化设计和结构化实现)来完成软件开发的各项任务，并使用适当的软件工具或软件工程环境来支持结构化技术的运用。这种方法学把软件生命周期的全过程依次划分为若干个阶段，然后顺序地完成每个阶段的任务。采用这种方法学开发软件时，从对问题的抽象逻辑分析开始，一个阶段一个阶段地进行开发。前一个阶段任务的完成是开始进行后一个阶段工作的前提和基础，而后一个阶段任务的完成通常是使前一个阶段提出的解法更进一步具体化，加进了更多的实现细节。每一个阶段的开始和结束都有严格标准，对于任何两个相邻的阶段而言，前一个阶段的结束标准就是后一个阶段的开始标准。在每一个阶段结束之前都必须进行正式严格的技术审查和管理复审，从技术和管理两方面对这个阶段的开发成果进行检查，通过之后这个阶段才算结束；如果没通过检查，则必须进行必要的返工，而且返工后还要再经过审查。审查的一条主要标准就是每个阶段都应该交出“最新式的”(即和所开发的软件完全一致的)、高质量的文档资料,从而保证在软件开发工程结束时有一个完整准确的软件配置交付使用。文档是通信的工具,它们清楚准确地说明了到这个时候为止,关于该项工程已经知道了什么,同时奠定了下一步工作的基础。此外,文档也起备忘录的作用,如果文档不完整,那么一定是某些工作忘记做了,在进入生命周期的下一个阶段之前,必须补足这些遗漏的细节。

把软件生命周期划分成若干个阶段,每个阶段的任务相对独立,而且比较简单,便于不同人员分工协作,从而降低了整个软件开发工程的困难程度;在软件生命周期的每个阶段都采用科学的管理技术和良好的技术方法,而且在每个阶段结束之前都从技术和管理两个角度进行严格的审查,合格之后才开始下一阶段的工作,这就使软件开发工程的全过程以一种有条不紊的方式进行,保证了软件的质量,特别是提高了软件的可维护性。总之,采用生命周期方法学可以大大提高软件开发的成功率,明显提高软件开发的生产率。

目前,传统方法学仍然是人们在开发软件时使用得十分广泛的软件工程方法学。这种方法学历史悠久,为广大软件工程师所熟悉,而且在开发某些类型的软件时也比较有效,因此,在相当长一段时期内这种方法学还会有生命力。此外,如果没有完全理解传统方法学,也就不能深入理解这种方法学与面向对象方法学的差别以及面向对象方法学为何优于传统方法学。因此,本书不仅讲述传统方法学,也讲述面向对象方法学。

2. 面向对象方法学

当软件规模庞大,或者对软件的需求是模糊的或会随时间而变化时,使用传统方法学开发软件往往不易成功,此外,使用传统方法学开发出的软件,维护起来仍然很困难。

结构化范型只能获得有限成功的一个重要原因是,这种技术要么面向行为(即对数据的操作),要么面向数据,还没有既面向行为又面向数据的结构化技术。众所周知,软件系统本质上是信息处理系统。离开了操作便无法更改数据,而脱离了数据的操作是毫无意义的。数据和对数据的处理原本是密切相关的,把数据和操作人为地分离成两个独立的部分,自然会增加软件开发与维护的难度。与传统方法相反,面向对象方法把数据和行为看成同等重要的,它是一种以数据为主线,把数据和对数据的操作紧密地结合起来的方法。

概括地说,面向对象方法学具有以下 4 个要点。

(1) 把对象(object)作为融合数据及在数据上的操作行为的统一的软件构件。面向对象程序是由对象组成的,程序中任何元素都是对象,复杂对象由比较简单的对象组合而成。也就是说,用对象分解取代了传统方法的功能分解。

(2) 把所有对象都划分成类(class)。每个类都定义了一组数据和一组操作,类是对具有相同数据和相同操作的一组相似对象的定义。数据用于表示对象的静态属性,是对象的状态信息,而施加于数据之上的操作用于实现对象的动态行为。

(3) 按照父类(或称为基类)与子类(或称为派生类)的关系,把若干个相关类组成一个层次结构的系统(也称为类等级)。在类等级中,下层派生类自动拥有上层基类中定义的数据和操作,这种现象称为继承。

(4) 对象彼此间仅能通过发送消息互相联系。对象与传统数据有本质区别,它不是被动地等待外界对它施加操作,相反,它是数据处理的主体,必须向它发消息请求它执行它的某个操作以处理它的数据,而不能从外界直接对它的数据进行处理。也就是说,对象的所有私有信息都被封装在该对象内,不能从外界直接访问,这就是通常所说的封装性。

面向对象方法学的出发点和基本原则，是尽量模拟人类习惯的思维方式，使开发软件的方法与过程尽可能接近人类认识世界解决问题的方法与过程，从而使描述问题的问题空间(也称为问题域)与实现解法的解空间(也称为求解域)在结构上尽可能一致。

传统方法学强调自顶向下顺序地完成软件开发的各阶段任务。事实上，人类认识客观世界解决现实问题的过程，是一个渐进的过程。人的认识需要在继承已有的有关知识的基础上，经过多次反复才能逐步深化。在人的认识深化过程中，既包括从一般到特殊的演绎思维过程，也包括从特殊到一般的归纳思维过程。

用面向对象方法学开发软件的过程，是一个主动地多次反复迭代的演化过程。面向对象方法在概念和表示方法上的一致性，保证了在各项开发活动之间的平滑(即无缝)过渡。面向对象方法学普遍进行的对象分类过程，支持从特殊到一般的归纳思维过程；通过建立类等级而获得的继承性，支持从一般到特殊的演绎思维过程。

正确地运用面向对象方法学开发软件，则最终的软件产品由许多较小的、基本上独立的对象组成，每个对象相当于一个微型程序，而且大多数对象都与现实世界中的实体相对应，因此，降低了软件产品的复杂性，提高了软件的可理解性，简化了软件的开发和维护工作。对象是相对独立的实体，容易在以后的软件产品中重复使用，因此，面向对象范型的另一个重要优点是促进了软件重用。面向对象方法特有的继承性和多态性，进一步提高了面向对象软件的可重用性。

1.6 软件的生命周期

软件生命周期(Systems Development Life Cycle，SDLC)是软件的产生直到报废的生命周期，周期内有问题定义、可行性分析、需求分析、概要设计、详细设计、编码、调试和测试、验收与运行、维护升级到废弃等阶段，这种按时间分阶段的思想方法是软件工程中的一种思想原则，即按部就班、逐步推进，每个阶段都要有定义、工作、审查、形成文档以供交流或备查，以提高软件的质量。但随着新的面向对象的设计方法和技术的成熟，软件生命周期设计方法的指导意义正在逐步减少。

概括地说，软件生命周期由软件定义、软件开发和运行维护(也称为软件维护)3 个时期组成，每个时期又进一步划分成若干个阶段。

软件定义时期的任务是：确定软件开发工程必须完成的总目标；确定工程的可行性；导出实现工程目标应该采用的策略及系统必须完成的功能；估计完成该项工程需要的资源和成本，并且制定工程进度表。这个时期的工作通常又称为系统分析，由系统分析员负责完成。软件定义时期通常进一步划分成 3 个阶段，即问题定义、可行性分析和需求分析。

开发时期具体设计和实现在前一个时期定义的软件，它通常由下述 4 个阶段组成：概要设计、详细设计、编码和测试。其中前两个阶段又称为系统设计，后两个阶段又称为系统实现。

维护时期的主要任务是使软件持久地满足用户的需要。具体地说，当软件在使用过程中发现错误时应该加以改正；当环境改变时应该修改软件以适应新的环境；当用户有新要求时应该及时改进软件以满足用户的新需要。通常对维护时期不再进一步划分阶段，但是每次维护活动本质上都是一次压缩和简化的定义和开发过程。

下面简要介绍软件生命周期每个阶段的基本任务。

(1) 问题定义。问题定义阶段必须回答的关键问题是:“要解决的问题是什么?”如果不知道问题是什么就试图解决这个问题,显然是盲目的,只会白白浪费时间和金钱,最终得出的结果很可能是毫无意义的。尽管确切地定义问题的必要性是十分明显的,但是在实践中它却可能是最容易被忽视的一个步骤。

通过对客户的访问调查,系统分析员扼要地写出关于问题性质、工程目标和工程规模的书面报告,经过讨论和必要的修改之后这份报告应该得到客户的确认。

(2) 可行性分析。这个阶段要回答的关键问题是:“对于上一个阶段所确定的问题有行得通的解决办法吗?”为了回答这个问题,系统分析员需要进行一次大大压缩和简化的系统分析和设计过程,也就是在较抽象的高层次上进行的分析和设计过程。可行性分析应该比较简短,这个阶段的任务不是具体解决问题,而是研究问题的范围,探索这个问题是否值得去解,是否有可行的解决办法。

可行性分析的结果是使用部门负责人做出是否继续进行这项工程的决定的重要依据,一般来说,只有投资可能取得较大效益的那些工程项目才值得继续进行下去。可行性分析以后的那些阶段将需要投入更多的人力和物力。及时终止不值得投资的工程项目,可以避免更大的浪费。

(3) 需求分析。这个阶段的任务仍然不是具体地解决问题,而是准确地确定“为了解决这个问题,目标系统必须做什么”,主要是确定目标系统必须具备哪些功能。

用户了解他们所面对的问题,知道必须做什么,但是通常不能完整准确地表达出他们的要求,更不知道怎样利用计算机解决他们的问题;软件开发人员知道怎样用软件实现人们的要求,但是对特定用户的具体要求并不完全清楚。因此,系统分析员在需求分析阶段必须和用户密切配合,充分交流信息,以得出经过用户确认的系统逻辑模型。通常用数据流图、数据字典和简要的算法表示系统的逻辑模型。

在需求分析阶段确定的系统逻辑模型是以后设计和实现目标系统的基础,因此必须准确完整地体现用户的要求。这个阶段的一项重要任务,是用正式文档准确地记录对目标系统的需求,这份文档通常称为需求规格说明书。

(4) 概述设计。这个阶段必须回答的关键问题是:“概括地说,应该怎样实现目标系统?”概要设计又称为总体设计。

首先,应该设计出实现目标系统的几种可能的方案。通常至少应该设计出低成本、中等成本和高成本3种方案。软件工程师应该用适当的表达工具描述每种方案,分析每种方案的优缺点,并在充分权衡各种方案的利弊的基础上,推行一个最佳方案。此外,还应该制订出实现最佳方案的详细计划。如果客户接受所推荐的方案,则应该进一步完成下述的另一项主要任务。

上述设计工作确定了解决问题的策略及目标系统中应包含的程序,但是,怎样设计这些程序呢?软件设计的一条基本原理就是,程序应该模块化,也就是说一个程序应该由若干个规模适中的模块按合理的层次结构组织而成。因此,总体设计的另一项主要任务就是设计程序的体系结构,也就是确定程序由哪些模块组成以及模块间的关系。

(5) 详细设计。总体设计阶段以比较抽象概括的方式提出了解决问题的办法。详细设计阶段的任务就是把解法具体化，也就是回答下面这个关键问题："应该怎样具体地实现这个系统呢?"

这个阶段的任务还不是编写程序，而是设计出程序的详细规格说明。这种规格说明的作用很类似于其他工程领域中工程师经常使用的工程蓝图，它们应该包含必要的细节，程序员可以根据它们写出实际的程序代码。

详细设计也称为模块设计，在这个阶段将详细地设计每个模块，确定实现模块功能所需要的算法和数据结构。

(6) 编码和单元测试。这个阶段的关键任务是写出正确的容易理解、容易维护的程序模块。

程序员应该根据目标系统的性质和实际环境，选取一种适当的高级程序设计语言(必要时用汇编语言)，把详细设计的结果翻译成用选定的语言书写的程序，并且仔细测试编写出的每一个模块。

(7) 综合测试。这个阶段的关键任务是通过各种类型的测试(及相应的调试)使软件达到规定的要求。

最基本的测试是集成测试和验收测试。所谓集成测试是根据设计的软件结构，把经过单元测试检验的模块按某种选定的策略装配起来，在装配过程中对程序进行必要的测试。所谓验收测试则是按照规格说明书的规定(通常在需求分析阶段确定)，由用户(或在用户积极参加下)对目标系统进行验收。必要时还可以再通过现场测试或平行运行等方法对目标系统进一步测试检验。

为了使用户能够积极参加验收测试，并且在系统投入生产性运行以后能够正确有效地使用这个系统，通常需要以正式的或非正式的方式对用户进行培训。

通过对软件测试结果的分析可以预测软件的可靠性；反之，根据对软件可靠性的要求，也可以决定测试和调试过程什么时候可以结束。应该用正式的文档资料把测试计划、详细测试方案以及实际测试结果保存下来，作为软件配置的一个组成部分。

(8) 软件维护。维护阶段的关键任务是，通过各种必要的维护活动使系统持久地满足用户的需要。

通常有4类维护活动：改正性维护，也就是诊断和改正在使用过程中发现的软件错误；适应性维护，即修改软件以适应环境的变化；完善性维护，即根据用户的要求改进或扩充软件使它更完善；预防性维护，即修改软件，为将来的维护活动预先做准备。

虽然没有把维护阶段进一步划分成更小的阶段，但是实际上每一项维护活动都应该经过提出维护要求(或报告问题)、分析维护要求、提出维护方案、审批维护方案、确定维护计划、修改软件设计、修改程序、测试程序、复查验收等一系列步骤，实质上是经历了一次压缩和简化了的软件定义和开发的全过程。每一项维护活动都应该准确地记录下来，作为正式的文档资料加以保存。

以上根据应该完成任务的性质，把软件生命周期划分成8个阶段。在实际从事软件开发工作时，软件规模、种类、开发环境及开发时使用的技术方法等因素，都影响阶段的划分。事实上，承担的软件项目不同，应该完成的任务也有差异，没有一个适用于所有软件项目的任务集合。适用于大型复杂项目的任务集合，对于小型简单项目而言往往就过于复杂。

1.7 软件过程的基本概念

软件过程是为了获得高质量软件所需要完成的一系列任务的框架，它规定了完成各项任务的工作步骤。

概括地说，软件工程描述是为了开发出客户需要的软件，什么人(Who)、在什么时候(When)、做什么事(What)以及怎样(How)做这些事以实现某一个特定的具体目标。

在完成开发任务时必须进行一些开发活动，并且使用适当的资源(例如，人员、时间、计算机硬件、软件工具等)，在过程结束时将把输入(例如，软件需求)转化为输出(例如，软件产品)。因此，ISO 9000 把过程定义为"使用资源将输入转化为输出的活动所构成的系统"。此处，"系统"的含义是广义的："系统是相互关联或相互作用的一组要素。"

过程定义了运用方法的顺序、应该交付的文档资料、为保证软件质量和协调变化所需要采取的管理措施，以及标志软件开发各个阶段任务完成的里程碑。为获得高质量的软件产品，软件过程必须科学、有效。

科学、有效的软件过程应该定义一组适合于所承担的项目特点的任务集合。通常，一个任务集合包括一组软件工程任务、里程碑和应该交付的产品(软件配置成分)。通常使用生命周期模型简洁地描述软件过程。生命周期模型规定了把生命周期划分成哪些阶段及各个阶段的执行顺序，因此，也称为过程模型。

1.8 软件的开发模型

软件开发模型(software development model)是指软件开发全部过程、活动和任务的结构框架。软件开发模型能清晰、直观地表达软件开发的全过程，明确规定了要完成的主要活动和任务，用来作为软件项目工作的基础。对于不同的软件系统，可以采用不同的开发方法、使用不同的程序设计语言及各种不同技能的人员参与工作、运用不同的管理方法和手段等，以及允许采用不同的软件工具和不同的软件工程环境。

软件开发模型的发展实际上是体现了软件工程理论的发展。在软件开发的早期，软件的开发模型处于无序、混乱的情况。有些人为了能够控制软件的开发过程，就把软件开发严格地区分为多个不同的阶段，并在阶段间加上严格的审查，这就是瀑布模型产生的起因。瀑布模型体现了人们对软件过程的一个希望：严格控制、确保质量。可惜的是，现实往往是残酷的。瀑布模型根本达不到这个过高的要求，因为软件的过程往往难以预测。反而导致了其他的负面影响，例如大量的文档、烦琐的审批。因此人们就开始尝试着用其他的方法来改进或替代瀑布方法，例如把过程细分来增加过程的可预测性。

典型的软件开发模型主要包括瀑布模型、迭代式模型、快速原型模型、增量式模型、螺旋式模型、喷泉式模型等，下面分别予以介绍。

1. 瀑布模型

瀑布模型(waterfall model)1970 年由温斯顿·罗伊斯(Winston Royce)提出，该模型由于酷似瀑布闻名。瀑布模型是结构化模型。其特征是：活动的输入来自上一活动的输出；活动的输出传给下一活动；对活动的实施工作进行评审，整个过程是由文档驱动的。其缺点是：成品时间长；缺乏灵活性；最终得到的产品可能并非满足用户需求。

在 20 世纪 80 年代之前，瀑布模型一直是唯一被广泛采用的生命周期模型，现在它仍然是软件工程中应用得最广泛的过程模型。传统软件工程方法学的软件过程，基本上可以用瀑布模型来描述。图 1-1 所示为传统的瀑布模型。

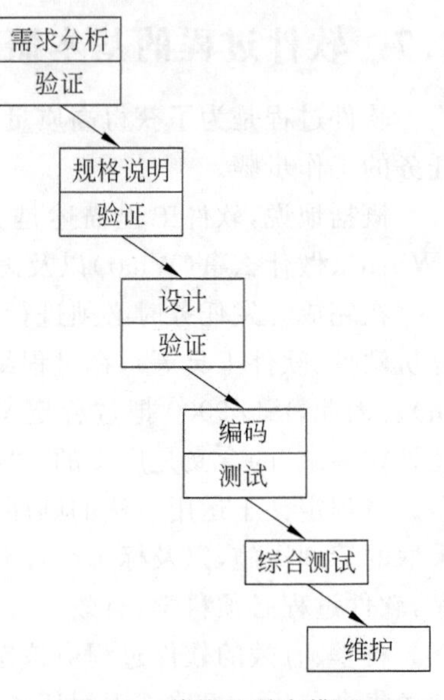

图 1-1　传统的瀑布模型

按照传统的瀑布模型开发软件,有下述的几个特点。

(1) 阶段间具有顺序性和依赖性。

这个特点有两重含义:①必须等前一阶段的工作完成之后,才能开始后一阶段的工作;②前一阶段的输出文档就是后一阶段的输入文档,因此,只有前一阶段的输出文档正确,后一阶段的工作才能获得正确的结果。

(2) 推迟实现的观点。

缺乏软件工程实践经验的软件开发人员,接到软件开发任务以后常常急于求成,总想尽早开始编写程序。但是,实践表明,对于规模较大的软件项目来说,往往编码开始得越早,最终完成开发工作所需要的时间反而越长。这是因为,前面阶段的工作没做或做得不扎实,过早地考虑进行程序实现,往往导致大量返工,有时甚至发生无法弥补的问题,带来灾难性后果。

瀑布模型在编码之前设置了系统分析与系统设计的各个阶段,分析与设计阶段的基本任务规定,在这两个阶段主要考虑目标系统的逻辑模型,不涉及软件的物理实现。清楚地区分逻辑设计与物理设计,尽可能推迟程序的物理实现,是按照瀑布模型开发软件的一条重要的指导思想。

(3) 质量保证的观点。

软件工程的基本目标是优质、高产。为了保证所开发的软件的质量,在瀑布模型的每个阶段都应坚持两个重要做法。

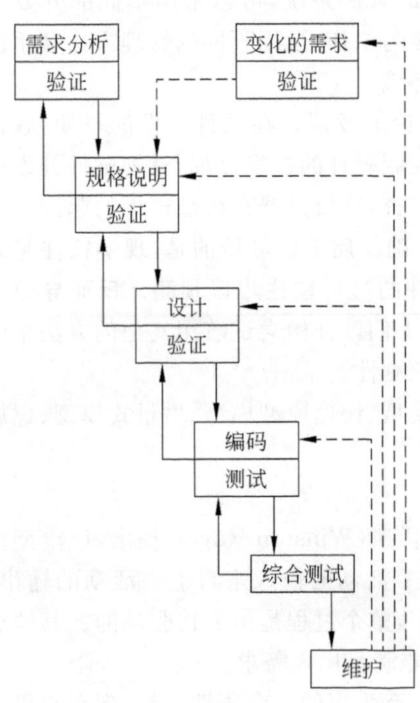

图 1-2　实际的瀑布模型

① 每个阶段都必须完成规定的文档,没有交出合格的文档就是没有完成该阶段的任务。完整、准确的合格文档不仅是软件开发时期各类人员之间相互通信的媒介,也是运行时期对软件进行维护的重要依据。

② 每个阶段结束前都要对所完成的文档进行评审,以便尽早发现问题、改正错误。事实上,越是早期阶段犯下的错误,暴露出来的时间就越晚,排除故障改正错误所需付出的代价也越高。因此,及时审查,是保证软件质量、降低软件成本的重要措施。

传统的瀑布模型过于理想化,事实上,程序员在工作过程中不可能不犯错误。在设计阶段可能发现规格说明文档中的错误,而设计上的缺陷或错误可能在实现过程中显现出来,在综合测试阶段将发现需求分析、设计或编码阶段的许多错误。因此,实际的瀑布模型是带“反馈环”的,如图 1-2 所示(图中实线箭头表示开发过程,虚线箭头表示维护过程)。当在后面阶段发现前面阶段的错误时，需要沿图中左侧的反馈线返回前面的阶段，修正前面阶段的产品之后再回来继续完成后面阶段的任务。

瀑布模型可以强迫开发人员采用规范的方法；严格地规定了每个阶段必须提交的文档；要求每个阶段交出的所有产品都必须经过质量保证小组的仔细验证。

各个阶段产生的文档是维护软件产品时必不可少的，没有文档的软件几乎是不可能维护的。遵守瀑布模型的文档约束，将使软件维护变得比较容易一些。由于绝大部分软件预算都花费在软件维护上，因此，使软件变得比较容易维护就能显著降低软件预算。可以说，瀑布模型的成功在很大程度上是由于它基本上是一种文档驱动的模型。

但是“瀑布模型是由文档驱动的”这个事实也是它的一个主要缺点。在可运行的软件产品交付给用户之前，用户只能通过文档来了解产品是什么样的。对于非专业的用户来说软件文档是难以阅读和理解的。想象一下，你去买衣服时，售货员给你出示的是一本厚厚的服装规格说明，你会有什么样的感触？虽然瀑布模型有很多很好的思想可以借鉴，但是在过程能力上有天生的缺陷。仅仅通过写在纸上的静态的规格说明，用户很难全面正确地认识动态的软件产品。而且事实证明，一旦一个用户开始使用一个软件，在他的头脑中关于该软件应该做什么的想法就会或多或少地发生变化，这就使得最初提出的需求变得不完全适用了。事实上，要求用户不经过实践就提出完整准确的需求，在许多情况下都是不切实际的。总之，由于瀑布模型几乎完全依赖于书面的规格说明，很可能导致最终开发出的软件产品不能真正满足用户的需要。

2. 迭代式模型

迭代式模型是统一软件开发过程(Rational Unified Process，RUP)推荐的周期模型。在RUP中，迭代被定义为：迭代包括产生产品发布(稳定、可执行的产品版本)的全部开发活动和要使用该发布必需的所有其他外围元素。所以，在某种程度上，开发迭代是一次完整地经过所有工作流程的过程：(至少包括)需求工作流程、分析设计工作流程、实施工作流程和测试工作流程。实质上，它类似小型的瀑布式项目。RUP认为，所有的阶段(需求及其他)都可以细分为迭代。每一次的迭代都会产生一个可以发布的产品，这个产品是最终产品的一个子集。

迭代和瀑布的最大的差别就在于风险的暴露时间上，任何项目都会涉及一定的风险，如果能在生命周期中尽早确保避免风险，那么软件开发计划自然会更趋精确。有许多风险直到已准备集成系统时才被发现。不管开发团队经验如何，都绝不可能预知所有的风险。

由于瀑布模型自身的特点，很多的问题在最后才会暴露出来，为了解决这些问题的风险是巨大的。在迭代式生命周期中，需要根据主要风险列表选择要在迭代中开发的新的增量内容。每次迭代完成时都会生成一个经过测试的可执行文件，这样就可以核实是否已经降低了目标风险。

3. 快速原型模型

所谓快速原型是快速建立起来的可以在计算机上运行的程序，它所能完成的功能往往是最终产品能完成的功能的一个子集。如图1-3所示(图中实线箭头表示开发过程，虚线箭头表示维护过程)，其优点是用户参与性强，需求逐步明确。快速原型模型的第一步是快速建立一个能反映用户主要需求的原型系统，让用户在计算机上试用它，通过实践来了解目标系统的概貌。通常，用户试用原型系统之后会提出许多修改意见，开发人员按照用户的意见快速地修改原型系统，然后再次请用户试用。一旦用户认为这个原型系统确实能做他们所需要的工作，开发人员便可据此书写规格说明文档，根据这份文档开发出的软件可以满足用户的真实需求。

从图 1-3 可以看出，快速原型模型是不带"反馈环"的，这正是这种过程模型的主要优点：软件产品的开发基本上是线性顺序进行的。能做到基本上线性顺序开发的主要原因如下。

(1) 原型系统已经通过与用户交互而得到验证，据此产生的规格说明文档正确地描述了用户需求，因此，在开发过程的后续阶段不会因为发现了规格说明文档的错误而进行较大的返工。

(2) 开发人员通过建立原型系统已经学到了许多东西(至少知道了"系统不应该做什么，以及怎样不去做不该做的事情")，因此，在设计和编码阶段发生错误的可能性也比较小，这自然减少了在后续阶段需要改正前面阶段所犯错误的可能性。

软件产品一旦交付给用户使用之后，维护便开始了。根据所需完成的维护工作种类的不同，可能需要返回到需求分析、规格说明、设计或编码等不同阶段，如图 1-3 中虚线箭头所示。

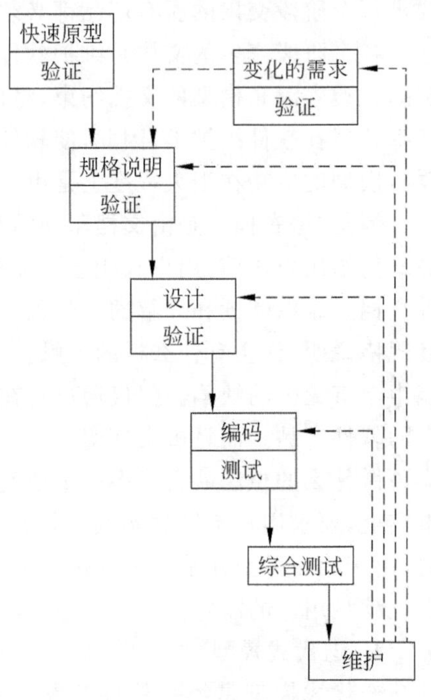

图 1-3 快速原型模型

快速原型的本质是"快速"，开发人员应该尽可能快地建造出原型系统，以加速软件开发过程，节约软件开发成本。原型的用途是获知用户的真正需求，一旦需求确定了，原型将被抛弃。因此，原型系统的内部结构并不重要，重要的是，必须迅速地构建原型然后根据用户意见迅速地修改原型。UNIX Shell 和超文本都是广泛使用的快速原型语言，最近的趋势是，广泛地使用第四代语言(4GL)构建快速原型。

当快速原型的某个部分是利用软件工具由计算机自动生成时，可以把这部分用到最终的软件产品中。例如，用户界面通常是快速原型的一个关键部分，当使用屏幕生成程序和报表生成程序自动生成用户界面时，实际上可以把得到的用户界面用在最终的软件产品中。

4. 增量式模型

增量式模型也称为渐增模型，如图 1-4 所示。使用增量式模型开发软件时，把软件产品作为一系列的增量构件来设计、编码、集成和测试。每个构件由多个相互作用的模块构成，并且能够完成特定的功能。使用增量式模型时，第一个增量构件往往实现软件的基本需求，提供最核心的功能。例如，使用增量式模型开发字处理软件时，第一个增量构件提供基本的文件管理、编辑和文档生成功能；第二个增量构件提供更完善的编辑和文档生成功能；第三个增量构件实现拼写和语法检查功能；第四个增量构件完成高级的页面排版功能。把软件产品分解成增量构件时，应该使构件的规模适中，规模过大或过小都不好。最佳分解方法因软件产品特点和开发人员的习惯而异。分解时唯一必须遵守的约束条件是，当把新构件集成到现有软件中时，所形成的产品必须是可测试的。

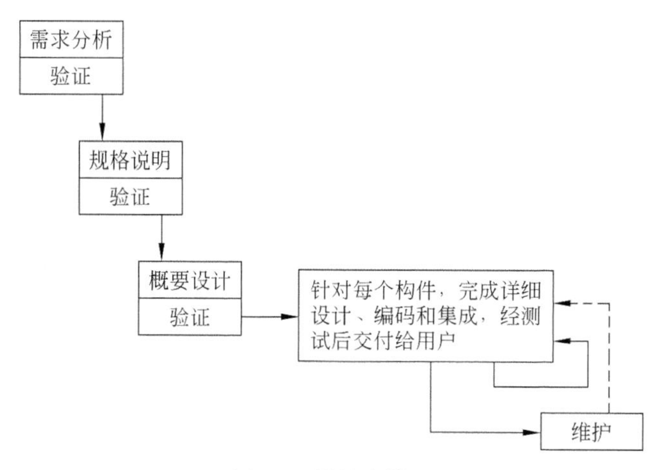

图 1-4　增量式模型

采用瀑布模型或快速原型模型开发软件时，目标都是一次就把一个满足所有需求的产品提交给用户。增量式模型则与之相反，它分批地逐步向用户提交产品，整个软件产品被分解成许多个增量构件，开发人员一个构件接一个构件地向用户提交产品。从第一个构件交付之日起，用户就能做一些有用的工作。显然，能在较短时间内向用户提交可完成部分工作的产品，是增量式模型的一个优点。

增量式模型的另一个优点是，逐步增加产品功能可以使用户有较充裕的时间学习和适应新产品，从而减少一个全新的软件可能给客户带来的冲击。

使用增量式模型的困难是，在把每个新的增量构件集成到现有软件体系结构中时，必须不破坏原来已经开发出的产品。此外，必须把软件的体系结构设计得便于按这种方式进行扩充，向现有产品中加入新构件的过程必须简单、方便，也就是说，软件体系结构必须是开放的。但是，从长远观点看，具有开放结构的软件拥有真正的优势，这样的软件可维护性明显好于封闭结构的软件。因此，尽管采用增量式模型比采用瀑布模型和快速原型模型需要更精心的设计，但在设计阶段多付出的劳动将在维护阶段获得回报。如果一个设计非常灵活而且足够开放，足以支持增量式模型，那么，这样的设计将允许在不破坏产品的情况下进行维护。事实上，使用增量式模型时开发软件和扩充软件功能(完善性维护)并没有本质区别，都是向现有产品中加入新构件的过程。

从某种意义上说，增量式模型本身是自相矛盾的。它一方面要求开发人员把软件看作一个整体；另一方面又要求开发人员把软件看作构件序列，每个构件本质上都独立于另一个构件。除非开发人员有足够的技术能力协调好这一明显的矛盾，否则用增量式模型开发出的产品可能并不令人满意。

如图 1-4 所示的增量式模型表明，必须在开始实现各个构件之前就全部完成需求分析、规格说明和概要设计的工作。由于在开始构建第一个构件之前已经有了总体设计，因此风险较小。图 1-5 描绘了一种风险更大的增量式模型：一旦确定了用户需求之后，就着手拟定第一个构件的规格说明文档，完成后规格说明组将转向第二个构件的规格说明，与此同时设计组开始设计第一个构件，用这种方式开发软件，不同的构件将并行地构建，因此有可能加快工程进度。但是，使用这种方法将会出现构件无法集成到一起的风险，除非密切地监控整个开发过程，否则整个工程可能毁于一旦。

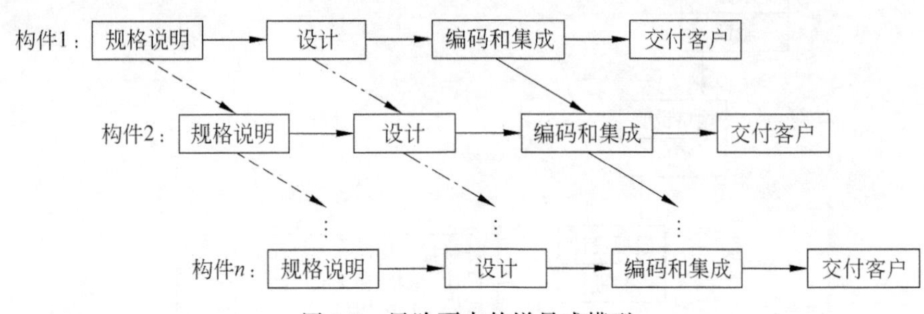

图 1-5　风险更大的增量式模型

5. 螺旋式模型

软件开发几乎总要冒一定风险，例如，产品交付给用户之后用户可能不满意，到了预定的交付日期软件可能还未开发出来，实际的开发成本可能超过预算，产品完成前一些关键的开发人员可能“跳槽”了，产品投入市场之前竞争对手发布了一个功能相近、价格更低的软件等。软件风险是任何软件开发项目中都普遍存在的实际问题，项目越大，软件越复杂，承担该项目所冒的风险也越大。软件风险可能在不同程度上损害软件开发过程和软件产品质量。因此，在软件开发过程中必须及时识别和分析风险，并且采取适当措施以消除或减小风险的危害。

构建原型是一种能使某些类型的风险降低的方法，为了降低交付给用户的产品不能满足用户需要的风险，一种行之有效的方法是在需求分析阶段快速地构建一个原型。在后续的阶段中也可以通过构造适当的原型来降低某些技术风险。当然，原型并不能“包治百病”，对于某些类型的风险原型方法是无能为力的。

螺旋式模型的基本思想是，使用原型及其他方法来尽量降低风险。理解这种模型的一个简便方法，是把它看作在每个阶段之前都增加了风险分析过程的快速原型模型。

螺旋式模型是一种风险分析的设计模型，它是生成周期模型与原型模型的结合，在每个阶段之前都增加了“风险分析”过程，形成迭代过程，直到系统完成，简化的螺旋式模型如图 1-6 所示。其特点是：较早地发现风险。问题是：系统风险的分析难度大、费用高，必须由经验十分丰富的专业技术人员完成；并且，并非所有风险都能规避。

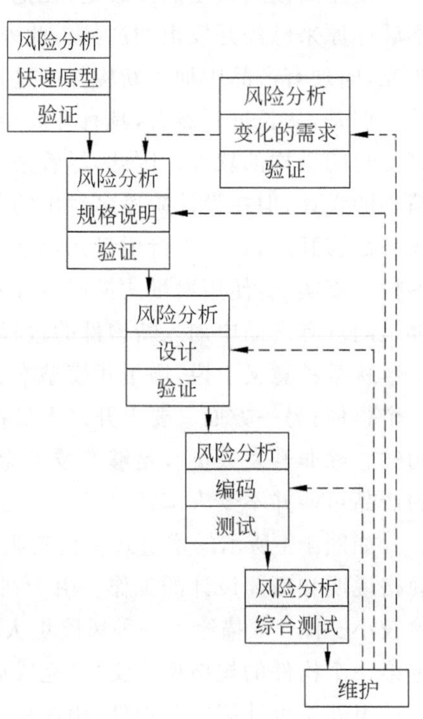

图 1-6　简化的螺旋式模型

完整的螺旋式模型如图 1-7 所示，螺旋线每个周期对应于一个开发阶段。每个阶段开始时（左上象限）的任务是，确定该阶段的目标、为完成这些目标选择方案及设定这些方案的约束条件。接下来的任务是，从风险角度分析上一步的工作结果，努力排除各种潜在的风险，通常用建造原型的方法来排除风险。如果风险不能排除,则停止开发工作或大幅度地削减项目规模。如果成功地排除了所有风险,则启动下一个开发步骤(右下象限),在这个步骤的工作过程相当于纯粹的瀑布模型。最后是评价该阶段的工作成果并计划下一个阶段的工作。

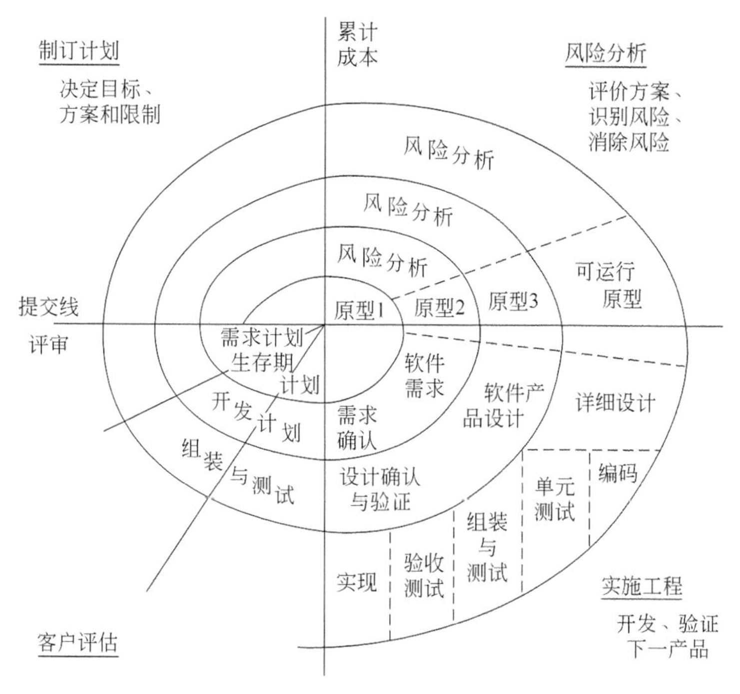

图 1-7 完整的螺旋式模型

螺旋式模型有许多优点:对可选方案和约束条件的强调有利于已有软件的重用,也有助于把软件质量作为软件开发的一个重要目标;减小了过多测试(浪费资金)或测试不足(产品故障多)所带来的风险;更重要的是,在螺旋式模型中维护只是模型的另一个周期,在维护和开发之间并没有本质区别。

螺旋式模型主要适用于内部开发的大规模软件项目。如果进行风险分析的费用接近整个项目的经费预算,则风险分析是不可行的。事实上,项目越大,风险也越大,因此,进行风险分析的必要性也越大。此外,只有内部开发的项目,才能在风险过大时方便地中止项目。

螺旋式模型的主要优势在于,它是风险驱动的,但是,这也可能是它的一个弱点。除非软件开发人员具有丰富的风险评估经验和这方面的专门知识,否则将出现真正的风险:当项目实际上正在走向灾难时,开发人员可能还认为一切正常。

6. 喷泉式模型

喷泉式模型是由 B. H. Sollers 和 J. M. Edwards 于 1990 年提出的一种新的开发模型。喷泉式模型主要用于采用面向对象技术的软件开发项目,喷泉一词本身就体现了迭代和无间隙的特征。无间隙指在各项活动之间无明显边界,如分析、设计和编码之间没有明显的界限。在编码之前再进行需求分析和设计,期间添加有关功能,使系统得以演化。喷泉式模型在系统某个部分常常被重复工作多次,相关对象在每次迭代中随之加入渐进的系统。由于对象概念的引入,需求分析、设计、实现等活动只用对象类和关系来表达,从而可以较为容易地实现活动的迭代和无间隙,并且使得开发过程自然地包括复用。

喷泉式模型是一种以用户需求为动力、以对象为驱动的模型，主要用于描述面向对象的软件开发过程。该模型认为软件开发过程自下而上周期的各阶段是相互重叠和多次反复的，就像水喷上去又可以落下来，类似一个喷泉，故称为“喷泉式模型”。各个开发阶段没有特定的次序要求，并且可以交互进行，可以在某个开发阶段中随时补充其他任何开发阶段中的遗漏。采用喷泉式模型的软件过程如图1-8所示。

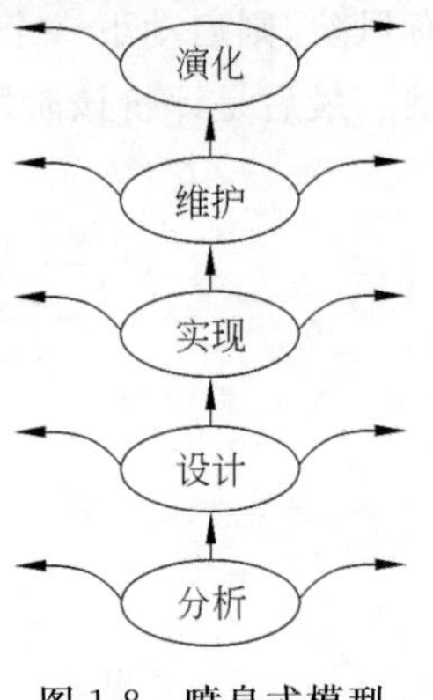

图1-8 喷泉式模型

喷泉式模型主要用于面向对象的软件项目，软件的某个部分通常被重复多次，相关对象在每次迭代中随之加入渐进的软件成分。各活动之间无明显边界，例如设计和实现之间没有明显的边界，这也称为“喷泉式模型的无间隙性”。由于对象概念的引入，表达分析、设计及实现等活动只用对象类和关系，从而可以较容易地实现活动的迭代和无间隙。

7. 智能模型(4GL模型)

智能模型是在第4代开发语言的支持下的开发模型。在系统需求形成后，4GL语言将需求文档直接转换成程序代码。其特点是：时间短，编码设计效率很高，较适合于中、小型系统的开发。问题是：要求专用的4GL平台，4GL对设计人员的传统习惯冲击很大。

8. 形式化模型

形式化模型用数学语言描述系统，并进行设计的方法。若一个系统用自然语言描述，它是非形式化的；若一个系统用数据流图、实体关系图等图形工具描述，它是半形式化的；若一个系统用数学语言描述，它是形式化的。

1.9 软件项目开发的人员组成与分工

开发一个软件项目，周期较长，工作量较大，投资也大，需要一个密切配合的团队共同完成。根据一般惯例，开发软件项目需要以下几方面的软件开发人才。

(1) 项目经理。项目经理负责界定项目的目标及范围、制订项目计划、管理开发过程、协调与配置项目资源、控制系统开发过程、评估团队成员的绩效、负责系统的集成与验收、保证项目按时保质完成。

(2) 系统分析师。系统分析师也称为框架设计师，他们主要负责软件项目的可行性分析、需求分析和规范说明，确定软件项目的逻辑模型和软件项目的基本功能、系统结构、数据要求等工作。要和用户广泛交流、密切配合。系统分析师要求具有多学科知识和丰富的软件项目开发经验，熟悉企业管理，有较好的表达能力，具备与他人协同工作的能力。

(3) 系统设计师。系统设计师是软件项目开发过程中的高层实施人员。他们以前一阶段的逻辑模型为基础，充分考虑现有的技术条件、经济条件和管理现状，把软件项目规定在更合理的层次，精心设计软件项目实施方案。确定软件项目应由哪些子系统组成，每个子系统需要哪些模块，同时考虑各模块之间的接口，数据库的逻辑设计。

(4) 程序员。程序员按照系统设计的总要求，用某一种程序设计语言(C#、Java等)设计软件项目的程序模块。编写的程序要符合软件工程规范、逻辑清晰、可读性好、可靠性高等要求。

(5) 数据库管理员。理解系统设计报告的数据需求，设计数据库系统的关系模型和数据表结构，规划物理存储，管理和控制系统数据库。

(6) 系统测试员。系统测试员负责编写测试用例，对软件项目系统进行多方面测试，发现软件中潜在的错误和缺陷，及时纠正，以保证软件项目的质量，投入运行能可靠地运行。

(7) 系统维护员。系统维护员主要是对系统的硬件设备进行维护保养、安装更换易耗品，对软件系统和数据进行维护等。

【方法指导】

1.10　软件项目的立项

在项目的立项阶段，对项目的定义要有明确的描述，明确项目的目标、时间表、项目使用的资源和经费，而且得到执行该项目经理和项目发起人的认可。立项是确定待开发的项目，要解决"做什么"的问题，关注点是效率和利润。这个问题展开就是前期需要投入多少？能否盈利？什么时候收回成本、开始盈利？能否持久地盈利？

企业确定开始某个项目时，一般会下达一个立项的文件，主要内容是遵照的合同或相关协议，例如项目的大致范围、项目结束时间和一些关键时间、指定项目经理和部分项目成员等。项目一旦确定，就具有明确的起始日期和终止日期。项目经理的角色只是暂时的。作为一个项目经理，其职责是明确目标、规划达到目标的步骤，然后带领团队成员按计划朝着目标前进。

在软件项目立项阶段，通常要进行"自制/外购"决策，确定待开发产品的哪些部分应当"采购"、"外包开发"或者"自主开发"。最初定义项目范围时需要使用"自制/外购"分析方法，在项目的开发过程中，也需要使用"自制/外购"分析方法。一个企业选择自制还是外购的依据很多，常用的选择依据如表 1-1 所示。

表 1-1　"自制/外购"决策的常用选择依据

自制的理由	外购的理由
自制成本低	外购成本低
工作进程可控	缺乏技能力量
可以获得知识产权	工作量小
可以学习新方法、培训新技能	外购更有益
有可用的开发人员和技术力量	转移风险
属于项目的核心工作	有良好的供货商

项目立项时需要撰写《项目立项申请书》，并报主管部门和相关领导批准后，方可正式启动项目。

1.11　软件项目的启动

1.11.1　软件项目在需方的启动

项目启动是指项目发起人组织相关人员提出需求，确定项目管理者及其相关成员，编写必要的《项目立项申请书》。

1. 需方成立项目组织机构

项目立项后,开始执行启动项目活动。项目启动活动的主要任务是建立必需的组织机构,制订相关工作计划和标准。项目组织机构一般分为项目领导小组和项目工作小组。项目领导小组主要负责确定和批准项目负责人,批准项目费用计划和工作计划,确认、验收项目各阶段的工作成果等。项目工作小组主要负责编制招标书、参与招标的各项工作、签署合同,为软件开发商提供业务流程和业务需求,监督、控制项目进度和工作质量,协调在项目进行过程中出现的各种问题等。

2. 需方在软件项目初始阶段的主要任务

一个软件项目或者自行开发或者是从供应商处外购,当项目外购或外包时,就存在甲、乙方之间的责任和义务的关系。甲方即需方(有时也称为买方),是对所需要的产品或服务进行“采购”。乙方即供方(有时也称为卖方),是为客户提供产品或服务。

一个软件项目的来源或者是合同项目或者是内部项目。作为合同项目,需要明确甲、乙双方的任务。企业在甲方合同环境下的关键要素是提供准确、清晰和完整的需求、选择合格的乙(供)方并对采购对象进行必要的验收。软件开发商在乙方合同环境下的关键要素是了解清楚甲方的要求并判断企业是否有能力来满足这些需求。

甲方在软件项目初始阶段的主要任务是编制招标书、选择乙方和签署合同。

(1) 编制招标书。启动一个软件项目主要是由于存在一种需求,项目的需求可能源自企业内部的需要,也可能是为客户开发的软件项目中的一部分,通过寻找合适的软件开发商,将部分软件外包给其他的软件开发商。

招标书的主要内容是甲方的需求定义,也就是甲方定义采购的内容,软件项目采购的软件产品,需要定义采购的软件需求,即提供完整清晰的软件需求和软件项目的验收标准。

甲方在招标书编制过程中的具体活动描述如下。

① 定义采购需求并对采购需求进行评审。

② 根据采购需求确定甲、乙双方的职责、控制方式、价格等商务条款。

③ 制定采购对象的验证、检验标准与方式。

④ 收集技术标准附件、产品提交清单等相关采购资料。

⑤ 项目决策者认可采购需求、验收标准和相关资料。

⑥ 编写招标书,必要时可以委托招标公司进行招标。

招标是指招标机构发出招标公告,邀请投标人在规定的时间、地点按照规定的程序进行投标的行为。

招标书是投标人编写投标书的基础,也是签订合同的基础,必须小心谨慎,力求准确完整。如果合同条款存在漏洞,在合同执行过程中,可能双方会发生争议,直接影响到合同的顺利进行,甚至可能造成巨大的经济损失。

招标书编写完成后,即可通过相关网站或其他途径发布招标公告,邀请潜在的乙方参加投标,乙方如果认为可以参与竞标,可以提交投标书。

(2) 选择乙方。招标文件确定后,就可以通过公开招标方式选择乙方,招标文件应该对乙方的要求有明确具体的说明,获得招标文件的乙方根据招标文件的要求,编写项目投标书,并提交给甲方,甲方根据招标文件确定的标准对乙方资格进行认定,并对其开发能力资格进行确认,最后选择出最合适的乙方。

甲方在选择乙方过程中的具体活动描述如下。

① 将招标文件通过合适的渠道发给具备竞标条件的乙方。

② 组织项目竞标，并获取竞标单位的投标书。

③ 根据招标文件的标准和竞标单位的竞标过程以及乙方提交的投标书，确定竞标单位的排名。

④ 确定最终选择的乙方名单。

为了选择到合适的乙方，甲方应该让更多的潜在的乙方参与投标，展开竞争，以便获得价格合理、质量最优的产品。

(3) 签署合同。如果甲方选择了合适的乙方(软件开发商)，而且被选择的软件开发商也愿意为甲方开发满足需求的软件项目，那么为了更好地管理和约束双方的权利和义务，以便更好地完成软件项目的开发任务，甲方应该与乙方签订一个具有法律效力的合同。签署合同之前需要起草一个合同文本，双方就合同的主要条款进行友好协商，达成共识，然后按指定模板共同起草合同。双方仔细审查合同条款，确保没有错误和隐患，双方代表签字，合同即可生效。

甲方在签署合同过程的具体活动描述如下。

① 制定合同草案。

② 确定项目定义，确定甲、乙双方的权利和义务，并将结果反映到合同条款中。

③ 确定项目的验收和提交方式，并将结果反映到合同条款中。

④ 确定合同其他有关条款，并将结果反映到合同条款中。

⑤ 对制定的采购合同草案进行评审。

⑥ 根据评审结果对合同草案进行修改并确认，形成最终合同草案。

⑦ 确定谈判日程和谈判所涉及的人员。

⑧ 在谈判日程所规定的谈判时间前向乙方提供合同草案。

⑨ 按谈判日程和谈判要点与乙方讨论并形成合同签署文本。

⑩ 项目决策者审阅合同并签字。

⑪ 根据甲方项目决策者审阅意见签署或终止合同谈判。

⑫ 将合同签署文本及合同相关文档存档保存。

⑬ 根据合同条款，分解出甲方所需要执行的活动或任务，编写任务书，确定项目经理。

⑭ 项目经理对任务书进行确认。

在签署合同的时候，甲方会同时将工作任务说明作为合同附件提交给乙方，工作任务说明是甲方描述的实现开发约定所要执行的所有任务说明。

合同签署过程就是合同经过双方的协商和讨论，最后签字盖章，使之成为具有法律效力的文件。

如果一个软件项目是内部项目，说明企业或单位是甲方角色，项目需求来源于企业或单位内部。当甲方希望将软件项目委托给软件公司来完成，应该编写招标书，而由企业或单位内部部门完成的软件项目，就不需要招标了，这时需要讨论软件需求。

企业或单位内部软件项目也可参照甲、乙双方项目进行，实施管理的核心是确定任务范围和确保相关各方进行有效的配合，这可以通过相关各方之间的“协议”来保证。尽管内部项目和合同项目本质是一致的，都存在甲方和乙方的问题，但是由于利益等关系不同，内部项目中甲方和乙方没有具有法律约束的合同，在项目进行过程中，对项目范围、成本、进度、质量等方面的管理没有合同项目执行得严格。

1.11.2 软件项目在供方的启动

1. 供方在软件项目初始阶段的主要任务

软件项目的选择是项目型企业业务能力的关键，软件项目选择过程，是指从市场上获得商机到与客户签订项目合同的过程。乙方在初始阶段的主要任务是：项目分析、竞标、签署合同。

(1) 项目分析。项目分析是乙方分析用户的项目需求，并据此开发出一个初步的项目规划的过程，作为下一步能力评估和可行性分析之用。

乙方在项目分析中的具体活动描述如下。

① 软件开发商确定项目管理者。

② 项目管理者负责组织人员分析项目需求，并提交需求分析结果。

③ 邀请用户参加对项目需求分析结果的评审。

④ 项目管理者负责组织人员根据输入和项目需求分析结果确定项目规模。

⑤ 项目管理者负责组织人员根据需求分析结果和项目规模以及估算结果，对项目进行风险分析。

⑥ 项目管理者负责组织人员根据项目输入、项目需求和规模要求，分析项目的人力资源要求、时间要求以及实现环境要求。

⑦ 项目管理者根据分析结果制定项目初步实施规划，并提交合同管理者评审。

⑧ 合同管理者负责组织对项目初步实施规划进行评审。

(2) 竞标。竞标过程是乙方根据招标文件的要求进行评估，以便判断企业是否具有开发此软件项目的能力，并进行可行性分析，可行性分析是判断企业是否应该承接该软件项目，项目是否可行。首先判断企业是否有能力完成该软件项目，其次判断企业通过该软件项目是否可以获得一定的回报。如果经论证项目可行，软件开发商将组织人员编写项目投标书，参加竞标。

乙方在竞标过程中的具体活动描述如下。

① 根据项目需求分析报告确定项目技术能力要求。

② 根据项目初步实施计划确定项目人力资源要求。

③ 根据项目需求分析报告确定项目实现环境要求。

④ 根据项目初步实施计划确定项目资金要求。

⑤ 根据项目初步实施计划确定质量保证和项目管理的要求。

⑥ 根据以上的要求逐项比较企业是否具有相应的能力。

⑦ 组织有关人员对评估结果进行评审。

⑧ 根据输入确定用户需求的成熟度，确定用户的支持保证能力和资金能力，同时确定企业技术能力，确定人力资源保证能力，确定项目资金保证能力，确定项目的成本效益。

⑨ 合同管理者根据以上分析结果完成可行性研究报告。

⑩ 项目决策者根据可行性研究报告对是否参与项目竞标进行决策。

⑪ 如果乙方决定参与竞标，则组织相关人员编写投标书。

项目决策者在进行项目决策时主要考虑以下几个方面。

① 技术要求：是否超出公司的技术能力。

② 完成时间：用户所要求的完成时间是否合理，公司是否有足够的保证资源。

③ 经济效益：合同款项是否能覆盖所有的成本并有收益。

④ 风险分析：项目的风险和风险控制方式。

（3）签署合同。

对于合同，甲、乙双方可能都要准备合同文本，当然，一般是甲方提供合同的框架结构，起草主要内容，乙方提出修改意见。作为乙方的合同签署过程与甲方的合同签署过程是一致的。但是这个阶段对乙方的意义是重大的，它标志着一个软件项目的有效开始，这时，根据签署的合同，分解出合同中各方的任务，并下达项目任务书，指派相应的项目经理。项目任务书明确项目的目标、必要的约束，同时授权项目经理。这个项目任务书是项目正式开始的标志，同时也是对项目经理的有效授权过程。

2. 供方成立项目组织机构

软件项目中标且签署合同后，正式开始启动软件项目。首先应成立或完善项目组织机构，项目组织机构一般包括项目领导小组和项目工作小组。项目领导小组是负责监督项目有效执行的行政管理团队，该小组的成员通常包括项目组织中的高级技术人员、业务管理人员以及需方的管理总负责人等。

项目领导小组成立后，将由项目领导小组确定和批准一位具备相应能力和经验的项目经理。项目经理负责分配资源，确定软件开发的优先级别，协调与用户之间的关系。项目经理要对项目实行全面的管理，包括制订计划、报告项目进展、控制反馈、组建团队、在不确定环境下对不确定性问题进行决策、在必要的时候进行谈判及解决冲突等。项目经理需要建立一套完整的工作制度，以确保项目中各项任务的执行进度和质量。项目经理是软件项目开发团队的领导者、决策者和沟通者，应具备基本的计算机及网络的应用能力、对 IT 新技术的接受能力、较强的自我更新能力等，也应具备计划管理能力、沟通协调能力、项目控制能力、服务意识，敢于担当。

项目工作小组主要包括项目分析、设计、测试人员和用户代表等，根据项目的预计工作量和进度，由项目经理和项目领导小组共同确定该项目所需的人员配置。

3. 项目授权

当选择了一个软件项目之后，就需要对该项目进行授权和初始化，以便确认相关的人员知晓该项目。这就需要一个文档化的输出，该文档可以有很多不同的形式，项目章程是最主要的形式之一。项目章程是一个正式的文档，包括对项目的确认、对项目经理的授权和项目目标的概述等，它授权项目经理来完成该项目，从而保证项目经理可以组织资源用于项目活动。项目章程通常由项目发起人、出资人或者高层管理人员等签发。项目章程类似项目的授权书，相当于对项目的正式授权，表明项目可以有效地开始。

在项目的初期，一般会开发初始的软件项目范围说明书，说明项目所需要完成的工作和所需要提交的成果。由于软件项目具有渐进明晰的特性，这个初始的范围说明也需要不断地完善。一个初始的项目范围说明，相当于确定初始的项目说明书，对软件项目需求进行初步的描述，将来编写需求规格书时，可以在此基础上进行详细的需求描述。

【模板预览】

1.12 软件项目开发立项与启动阶段的主要文档

软件项目立项与启动阶段编写的主要文档包括《软件项目立项报告》、《软件项目开发的招标公告》、《软件项目开发的招标书》、《软件项目开发的投标书》和《软件项目开发合同》等。

1.12.1 软件项目立项报告模板

软件项目立项报告参考模板如下所示。

软件项目立项报告

一、项目背景
二、总体建设目标
三、具体功能要求
四、实施规划及资金估算
五、软件开发商选择要求
六、系统软件基本要求
七、软件选型分析
八、项目实施流程

申请人签名：
审核人签名：
批准人签名：

1.12.2 软件项目开发的招标公告模板

软件项目开发的招标公告参考模板如下所示。

软件项目开发招标公告

×××市信息工程招投标中心(以下简称“采购代理机构”)受明德学院的委托，拟对明德学院人力资源管理系统进行公开招标采购，欢迎符合资格条件的供应商参加投标。现将该项目采购文件(GZIT2015-ZB0120，请点击打开)进行公示，时间为自2015年7月2日至6日的五个工作日。

1. 招标文件编号

GZIT2015-ZB0120。

2. 采购项目名称

明德学院人力资源管理系统。

3. 政府采购品目编号

C0301。

4. 采购方式

公开招标。

5. 项目内容及需求

(1) 采购内容：(内容省略)。

(2) 技术要求：详见招标文件。

(3) 最高限价：人民币捌拾捌万元整(￥880000.00)。

(4) 实施地点：明德学院指定地点。

(5) 工期要求：(内容省略)。

6. 投标人资格及要求

7. 购买招标文件

8. 采购文件答疑

9. 投标、开标及时间、地点

10. 项目采购人及采购代理机构联系资料

×××市信息工程招投标中心

二〇一五年七月二日

1.12.3 软件项目开发的招标书模板

软件项目开发的招标书参考模板如下所示。

软件项目开发招标文件

项目名称：明德学院人力资源管理系统

项目编号：〔2015〕C0301 号

第一部分　投标邀请函

第二部分　投标人须知

一、说明

二、招标文件

三、投标文件的编制

四、投标文件的递交

五、开标与评标

六、授予合同

第三部分　用户需求书

第四部分　合同条款

第五部分　投标文件格式

一、投标报价表

二、商务响应

三、技术响应

1.12.4 软件项目开发的投标书模板

软件项目开发的投标书参考模板如下所示。

软件项目开发投标文件

项目名称：明德学院人力资源管理系统

项目编号：〔2015〕C0301 号

一、投标报价表

二、商务响应

(1) 投标函

(2) 法定代表人证明书及法定代表人授权书

(3) 资格证明文件

(4) 退投标保证金

(5) 商务响应

(6) 商务差异表格式

(7) 服务费承诺书

(8) 其他资料

三、技术响应

(1) 技术响应文件

(2) 采购人配合条件

(3) 技术差异表

(4) 唱标信封

1.12.5 软件项目开发的合同书模板

软件项目开发的合同书参考模板如下所示。

×××政府采购服务项目

软件项目开发合同书

项目名称：____________________

合同编号：____________________

签约地点：____________________

签订日期：二〇　　年　　月　　日

委托方(甲方)：明德学院

服务方(乙方)：

甲、乙双方根据《中华人民共和国合同法》及其他有关规定，经友好协商，就本项目相关事宜达成如下协议：

1. 定义和解释
2. 合同范围
3. 合同总价
4. 合同款项的支付

5. 履约保证金

6. 转让和分包

没有征得甲方书面同意，本项目不允许转让和分包，若违反本条款，甲方有权终止合同。

7. 项目进度与管理

8. 项目成果的交付及归属

9. 售后服务

10. 甲方权利与义务

11. 乙方权利与义务

12. 人员配置

13. 保密条款

14. 违约条款

15. 合同变更

16. 合同终止

17. 争议的解决

18. 合同语言

19. 合同生效

20. 其他

甲方：	乙方：
法定代表人或其授权代表签字：	法定代表人或其授权代表签字：
签字日期：　　年　　月　　日	签字日期：　　年　　月　　日
联系人：	联系人：
联系电话：	联系电话：
传真号码：	传真号码：

【项目实战】

任务描述：明德学院为了实现人力资源的信息化、科学化和规范化管理，拟开发和应用人力资源管理系统，其目标为：通过人力资源管理系统的实施和应用，进一步完善学校的人力资源的基础管理、绩效考核、招聘培训和薪酬福利的管理，以提高HR部门的工作效率，规范HR部门的业务流程，进一步提高人力资源管理者对于人力资源管理的科学决策，提高教职工参与学校人力资源管理的便捷性，培养一批既熟悉现代人力资源管理理论，又熟悉人力资源信息管理系统的HR管理人员，从而提高学校人力资源管理的总体水平。

任务 1-1　编制人力资源管理系统开发的立项报告

软件项目开发立项报告是在软件项目开发前，所提出的待开发软件的目标、功能、费用、时间、对组织机构的影响等。如果是本单位独立开发或联合开发，则称为立项报告。如果是委托开发，则以任务委托书或开发协议的方式进行说明。

明德学院人力资源管理系统项目立项报告的主体内容如1.12.1小节的立项报告模板。《立项报告》中的“总体建设目标”示例如下所示。

> 二、总体建设目标
>
> 建成覆盖院系(部)和机关处室功能的分级管理的人力资源管理系统，实现“一站式”服务，初步实现学校教师全周期的业务管理。
>
> 围绕教师建成全面、翔实和准确的全校人力资源信息库，信息涵盖人事、组织、教学、科研、资产、后勤等与教师相关的各类数据；横向完成人事处与学校横向职能部门的业务协同，纵向完成学校人事处与社保局等数据接口，减少数据上报工作量。
>
> 学校人力资源管理系统项目建成后，能为学校发展规划、人才强校、各级领导决策等提供翔实、准确的数据分析保障，实现专业技术职务聘任工作、教师考核工作等的无纸化管理。

《立项报告》中的“软件开发商选择要求”示例如下所示。

> 五、软件开发商选择要求
>
> (1) 软件开发商应提供证明其计算机信息系统集成能力、软件技术能力和项目质量管理能力的资质认证的复印件，并出示原件。
>
> (2) 软件开发商提供的应用软件系统应符合综合型人力资源管理系统功能的要求。
>
> (3) 软件开发商应对所建议的方案在安全性、可靠性、可扩展性和可行性方面采用的方案做出详细的描述。
>
> (4) 软件开发商要提出应用软件集成在工程实施各个阶段的工作具体内容和应承担的责任的建议，并说明软件开发商在集成和技术支持方面的经验。
>
> (5) 软件开发商应向甲方提供完整的技术建议和解决方案，保证整个系统的正确运行。本技术规范书所要求内容应视为保证系统运行所需的最低要求，如有遗漏，软件开发商应予以补充。
>
> (6) 软件开发商提供的应用软件要严格遵守有关的国际标准、国家标准、行业标准和规范，遵循并在技术上实现人力资源管理信息业务需求提出的相关功能和具体规定。
>
> (7) 软件开发商要对整个人力资源管理信息系统的软件体系结构进行深入的详细描述，并提出具体实现建议。
>
> (8) 软件开发商提出的应用软件系统报价包含所采用的第三方产品和自主版权的软件产品，且甲方不再出资另购这些产品。

(9) 若因软件开发商原因,造成系统运行达不到规定的功能和性能指标,软件开发商应无条件进行改进和优化,直至满足要求。

(10) 软件开发商提供的应用软件,在升级过程中新版本应用软件应兼容旧版本应用软件,以保证采用新旧版本应用软件的系统的正常运行。

(11) 软件开发商提供的应用软件应具备良好的扩展性,方便业务拓展。

《立项报告》中的“系统软件基本要求”示例如下所示。

六、系统软件基本要求

1. 操作系统

(1) 需有人力资源管理系统的成功案例;

(2) 具有开放性、兼容性、多任务等特点;

(3) 具有强大的网络互联能力、友好的用户操作界面和丰富的应用软件支持;

(4) 提供一整套有效、完善的安全服务机制,以确保系统的安全性;

(5) 能支持大多数流行的计算机编程语言及数据库产品,能够支持简体中文。

2. 数据库管理系统

(1) 提供快速有效的多表连接算法,针对灵活查询有较快的反应速度;

(2) 强大的并行处理能力,有效地支持数据修改与查询的并行;

(3) 随数据的海量增长,查询性能无明显降低;

(4) 具有高效的查询响应能力;

(5) 具有对复杂查询进行优化处理的能力;

(6) 对数据库的维护不应造成数据库结构的大量调整;

(7) 支持不可预知性、大数据量的查询,多用户并发访问,保证高可靠性;

(8) 支持在线升级和扩展,保证足够的可扩展性;

(9) 支持大容量数据存储能力;

(10) 易于管理、易于维护;

(11) 建立完善的权限管理,用户只能访问到允许访问的数据;

(12) 在意外事件(软件或硬件方面)破坏了当前数据库状态后,系统有能力恢复数据库;

(13) 支持数据库互操作,保证异构数据库之间的互访;

(14) 开放性,支持主流第三方开发工具。

3. 中间件系统

(1) 能够保证系统间异构平台的相互操作,可以将应用程序与操作系统分离;

(2) 支持联机事务处理,保证交易的一致性、完整性、准确性、安全性;

(3) 支持交易的快速响应,保证交易数据能够得到及时、有序的传递;

(4) 支持流行的开发工具和语言,提高开发效率;

(5) 提供对数据库访问以及底层通信处理的接口;

(6) 具有安全权限管理功能。

《立项报告》中的"软件选型分析"示例如下所示。

七、软件选型分析

目前专业HR系统供应商基本分为三个层次：

(1) 大型供应商。它们是世界级大型HR顾问公司，且有其专业HR管理系统，费用基本是百万元以上，如SAP、东软等公司，它们的系统完善好用，但有用户限制，增加用户需支付费用。

(2) 中型供应商。它们是国内著名的公司，有专业的HR顾问团队和专业的HR系统，其费用是在100万元之内，如金蝶、用友，系统较完善，也有用户限制，增加用户需支付费用。

(3) 小型供应商。主要是一些小软件公司，它们只做软件没有顾问团队，部分功能(如考勤管理、绩效管理等)需独立开发，其费用是几万元到几十万元不等，但不限在线用户数，如区域型软件公司。

根据目前学院的现状和未来五年的发展需求，认为大型供应商的专业程度很好但价格偏高，对于目前学院来说投资会过高；小型供应商，其专业程度还有所欠缺，软件框架无法达到学院多元化的需求，且现在IT类公司变化很快，可靠性难以保证。选择国内知名企业相对比较适合学校目前状况，主要体现在以下几个方面。

(1) 国内大中型软件公司成立时间较长，信誉有一定保障；

(2) 有较庞大的顾问团队和丰富的实施经验，实施有保障；

(3) 在全国各大中城市有其分支结构，对于学校多区域的服务有保障；

(4) 综合型的软件供应商，对于学院信息化统一平台有保障；

(5) 综合型软件供应商，适合长期多领域合作，可以在学校层次签署战略合作伙伴，能争取到优惠的价位和优先的服务。

《立项报告》中的"项目实施流程"示例如下所示。

八、项目实施流程

项目立项确定→确认招投标需求并确认投标流程→发布招标公告并进行招投标→软件开发商确认并签订合同→成立项目小组并首期付款→项目实施、培训→项目验收→二期付款→完善维护→结款。

任务1-2　编制人力资源管理系统开发的招标公告

招标公告一般招标代理机构编制，简要介绍招标项目情况、采购项目名称、采购方式、项目内容及需求、投标人资格及要求、投标时间与地点、开标时间及地点等。

明德学院人力资源管理系统招标公告的主体内容如1.12.2小节的招标公告模板中的"投标人资格及要求"示例如下所示。

6. 投标人资格及要求

(1) 投标人必须具备《政府采购法》第二十二条规定的条件。

(2) 投标人要求为国内独立的事业单位法人或注册资金不少于200万元人民币的独立企业法人,且已从采购代理机构购买招标文件并按规定缴纳了投标保证金的供应商。

(3) 投标人必须具有软件企业认定证书。

任务1-3 编制人力资源管理系统开发的招标书

招标书是由软件委托方或招标机构编制,向投标人提供的对该项目的主要技术、质量、工期等提出要求的文件。明德学院人力资源管理系统招标书的主体内容如1.12.3小节的招标书模板。

软件开发招标书一般包括招标邀请函、投标人须知、用户需求书、合同条款和投标文件格式5个部分。明德学院人力资源管理系统招标书各个主要部分的编制与说明介绍如下。

1. 编制招标邀请函

招标邀请函简要介绍招标机构名称、招标项目名称及内容、招标文件的获取时间及地点、投标文件的递交时间及地点、采购代理机构联系方式等内容,明德学院人力资源管理系统开发的招标书"投标邀请函"示例如下所示。

投标邀请函

1. ×××市信息工程招投标中心(以下简称"采购代理机构")受明德学院(以下简称"采购人")的委托,就明德学院人力资源管理系统(招标编号:C0301)进行国内公开招标,邀请合格的投标人提交密封投标。

项目内容:明德学院人力资源管理系统。

服务期限:合同签订后12个月内完成(详细内容请参阅招标文件中的相关内容)。

2. 合格的投标人。

具有独立承担民事责任能力的在中华人民共和国境内注册的法人,有合法经营权;投标人在投标文件递交截止时间前三年内在经营活动中没有重大违法记录;本项目不接受联合体投标。

3. 招标文件的获取时间、地点及价格。

获取时间:2015年7月2~26日8:30至12:00,14:00至17:30(节假日除外);获取地点:×××市信息工程招投标中心B309室;联系人:詹先生;电话:0769-86668888;价格:200元人民币,售后不退,不办理邮购。

说明:购买招标文件时必须携带投标人营业执照及相关资质的复印件(需加盖法人公章);如未在×××市政府采购网上注册登记的,需提供如下资料:①营业执照原件及复印件(加盖法人公章);②税务登记证(国、地税)原件及复印件(加盖法人公章);③组织机构代码证原件及复印件(加盖法人公章),并提供上述证件原件的扫描件(.pdf格式)。

4. 投标文件的递交时间、递交截止时间和递交地点。

递交时间：2015 年 7 月 27 日上午 9：00 起；递交截止时间：2015 年 7 月 27 日上午 9：30 止；递交地点：×××市信息工程招投标中心 B309 室。

5. 投标人必须按招标文件规定的方式提交投标保证金。

6. 兹定于下列时间和地点公开开标。

开标时间：2015 年 7 月 27 日上午 9：30；开标地点：×××市信息工程招投标中心开标三室。

7. 采购人和采购代理机构将不承担投标人准备投标文件和递交投标文件以及参加本次投标活动所发生的任何成本或费用。

8. 采购代理机构联系方式。

网址：www.×××××.com；联系人：王××；地址：×××市×××区×××路 1234 号；邮编：523002；电话：0769-22801111；传真：0769-22412511；电子邮箱：×××@163.com。

×××市信息工程招投标中心

2014 年 7 月 2 日

2. 编制投标人须知

《编制投标人须知》着重说明本次招标的基本程序、投标人应遵循的规定和承担的义务、投标文件的基本内容、开标与评标方法、招标结果的处理、合同的授予等，其主体内容如 1.12.3 小节的招标书模板的“第二部分 投标人须知”所示。

明德学院人力资源管理系统开发的招标书中“投标人须知”部分的“说明”示例如下所示。

一、说 明

1. 采购项目说明

(1) ×××市信息工程招投标中心受委托代理的本次招标采购的服务项目，属政府采购项目。

(2) 资金来源：财政性资金。

2. 定义及解释

(1) 服务：指投标人为满足招标文件要求而提供的服务。

(2) 采购人：《投标资料表》所指的采购人也称为“甲方”。

(3) 投标人：响应招标、参加投标竞争的中华人民共和国境内的法人、其他组织或者自然人，本次招标对合格投标人的具体要求见本须知第 3 条。

(4) 采购代理机构：×××市信息工程招投标中心。

(5) 评标委员会：依法组建，负责本次招标的评标工作的临时性机构。

(6) 中标人：指最终中标的投标人，也称为“乙方”。

(7) 日期：指公历日。

(8) 合同：指依据本次服务采购招标结果签订的协议。

(9) 招标文件中的标题或题名仅起引导作用，而不应视为对招标文件内容的理解和解释。

(10) 招标文件中所规定的“书面形式”，包括纸质文件和电讯文件形式，既含手写、打印或印刷的文字资料形式，也包括电报、传真等形成的文件。

3. 合格的投标人

(1) 具有独立承担民事责任能力的在中华人民共和国境内注册的法人、其他组织或者自然人(《投标资料表》另有规定的除外)。

(2) 是独立于采购人和采购代理机构的供应商。

(3) 有满足行政主管部门或行业协会对本招标服务的相关许可文件和其他资格证明文件(详见《投标资料表》)。

(4) 符合《中华人民共和国政府采购法》及相关法规规定的供应商的其他条件(详见《投标资料表》)。

4. 合格的服务

合同中提供的服务，其来源均应符合《中华人民共和国政府采购法》的有关规定。

5. 禁止事项

(1) 采购人、投标人和采购代理机构不得相互串通损害国家利益、社会公共利益和其他当事人的合法权益；不得以任何手段排斥其他投标人参与竞争。

(2) 投标人不得向采购人、采购代理机构、评标委员会的组成人员行贿或者采取其他不正当手段谋取中标。

(3) 除投标人被要求对投标文件进行质疑或澄清，从开标之时起至授予合同止，投标人不得就与其投标文件有关的事项主动与评标委员会、采购人以及采购代理机构接触。

(4)《中华人民共和国政府采购法》及相关法规规定的其他禁止行为。

凡两家或以上供应商参加同一项目的采购，有如下情况的，一经发现，将视同串标处理如下所示。

① 为同一法定代表人的；

② 为同一股东控股的；

③ 其中一家公司为其他公司最大股东的。

6. 保密事项

凡参与招标工作的有关人员均应自觉接受有关主管部门的监督，不得向他人透露可能影响公平竞争的有关招标投标的情况。

7. 投标人知悉

投标人将被视为已合理地尽可能地对所有影响本采购项目的事项，包括任何与本招标文件所列明的有关的特殊困难充分了解。

8. 保证

投标人应保证所提交给采购人和采购代理机构的资料和数据是真实的，并承担相应的法律责任。在投标有效期内，采购人和采购代理机构有权随时核实投标人投标资料的真实性，一旦发现有做假行为，立即取消投标资格。

9. 投标费用

投标人应承担其编写、提交投标文件以及参加本次投标活动的所有费用，不论投标的结果如何，采购人和采购代理机构在任何情况下均无义务和责任承担这些费用。

明德学院人力资源管理系统开发的招标书中“投标人须知”部分的“招标文件”主体内容示例如下所示。

二、招 标 文 件

1. 招标文件构成

(1) 招标文件包括：

第一部分 招标邀请函

第二部分 投标人须知

第三部分 用户需求书

第四部分 合同条款

第五部分 投标文件格式

(2) 投标人应认真阅读招标文件中所有的事项、格式、条款和技术规范等。投标人没有按照招标文件要求提交全部资料，或者投标文件没有对招标文件各方面作实质性响应是投标人的风险，并可能导致其投标被拒绝。

2. 招标文件的澄清或修改

明德学院人力资源管理系统开发的招标书中“投标人须知”部分的“投标文件的编制”主体内容示例如下所示。

三、投标文件的编制

1. 投标语言及计量
2. 投标文件的构成
3. 投标函
4. 投标报价
5. 投标货币
6. 证明投标人合格和资格的文件
7. 证明服务的合格性和符合招标文件规定的文件
8. 投标保证金
9. 知识产权
10. 投标有效期
11. 投标文件的式样和签署

明德学院人力资源管理系统开发的招标书中“投标人须知”部分的“投标文件的递交”主体内容示例如下所示。

四、投标文件的递交

1. 投标文件的密封和标记

2. 投标截止

3. 迟交的投标文件

4. 投标文件的修改与撤回

明德学院人力资源管理系统开发的招标书中"投标人须知"部分的"开标与评标"示例如下所示。

五、开标与评标

1. 开标

1.1　本次招标采用公开开标形式。开标时，开启唱标信封封套，唱出招标文件规定的内容。

1.2　采购代理机构在《投标资料表》规定的时间、地点组织和主持开标会，参加开标会的投标人代表应准时参加开标会并签名报到以证明其出席。

1.3　开标时，采购代理机构将当众拆封、宣读投标人名称、修改和撤回投标的通知(如果有)、投标函、投标总报价、折扣声明、是否提交了投标保证金，投标备选方案(招标文件允许提供的)以及采购代理机构认为其他必要的内容。除了按照规定原封退回迟到或撤回的投标之外，开标时将不得拒绝在投标截止时间前收到的投标文件。

1.4　开标时未宣读的投标价格、价格折扣、投标修改和招标文件允许提供的备选方案等实质性内容，评标时将不予承认。

1.5　采购代理机构将记录开标的有关内容，并由投标人代表签字确认，存档备查。

2. 评标委员会

2.1　本次招标工作的评标委员会依法组建，评标委员会成员共5人，其中采购人代表1人，在×××市财政局专家库中随机抽取的专家4人。

2.2　评标委员会依法根据招标文件的规定对投标文件进行评审，提交评标报告。

3. 评标

3.1　评标基本原则：评标工作应依据《中华人民共和国政府采购法》以及国家和地方有关政府采购的规定，遵循"公开、公平、公正、择优、信用"的原则进行。

3.2　评标方法：本次招标的评标方法和标准在"投标人须知附件"中规定。

3.3　拒绝任何或所有投标的权利。

(1) 评标委员会经评审，认为所有投标都不符合招标文件要求的，可以否决所有投标。

(2) 采购人通过法定或规定的程序，有权在授标之前任何时候接受或拒绝任何投标，以及宣布招标无效，对受影响的投标人不承担任何责任，也无义务向受影响的投标人解释采取这一行动的理由。

3.4　在评标期间，为方便对投标审核、评估和对比，评标委员会可要求投标人对其投标文件进行澄清，有关澄清的要求和答复应以书面形式提交，但不得对投标价格或实质性内容做任何更改。

3.5 评标委员会将允许并书面要求投标人修正投标文件中不构成实质性偏离的、微小的、非正规的、不一致的或不规则的地方，但这些修正不能影响任何投标人相应的名次排序。

如果投标人希望递交其他资料给评标委员会以引起其注意，则应以书面形式通过采购代理机构提交。

明德学院人力资源管理系统开发的招标书中“投标人须知”部分的“授予合同”主体内容示例如下所示。

六、授予合同

1. 中标人的确定
2. 中标结果公告
3. 质疑和投诉
4. 中标通知书
5. 签订合同
6. 履约保证金
7. 付款方式
8. 服务费
9. 招标文件的解释权

3. 编制用户需求书

用户需求是指描述用户使用产品必须要完成什么任务，怎样完成任务，通常是在问题定义的基础上进行用户访谈、调查，对用户使用的场景进行整理，从而从用户角度建立的需求方案。用户需求必须能够体现软件系统将给用户带来的业务价值，或用户要求系统必须能完成的任务，也就是说用户需求描述了用户使用系统来做什么。明德学院人力资源管理系统开发的招标书中“用户需求书”主体内容如下所示，用户需求的具体内容见单元的《需求分析报告》。

第三部分 用户需求书

1 概述
1.1 实施背景
1.2 实施总体目标
1.3 人力资源管理系统总体规划及实施计划
1.4 实施范围
2 现状描述
2.1 业务概况
2.2 信息化系统现状
3 总体功能及技术要求
3.1 集团架构
3.2 项目实施要求
3.3 系统总体架构及技术路线
3.4 软件平台设计方案
3.5 硬件平台设计方案

3.6 运行环境
4 系统详细需求
4.1 组织机构管理
4.2 岗位管理
4.3 人员信息管理
4.4 人员合同管理
4.5 薪酬管理
4.6 招聘管理
4.7 自助服务
4.8 报表管理与决策分析
4.9 统一用户
4.10 单点登录
4.11 功能需求预留接口
4.12 与公司现有的信息系统接口
4.13 系统预留接口
4.14 人员数据编码
4.15 数据初始化
4.16 培训需求
4.17 美工设计需求
5 项目实施内容
5.1 项目启动
5.2 需求调研
5.3 管理标准化
5.4 整体方案设计
5.5 开发设计与集成
5.6 安装配置
5.7 测试与联调
5.8 系统初始化
5.9 上线试运行
5.10 最终验收
6 实施管理要求
6.1 项目管理要求
6.2 实施要求
6.3 后续服务支持
7 项目交付成果
8 项目验收
8.1 项目验收的组织机构
8.2 验收标准
8.3 阶段成果确认
8.4 初步验收
8.5 最终验收
9 质保期
10 售后服务
11 应说明项
11.1 工作方法及所需资源
11.2 工作计划和人员构成
11.3 视频演示需求
11.4 其他

4. 编制合同条款

明德学院人力资源管理系统开发的招标书中“合同条款”部分如 1.12.5 小节的合同书模板。合同的格式有多种，不同单位的合同样本不可能完全相同，招标方给出合同样本的主要目的是使管理规范化。

5. 编制投标文件格式

明德学院人力资源管理系统开发的招标书中“投标文件格式”部分如 1.12.4 小节 投标文件模板。

任务 1-4 编制人力资源管理系统开发的投标书

明德学院人力资源管理系统投标书的主体内容如 1.12.4 小节 投标文件模板。

软件开发投标书一般包括招投标报价表、商务响应、技术响应 3 个部分。明德学院人力资源管理系统投标书各个主要部分的编制与说明介绍如下。

1. 投标报价

投标人应按附表 1.1 的格式提交投标报价表，并提供用《投标资料表》中规定的软件制作的投标报价表的电子文件(光盘或 U 盘形式)。

附表 1.1 投标报价总表

投标人名称：　　　　招标编号：　　　　货币单位：人民币元

序　　号	分 项 内 容	价　　格	备　　注
1	软件系统产品		详见附表 1.2
2	系统实施与服务费		详见附表 1.3
3	其他		详见附表 1.4
总计		大写：	
		小写：	

说明：

(1) 此表总计是所有需买方支付的本次招标标的金额总数，即投标总价。

(2) 所有服务的价格包括了保险、税费、其他费用等一切支出。

投标人(法人公章)：

授权代表(签名或盖章)：

日期：

附表 1.2：软件系统产品报价表

附表 1.3：系统实施与服务费报价表

附表 1.4：其他

附表 1.5：系统维护服务费报价表

2. 投标函

明德学院人力资源管理系统投标书“投标函”如下所示。

投　标　函

致：×××市信息工程招投标中心

我方确认收到贵方提供的×××政府采购 明德学院人力资源管理系统(项目名称)的招标文件的全部内容，我方：________(投标人名)称作为投标者正式授权________(授权代表全名，职务)代表我方进行有关本投标的一切事宜。

在此提交的投标文件，正本 壹 份，副本 伍 份，投标文件包括如下内容。

一、投标文件第一部分：投标报价表

二、投标文件第二部分：

(1) 投标函。

(2) 授权书。

(3) 资格证明文件。

(4) 投标保证金(由________(银行名称)出具的投标保证金,金额为:________(注明币种及金额大、小写))。

(5) 商务响应表及差异表。

(6) 按招标文件投标人须知的要求提供的投标文件格式的其他有关文件。

三、投标文件第三部分:演示视频文件、技术响应文件及差异表,并在正本内附有相应各部分内容的电子文件一套(以U盘或光盘形式)。

我方已完全明白招标文件的所有条款要求,并重申以下几点。

(一) 我方决定参加:招标编号为________号的投标。

(二) 全部服务的投标总价(详见投标报价表)。

(三) 本投标文件的有效期为开标日起的 80天内 有效,如中标,有效期将延至合同终止日为止。

(四) 我方已详细研究了招标文件的所有内容包括修改文件(如果有)和所有已提供的参考资料以及有关附件并完全明白,我方放弃在此方面提出含糊意见或误解的一切权利。

(五) 我方明白并愿意在规定的开标时间和日期之后,投标有效期之内撤回投标,则投标保证金将被贵方没收。

(六) 我方同意按照贵方可能提出的要求而提供与投标有关的任何其他数据或信息。

(七) 我方理解贵方不一定接受最低标价或任何贵方可能收到的投标。

(八) 我方如果中标,将保证履行招标文件以及招标文件修改文件(如果有)中的全部责任和义务,按质、按量、按期完成《合同书》中的全部任务。

(九) 如我方被授予合同,由我方就本次招标支付或将支付的服务费列于招标文件要求的承诺书(承诺书号 ZB 113D012ZFG012JA)中。

(十) 所有与本招标有关的函件请发往下列地址。

地　　址:　　　　　　　　邮政编码:

电　　话:　　　　　　　　电报挂号:

代表姓名:　　　　　　　　职　　务:

投标人(法人公章):

投标人地址:

授权代表姓名(签名或盖章):

日　　期:

3. 商务差异表

明德学院人力资源管理系统投标书"商务差异表"如下所示。

投标人应根据其提供的软件和服务,逐条对照招标文件《用户需求书》的内容要求填写,凡列出标有"★"的条款,要求必须响应;对未列出的条款,如果有差异的,均须在此表"偏离说明"列中注明差异的简要内容,以便查对和评审。没有注明偏离或差异的参数、配置、条款,视为被投标人完全接受。

商务差异表

序号	招标文件要求		投标文件内容	
	原条目	简要内容	是否响应（是/否）	偏离说明
1		★员工包括学校正式员工、合同制员工和实习员工共316人，远期至少支持1000人，增加人数不受限制		
2		★开发人员：具有本科或以上学历，3年以上产品开发经验		
3		★质保期：项目初步验收第二日起一年内，即为项目的质保期		
4		★售后服务：自项目最终验收通过之日起，实施方提供为期1年的免费技术支持、免费软件升级与维护服务 ★维护时间：提供全天候24小时热线电话服务响应，最少6小时内到达现场		

说明：

(1) 标有“★”的条款，表示必须响应项。

(2) 除商务差异表所列的内容以外，按《合同书》格式中的条款执行。

(3) 对可以有差异的，其内容的确定，在签订合同时，由买卖双方协商。

投标人(法人公章)：

授权代表(签字或盖章)：

日期：

4. 技术差异表

明德学院人力资源管理系统投标书“技术差异表”如下所示。

投标人应根据其提供的服务，逐条对照招标文件《用户需求书》的内容要求填写，凡标有“◆”的条款，要求响应；对未列出的条款，如果有差异的，均须在此表“偏离说明”列注明差异的简要内容，以便评标人员对标书方案评审时作参考。没有注明偏离或差异的参数、配置、条款，视为被投标人完全接受。

技术差异表

序号	招标文件要求		投标文件内容	
	原条目	简要内容	是否响应（是/否）	偏离说明
1		◆支持系统注册用户数2000以上，支撑并发用户数300个以上 ◆响应性能：要求一般操作响应时间<3s，Web响应时间<3s，复杂计算响应时间<30s ◆数据导入和导出方面要求对百条数据的校验和操作在1min内完成 ◆所有的软件系统支持双机热备，单台设备的故障不影响业务进行，进行故障恢复不中断业务服务 ◆数据安全：系统应具有完善的用户和权限管理机制，一方面保证数据的安全性；另一方面使系统能够实现灵活的分层级、分部门和分角色的		

续表

序号	招标文件要求		投标文件内容	
	原条目	简要内容	是否响应（是/否）	偏离说明
1		管理。对关键数据采取访问权限的控制。各下属部门人力资源联络员只能访问本校授权区域的数据，人力资源处工作人员用户根据角色访问所属功能模块的数据。其他员工用户根据角色访问授权区域内的数据。具备系统数据备份/恢复的功能，提供数据库备份方案并负责实施，支持对重要信息加密传输和存储 ◆系统与明德学院其他信息系统可进行集成，预留集成接口 ◆允许用户进行二次开发，可提供二次开发规范、开发工具、资料及协助		
2		◆系统须采用B/S结构为主、C/S结构为辅的混合结构模式，可支持业界流行的浏览器IE 6.0及以上版本。系统开发语言应以Java和.NET为优先考虑，系统应采用三层的架构进行应用设计、开发		
3		◆在满足系统性能要求下，投标商报价必须包含系统涉及所有服务器软件产品完全正版化的费用，包括但不限于数据库服务器、应用服务器以及其他必需的第三方软件		
4		◆能够支持明德学院企业内部门户、单点登录、明德学院统一认证平台的集成 ◆系统接口交互方式可以是Web Services、文件、数据库其中之一，其优先顺序由高到低依次是Web Services、文件、数据库 ◆支持业界的开放性标准，包括：XML、LDAP、CORBA、WML、Web Services、J2CA规范		
5		◆与明德学院协同办公平台中的Windows域用户系统集成，人力资源管理系统须向AD域提供标准的组织架构信息和员工基本信息		
6		◆需预留人力资源管理系统第二、第三期建设的功能需求模块接口（考勤管理、培训管理、能力素质管理、外事管理等）		
7		◆与外部网站系统的集成：招聘信息、应聘信息、人才储备库等信息与外部网站可进行双向数据交换 ◆与协同办公平台的集成：人力资源管理系统应与协同办公平台中的员工个人工作卡片、员工入/离职/调岗通知等功能进行集成，提取相应数据，可通过门户系统访问员工自助功能。员工人力资源管理相关的代办或通知事项，可在门户网站上进行显示和提醒。同时，门户网站可共享和显示人力资源管理系统中的员工的部门和通信信息。采用协同办公平台的工作流引擎实现各种审批流程 ◆与邮件系统集成，以便系统生成的预警及通知发送至个人邮箱		
8		◆与财务管理系统的接口：人力资源管理系统的薪酬福利信息进入财务管理系统 ◆预留未来“工作证管理系统”接口，从数据库中调用员工信息以及照片数据等		
9		◆在本项目中建立人员数据编码规则、用户名规则		

投标人（法人公章）：

授权代表（签名或盖章）：

日期：

任务 1-5 编制人力资源管理系统开发的合同书

软件开发合同是软件委托方或当事双方之间设立、变更、终止项目合作关系的协议，受法律的保护。它一般包含软件委托方和软件开发方的权利与应尽的义务，约束彼此共同的行为。

明德学院人力资源管理系统开发合同示例如下。

×××政府采购服务项目

合同书

项目名称：______________________

合同编号：______________________

签约地点：______________________

签订日期：二〇　　年　　月　　日

委托方(甲方)：明德学院

服务方(乙方)：

甲、乙双方根据《中华人民共和国合同法》及其他有关规定，经友好协商，就本项目相关事宜，达成如下协议。

1. 定义和解释

1.1　下列措辞和用语，除上下文另有要求外，应具有所赋予它们的含义。

(1) 项目或本项目：指明德学院人力资源管理系统。

(2) 项目成果：指乙方根据本合同及所有附件、补充协议的约定为项目需要创作并向甲方交付的文字作品和其他作品，包括且不限于信息系统、程序、程序列表、程序设计工具、文档、报告、图表等。

(3)"可交付件"指本合同由乙方所交付的软件和文件，包括源代码、安装盘、技术文档、成果报告、用户指南、操作手册、安装指南和测试报告等。

(4)"软件"包括"软件系统"，除另有指明外，指在本合同履行期内所开发和提供的当前和将来的软件版本，包括乙方为履行本合同所开发和提供的软件版本和相关的文件。

(5)"源代码"指应用软件的源代码。其必须可为程序员理解和使用，可打印以及被机器阅读或具备其他合理而必要的形式，包括对该软件的评估、测试或其他技术文件。

(6)"工作日"指国家所规定的节假日之外的所有日历日，未指明为工作日的日期指自然顺延的日期。

(7)"初步验收"指乙方提供的所有软件产品安装在合同中规定的项目现场并经过模拟运行后进行的系统运行验收。

(8)"终验"指乙方提供的所有软件产品通过初步验收正式上线并经质保期后，由乙方提出终验申请，双方联合对系统运行进行终验测试并完成终验测试报告。

1.2　下列文件应被视作为本合同的有效组成部分：

(1) 本合同的附件。

(2) 本合同的补充协议。

若上述文件对相关事项的约定不相一致，以签署日期在后的文件约定为准。

2. 合同范围

2.1　乙方应按合同规定提供和履行服务，本项目工作范围包括以下内容：

(1) 乙方所有软件及开发服务必须使完成后的系统完全满足用户需求书的要求，具体要求见招标文件第三部分：用户需求书。

(2) 乙方应按本合同附件一的要求为甲方提供培训，从而实现有效知识转移。

(3) 乙方向甲方提供足够的系统和系统客户化设计、二次开发、调试、安装、运行、维护及其他所需的所有技术文件。

2.2　乙方应提供项目质量保证期的服务，项目质量保证期为系统上线试运行并通过项目验收后的第二日起往后一年期内。

3. 合同总价

合同总价：＿￥＿＿＿元(人民币大写：＿＿＿＿元整)，分三期支付。

4. 合同款项的支付

4.1　首付款的支付

乙方完成需求调研，并经甲方审查通过《明德学院人力资源管理系统项目现状调研与需求分析报告》，甲方对乙方提交的下列单据审核无误后的30个工作日内，按项目合同总价的30%向乙方支付。

4.2　初步验收款的支付

系统上线试运行三个月，通过初步验收，乙方提交工作说明书“上线试运行阶段”、“正式上线初步验收阶段”所要求的全部报告，经甲方审核通过。甲方对乙方提交的下列单据审核无误后的30个工作日内，按项目合同总价的60%向乙方支付。

4.3　最终验收款的支付

项目质量保证期结束并经过最终验收，乙方提交工作说明书第三部分“项目质保期阶段”、“项目最终验收阶段”所要求的全部报告，经甲方审核通过，且乙方完全履行合同规定的全部义务。按项目合同总价的10%向乙方支付。

(1) 乙方开具的支付请求1份。

(2) 乙方出具的最终验收款付款金额发票1份。

(3) 双方签字的最终验收报告1份。

5. 履约保证金

5.1　乙方应在收到中标通知书之日起10天内，向甲方代表提交下述金额的履约保证金。

5.2　履约保证金应为合同价的百分之十(10%)。保证期至终验通过为止。履约保证金用于保证乙方履行合同条款规定的所有义务。

5.3　履约保证金采用下述方式提交：履约保证金提交形式详见招标文件“第二部分　投标人须知”中第36条款。

5.4　除非双方另有协定，在乙方完成其合同义务包括任何保证义务后15天内，甲方将把履约保证金退还乙方。

6. 转让和分包

没有征得甲方书面同意，本项目不允许转让和分包，若违反本条款，甲方有权终止合同。

7. 项目进度与管理

7.1　乙方应安排充足的人力与技术投入，以保证项目总实施时间（包括项目成果评审时间，但不包括系统试运行时间和项目质量保证期）不超过__12__个月，以及提供不少于现场服务人·天数。

7.2　合同生效后一周内，乙方必须依据本合同附件一编制项目工作详细计划（以下简称“项目计划”），要求工作细化到每周，经甲方审批通过后，作为项目进度控制标准予以执行。

7.3　项目实施过程中，乙方应在每月的第五个工作日前向甲方提交月工作报告，每周一向甲方提交周工作报告。工作报告里须说明项目计划执行情况，以及下一个时间段计划的工作内容，并应针对项目的实际进展情况提出建议。

7.4　乙方必须严格按照项目计划进行现场服务，接受甲方的工作检查和监督。所有现场服务人·天数以甲方考勤为准。条款7.1所述的乙方现场服务人·天数为估计数，乙方承诺在项目实施过程中如上述人·天数不能满足合同的需求，乙方无偿增加服务的人·天数，保证按质、按时完成合同中规定的义务。

7.5　由于任何一方的原因需调整项目进度计划，须得到另一方的确认，并及时调整项目实施安排，调整后的项目计划须由甲、乙双方签字确认。

8. 项目成果的交付及归属

8.1　乙方须交付的项目成果及其验收方式详见本合同附件一。

8.2　乙方应按计划提交各阶段成果。

8.3　乙方向甲方提供应用软件开发源代码（含所有后续升级版本），版权为甲方享有，甲方有权对系统进行二次开发和修改。

8.4　甲方将在乙方提交成果次日起的5个工作日内出具书面的验收意见或组织验收（验收意见将在验收后的3个工作日内书面出具），否则视为通过。

8.5　乙方须在提交的阶段成果得到甲方书面确认验收通过后才可以开展下一阶段实施工作。

8.6　乙方应有规范的管理以控制项目成果质量，在成果交付给甲方前，乙方应进行严格审核。对乙方正式提交的成果，如经甲方审核认定未完全符合合同要求的，乙方须按甲方的审核意见予以修改直至验收通过，由此引起的责任和费用由乙方承担。

8.7 乙方提交的所有书面成果文件，均为一式三份，并附有一份电子文件(可编辑、无压缩、不加密、无病毒)。

9. 售后服务

自项目最终验收通过之日起，乙方提供为期___1___年的上门维护(含系统合理修改)，费用包含在本投标报价中。___1___年的维护期满后，乙方有偿向甲方提供软件产品的维护，并在投标报价《系统维护服务费报价》表中对年度维护费用进行报价。乙方须提供年度维护期服务计划。

年度维护期服务要求如下。

(1) 维护时间：提供全天候24小时热线电话服务响应。

(2) 对于不能明确是否是硬件出现故障时，乙方应尽力配合有关方面进行检查。

(3) 在下述响应时间内到达现场协助排除问题：产品故障报修的响应时间：法定工作日8：00～18：00内的响应时间为________小时，其余时间为________小时。

(4) 系统合理修改，不超过原需求10%内的修改免费开发，超出部分以优惠价格收取适当开发费。

(5) 上门现场排除系统运行过程中出现的软件故障。

(6) 应甲方的要求，随时讲解系统的结构及设计。

(7) 机房巡视、产品检查：安排专业技术人员每月定期到机房查看软、硬件产品运行情况，检测软、硬件产品功能是否正常，排除可能存在的故障隐患。

10. 甲方权利与义务

10.1 提供专人与乙方联络，准备所能提供的用于本项目目的的数据、文件和信息，当乙方为了完成本合同的任务而需要使用这些资料信息时，甲方应予以协助。

10.2 乙方在甲方场地工作时，甲方有义务向乙方提供必要的配合和协助。甲方办公场地配备有必要的办公家具、水电设施、上网接口、电话、饮用水机等，甲方将为乙方提供所在工作办公区的出入证明。

10.3 甲方有责任协调和确保内部各方资源参与本项目实施。

10.4 对于乙方提交的需甲方做出答复的重要情况和事宜，甲方应在一个合理时间内做出决定或批准。

10.5 甲方有权不接受乙方的意见或建议，但必须给出书面理由。如乙方人员的意见与甲方有分歧，以甲方的最终意见为准，乙方必须执行。甲方对其最终意见的执行结果负责。

10.6 依据本合同约定对乙方的服务质量进行监督，以及要求乙方进行必要的说明。

10.7 否定任何乙方做出的损害甲方利益的决定和行为，并有权向乙方索赔。

10.8 履行按合同第4条规定支付应付合同款的义务。

11. 乙方权利与义务

11.1 乙方应在充分了解本项目背景及目标的前提下，按照本合同及其附件的要求，按时、按质、按量完成合同约定的所有服务及提交完整的项目成果。

11.2　乙方应以合理、谨慎、努力和有效的方式，以其一贯的水准在所有的专业知识和能力方面向甲方提供最好的服务。

11.3　乙方应保证其拥有拟提供货物/服务的所有权或知识产权、再许可使用权或其他合法使用权，并保证业主在中华人民共和国领域内能自由使用且无须支付除合同价款之外的任何费用。如任何第三人提出甲方因使用该货物/服务侵犯其知识产权或其他民事权利的诉讼或要求时，或向甲方提出任何许可使用费用的诉讼或要求时，乙方应承担全部责任并自费处理此类诉讼或要求。发生此类诉讼或要求时，甲方应及时通知乙方并由乙方在处理此类诉讼或要求的过程中占主导地位。此类诉讼或要求如导致甲方产生损失的，乙方应全额赔偿，赔偿额最高限度为本合同金额。合同价格已包含为履行合同，完成合同约定的责任和义务所有应支付的专利权，版权或其他知识产权的许可使用费用或其他任何费用。

11.4　乙方须对甲方参与本项目的人员进行技术培训指导。

11.5　乙方人员在本合同履行期间必须接受和服从甲方项目管理机构的监管。但乙方人员在项目实施过程中和提供有关服务时因其个人行为或不作为而产生的一切责任与甲方无关。

11.6　向甲方提出项目成果验收及合同款支付的申请。

11.7　根据甲方书面出具的验收意见或建议，修改其提交的项目成果。

11.8　乙方应自备本合同项下必要的办公、通信、交通等设施、设备，以及履行本合同所需的所有特殊仪器、工具，并承担所有有关费用。

11.9　对于甲方提供的资料，若乙方认为存在不准确或不完整情形时，乙方应及时向甲方提出。

11.10　按甲方要求对项目成果进行归档。

11.11　未经甲方书面同意，乙方不得转让合同中规定的义务。

11.12　本协议仅在甲方与乙方之间订立。乙方在提供开发服务的过程中，如认为需要，可以采用其附属机构和关联机构的资源。乙方对任何其他协助其完成本合同项下任务的行为承担责任。

12. 人员配置

12.1　乙方要指定有相应资历的、项目经验丰富而且可以信赖的人员来完成项目和提供开发服务，并要保证在合同履行期间，乙方人员按照合同附件一规定的时间阶段在甲方办公现场工作。

12.2　乙方参与本项目人员必须为乙方正式员工，如个别服务内容具有特殊性，需非乙方员工参与，乙方必须向甲方提出书面申请，并征得甲方同意。

12.3　乙方人员的配置按本合同附件一的规定。

12.4　如乙方在合同实施期间提出全部或部分更换合同规定的乙方人员，应提前书面向甲方申请，并提交替换人员的资质证明文件，在甲方同意后方可更换。由于被更换人员患病、离职等乙方不可控制因素而产生的更换则无须事先征得甲方同意，但乙方须向甲方出示相关证明文件并获得甲方认可，同时还应提交替换人员的资质证明文件供甲方确认替换人员。乙方提供备选的替换人员数量至少应为被更换人员数量的两倍，替换人员的资质水平不得低于被更换人员的资质水平。

12.5 甲方在有合理理据的情况下有权要求乙方更换任何不称职的人员，乙方应予接受，并承担由此引起的责任和费用。

13. 保密条款

13.1 乙方应准确系统地建立项目和服务过程中的文档和记录，其形式和详细程度应符合其专业水平，并允许甲方在项目执行过程中进行检查和复印。

13.2 对于一方向另一方提供的保密信息和资料(包括但不仅限于技术文件、业务或操作方法以及甲方系统的配置)，另一方须以合理和合适的方式予以保密。未经提供方书面同意，另一方不得将这些信息和资料通过任何方式透露给任何第三方。但甲方合理使用获得的本项目成果则不在此列。

13.3 甲方向乙方提供的图纸、资料均属于甲方的财产，本合同终止后，应甲方要求，乙方须归还这些图纸、资料(包括拷贝的副本)，但乙方可以保留一份该等资料的副本作为其工作的凭据和记录。

13.4 甲、乙双方签署本合同时亦同时签署本合同附件五"保密协议"，双方同意在本合同履行期间任何保密信息的交换都按照"保密协议"中的约定执行。

13.5 本合同所有项目成果的所有权或知识产权归甲方所有，乙方在合理范围内可自由使用，但需通知甲方且不得损害甲方权益。

13.6 未经甲方同意，乙方不得将本项目成果公开或透露给第三方。

14. 违约条款

14.1 甲方的违约情形及违约责任

(1) 未按合同约定支付相关款项的，每延期一天应按合同总额的千分之一支付违约金，延期支付超过 30 日的，乙方有权单方解除合同。

(2) 违反保密条款的，承担乙方因此受到的所有直接损失。

(3) 违反合同其他约定且在乙方书面提示之后同一违约行为仍未进行改进的，应按合同总额的千分之一支付违约金；违约金处罚后同一违约行为仍未进行改进的，乙方有权单方解除合同。

(4) 根本性违约且导致合同不能继续履行的，乙方有权单方解除合同。

14.2 乙方的违约情形及违约责任

(1) 未按合同约定时间提交项目成果的，每延期一天应按合同总额的千分之一支付违约金，延期提交超过 30 日的，甲方有权单方解除合同。

(2) 相关项目成果两次未通过验收的，乙方应按合同总额的百分之一支付违约金；三次未通过验收的，甲方有权解除合同。

(3) 项目总实施时间超过合同约定的，每延期一天应按合同总额的千分之一支付违约金，延期超过 60 天的，甲方有权单方解除合同。

(4) 未按合同约定更换项目团队人员的,每一人次按合同总额的千分之五支付违约金;三人次及其以上的,甲方有权单方解除合同。

(5) 违反保密条款的,承担甲方因此受到的所有直接损失。

(6) 违反合同其他约定且在甲方书面提示之后同一违约行为仍未进行改进的,应按合同总额的千分之一支付违约金;违约金处罚后同一违约行为仍未进行改进的,甲方有权单方解除合同。

(7) 根本性违约且导致合同不能继续履行的,甲方有权单方解除合同。

15. 合同变更

本合同的变更必须由双方协商一致,并以书面形式确定。但有下列情形之一的,一方可以向另一方提出变更合同权利与义务的请求,另一方应当在收到对方书面请求之日起的3个工作日内予以答复;逾期未予答复的,视为同意:

(1) 甲方在项目实施期间对项目作部分修改、删除、增加或其他调整但不涉及合同价格调整的。

(2) 乙方在项目实施期间根据实际情况对项目计划进行微调,但计划调整后仍能确保项目实施总时间(包括项目成果评审时间,但不包括系统试运行时间和项目质量保证期)在8个月以内。

16. 合同终止

16.1 合同双方完全履行各自合同义务或经双方在此前书面一致同意,或一方按照相关条款的规定发出终止通知后终止。

16.2 合同的终止并不损害或影响任何一方的索赔权利。

17. 争议的解决

17.1 在合同履行过程中出现任何争议,双方应协商解决。

17.2 若双方协商在一方向另一方发出要求协商解决的书面通知后的30日内不能达成一致,则任一方可向合同签订所在地的仲裁委员会提起仲裁,或向合同签订所在地人民法院提起诉讼。

17.3 仲裁进行期间,除必须在仲裁过程中进行解决的部分问题外,合同其余部分应继续履行,即双方将继续履行仲裁部分以外的合同义务。

18. 合同语言

18.1 语言为中文。

18.2 双方往来正式文件和合同文本均以中文为准。

19. 合同生效

合同在甲、乙双方法定代表人或其授权代表签字并加盖法人公章后生效。

20. 其他

20.1 根据本合同发出的任何通知应以书面写成,按本合同所载地址递交,并应在收到时视为交付。

20.2 本合同正本两份、副本两份,双方各执正本一份、副本一份,正本与副本具有同等法律效力。

> 20.3　本合同含附件五份，合同附件将作为本合同不可分割的部分：
>
> 合同附件一　《用户需求书》；合同附件二　《投标分项报价表》；合同附件三　履约保函格式；合同附件四　项目成果清单及相关要求；合同附件五　保密协议。
>
> | 甲方： | 乙方： |
> |---|---|
> | 法定代表人或其授权代表签字： | 法定代表人或其授权代表签字： |
> | 签字日期：　　年　　月　　日 | 签字日期：　　年　　月　　日 |
> | 联系人： | 联系人： |
> | 联系电话： | 联系电话： |
> | 传真号码： | 传真号码： |

任务 1-6　人力资源管理系统立项与启动的扩展任务

(1) 参照软件项目开发的立项报告模板，完善人力资源管理系统开发立项报告。

(2) 参照软件项目开发的招标书模板，完善人力资源管理系统的招标书。

(3) 参照软件项目开发的投标书模板，完善人力资源管理系统的投标书。

(4) 根据委托方提供的用户需求说明，分析并列举出软件功能，编写简单的《软件需求规格说明书》和《软件功能确认书》。

【小试牛刀】

任务 1-7　进、销、存管理系统开发的立项与启动

1. 任务描述

阳光电器公司是一家主营家用电器的公司，该公司的主要业务涉及电器的采购和销售，销售业务主要有批发和零售两部分，有时候会出现打折促销。公司的仓库和门面在同一栋大楼。公司内设经理办公室、公司办公室、供应部、销售部、仓管部、财务部等部门，公司业务量逐年递增，现有的手工管理进货、销售、库存方式已不适应公司业务需求，急需开发一个进、销、存管理系统来高效管理公司业务，准确地反映进货、销售、库存等方面的各种信息，以帮助公司经理制定适宜的销售策略，实现对供应商资料、客户数据、商品信息、交易数据、各种单据等信息的迅速方便地录入、查询与管理，了解进、销、存各项相关信息。

请代阳光电器公司编制以下文档。

(1) 进、销、存管理系统项目立项报告。

(2) 进、销、存管理系统开发的招标公告。

(3) 进、销、存管理系统开发的招标书。

(4) 进、销、存管理系统开发的合同书。

贝特信息技术有限公司拟投标该进、销、存管理系统开发项目，请代该软件公司编制进、销、存管理系统开发的投标书。

2. 提示信息

(1) 进、销、存管理系统项目立项报告、招标公告、招标书、合同书、投标书的模板请参考本单元【模板预览】环节人力资源管理系统开发相应的文档模板。

(2) 进、销、存管理系统项目立项报告、招标公告、招标书、合同书、投标书的内容请参考本单元【项目实战】环节人力资源管理系统开发相应的文档内容。

【单元小结】

本单元主要介绍了软件工程的基本概念和基本原理、软件的生命周期和开发模型等方面的理论知识。本单元的重点内容是软件项目的立项和启动,这个阶段的主要任务是确定组织机构、人员分工、开发进度、经费预算、所需的硬件及软件资源等。软件项目开发的立项是要解决"做什么"的问题。项目立项后,开始执行启动项目活动。本单元以人力资源管理系统为例,重点阐述了《立项报告》、《招标公告》、《招标书》、《投标书》和《开发合同》的编制方法。

【单元习题】

(1) 开发软件所需高成本和产品的低质量之间有着尖锐的矛盾,这种现象称作(　　)。

A. 软件投机　　B. 软件危机　　C. 软件工程　　D. 软件产生

(2) 请按顺序写出软件生命周期的几个阶段(　　)。

A. 维护　　B. 测试　　C. 详细设计　　D. 概要设计

E. 编码　　F. 需求分析

(3) 瀑布模型把软件生命周期划分为软件定义、软件开发和(　　)三个阶段,而每一阶段又可细分为若干更小的阶段。

A. 详细设计　　B. 可行性分析　　C. 运行及维护　　D. 测试与排错

(4) 软件生命周期是指(　　)阶段。

A. 软件开始使用到用户要求修改为止

B. 软件开始使用到被淘汰为止

C. 从开始编写程序到不能再使用为止

D. 从立项制订计划、进行需求分析到不能再使用为止

(5) 软件工程方法是在实践中不断发展的方法,而早期的软件工程方法主要是指(　　)。

A. 原型化方法　　B. 结构化方法

C. 功能化方法　　D. 面向对象方法

(6) 常用的面向对象的软件过程模型是(　　)。

A. 瀑布模型　　B. 喷泉式模型　　C. 原型模型　　D. 增量式模型

(7) 原型化方法是用户和设计者之间执行的一种交互构成,适用于(　　)系统。

A. 需求不确定性高的　　B. 需求确定的

C. 管理信息　　D. 实时

(8) 原型化方法是一种(　　)型的设计过程。

A. 自外向内　　B. 自顶向下　　C. 自内向外　　D. 自底向上

单元2　软件项目的分析与建模

软件项目需求分析的主要工作是对现有系统的业务流程和目标系统的信息需求进行详细调查，然后在此基础上进行分析研究，并最终给出软件项目的逻辑模型，为目标系统的设计打下基础。对于结构化开发方法而言，系统分析是整个软件项目开发的关键阶段，要求给出准确、全面、完整的信息需求，因为后面所有阶段的工作都是建立在此阶段成果的基础之上。

软件模型是开发人员及其团队获得软件系统完整设计蓝图的理想方法，是理解复杂问题和相互交流的一种有效方法。建立软件模型可以帮助开发人员更好地了解正在开发的软件系统，开发人员通过软件模型可以改善与客户及团队内部（分析人员、程序员、测试人员以及其他涉及软件项目开发的人员）的相互沟通，便于管理复杂事务、定义软件构架、实现软件重用以及掌握重要的业务流程。

【知识梳理】

2.1　系统调查的基本方法

系统调查的常见方式有：重点询问方式、全面业务需求分析的问卷调查法、深入实际的调查方式和参加业务实践。

1. 重点询问方式

采用关键成功因素（CSF）法，列举若干可能的问题，自顶向下尽可能全面地对用户进行提问，然后分门别类地对询问的结果进行归纳，找出其中真正关系到软件项目开发工作成败的关键因素。

2. 问卷调查法

采用调查表对现有系统的各级人员进行全面的需求分析调查，然后分析整理，以了解、确定业务的处理过程。另外，收集现有的各种报表，了解与该报表有关的信息种类和内容、数据的来源和去向、报表的计算方法等资料。

3. 深入实际的调查方式

系统分析员在有关人员的配合和支持下，深入各职能部门，与各级管理人员面对面交谈或阅读历史资料，了解情况，通过不断的反复，最后双方确认各项调查的内容，并由系统分析员向用户提交供评审的系统分析的结果。

4. 参加业务实践

为了熟悉和观察企业或组织的业务流程和工作内容，直接参与业务实践，通过自己的亲身体验获取资料。这是一项最有效的方法，百闻不如一见。

2.2 软件项目开发的初步调查与分析

软件项目的调查，包括初步调查和详细调查，初步调查在前期项目立项规划阶段进行，详细调查在系统分析阶段进行。

软件项目开发的初步调查是为软件系统规划、可行性分析提供依据。初步调查主要是从总体上了解企业或组织概况、基本功能、信息需求和主要薄弱环节。初步调查的主要内容如下。

1. 企业或组织的概况调查

企业或组织的概况调查包括企业或组织发展规模、经营效果、业务范围等，以便确定系统边界、外部环境并对现有管理水平做出评估。

2. 企业或组织的目标与任务调查

调查企业或组织在一定时期内生产经营活动最终要达到的目标和具体生产、经营内容。

3. 组织机构调查

调查组织机构设置及职能、部门职责的划分及相互关系等，绘制组织机构图。组织机构图是组织内部的机构设置及其相互关系的图示。

4. 现有软件系统的业务流程

了解现有软件系统的主要业务流程，并根据地理分布、信息量大小初步确定合理的硬件结构、通信方式等。

5. 目前存在的主要问题

了解现有系统存在的主要问题，搞清楚影响现有系统运行的主要瓶颈环节及解决的初步方案。

6. 系统开发条件

系统开发条件包括企业或组织的领导对软件项目开发的认识与支持程度、用户对系统开发的认识水平与态度、管理基础工作、系统开发人员及技术力量、投资费用等。

7. 计算机应用水平及可供利用的资源

调查现阶段计算机应用的情况、应用规模及开展水平，调查可供利用的计算机资源。

2.3 软件项目开发的可行性分析

可行性分析与分析是在初步调查的基础上，分析系统开发的必要性与可能性。首先要分析开发软件项目的必要性，然后从经济、技术、管理等方面分析其实现的可行性。对于拟开发软件项目的需方在软件项目的前期论证时需要进行可行性分析，对于拟参加投标的软件开发商在编制投标书前也需要进行可行性分析。

2.3.1 软件项目开发可行性分析的内容

1. 必要性分析

必要性分析是从管理对软件项目的客观要求及现有系统的可满足性等方面分析开发软

件项目是否必要。新开发软件项目的使用能给企业或组织目前和将来带来明显的效果。例如数据处理速度加快所带来的业务处理数量和质量的提高，信息的完备与准确使决策者能迅速做出正确的决策，适应变化的市场需求。

2. 经济可行性分析

通过对新开发的软件项目进行费用分析和效益分析。初步估算开发软件项目需要的投资，估计软件项目正常运行能带来的效益，确定系统开发的经济合理性，同时估计整个系统的投资回收期，一般软件项目的投资回收期为4～5年。

3. 技术可行性

从设备条件、技术力量等方面分析实现目标系统的可行性。在当前条件下是否具备开发的软件项目所需的各种技术要求。对于设备条件，主要考虑计算机的硬件设备、网络以及安全性、可靠性等方面能否满足软件项目数据处理和传输的要求。对于技术力量主要考虑是否具备从事软件项目开发与维护工作的技术人员，技术人员在能力上是否达到开发系统的要求。

4. 组织与管理可行性

软件项目是管理人员进行决策的辅助手段，软件项目的开发只有在具备合理的管理制度、科学的管理方法基础上才能实现。要使软件项目成功开发，正常运行，需要用户的大力配合，提高企业或组织的领导层和管理人员对软件项目的认识与支持的程度。

2.3.2 软件项目开发可行性分析的步骤

软件项目开发可行性分析的步骤如下。

1. 核查系统规模和目标

访问有关人员，仔细分析有关材料，以便系统分析员对系统初步调查阶段确定系统规模和目标进一步核查确认，改正含糊或不正确的描述，明确系统的限制和约束。

2. 开展系统调查，分析当前系统

对现有系统和市场进行细致的调查研究和分析。如果企业或组织目前有一个软件系统正在被使用，这个系统必定能完成某些有价值的工作。首先必须仔细阅读分析现有系统的文档资料和使用手册，实地考察现有系统，了解现有系统可以做什么，为什么这样做，还要了解使用这个系统的运行成本。新开发软件项目必须能完成老系统所具有的功能，也要解决老系统中存在的问题。

3. 列出可能的技术方案

在系统初步调查的基础上，列出所有可能的技术方案。

4. 技术先进性分析

分析系统功能的先进性、所用的计算机设备的先进性、标准化等组织技术的先进性等。

5. 经济效益分析

按现有财务制度的各种规定和数据、现有价格、税收和利息等来进行财务收支计算，并用可能发生的资金流量对技术方案的经济效益进行评价。

6. 综合评价

在经济评价的基础上，同时考虑其他非经济因素（包括法律方面、使用方面的因素），对技术方案进行评价。

7. 优选可取方案并写出可行性研究报告

通过各种分析和评价，根据项目目标和约束条件优选最合适方案，并写出可行性研究报告。可行性分析必须有一个明确的结论。可行性分析的结论可能有以下几种。

① 可以进行软件项目开发。

② 需要等待某些条件(例如资金、人力、设备等)落实之后才能进行开发；或者需要对开发目标进行某些调整后才能开发。

③ 不能进行或不必要进行开发，例如所需的技术不成熟、经济上不合算、与现行体制不相适应等。

可行性分析主要得到系统确实可行的结论，或者及时终止不可行的项目，应避免在项目进行了较长时间后，才发现项目根本不可行，以致造成浪费。

2.4 软件项目开发的详细调查与分析

2.4.1 软件项目开发详细调查的主要内容

软件项目开发详细调查的主要内容包括以下方面。

1. 现有系统的系统界限和运行状态

调查现有系统的业务范围、与外界的联系、经营效果等，以便确定系统界限、外部环境和接口，衡量现有的管理水平等。

2. 组织结构的调查

调查现有系统的组织机构、各部门的职能、人员分工和配备情况等。

3. 功能体系的调查

功能体系调查是以部门为调查对象，深入调查部门的职责、工作内容、分工，然后提炼、细化、汇总管理功能，绘制功能结构图。

4. 业务流程的调查

以功能结构图为线索，详细调查每一基本功能的业务实现过程，全面细致地了解整个系统各方面的业务流程，发现业务流程中的不合理环节。

5. 数据与数据流的调查

在业务流程的基础上，对收集数据和处理数据的过程进行分析和整理，绘制原系统的数据流图。

6. 收集各种原始凭证和报表

通过收集各种原始凭证，统计原始单据的数量，了解各种数据的格式、作用和向系统输入的方式等方面。通过收集各种输出报表，统计各种报表的行数和存储的字节数，分析其格式的合理性。

7. 统计各类数据的特征和处理特点

通过对各类数据平均值、最大值、最大位数及其变化率等的统计，确定数据类型和合理有效的处理方式。

8. 收集与目标系统对比所需的资料

收集现有系统手工作业的各类业务工作量、作业周期、差错发生数等，为新旧系统对比时使用。

9. 了解约束条件

调查、了解现有系统的人员、资金、设备、处理时间、处理方式等方面的限制条件和规定。

10. 了解现有系统的薄弱环节和用户要求

系统的薄弱环节正是目标系统要解决和最为关心的主要问题，通过调查以发现薄弱环节。用户要求是指系统必须满足功能要求、性能要求、时间要求、可靠性要求、安全保密要求、开发费用等方面的要求。

2.4.2 用户需求的调查与分析

用户需求指用户对软件项目的所有要求和限制，通常包括功能、性能、可靠性、安全保密要求以及开发费用、开发周期、资源等方面的限制。通过需求分析全面理解用户的各项要求，准确表达被接受的用户需求。

用户需求分析的过程如下。

1. 调查用户需求

通过系统调查，系统分析员了解了当前业务系统的现状和存在的问题，初步掌握了用户需求，在此基础上通过访谈、问卷调查等多种方式收集来自各级用户的各种需求。

2. 确定用户需求

对于用户提出的需求，应进行分析、筛选，确定可行的、必须满足的需求，应尽量满足用户的需求。

3. 表达用户需求

经确定的用户需求称为系统需求，对系统需求应清晰、准确、完整地进行描述，这个描述性文件就是《用户需求说明书》，也称为《软件需求规格说明书》，它提供了用户与系统分析员对所开发的软件项目的共同理解。

2.4.3 组织机构的调查与分析

在系统详细调查的基础上，对现有系统的组织结构、管理功能进行分析，主要包括组织结构分析、组织与功能的关系分析、管理功能分析三个方面。

在获取的组织机构图的基础上，进一步了解现有系统的组织机构、各部门的职能，分析各部门之间资料传递关系和数据流动关系。

根据系统调查结果绘制系统的组织机构图，用图示描述组织的总体结构和组织内部各部门之间的关系。其次对组织机构进行调查分析，进一步掌握各部门的联系程度、主要业务职能、业务流程等。

2.4.4 业务流程的调查与分析

对各业务部门的业务流程进行归纳和分析，了解业务人员、工作内容、实现顺序以及业务与人员、业务与业务之间关系，明确各环节所需信息的内容、来源、去向、处理方法，调查结果用业务流程图表示，为建立软件项目的数据模型和逻辑模型打下基础。业务流程分析主要有如下内容。

(1) 绘制各业务部门的业务流程图和表格分配图。

(2) 与业务人员讨论业务流程图和表格分配图是否符合实际情况。

(3) 利用管理科学理论分析流程中存在的问题,例如处理内容重复、信息流或物流流程不符合逻辑等方面。

(4) 与业务人员讨论,根据软件项目的要求,提出改进业务流程的方案。

(5) 将新业务流程方案提交给决策者,以便确定合理的、切合实际的业务流程。

2.4.5　数据的调查与分析

用业务流程图和表格分配图描述管理业务形象地表达了信息的流动和存储,得到现有系统的物理模型。但没有脱离物质要素,为了便于分析问题,进一步舍去物质要素,抽象出数据流,详细调查数据与数据流。

收集进行系统分析所需的数据,具体包括各种单据(例如各种入库单、收据、凭证、清单、卡片)、账本、各种报表、各种记录;现有系统的说明文件,例如各种流程图、程序;各部门外的数据来源,例如上级文件、计算机公司的说明书、外单位的经验材料等。收集的结果可以通过数量汇总表和统计报表进行描述。

1. 整理、分析调查得到的原始资料

(1) 围绕系统的目标、组织结构和业务功能,分析已收集到的信息能否提供足够的支持,能否满足正常的信息处理业务和定量化分析的需要。

(2) 分清所收集的信息的来龙去脉、目前的用途,以及与周围环境之间的关系。

(3) 分析现有报表的数据是否全面,是否满足管理的需要,是否正确地反映业务的实物流,现有的业务流程有哪些弊病,要做哪些改进等。

2. 对数据进行分类处理

将系统调查得到的数据分成输入数据类、过程数据类和输出数据类,数据分类有利于系统设计阶段的用户界面设计、输入/输出设计等。

3. 数据汇总

(1) 数据分类编码

将收集的数据资料按业务过程进行分类编码,按处理过程的顺序进行排列。

(2) 数据完整性分析

按业务过程自顶向下对数据项进行整理,从本到源,直到记录数据的原始单据或凭证,确保数据的完整性和正确性。

(3) 将所有原始数据和最终数据分类整理出来

原始数据是软件项目确定关系数据库基本表的主要内容,最终输出数据反映管理业务所需要的主要指标。

(4) 确定数据的长度和精度

根据系统调查中用户对数据的使用情况以及今后预计该业务的发展,确定各数据的长度和精度。

2.5　软件项目的需求分析

可行性分析阶段产生的文档是需求分析阶段的基础,可行性分析阶段已经确定了软件系统必须完成的许多功能。在需求分析阶段,系统分析员应将这些功能进一步具体化。

软件需求分析就是把软件计划期间建立的软件可行性分析求精和细化,分析各种可能的解法,并且分配给各个软件元素。需求分析是软件定义阶段中的最后一步,是确定系统必须完成哪些工作,也就是对目标系统提出完整、准确、清晰、具体的要求。

把将要建立的系统称为"目标系统",需求分析是研究用户要求,以得到目标系统的需求的过程。

需求分析的基本任务是软件人员和用户一起完全弄清用户对系统的确切要求。需求分析的结果是否正确,关系到软件开发的成败,正确的需求分析是整个软件系统开发的基础。需求分析是理解、分析和表达"系统必须做什么"的过程。其中,理解就是尽可能准确地了解用户当前的情况和需要解决的问题。需求分析阶段并不需要马上进行具体的系统设计和需求实现,而是要对用户提出的要求进行反复多次的细化,才能充分理解用户的需求。通过分析得出对系统完整、准确、清晰、具体的要求。表达是通过建模、规格说明和复审,说明"系统必须做什么"的过程。建立模型就是描述用户需求,可以使用数据流图、数据字典、UML图、实体-关系图、状态转换图、IPO图、层次图等工具建模。需求分析的结果要经过严格的评审,以确保软件产品的质量,软件需求是进行软件质量度量的基础。

软件需求分析阶段要求使用《软件需求规格说明书》表达用户对系统的要求,规格说明可以使用文字表示,也可以使用图形表示。软件需求规格说明一般包括以下内容:软件目标、系统数据描述、功能描述、行为描述、确认标准等。

2.5.1 软件项目需求分析的主要任务

软件项目的需求分析是理解、分析和表达"系统必须做什么"的过程,即全面理解用户的各项要求,并准确地表达用户提出的需求,其主要任务如下。

1. 进一步明确系统目标

经过详细调查以后,再次分析目标系统目标是否符合实际情况,必要时,经过论证可作适当修改。

2. 充分识别用户需求,形成《软件需求规格说明书》

详细了解每个业务过程和业务活动的工作流程及信息处理流程;理解用户对软件项目的需求,包括对系统功能、性能、环境、界面等方面的需求,对硬件配置、开发周期、开发方式等方面的意向;以《软件需求规格说明书》的形式将软件需求描述出来,作为今后各项工作的基础。

3. 完善子系统的划分,确定各子系统的功能

经过详细调查,对各子系统进行修正、完善,使其更合乎实际需求。

4. 确定软件逻辑模型,形成系统分析报告

在详细调查的基础上,运用各类系统开发理论、开发方法、开发技术,确定系统应具有的逻辑功能,再用适当的方法表示出来,形成系统逻辑模型。目标系统的逻辑模型由一系列的图表和文字组成,以《软件系统分析报告》的形式表达出来,为下一步系统设计提供依据。

逻辑模型分为数据模型、功能模型和行为模型等,在软件系统中,逻辑模型是指使用逻辑的过程或主要的业务来描述对象系统,首先描述系统要"做什么",或者具有哪些功能;然后逐步细化所有的软件功能,找出系统各元素的联系、接口特性和设计上的限制,分析它们是否满足需求,剔除不合理的部分,增加需要的部分,最后将它们综合成系统的解决方案,给出待开发软件系统的详细逻辑模型。

需求分析人员对获取的需求进行一致性的分析检查，在分析、综合中逐步细化软件功能，划分成各个子功能，用图文结合的形式建立目标系统的逻辑模型。

① 数据模型表示问题的信息域，用实体-关系图(E-R 图)来描述数据对象之间的关系。

② 功能模型定义了软件要实现的功能，用数据流图或 UML 图来描述，它表达数据在系统移动时的变换情况，并描述数据流的功能和子功能。

③ 行为模型表示软件中数据的行为，用状态转换图来表示。

④ 数据字典用来描述软件使用或产生的所有数据对象，并对各种图形工具不能表达的内容加以补充。

5. 评审

对功能的正确性、完整性和清晰性，以及其他需求给予评价。评审通过才可以进行下一阶段的工作，否则应重新进行详细调研和需求分析。

2.5.2 软件项目需求分析的基本步骤

软件项目需求分析的基本步骤如下。

1. 详细调查现有系统

通过详细调查，弄清现有系统的边界，组织机构、人员分工、业务流程，各种计划、单据和报表的格式、种类及处理过程等，企业资源以及约束情况，为系统设计做好原始资料的准备工作。调查研究将贯穿于系统分析的全过程。

2. 分析组织结构与业务流程

在详细调查的基础上，用一定的图表和文字对现有系统进行描述，详细了解各级组织的职能和有关人员的工作职责、决策内容及对目标系统的要求。

3. 分析系统数据流

数据流分析就是把数据在组织或原系统内部的流动情况抽象出来，舍去具体的组织机构、信息载体、处理工作、物资、材料等，仅从数据流动过程考察实际业务的数据处理模式，主要包括对信息的流动、传递、处理与存储的分析。

4. 建立目标系统的软件模型

在系统调查和系统分析的基础上建立目标系统的软件模型，用一组图表和文字进行描述，方便用户和分析人员对系统提出改进意见。

5. 复审

复审由系统分析员和用户一起对需求分析结果进行严格的审查，确保软件需求的一致性、完整性和正确性。

审查的内容包括实体-关系图、详细的数据流图、数据字典、状态转换图和一些简明的算法描述等。数据是否准确、完整吗？有没有遗漏必要的处理或数据元素？数据元素从何来？如何处理……这些问题都必须有确切的回答，而这些答案只能来自用户。因而必须请用户对需求分析做仔细的复查。

复查从数据流图的输入端开始，系统分析员借助于数据流图和数据字典以及简明的算法描述，向用户解释如何将输入数据一步一步转变为输出数据。在该过程中可能会引出新的问题，此时应及时修正和补充，然后再由用户对修改后的系统进行复查，如此反复多次循环进行，才能得到完整、准确的需求分析结果，才能确保整个系统的可靠性和正确性。

6. 编写文档

软件需求分析阶段的成果使用文字或图形进行描述，主要的文档有《修正后的软件开发计划》、《软件需求规格说明书》、《实体-关系图》、《详细的数据流图》、《数据字典》、《状态转换图》、《数据要求说明书》、《初步的测试计划》、《用户手册》等。其中《软件需求规格说明书》把系统分析员和用户共同的理解与分析结果用规范的方式描述出来，作为下一阶段系统设计的工作依据；《用户手册》着重反映被开发软件的用户功能界面和用户使用的具体要求；《初步的测试计划》作为今后确认和验收的依据；在需求分析阶段对开发的系统有了更进一步的了解，能更准确地估计开发成本、进度和资源要求，因此，需要对原软件开发计划进行适当的修正，重新编制《修正后的软件开发计划》。也可以将多个文档使用《软件系统分析报告》予以整合。

【方法指导】

2.6 数据流分析

数据流分析是把数据在原系统内部的流动情况抽象出来，抽象地反映信息的流动、加工、存储和使用情况。数据流分析主要包括对信息的流动、处理、存储等方面的分析。

数据流分析按照自顶向下、逐层分解、逐步细化的结构化分析方式进行，通过分层的数据流图(Data Flow Diagram，DFD)实现。

2.6.1 绘制数据流图

数据流图是用规定的基本图形直观描述数据的流动及其处理、存储的图示。

1. 数据流图的特点

(1) 抽象性：数据流图只是抽象地反映信息处理流程。

(2) 概括性：数据流图把系统对各种业务的处理过程联系起来，便于把握系统的总体功能。

(3) 分层性：数据流图由自顶向下的各层组成，便于认识问题和解决问题。

2. 数据流图的基本组成元素

数据流图的基本组成元素如表 2-1 所示。

表 2-1 数据流图的基本组成元素

元素名称	图例	说明
数据流	⟶	表示数据的流向，DFD图描述的是数据流，而不是控制流。箭头旁标注所流经数据的名称。数据流可以表示各种输入/输出的报表、单据，也表示数据存储与加工之间的输入数据和输出数据
加工(处理)	▭ 或 ○	描述输入数据流到输出数据流之间的变换，这种变换包括两种情况：①数据的组成变换；②在原数据基础上增加新内容，形成新的数据。框的上部填写该处理的标志，下部用动宾词组表示一个加工

续表

元素名称		图例	说明
存储文件	文件		用于存储数据或数据转换。框的左部为文件标志，右部为文件名称
	读文件		只是从文件读出数据，数据经加工处理后不写文件或修改文件
	写文件		经加工(修改或更新)后数据要流向文件，即写文件或修改，修改文件一般是先读，但本质是写。此时箭头指向存储文件
	既读又写		加工既要读文件又要写文件，用“双向箭头”表示
源/宿(外部实体)			表示软件项目外部的人员或组织，外部实体表示数据的来源或去向，反映了系统的开始与结束。如果源和宿是同一个人或组织，这时源和宿用同一个图形符号
附加符号		*	表示数据流之间是“与”关系(同时存在)
		+	表示“或”的关系
		⊕	表示只能从中选一个(互斥关系)

3. 数据流图的绘制方法

数据流图依据“自顶向下、从左到右、由粗到细、逐步求精”的基本原则进行绘制。

数据流图绘制示意图如图 2-1 所示。图 2-1 中表示上层数据流图中的一个加工被分解为一张下层的数据流图。例如顶层图中的处理系统分解为 0 层数据流图，0 层图包含有三个加工 1、2、3。0 层图又分解为第一层数据流图，例如 0 层图中的加工 2 被分解为含有2.1、2.2、2.3、2.4 四个加工的流程图。

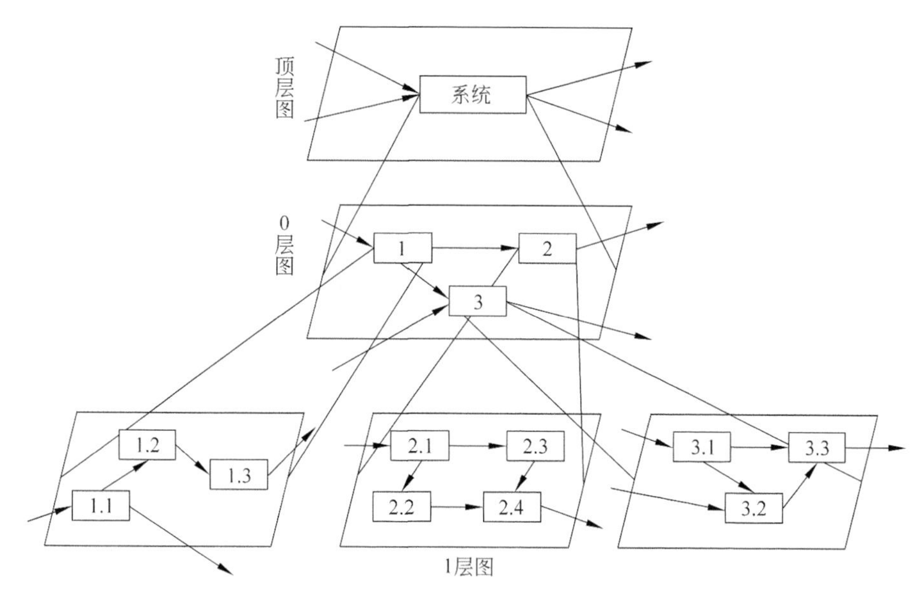

图 2-1 数据流图绘制示意图

(1) 顶层图的绘制

顶层图只有 1 张，说明系统的边界。

把整个系统看作一个整体，视系统为一个总的数据处理模块，即图中只有一个加工。顶层图只需指明与有关外部实体之间的信息交换关系，不必考虑内部的处理、存储、信息流动问题。

顶层图只包括外部的源和宿、系统处理，外界的源流向系统的数据流和系统流向外界的宿的数据流。不包含文件，文件属于软件系统内部对象。

(2) 0层图的绘制

0层图只有一张，把顶层图的加工分解成几个部分。画出顶层图中整个软件系统所包含的第1层子加工，有多个加工。

0层图中包括软件系统的所有第1层加工，图中包括各个加工与外界的源或宿之间的数据流、各个加工之间的数据流、1个以上加工需要读或写的文件等。但不包含外界的源或宿，只有1个加工使用的文件。

(3) 第2层(1层图)及以下各层中各个加工的子图的绘制

一个子图对应上层的一个加工，该子图内部细分为多个子加工。子图中包括父图中对应加工的输入/输出数据流、子图内部各个子加工之间的数据流以及读写文件的数据流。

4. 数据流图中各元素的标识

(1) 各元素的命名

名字应反映该元素的实际含义，意义明确、易理解、无歧义，避免空洞的名字，例如数据、信息、优化、计算、处理等词条尽量避免使用。

数据流的命名：大多数数据流必须命名，但流向文件或从文件流出的数据流不必命名，因为文件本身就足以说明数据流的内容。一个加工的输出数据流不应与输入数据流同名，组成成分相同的也应加以区别。

加工的命名：每个加工必须命名。

文件的命名：每个文件必须命名。

源/宿的命名：源/宿只在顶层图上出现，也必须命名。

命名规则：先为数据流命名，后为加工命名，数据流的名称一经确定，加工的名称便一目了然。

(2) 各元素的编号

每个数据加工环节和每张数据流图都要编号，按逐层分解的原则，父图与子图的编号要保持一致性。

图的编号要求：除了顶层图、0层图外，其他各子图的图号是其父图中对应的加工的编号。

加工的编号要求如下所示。

① 顶层图只有一张，图中的加工只有一个，不必编号。

② 0层图只有一张，图中的加工号分别为1、2、3…

③ 子图中的加工号的组成：图号、圆点、序号，即用“图号.序号”的形式。

④ 子图中加工编号表示的含义：最后一个数字表示本子图中加工的序号，每一个图号中的圆点数表示该加工分层DFD所处的层次，右边第一个圆点之左的部分表示本子图的图号，也对应上层父图中的加工编号。

⑤ 例如某图中的某个加工号为“2.4.3”，表示图号“2.4”中第3个加工，位于第2层子图上，这个加工分解出来的子图号就是“图2.4.3”，子图中的加工号分别为“2.4.3.1”、“2.4.3.2”…

5. 数据流图中加工

(1) 加工可以称为子系统或处理过程,是对数据流的一种处理。每当数据流的内容或其组成发生变化时,该处就对应一个加工,用处理框表示。

(2) 一个数据流图中至少有一个加工,任何一个加工至少有一个输入数据流和一个输出数据流。具体到某个加工,所做的处理可能是计算、分类、合并、统计、检查等。

(3) 允许一个加工有多条数据流流向另一个加工,即用“1-并联-1”形式;任意两个加工之间,可以有0条或多条名字互不相同的数据流,如图2-2所示。

允许1个加工有2个相同的输出数据流流向2个不同的加工,即用“1-并联-2”形式。

(4) 确定加工的方法。根据系统的功能确定加工,数据流的组成或值发生变化的地方应画一个加工。

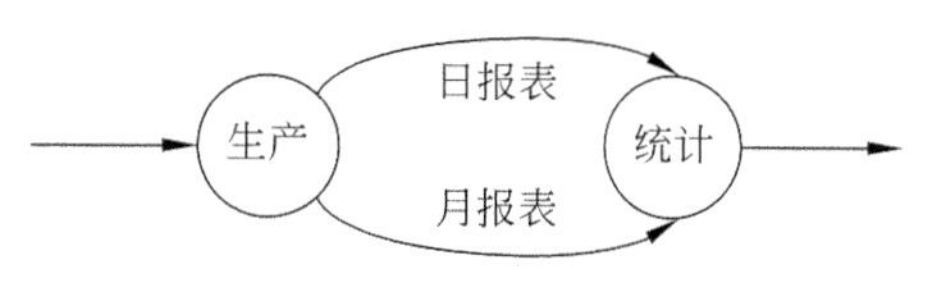

图2-2 一个加工有多条数据流流向另一个加工

6. 数据流图中的文件

数据流图中的文件是相关数据的集合,是系统中存储数据的工具。当一个加工产生的输出数据流不需要立刻被其他加工所使用,而是被多个加工在不同的时间使用时,可以将其组成一个文件存放在计算机存储器中。

从加工到文件的输出过程称为写文件,从文件到加工的过程称为读文件。

7. 绘制数据流图的注意事项

(1) 注意父图与子图的平衡

父图与子图:父图是抽象的描述,子图是详细的描述。

上层的一个加工对应下层的一张子图,上层加工对应的图称为父图。每张子图只对应一张父图。

一张图中,有些加工需要进一步分解,便可以画出子图,有些加工不必分解,也就没有子图,即一个加工对应的子图数为0或1,如果父图中有n个加工,那么子图数可以为0～n,且这些图位于同一层。

保持父图与子图的平衡:上层数据流程图中的数据流必须在其下层数据流图中体现出来。

① 父图中某加工的输入/输出数据流必须与该加工对应子图的输入/输出数据流在数量、名字上相同。

② 例外情况,将“数据”分解成了数据项:父图的一个输入或输出数据流对应于子图中几个输入或输出数据流,而子图中组成这些数据流的数据项全体正好等于父图中的这一个数据流,它们仍算平衡。

例如父图中某加工的输出数据流“统计分析表”,而子图中的输出数据流变成了两个“难度分析表”和“分类统计表”,也是平衡的。

(2) 注意数据流图中只画出数据流而不画出控制流

数据流图DFD中只画出数据流不画出控制流:数据流中有数据,一般也看不出执行的顺序;而程序流程图中的箭头表示控制流,它表示程序的执行顺序或流向,控制流中没有数据。

(3) 注意保持数据守恒

每个加工必须既有输入数据流,又有输出数据流。一个加工所有输出数据流中的数据必须能从该加工的输入数据流中直接获得，或者是通过该加工能产生的数据，例如输入各科成绩，输出平均成绩、排名等。

一批同类数据(这些数据一起到达、一起加工)合成为一个数据流，例如单据(表格、卡片、清单)可作为一个数据流，单据上多个数据属于同一类。

(4) 有关文件的注意事项

对于只与一个加工有关而且是首次出现，即该加工的"内部文件"不必画出。但对于只与一个加工有关，而在上层图中曾出现过的文件，不是"内部文件"，必须画出。

整套数据流图 DFD 中，每个文件必须既有读文件的数据流，又有写文件的数据流，但在某一张子图中可能只有读没有写，或只有写没有读。

2.6.2 定义数据字典

数据字典(Data Dictionary，DD)指数据流图中所有成分定义和解释的文字集合。

数据字典的功能是对数据流图中的每个构成要素(包括数据流名、文件名、加工名以及组成数据流或文件的数据项)作出具体的定义和说明，是系统分析阶段的重要文档。

数据字典条目的类型有：数据流条目、文件条目、加工条目、数据项条目。

1. 数据流条目

(1) 数据流条目主要说明数据流是由哪些数据项组成，包括数据流编号、名称、来源、去向、组成与时间数据量、峰值等。其中数据流名、组成(包含的数据项)必不可少。

(2) 表示数据流组成的符号

$a+b$：表示 a 与 b。

$[a|b]$：表示 a 或 b，即选择括号中的某一项。

$\{a\}$：表示 a 重复出现多次；$\{a\}nm$ 表示 a 最小重复出现 m 次，最多重复出现 n 次。

(a)：表示 a 可出现 0 次或 1 次，即括号中的项可选也可不选。

例如：运动员报名单＝姓名＋性别＋年龄＋{项目名} 3 1；正式报名单＝运动员报名单＋分组。

"正式报名单"的组成成分含有前面定义的另一个数据流"运动员报名单"，因为"运动员报名单"中的所有成分都是"正式报名单"的组成成分。

数据流条目格式如表 2-2 所示，一般包括系统名称、数据流名称、别名、说明、编号、来源、去向、数据流流量、数据流组成等，必要时还应指出高峰流量。

应用示例：学生信息管理系统中的补考通知单的数据流条目如表 2-2 所示。

表 2-2 数据流条目示例

项 目 名 称	说明或定义
系统名称	学生信息管理系统
数据流名称	补考通知单
别名	无
说明	当学生某门课程不及格需要补考时，用补考通知单告诉学生补考时间、地点、课程名等
编号	X0001

续表

项目名称	说明或定义
来源	学籍管理
去向	学生
数据流组成	补考通知单＝学号＋姓名＋班级＋{补考课程名称＋补考时间＋补考地点}

2. 数据文件条目

(1) 数据文件条目用于描述数据文件的内容及组织方式，一般包括系统名称、文件名称、别名、文件编号、说明、组织方式、主关键字、次关键字、记录数、记录组成等。

(2) 数据文件的组成可以使用与数据流组成相同的符号。

应用示例：学生信息管理系统中的成绩表文件条目如表2-3所示。

表2-3　数据文件条目示例

项目名称	说明或定义
系统名称	学生信息管理系统
文件名称	学生成绩表
别名	成绩表
文件编号	Y0002
说明	存储学生的成绩，每个学生一条记录
组织方式	按学生学号顺序组织
主关键字	学号
记录数	15000
记录组成	记录＝学号＋姓名＋课程名称1＋课程名称2＋……＋总成绩＋备注

3. 数据项条目

(1) 数据项条目是对数据流、文件和加工中所列的数据项进一步描述，主要说明数据项的类型、长度与取值范围等。

(2) 数据项条目的内容一般包括系统名称、数据项名称、别名、数据类型、说明、取值范围、数据长度、取值的含义等。

应用示例：学生信息管理系统中学号数据项条目如表2-4所示。

表2-4　数据项条目示例

项目名称	数据项定义	项目名称	数据项定义
系统名称	学生信息管理系统	说明	本院学生按年级连接编号
数据项名称	学号	取值范围	00010101～99302099
别名	无	数据长度	8
数据类型	字符型		

4. 基本加工条目

基本加工指数据流图中不能再分解的加工，数据字典中用相应的加工条目对基本加工进行描述。加工条目由加工名称、加工编号、激发条件、处理逻辑、输入数据流与输出数据流等组成，其中加工编号与数据流图中的加工编号相同。

应用示例：学生信息管理系统中的加工“补考管理”条目如表 2-5 所示。

表 2-5　基本加工条目示例

项 目 名 称	说明或定义
系统名称	学生信息管理系统
加工名称	补考管理
编号	Z0003
输入数据流	成绩单
输出数据流	补考通知单
加工逻辑	对于每一个学生的每一门课程，如果成绩低于 60 分，填写补考通知单
说明	每学期期末，对于学生不及格的课程进行处理

加工处理逻辑的描述除了用加工条目描述以外，还可以用判定表、判定树、结构化语言等方法描述。

2.6.3　加工逻辑说明

1. 功能

对数据流图中每一个基本加工的描述，描述该加工在什么条件下做什么事。

2. 描述内容

基本加工的内容中“加工逻辑”是最基本的部分，描述该加工在什么条件下做什么事，即描述了输入数据流、输入文件、输出数据流、输出文件之间的逻辑关系。

3. 描述方法

常用的加工逻辑描述方法有 3 种：判定表、判定树和结构化语言，这些工具将在单元 3 予以介绍。

按上述数据字典的条目对数据流图中的所有组成部分进行定义，就可获得一套完整的数据字典资料，配合数据流图即构成系统分析报告的核心部分，再附以相应的说明，为系统设计提供重要的基本资料。

2.7　UML 与系统建模

UML(Unified Modeling Language，统一建模语言)是一种面向对象的可视化建模语言，它能够让系统构造者用标准的、易于理解的方式建立起能够表达他们设计思想的系统蓝图，并且提供一种机制，以便于不同的人之间可以有效地共享和交流设计成果。

在开发一个系统之前，不可能全面理解系统每一个环节的需求，随着系统复杂性的增加，先进的建模技术越来越重要。系统开发时，开发人员如何与用户进行沟通以了解系统的真实需求？开发人员之间如何沟通以确保各个部分能够无缝地协作？这就需要为系统建立模型。

2.7.1　建立系统软件模型的重要性

建立软件模型，软件开发人员可以将重点放在建立映射商业数据和功能需求模型的对象上。然后，客户、项目经理、系统分析员、技术支持专家、软件工程师、系统部署人员、软件质量保证工程师及整个团队就可以运用这些软件模型完成各种任务。

建立软件模型具有以下功能。

(1) 可以简化系统的设计和维护，使之更容易理解。

(2) 便于开发人员展现系统。

(3) 允许开发人员指定系统的结构或行为。

(4) 提供指导开发人员构造系统的模板。

(5) 记录开发人员的决策。

软件开发人员建立软件模型，可以借助于一套标准化的图形图标，站在更高的抽象层次上对复杂的软件问题进行分析。软件开发人员利用软件模型，创建软件系统的不同图形视图，然后逐步添加模型细节，并最终将模型完善成实际的软件实现。

建模不是复杂系统的专利，小的软件开发也可以从建模中受益。但是，越庞大复杂的项目，建模的重要性越大。开发人员之所以在复杂的项目中建立模型，是因为没有模型的帮助，他们不可能完全地理解项目。

通过建模，人们可以每次将注意力集中在某个方面，使得问题变得容易。每个项目可以从建模中受益，甚至在自由软件领域，模型可以帮助开发小组更好地规划系统设计、更快地开发。对比项目的复杂度会发现，越简单的项目，使用规范建模的可能性越小。实际上，即便是最小的项目，开发人员也要建立模型。

2.7.2　UML 的功能

从普遍意义上说，UML 是一种语言，语言的基本含义是一套按照特定规则和模式组成的符号系统，能被熟悉该符号系统的人或物使用。自然语言用于熟悉该语言各人群之间的交流，编程语言用于编程人员与计算机之间进行交流。机械制图也是一种语言，它用于工程技术人员与工人之间的交流。UML 作为一种建模语言，则用于系统开发人员之间，开发人员与用户之间的交流。主要有以下功能。

1. 为软件系统建立可视化模型

UML 符号具有良好的语义，不会引起歧义。UML 为系统提供了图形化的可视模型，使系统的结构变得直观、易于理解；用 UML 为软件系统建立的模型不但有利于交流，还有利于软件维护。

模型是什么？模型是对现实的简化和抽象。对于一个软件系统，模型就是开发人员为系统设计的一组视图。这组视图不仅简述了用户需要的功能，还描述了怎样去实现这些功能。

2. 规约软件系统的产出

UML 定义了在开发软件系统过程中需要做的所有重要的分析、设计和实现决策的规格说明，使建立的模型准确、无歧义并且完整。

3. 构造软件系统的产出

UML 不是可视化的编程语言，但它的模型可以直接对应到多种编程语言。例如，可以由 UML 的模型生成 Java、C++、Visual Basic 等语言的代码，甚至还可以生成关系数据库中的表。从 UML 模型生成编程语言代码的过程称为正向工程，从编程语言代码生成 UML 模型的过程称为逆向工程。

4. 为软件系统的产出建立文档

UML 可以为系统的体系结构及其所有细节建立文档。

2.7.3 UML 的组成

UML 由视图(View)、图(Diagram)、模型元素(Model Element)和通用机制(General Mechanism)等几个部分组成。

1. 视图

视图是表达系统的某一方面特征的 UML 建模元素的子集，视图并不是具体的图，它是由一个或多个图组成的对系统某个角度的抽象。在建立一个系统模型时，通过定义多个反映系统不同方面的视图，才能对系统做出完整、精确的描述。在机械制图中，为了表示一个零部件的外部形状或内部结构，需要主视图、俯视图和侧视图分别从零部件的前面、上面和侧面进行投影。UML 的视图也是从系统不同的角度建立模型，并且所有的模型都是反映同一个系统，UML 包括 5 种不同的视图：用例视图、逻辑视图、并发视图、组件视图和部署视图。

2. 图

图是模型元素的图形表示，视图由图组成，UML 2.0 以前常用的图有 9 种，把这几种基本图结合起来就可以描述系统的所有视图。9 种图分为两类，一类是静态图，包括用例图、类图、对象图、组件图和部署图；另一类是动态图，包括顺序图、通信图、状态机图和活动图。UML 2.0 又新增加了几种图，主要有包图、定时图、组合结构图和交互概览图，UML 2.0 的图共有 13 种。包图在 UML 2.0 之前已经存在，状态机图是状态图改名而来，通信图是协作图改名而来。

3. 模型元素

模型元素是构成图最基本的元素，它代表面向对象中的类、对象、接口、消息和关系等概念。UML 中的模型元素包括事物和事物之间的联系，事物之间的关系能够把事物联系在一起，组成有意义的结构模型。常见的联系包括关联关系、依赖关系、泛化关系、实现关系和聚合关系。同一个模型元素可以在几个不同的 UML 图中使用，不过同一个模型元素在任何图中都保持相同的意义和符号。

4. 通用机制

通用机制用于为模型元素提供额外信息，例如注释、模型元素的语义等。另外，UML 还提供了扩展机制，UML 中包含 3 种主要的扩展组件：构造型、标记值和约束，使 UML 能够适应一个特殊的方法/过程、组织或用户。

2.7.4 UML 的图

每一种 UML 的视图都是由一个或多个图组成的，图就是系统架构在某个侧面的表示，所有的图一起组成了系统的完整视图。UML 2.0 以前提供了 9 种不同的图，用例图描述系统的功能，类图描述系统的静态结构，对象图描述系统在某个时刻的静态结构，组件图描述实现系统元素的组织，部署图描述环境元素的配置，顺序图按时间顺序描述系统元素的交互，通信图按照时间和空间顺序描述系统元素间的交互和它们之间的关系，状态机图描述系统元素的状态条件和响应，活动图描述系统元素的活动。

将UML的9种图按其功能和特征进行归类，划分为五种类型。

(1) 第一类是用例图：从用户角度描述系统功能，并指出各功能的参与者。

(2) 第二类是静态图：包括类图、对象类。其中类图描述系统中类的静态结构。类图不仅定义系统中的类，表示类之间联系(例如关联、依赖和聚合等)，也包括类的内部结构(类的属性和操作)。类图描述的是一种静态关系，在系统的整个生命周期中都是有效的。对象图是类图的实例，使用与类图几乎相同的标识。它们的不同点在于对象图显示类的多个对象实例，而不是实际的类，一个对象图是类图的一个实例，对象图只能在系统某一个时间段内存在。

(3) 第三类是行为图：包括状态机图和活动图，用于描述系统的动态模型和组成对象之间的交互关系。其中状态机图描述类的对象所有可能的状态以及事件发生时状态的转移条件。通常，状态机图是对类图的补充。实际上并不需要为所有的类绘制状态机图，只需要为那些有多个状态且其行为受外界环境的影响并且发生改变的类绘制状态机图。活动图描述满足用例要求所要进行的活动以及活动间的约束关系，有利于识别并行活动。

(4) 第四类是交互图：包括顺序图和通信图，用于描述对象间的交互关系。其中顺序图显示对象之间的动态合作关系，它强调对象之间消息发送的顺序，同时显示对象之间的交互；通信图描述对象之间的协作关系，除了显示信息交换外，还显示对象以及它们之间的关系。

(5) 第五类是实现图：包括组件图和部署图。其中组件图描述组件的结构及各组件之间的依赖关系。一个组件可能是一个资源代码组件、一个二进制组件或一个可执行组件。它包含逻辑类或实现类的有关信息。组件图有助于分析和理解组件之间的相互影响程度。部署图定义系统中软、硬件的物理体系结构，它可以显示实际的计算机和设备(用节点表示)以及它们之间的连接关系，也可以显示连接的类型及组件之间的依赖性。在节点内部，放置可执行组件和对象，以显示节点与可执行软件单元的对应关系。

从应用角度来看，采用面向对象技术设计系统时，应包括以下步骤。

第一步：描述用户需求，建立用例图；

第二步：根据需求建立系统的静态模型，以构造系统的结构，建立类图、对象图、组件图和部署图等静态模型；

第三步：描述系统的行为，建立状态机图、活动图、顺序图和通信图，表示系统执行时的顺序状态或者交互关系。

2.7.5 UML的应用

UML的目标是以面向对象的方式来描述任何类型的系统。其中最常用的是建立软件系统的模型，但它同样可以用于描述非软件领域的系统，例如企业机构、业务过程，以及处理复杂数据的信息系统、具有实时要求的工业系统或工业过程等。UML常应用在以下领域。

1. 信息系统

向用户提供信息的存储、检索和提交，处理存储在数据库中大量的数据。

2. 嵌入式系统

以软件的形式嵌入到硬件设备中从而控制硬件设备的运行，通常为手机、家电或汽车等设备上的系统。

3. 分布式系统

分布在一组机器上运行的系统，数据很容易从一个机器传送到另一个机器上。

4. 商业系统

描述目标、资源、规则和商业中的实际工作。

【模板预览】

2.8 软件项目的分析与建模阶段的主要文档

软件项目分析阶段编写的主要文档包括《可行性研究报告》、《软件需求说明书》、《系统分析报告》、《修正后软件项目开发计划》等。

2.8.1 软件项目开发可行性研究报告模板

可行性研究报告要根据对现有系统的分析研究，提出若干个目标系统的开发方案，报告的主要内容包括目标系统的预期目标、要求和约束，进行可行性分析的基本原则，对现有系统分析的描述及主要存在的问题，系统开发的投资和效益的分析，系统开发的各种可选方案及比较，可行性分析的有关结论等。

软件项目开发可行性研究报告参考模板如下所示。

软件项目开发可行性研究报告

1 引言

1.1 编写目的 包括目标系统的名称、目标和基本功能等。

1.2 背景 包括用户单位、目标系统的承担单位或组织、本系统与其他系统的关系等。

1.3 定义 包括本报告中使用的专门术语及其定义等。

1.4 参考资料 包括本报告所引用的文件及技术资料等。

2 可行性研究的前提

2.1 要求

2.2 目标

2.3 条件、假定和限制

2.4 进行可行性研究的方法

2.5 评价尺度

3 对现有系统的分析

主要包括处理流程和数据流程、工作负荷、费用开支、人员、设备、局限性等方面的分析。

4 所建议的系统

4.1 对所建议系统的说明

4.2 处理流程和数据流程

4.3 改进之处

4.4 影响 主要包括对设备、软件、用户单位机构、系统运行过程、软件开发、地点和设施、经费开支等方面的影响以及局限性、技术条件方面的可行性。

5 可选择的其他系统方案

5.1 可选择的系统方案1

5.2 可选择的系统方案2

6 投资及效益分析

6.1 支出 主要包括基本建设投资、其他一次性支出、非一次性支出等方面。

6.2 收益 主要包括一次性收益、非一次性收益、不可定量的收益、收益/投资比、投资回收周期、敏感性分析等方面。

7 社会因素方面的可行性

7.1 法律方面的可行性

7.2 使用方面的可行性

8 结论

2.8.2 软件项目开发计划模板

可行性报告被批准后及系统正式开发之前，拟订一份较为详细的项目开发计划，以保证软件系统开发工作按计划有序地进行。在开发计划书中，应该说明各项任务的负责人、开发进度、开发经费的预算、所需的硬件及软件资源。项目计划的管理可以采用 Microsoft Project 之类的项目管理软件进行辅助管理。

软件项目开发计划参考模板如下所示。

软件项目开发计划

1 概述

1.1 编写目的

本文档是________(开发单位名称)根据________项目的初步需求，并对________项目的各项需求进行全面分析之后，做出的软件开发计划，可供支持项目组内部及信息技术部内部的研发工作。

1.2 项目背景

系统名称：(列出系统名称)

英文名称：(列出系统英文名称)

产品代号：(列出系统产品代号)

委托单位：(列出委托单位)

开发单位：(列出开发单位)

开发日期：(开始时间——预计收尾完工时间)

版权信息：(Version X. X)

1.3 定义

(列出本文件中用到的专门术语的定义和外文首字母组词的原词组)

1.4 参考资料

(逐条列出所参考的文档名称与作者)

2 项目过程定义

2.1 软件开发生命周期模型

(列出采用的软件开发生命周期模型，并说明采用的理由)

2.2 开发工具与平台

(列出采用的开发工具、操作系统及平台软件)

3 计划

3.1 资源计划

(逐项列出项目开发过程中所需的各种资源)

3.2 关键计算机资源估计

(逐条列出所需各种计算机资源的类型、配置及数量等内容)

4 项目管理

4.1 人员与角色

(逐项列出项目组的角色分配及已可供调配的人员)

4.2 人员计划

(逐条列出本项目所需各种角色人员的起始与结束时间、人数、技能方面的要求等内容)

4.3 风险管理计划

(逐条列出各项风险的影响因素、发生概率、严重性、负责人、预期日期、预防及补救方案等内容)

4.4 培训计划

逐条列出主题(技能、领域、工具、方法)、人数、计划日期、提供者等内容。

4.5 成本估计

(逐条列出成本的类型及金额，并计算估计的总成本)

5 进度跟踪

5.1 项目会议

(列出项目会议组织的办法)

5.2 项目里程碑

(列出项目里程碑，即项目进度的关键点)

5.3 进度表

(给出项目进度表)

5.4 人员任务分配

(给出人员任务分配表，包括了任务内容、开始时间、完成时间、工时估计等内容)

附：给出用 Microsoft Project 制作的项目计划 MPP。

2.8.3　软件需求说明书模板

软件需求说明书的编制是为了使用户和软件开发者双方对该软件的初始规定有一个共同的理解，使之成为整个开发工作的基础。

软件需求说明书参考模板如下所示。

软件需求说明书

1. 引言

引言包括需求分析的目的、背景、术语定义、参考资料。

2. 项目概述

(1) 目标

(2) 用户的特点

(3) 假定与约束

3. 需求规定

(1) 对功能的规定

(2) 对性能的规定(精度、时间特性要求、灵活性、可靠性、安全保密要求等)

(3) 输入/输出要求

(4) 数据管理能力要求

(5) 故障处理要求

(6) 其他专门要求

4. 运行环境设定

(1) 设备

(2) 支持软件

(3) 接口

(4) 控制

2.8.4　软件系统分析报告模板

系统分析报告又称系统说明书，是系统分析阶段的成果和重要文档。它反映了系统分析阶段调查分析的全部情况，也是下一阶段系统设计与系统实现的主要依据。用户可以通过系统分析报告来验证和认可新系统的开发策略和开发方案，而系统设计师则可以用来知道系统设计工作和作为以后的系统设计标准。此外，系统分析报告还可作为评价项目成功与否的标准。一份合格的系统分析报告不仅能充分展示前段调查的结果，还要反映系统分析结果——新系统逻辑方案。系统分析报告应达到的基本要求是全面、系统、准确、翔实、清晰地表达系统开发的目标、任务和系统功能。

软件系统分析报告参考模板如下所示。

软件系统分析报告

1. 软件项目概述

主要包括软件项目的名称、目标、功能、背景、术语。

2. 现有系统概况

主要包括现有系统的物理模型(组织结构图、功能结构图、业务流程图、存在的问题和薄弱环节等)和现有系统的软件模型。

3. 软件需求说明

在掌握了现有系统的真实情况基础上,针对系统存在的问题,全面了解企业或组织中各层次的用户对目标系统的各种需求。

4. 目标系统的逻辑方案

主要包括目标系统的目标、目标系统的功能结构和子系统划分、软件模块、数据词典、数据组织形式、输入和输出的要求等。

5. 系统实施计划

主要包括系统开发资源、开发费用与进度计划。

【项目实战】

任务描述:人力资源管理系统项目投标期间以及中标后的开始启动期间,应对人力资源管理系统的开发进行背景分析、可行性分析和用户需求分析,编写项目开发计划,建立合理的软件模型。

任务 2-1　人力资源管理系统开发的背景分析

通过对明德学院的初步调查可知,明德学院成立于 1952 年 8 月,是从事学历教育和员工培训的国有本科学校。明德学院现有教职工 316 人,在校学生有 6000 多人,年培训量 4000 多人次。目前的部门主要包括院务办公室、党务办公室、工会办公室、教务处、学工处、团委办公室、组宣部、科研处、人力资源处、财务处、审计处、招生就业处、图书馆、信息中心、资产管理处、设备管理处、机械学院、电气学院、经贸学院、信息学院、艺术学院、人文学院、基础课部、后勤公司,后勤公司的部门主要包括餐饮部、商贸部、旅游部、宾馆、摄影部等。

随着学校各项事业的蓬勃发展,可以预见在未来几年,学校人员数量将越来越多、组织规模也会越来越庞大,二级学院、研究所、培训部、旅行社、校办企业、后勤公司等下属机构会陆续成立,学校对下属二级机构的监管需要借助信息系统管理工具,实现数据信息集中共享、管理流程化应用,帮助学校实现既定的战略发展目标。充分利用学校目前发展的机会,及时搭建人力资源集中管理平台,以达到学校发展的目标。

根据学校战略规划和信息化规划,希望通过信息化建设引进先进的人力资源管理体系和理念,人力资源管理者将烦琐的事务性工作利用信息技术快速处理,工作重点向建设现代人力资源管理体系的方向转变。借助信息技术和现代网络条件,通过建立先进、实用的人力资源软件系统平台,提高工作效率和业务流程的规范性,并在此基础上实现人力资源管理工作的规范化、系统化、流程化，降低工作中的沟通成本，促进办公资源的有效利用，提高工作效率。

初步建成覆盖院系(部)和机关处室功能的分级管理的人力资源管理系统，实现“一站式”服务，初步实现学校教师全周期下的业务管理。围绕教师建成全面、翔实和准确的全校人力资源信息库，信息涵盖人事、组织、教学、科研、资产、后勤等与教师相关的各类数据；横向完成人事处与学校横向职能部门的业务协同，纵向完成学校人事处与社保局等数据接口，减少数据上报工作量。学校人力资源管理系统项目建成后，能为学校发展规划、各级领导决策等提供翔实准确的数据分析保障，实现专业技术职务聘任工作、教师考核工作等的无纸化管理。

任务2-2　人力资源管理系统开发的可行性分析

1. 技术可行性

目前可视化开发技术、数据库技术、计算机网络技术非常成熟，软件开发工具、测试工具也很先进，为开发人力资源管理系统提供了技术保障。由于明德学院的人力资源管理、财务管理等部门都使用计算机办公，这些部门的人员素质较高，员工的技术水平达到了信息系统管理业务所要求的水平，人力资源管理系统在学院现有的资源基础上可以成功实施。

2. 经济可行性

该人力资源管理系统的实施费用主要涉及设备的购买与安装维护、软件的开发与实施维护、员工的培训等方面。这些费用对于明德学院来说不是问题。可以充分利用现有的软硬件环境，系统运行的投资较少。

3. 管理可行性

人力资源管理系统实施后促使人力资源管理工作规范化、程序化，保证人力资源信息的正确性和快速处理，通过权限的设置保证数据的安全性，数据查询和统计方便，有利于全面提高学院人力资源管理效率。

任务2-3　制订人力资源管理系统开发计划

考虑到人力资源管理系统在实施中可能存在的风险以及在实施中可能对学校造成的冲击，项目建设按照总体规划、分步实施的原则进行。总体规划如下所示。

(1) 2015年为第一期，建立人力资源基础信息管理、部门管理、岗位管理、合同管理、薪酬管理及招聘管理功能等，建立公司统一用户体系。

(2) 2016年为第二期，建立考勤管理、培训管理功能，建立综合报表系统。

(3) 2017—2018年为第三期，建立绩效管理、能力素质管理、领导决策功能，实现人力资源系统与其他信息系统的接口和整合。

综合分析项目整体进度、实施内容及难度，项目整体周期要求在12个月内完成，计划从2015年2月启动，到2016年2月前完成全部模块的建设并上线试运行。

为了保证人力资源管理系统开发有序进行，有效地控制项目质量，监督软件开发商的工作和进度，现将项目开发的第一期各阶段任务进度初步分解，如表2-6所示。

表 2-6 人力资源管理系统开发简略计划

序号	工作阶段	工作内容	工 作 成 果	开始时间	完成时间	负责人
1	项目准备阶段			2015.2		
2	项目启动阶段	项目启动会议	项目启动报告			
3	项目实施阶段					
3-1	需求分析	需求调研分析	软件需求说明书			
3-2	系统概要设计	总体设计	系统总体设计方案			
3-3	系统详细设计	详细设计	系统详细解决方案			
3-4	编码实现与单元测试	代码开发和单元测试	项目源代码编译后可部署的产品			
3-5	系统测试	功能测试、集成测试、性能测试	(1) 系统功能测试报告 (2) 系统性能测试报告 (3) 系统集成测试报告 (4) 项目系统用户可接受度测试报告			
3-6	系统部署	用户培训和系统部署	(1) 系统备份和恢复手册 (2) 用户操作及培训手册			
4	项目上线试运行阶段					
4-1	系统试运行	技术支持和功能调整	上线试运行报告			
4-2	初步验收	初步验收	(1) 项目初步验收报告 (2) 项目的所有源代码			
4-3	最终验收	最终验收	(1) 项目正式运行报告 (2) 项目最终验收报告		2016.2	

任务 2-4 人力资源管理系统的需求分析

进行软件开发时，首先应调查了解用户需求，需求分析是系统开发工作中的重要环节之一，是系统分析的基础。软件项目开发的目的是满足用户需求，为了达到这个目的，系统设计人员必须充分理解用户对系统的业务需求。无论开发大型的商业软件，还是简单的应用程序，都应准确确定系统需求、明确系统的功能。功能需求描述了系统可以做什么，或者用户期望做什么。在面向对象的分析方法中，这一过程可以使用用例图来描述系统的功能。

1. 人力资源管理系统的目标分析

拟开发的人力资源管理系统要实现以下目标。

(1) 建立学校的人力资源信息标准，形成统一的学校全员数据库

通过该系统的建设，制定学校人力资源信息标准，整合人力资源基础数据，建成学校人力资源基础数据中心，实现学校人力资源信息的高度统一和共享。

(2) 提高人力资源管理工作效率

利用计算机、网络实现信息实时共享和信息处理自动化,实现数据的分布式采集和维护,使工作人员摆脱烦琐的人工信息处理和传递事务,节省时间,减少差错,提高效率。

(3) 优化、规范人力资源的现有工作流程

建设学校人力资源业务平台,实现人力资源工作业务的网络化、程序化和规范化。提供多种信息查询和统计分析方式,为人员管理的现代化、科学化、正规化服务,从而最大限度地发挥现有数据资源的作用。

(4) 提供决策支持平台

通过该系统的建设,为学校的各级领导提供一个决策支持平台,领导人员可以通过该平台查询各种报表数据,以及分析图表。通过对数据的分析,为领导决策提供参考。

(5) 为员工及管理层提供增值服务,最终实现全员参与

开放员工自助,员工可以在授权范围内在线查看(或修改)个人信息,提交申请、报告,而管理人员可以查看授权范围内的员工信息,进行相关工作事项的审批;系统具有灵活、强大的查询、报表及数据分析模块,可以为管理层的决策活动提供支持,最终促进人力资源部门实现由人事事务处理者到学校战略伙伴的角色转变。

2. 人力资源管理系统的功能需求分析

软件系统的基本功能就是将输入数据转换成所需要的输出信息。人力资源管理系统的主要功能是对人力资源管理业务进行自动化处理,系统从外部环境中获取的人力资源数据经人力资源管理系统处理后,对外输出各种人力资源信息供管理人员进行决策。

对明德学院现有的人力资源的基本状况、人力资源管理工作内容及流程进行调查与分析,主要通过查询资料、走访调查、深入交谈、专题讨论等方式进行调查分析,明德学院的人力资源管理工作可以分为三大类:人事管理、综合管理和薪酬管理,经详细调查了解到,具体的业务需求包括以下各个方面。

1) 部门管理

部门管理需求主要包含以下内容。

(1) 支持多种组织结构设计模式,灵活设置各级组织机构。

(2) 机构间上下级关系可以根据学校发展灵活修改、减少与扩展,轻松实现组织机构的创建、修改、删除、撤销、建制转移等功能。

(3) 实现对部门、下属单位等各级组织的职能定义管理。

(4) 提供组织的成批更新以及组织的成批调动功能,当组织发生更名、合并、转移等变化时,可对岗位进行成批的调动和更新。

(5) 支持组织架构的图形化显示,可导出多种模板的组织结构图,直观反映学校的组织结构状况。

(6) 系统自动保存组织机构变动历史,支持组织架构历史查询。

(7) 支持虚拟组织架构管理(如党、团、工会、临时项目团队等组织)。

(8) 通过安全性的设置进行组织的屏蔽功能,使一部分管理人员只能对本组织内部信息进行操作和查询,而无法看到同级别或更高级别其他组织内的信息。

(9) 支持一个岗位或个人同时属于不同的组织。

2) 岗位管理

岗位管理需求主要包含以下内容。

(1) 支持设定岗位模板,支持岗位信息的导入和导出,以及打印标准格式的岗位说明书。

(2) 支持编制管理,可进行编制计划的维护,能统计编制使用情况,可设置岗位空缺预警提醒。

(3) 支持利用图形工具,完成各种职位的设置、管理及维护,能够方便、快捷地实现岗位的增加、减少、修改、合并及职位信息的变更、任职人员数量的变化等。

(4) 岗位变动处理中可以进行员工变动、调离处理,员工变动、调离等均有历史变动记录。

(5) 可以保存岗位的历史信息。

3) 人员信息管理

人员信息管理需求主要包含以下内容。

(1) 可跟踪记录员工从进入学校到离职的全过程历史记录,包括人事基本信息、薪资变动、工资条、职位变动、奖惩情况、培训情况、职业资格管理、考核数据、考勤数据等。可根据业务需要自定义员工的人事档案项目,可根据学校需要增加、修改员工信息管理指标项。

(2) 录入操作方便,能够以多选项卡的形式提供多种录入方式,并内置常用输入选择,可通过选择窗口单击选取输入。

(3) 支持对员工信息集的扩充及修改。内置的各个信息集,用户都可以进行信息项内容的修改,同时也可以根据管理的需要来增加一个新的信息集及其所包含的信息项。

(4) 支持批量导入员工照片功能。支持员工照片上传、修改等管理,并为下一步工作证制作及使用预留接口。

(5) 可定制模板,支持信息批量导入、导出及维护功能,批量导入更新员工档案信息,信息记录批量导出至 Excel 等。

(6) 提供对在职员工、解聘员工、离退员工等的档案管理功能,并可根据学校的实际情况增加、修改人员类别,如临时工、待岗人员、内退人员、病退人员、下岗人员等。

(7) 支持电子附件上传,包括身份证、学历证书、资格证、结婚证等证件的电子扫描文件等。

(8) 支持管理和查询学校员工的相关信息,包括员工基本信息、学习与教育经历、工作经历情况、岗位变动情况、工资变动情况、劳动合同签订情况、参加培训情况、离职记录等。

(9) 可以按学校、部门、职位、级别等学校架构直接查询,系统按照学校架构的层级关系,以树状结构的形式显示每一层级及其下属员工,单击员工姓名可以直接查看员工详细资料。

(10) 可保存、查询、浏览人员的多媒体信息,如照片、考核材料、证书复印件等,实现人员信息的立体化管理,最终形成一对一的数据包式的信息管理。

(11) 提供强大的查询和统计分析功能,用户能够随意组合查询条件。

(12) 提供简单查询、通用查询、二次查询和常用查询，能快速方便地查询到个别员工的具体信息。

(13) 可自由设置锁定导出人员的范围，设定要查看的人员的属性字段(可自由选择)，直接导出Excel文件。同时对于常用导出条件可定为模板，便于日后导出操作。

(14) 按照人事信息的关键字段进行的查询，如查询某个职位、查询某个级别、查询某种学历、查询某个年龄段的人员情况，并将其姓名、员工编号、入职日期等所需要的信息输出到Excel。

(15) 可以统计出历史上不同时期各个组织结构的人数分布情况，人员分布以当时所在的结构为准。上述报表均可直接打印出来，也可输出到Excel中进行编辑。

(16) 可灵活定制各种员工统计登记表，实现输出形式的个性化和多样化。

(17) 可任意制作花名册，花名册可输出成Excel、DBF、DOC和HTML格式，有分栏打印功能，能够处理超宽花名册，提供自动排序和手工调整功能。

(18) 支持自定义设定相关预警提示，如员工生日提醒、转正提醒、合同到期、证书到期、培训、辞退、退休等自动提示，并通过邮件、短信等多种形式发送提醒信息，满足HR用户对不同类型事件提醒的不同条件要求。

(19) 提供自动邮件功能，实现邮件、短信群发，提高工作效率。可按学校的通知书模板设定各类通知书，如合同到期通知书、职位升迁祝贺信、生日贺卡等，系统可自动生成相应各员工的通知书，并发送到员工及主管邮箱或手机中。

(20) 支持设置员工关键信息修改、审核权限。

(21) 通过员工基本信息中的入职日期、工作开始日期自动计算校龄和工龄，并自动转入薪资模块参与薪资计算，同样通过离职日期，也可以自动计算离职员工当月工资。

(22) 支持员工基本信息转换成简历表，方便查询员工信息。

4) 招聘管理

招聘模块需求主要包含以下内容。

(1) 信息导入：招聘简历来源可采用人力资源部手工录入、学校招聘网站数据导入和简历模板数据导入三种方式。

招聘网站数据导入方式：招聘模块需与学校招聘网站建立数据接口，可以定时或实时将应聘者信息传输至招聘模块，进入招聘管理模块的简历库。

简历模板数据导入方式：系统化提供应聘者简历模板(Excel或Word形式)，可供HR人员下载并填列相关数据并导入系统，导入的简历进入招聘管理模块的简历库。系统需支持批量导入的功能。

(2) 应聘者录用数据导入：在招聘模块确定应聘者录用后，应聘者应聘时提交的相关简历信息，即可导入学校员工信息模块，不需HR重新收集其信息。

(3) 简历查询及筛选：可根据应聘时间、应聘部门岗位等多种关键字段，进行单一或组合式简历查询和筛选功能，查询结果可导出Excel表单(也可导出学校标准格式简历)。应聘简历可根据招聘渠道、应聘部门自动分类。

(4) 考试记录及通知：支持应聘人员整个应聘过程中各阶段面试笔试信息的记录，HR

人员可查询处于不同应聘状态的应聘者及其应聘信息。在每个应聘阶段，系统应提供向应聘者邮件通知的功能，发送笔试、面试、测评、面谈等招聘过程中的通知和感谢函。相应的通知模板可由用户自行定义。

(5) 招聘渠道管理：在系统内部实现招聘渠道管理。维护学校在招聘活动使用的各类招聘渠道，如人才市场、专业机构、高等院校等，支持添加修改删除招聘渠道，支持招聘渠道联系方式更新，支持自定义扩展招聘渠道所属内容等。

(6) 人才库管理：对于不符合本次招聘但有价值的应聘者，可将其转至后备人才库，保存并可查阅其历次的应聘面试笔试等情况。如有合适的招聘岗位，可将其从后备人才库转回至应聘简历库中。

(7) 试题库的管理：支持试题与试卷管理。

试题库管理：支持能力、综合等分类试题库的维护。支持单选、多选、填空、判断、问答等试题类型，具有试题录入和试题批量导入功能，需提供下载试题模板，以便 HR 人员可利用模板进行试题的批量导入。

试卷管理：支持为各部门建立相应的试卷，可人工选题，也可由系统自动选题组卷，用户可自行设置试卷构造，如试卷标题、试题数量、总分、各类试题在试卷上的显示顺序等，方便浏览和打印。试卷可直接导入，也可利用下载模板进行试卷的导入。

(8) 招聘需求、招聘计划、招聘公告和招聘结果管理。

(9) 招聘费用管理和招聘活动评价。

(10) 招聘系统中，涉及笔试、面试、测评等环节，需考虑到能力素质模型、岗位管理模块、部门管理模块等模块做预留接口。

(11) 根据学校业务发展可做二次开发。

5) 合同管理

人员合同管理主要需求包含以下内容。

(1) 提供对员工劳动合同、保密协议、培训协议、聘用协议及实习协议等一切人事合同的文本维护与管理，记录员工各项合同信息(包括合同起止日、有效期、历史签订情况、主要协议条款内容等)。

(2) 可完成劳动合同的签订、变更、续签、终止和解除等工作。支持员工合同信息批量修改、员工合同批量签订与续签、终止等操作和申请审批流程。

(3) 支持导入合同模板，系统自动匹配相关信息。

(4) 系统可进行过滤查询，自动列出符合条件的人员，批量打印合同续签(或解除)通知书。

(5) 支持劳动合同分类管理。劳动合同分为固定期限劳动合同、无固定期限劳动合同和以完成一定工作任务为期限的劳动合同。通过系统可以灵活地筛选出以下人员类型：在学校连续工作满十年的、退休年龄不足十年的、连续订立二次固定期限劳动合同的。

(6) 提供合同管理的信息提示与预警功能，可灵活设置合同管理中的报警条件，并可自定义相关提示和预警的内容和接收人，如合同到期、试用到期、服务满一年等。

(7) 自动保留所有合同的历史记录，HR 管理者可以随时查询。

(8) 支持各类争议的管理。系统可以记录学校与员工在劳动合同或聘用合同履行过程中产生的劳动争议或人事争议信息,并记录处理结果等信息。

(9) 可灵活设计和打印各类合同花名册、台账。

6) 薪酬管理

薪酬管理需求主要包含以下内容。

(1) 薪酬体系的建立

① 支持设定一套或多套薪资体系,以满足多种支薪方式或多个下属机构不同薪资政策的需要,具体以不同的薪资福利项目、薪资计算公式来体现。

② 支持不同类别员工的薪资体系应用(如正式员工与返聘人员、实习生、劳务派遣人员、不同部门实行不同薪资体系和激励机制等的区分)。

③ 可实现多用户协同管理,如不同薪资周期的工资计算、不同工资组的工资计算、不同人员分类由不同的薪资主管计算和管理等。

④ 可灵活设定工资级别,以及每个级别所对应的工资项目及金额。

⑤ 可随意增加临时性薪资项目。

⑥ 支持个别薪资项目存在有效期,系统会在有效期过后对该项目数据进行自动清零,同时设置到期提醒。

⑦ 支持灵活定义各种薪资项目,薪资项目个数及薪资项目名称可自由设定,包括基本工资、各类奖金、福利保险等。薪资项目的计算公式可以根据需要灵活设定,可以自行设定基本工资、个税、社保、公积金、奖金等的计算公式,并可以随时根据需要查询、修改薪资项目的计算公式。在薪资项目公式设置中,系统需提供多种预置函数。

⑧ 针对每个薪资项目,其计算公式可以通过算法语句来实现,包括+、-、*、/、取整、取几位小数等基本的算法,还可获取日期、年份、工作天数等函数,以及直接从人事主档中获取入职日期、级别等与薪资相关的信息,从休假模块、考勤模块获取与薪资相关的信息,可实现各种复杂的薪资算法。

(2) 薪酬处理

① 提供简便、高效的薪酬操作界面,提供灵活的数据筛选、检索、排序功能。

② 系统初始化过程中,提供薪酬历史数据的导入功能。

③ 支持通过员工基本信息中的入职日期、工作开始日期自动计算校龄和工龄,并自动转入薪资模块参与薪资计算,同样通过离职日期,系统也可以自动计算离职员工当月工资。

④ 支持可以批量统一设置或单独维护的多类别的薪酬项目、薪酬标准、计算公式等功能。

⑤ 支持税后工资倒推含税工资并计算个税金额。

⑥ 支持年终一次性奖的纳税计算要求。

⑦ 支持员工离职后几个月由于特殊情况而发放工资的要求,如项目奖励的计算和发放。

⑧ 支持由于特殊情况不参与某些在职员工当月薪资计算的要求,系统可以设定本月特殊情况不参与工资计算的员工。

⑨ 匹配员工与工资级别，员工工资级别变动要留有历史记录。

⑩ 绩效类薪资计算，系统可以通过薪资模块与绩效模块的数据联动功能，直接引用绩效模块产生的绩效考核结果，根据不同的核算发放，计算出绩效薪酬。在没有应用绩效模块的情况下，也可以通过外部数据导入功能，直接把绩效考核结果数据引入核算过程，计算出绩效薪酬。

⑪ 考勤类薪资计算功能，针对学校日常出勤状况所引起的薪资增扣处理办法，例如：迟到早退扣款、事病丧假扣款、加班费、班次津贴补助等。系统可以通过薪资模块与休假、考勤管理模块的数据联动功能，直接引入日常考勤数据、假期数据等，参与薪资核算，产生相应的增扣款。

⑫ 对已经计算好的一组薪资，如果发现计算有误，可以进行重新计算。在重新计算时可以选择工资组中的部分员工或某一个员工进行重新计算。

⑬ HR可以反复利用薪资调整中的模拟计算功能来做薪资调整计划，当模拟计算的调整后薪资总额满足薪资预算的要求后，再做薪资调整生效处理。

⑭ 薪资调整时，可单独调整或批量调整员工的薪资项目，如基本工资、固定补贴，调整生效后系统会保留历史记录，可做历史查询。

⑮ 针对薪资方面的一些原始数据，提供多种数据获取的方式，如：可以通过Excel直接将文件批量导入系统，或通过数据采集的方式获取，或按员工/薪资项目输入等。

⑯ 支持薪资计算及数据审核流程，可按不同角色进行每一步操作及审核，从数据准备到数据审核，从薪资计算到结果审核，每一步都可以锁死数据，并经过审核流程，审核通过后进入下一个环节，最后自动生成银行报盘文件。

⑰ 支持调薪后需要发送调薪通知，或者调薪流程审批结果直接与OA或邮件关联起来。

⑱ 支持调薪审批流程。

⑲ 支持自定义财务接口。

(3) 薪酬发放

① 支持一个月内应用不同的薪酬公式与方案多次发放薪酬。

② 提供工资发放的双岗复核与多级审批流程。

③ 提供对各部门(单位)薪酬发放总额汇总审核的功能。

④ 提供补发工资功能，包括还原到原来月份进行补计和扣税的功能。

⑤ 提供到期提醒特殊薪酬发放项目及金额的功能。

⑥ 员工薪资数据可自动转入自助平台。

⑦ 支持薪资流程提醒，计算、审核、发放都需要进行邮件提醒。

⑧ 支持薪资数据收集及计算权限下放到各单位，各单位的数据上传到系统之后要有即时提醒到达人力资源部薪资业务人员(如邮件提醒)。

(4) 薪酬预算管理

① 提供年度工资预算、月度预算、奖金预算、加薪预算、各类福利费用预算等预算功能。

② 根据不同方案、参数实现薪酬数据的测试。

(5) 薪酬报表

① 常用薪资报表主要包括当月薪资报表、历史薪资报表、工资单、工资对比明细报表、平均工资报表、人工成本报表、个人所得税报表等。

② 支持自由设定多个薪资报表的模板,包括分类表、明细表、汇总表等,可实现用户自定义报表,并将关键薪资数据自动推送至相关人员。

③ 支持通过工资平衡表进行数据的核查,薪资平衡表体现当月和上月的薪资对比情况,可看出每一项的差额数据。

④ 支持自定义工资单的项目及格式,支持多个工资单模板。系统自动生成工资单,通过邮件形式发送至员工个人。

⑤ 支持直接打印工资单、发送加密工资单、员工网上查询工资单。

⑥ 自动生成个人所得税表。

⑦ 支持薪资报表的多维度统计。

⑧ 准确记录薪资发放历史,提供薪资历史数据查询功能。

⑨ 提供薪资历史台账查询(员工自助查询、薪资专员查询等方式)。

⑩ 可灵活设置报表格式及引用相关数据,统计、计算及汇总。

7) 自助服务

自助服务需求主要包含以下内容。

① 可以查看、更新个人基本信息,上传相关资料,如个人姓名、家庭住址、通信方式,上传个人照片、身份扫描件等,支持在线打印个人身份资料。

② 提供员工考勤自主查询,各类假期剩余情况查询;可在线填写请休假申请,接受请休假申请审批结果。

③ 员工能够查询本人的各个期间的薪资福利信息,提供员工工资条查询和打印功能。员工自助查询项目可以进行控制,只允许查询HR开放的项目。

④ 员工可以对个人所得税进行验算。

⑤ 在普通员工享有内容的基础上,系统需支持为各类领导人员提供以下内容:根据权限,领导可查看组织架构、人员明细、年龄分布、学历分布、性别分布、职称分布、薪资发放情况统计表等信息。

8) 报表管理与决策分析

报表管理与决策分析需求主要包含以下内容。

① 具有灵活的查询统计功能,可以根据不同人员的需要对人事信息数据库中的数据灵活查询、统计。

② 可设定满足各种需要的统计/分析报表和明细报表;具有灵活方便的报表导入/导出功能;可定制查询/打印条件,并按定制的条件查询/打印各种所需信息,如员工信息、合同信息等。

③ 可对各类数据进行分析,产生报表,如人事年报表、工资月报表、员工花名册以及统计图表(如饼图、矩形图)、组织结构图等。

④ 根据需求自由组合查询条件生成新的报表,并可将报表输出为Excel、Word和文本

文件等格式,要求能够更灵活地满足数据处理的要求。

⑤ 支持调查问卷结果的简单统计,以及结果数据的导出。

⑥ 通过人力资源智能分析工具、数据查询和分析性报表编制工具等多维度数据分析工具,提供薪酬福利、人员信息、劳动力等分析功能。

3. 人力资源管理系统的性能需求分析

人力资源管理系统要求以平台软件产品为基础,结合具体需求进行定制和二次开发的方式实施,能缩短项目实施周期,降低项目实施的风险。应从学校的业务实际需要出发,选择重点与关键的环节进行信息化管理与控制,在信息化价值和灵活性、管理工作量之间取得良好的平衡,保证在系统实施后能提高工作效率、降低成本。本系统主要的性能需求包含以下内容。

1) 可靠性

① 系统应具有高可用性,支持系统注册用户数 2000 个以上,支持在线用户数 300 个以上,支撑并发用户数 300 个以上,自动实现负载均衡,保持系统运行稳定,确保数据不因意外情况丢失或损坏。

② 响应性能:要求一般操作响应时间<3s,Web 响应时间<3s,复杂计算响应时间<30s。

③ 系统各模块/典型事件的响应时间应符合用户需求,数据导入和导出方面要求对百条数据的校验和操作在 1min 内完成。系统支持磁带库备份,确保数据不因意外情况丢失或损坏。

④ 系统可保证主机、操作系统、网络、数据库和应用软件能 7×24 小时平稳运行。

⑤ 系统支持集群扩展,能通过扩充机器数量扩充系统能力,支持异质资源作群集。

⑥ 所有的软件系统支持双机热备,单台设备的故障不影响业务进行,进行故障恢复不中断业务服务。

⑦ 系统 CPU 最大使用率$<70\%$,内存最大使用率$<70\%$。

⑧ 支持故障的透明迁移,自动容错和故障恢复。

⑨ 确保硬件出现单点故障时,不影响信息系统的使用。

⑩ 系统无故障运行时间是 7×24 小时,实现故障恢复不中断业务服务。

⑪ 系统的业务可用性应达到 99.9%。

⑫ 系统 MTBF(平均故障间隔)>6个月。

⑬ 系统 MTBR(平均修复时间)<1小时。

2) 安全性

① 技术平台必须要符合学校信息安全体系的管理要求,遵循国际安全设计规范。

② 必须使用学校的统一认证平台验证,实现单点登录。

③ 数据安全:系统应具有完善的用户和权限管理机制,一方面保证数据的安全性;另一方面使系统能够实现灵活的分层级、分部门和分角色的管理。对关键数据采取访问权限的控制。各下属部门人力资源联络员只能访问本校授权区域的数据,人力资源部工作人员用户根据角色访问所属功能模块的数据。其他员工用户根据角色访问授权区域内的数据。

保证数据的完整性、一致性和有效性。具备系统数据备份/恢复的功能;卖方需提供数据库备份方案并负责实施;支持对重要信息加密传输和存储。

④ 应用数据传输安全:保证用户、人力资源软件系统系统平台以各业务系统之间传输过程的数据的安全性、完整性以及不可抵赖性。

⑤ 系统安全:系统、数据库平台必须符合相关信息系统安全标准。

⑥ 操作日志:系统对操作员的每笔操作都进行详细记录日志,并提供统计查询功能。

⑦ 数据库操作日志、用户访问日志和错误日志记录。

⑧ 目录和文件的访问权限控制。

⑨ 可根据需要设定某些用户登录到一定时限,没有进行操作后自动退出系统。

3) 集成性

① 系统与学校内部信息系统可进行集成,能避免底层系统可能出现的各种问题,预留集成接口。可以通过不同层次的整合手段,形成对系统平台的集成化管理和使用。提供学校级的 Web Services,支持与 Microsoft Web Services 之间的互联,支持 WSDL、UDDI、SOAP 标准和协议,Web 控件和应用模板。

② 系统实施要保证系统能在运行过程中与其他应用系统建立起无缝的双向数据通道。实现数据的及时交换和共享,并确保接口的性能稳定。

4) 可维护性

① 系统设计应充分考虑系统的可维护性,便于对系统的统一管理和升级,便于对系统的设置、更换和调整,便于对系统的监控、故障隔离、故障排除以及升级维护等。须具体说明维持本系统的运行、维护所需的人力、物力资源配置要求,技术支持队伍的建设要求以及运行、维护解决方案。

② 人力资源软件系统要求体系结构清楚、易理解,同时管理界面友好、易操作。

5) 可扩展性

① 人力资源软件系统应有良好的横向和纵向扩展能力,可以通过增加主机或提高主机的性能提高整个系统的处理能力。

② 系统平台要具有良好的兼容性,在未来要易于扩展、修改模块、增加新的功能以及重组系统。系统的设计需要提供清晰的业务逻辑层接口的说明及程序基本架构的说明,当业务流程需要调整或是增加了与原先不同的业务类型时,系统能够通过调整快速适应这些变化。

③ 系统的各模块既可分布式运行,也可集中式运行。各模块负载能力及整体负载能力应可平滑扩展,新功能模块的增加应不影响现有模块的运行。

6) 易用性

① 系统各种界面语言采用简体中文。

② 管理员操作:具有远程系统管理和维护功能,界面设计最大限度满足实用需求。具有良好的管理、监控手段,可对系统各模块、操作系统、数据库及应用等进行管理监控,除具备有限自恢复外,还可采用多种方式进行报警通知管理员。具备容错手段,允许操作人员有限范围的误操作和返回。

③ 用户操作：尽量减少用户输入信息量，提高数据信息共享程度，提供充分帮助信息，指导用户操作。

④ 保证系统操作人员对系统的熟练使用和本校系统维护人员对系统熟练维护。

7）开放性

允许用户进行二次开发，可提供二次开发规范、开发工具、资料及协助。

4. 人力资源管理系统的其他需求分析

1）统一用户

① 人力资源管理系统是学校组织结构与员工信息的唯一数据源。

② 建立人员数据编码体系和实际编码，建立用户名规则和用户名表。

③ 与学校协同办公平台中的 Windows 域用户系统集成，人力资源管理系统须向 AD 域提供标准的组织架构信息和员工基本信息。

2）单点登录

① 人力资源管理系统支持学校门户系统实现单点登录。

② 向学校门户系统提供所需数据。

③ 人力资源管理系统支持与学校门户系统中相关模块的集成，实现流程的统一处理。

3）人员数据编码

① 在本项目中建立人员数据编码规则、用户名规则。

② 根据人员数据编码规则制定人员数据编码。

4）数据初始化

系统建成后，实施方负责业主方现有数据的录入、导入等数据初始化工作。

5）美工设计需求

整体设计风格简洁大方，功能界面易学易用，符合学校的文化特色。在页面样式内容、功能菜单、布局等方面符合用户操作习惯，在员工自助的界面要求突出学校的特色，可参考门户网站的风格、界面布局和系统提示人性化，员工易学易用，要求从内部门户网站进入员工自助的界面过渡自然。

任务 2-5　人力资源管理系统的建模

首先对人力资源管理系统的参与者、用例和类进行分析，然后建立合理的模型，包括绘制用例图、类图、顺序图、活动图、组件图和部署图等。

1. 人力资源管理系统的参与者分析

通过实地调查、访谈，我们进一步明确了明德学院人力资源管理部门人员的分工及其业务内容。人事管理员主要负责人员信息管理、招聘管理、合同管理、自助服务等工作。综合管理员主要负责部门管理、岗位管理、报表管理、决策分析等工作。薪酬管理员主要负责账套管理、薪酬处理、薪酬预算、薪酬发放、薪酬报表等工作。系统管理员主要负责系统备份、系统还原、数据压缩、系统初始化、系统参数设置、用户管理、权限管理和密码管理等工作。

通过以上分析，可以确定系统的主要参与者有 4 类：人事管理员、综合管理员、薪酬管理员和系统管理员，各参与者的业务功能也明确了。

2. 人力资源管理系统的用例分析

在识别出系统参与者后，从参与者角度就可以发现系统的用例，通过对用例的细化处理建立系统的用例模型。用例是参与者与系统交互过程中需要系统完成的任务。识别用例最好的方法是从参与者的角度开始分析，这一过程可通过提出“要系统做什么”这样的问题来完成。由于系统中存在 4 种类型的参与者，下面分别从这 4 种类型的参与者角度出发，列出人力资源管理系统的基本用例，如表 2-7 所示。

表 2-7　人力资源管理系统的基本用例

系统参与者	基 本 用 例
人事管理员	人员信息管理、招聘管理、合同管理、自助服务
综合管理员	部门管理、岗位管理、报表管理、决策分析
薪酬管理员	账套管理、薪酬处理、薪酬预算、薪酬发放、薪酬报表
系统管理员	系统备份、系统还原、数据压缩、系统初始化、系统参数设置、用户管理、权限管理、密码管理

找出系统的基本用例之后，还需要对每一个用例进行细化描述，以便完全理解创建系统时所涉及的具体任务，发现因疏忽而未意识到的用例。对用例进行细化描述需要经过与相关人员进行一次或多次细谈。

在建立用例图后，为了使每个用例更加清楚，可以以书面文档的形式对用例进行描述。描述时可以根据其事件流进行，用例的事件流是对完成用例所需要事件的描述。事件流描述了系统应该做什么，而不是描述系统应该怎样做。

通常情况下，事件流的建立是在细化用例阶段进行。开始只对用例的基本流所需的操作步骤进行简单描述。随着分析的进行，可以添加更多的详细信息。最后，将例外情况也添加到用例的描述中。

3. 人力资源管理系统的类分析

进一步分析系统需求，以发现类以及类之间的关系，确定它们的静态结构和动态行为，是面向对象分析的基本任务。系统的静态结构模型主要用类图和对象图描述。

在确定系统的功能需求后，下一步就是确定系统的类。由于类是构成类图的基础，所以，在构造类图之前，首先要定义类，也就是将系统需要的数据抽象为类的属性，将处理数据的方法抽象为类的方法。

通过自我提问和回答以下问题，有助于在建模时准确地定义类。

(1) 在要解决的问题中有没有必须存储或处理的数据，如果有，那么这些数据可能就需要抽象为类。例如，人力资源管理系统中必须存储或处理的数据有档案数据、工资数据、奖惩数据、培训数据等。

(2) 系统中有什么角色，这些角色可以抽象为类，例如，人力资源管理系统中部门、员工等。

(3) 系统中有没有被控制的设备，如果有，那么在系统中应该有与这些设备对应的类，以便能够通过这些类控制相应的设备。

(4) 有没有外部系统,如果有,可以将外部系统抽象为类,该类可以是本系统所包含的类,也可以是与本系统进行交互的类。

通过自我提问和回答以上列出的问题,有助于建模时发现需要定义的类,但是定义类的基本依据仍然是系统的需求规格说明,应当认真分析系统的需求规格说明,进而确定需要为系统定义哪些类。通过分析用例模型和系统的需求规格说明,可以初步构造系统的类图模型。类图模型的构造是一个迭代的过程,需要反复进行,随着系统分析和设计的逐步深入,类图就会越来越完善。

系统对象的识别可以从发现和选择系统需求描述中的名词开始进行。从人力资源管理系统的需求描述中可以发现诸如"单位"、"部门"、"员工"、"工资"、"用户"等重要名词,可以认为它们都系统的候选对象,是否需要为它们创建类,可以通过检查是否存在与它们相关的属性和行为进行判断,如果存在,就应该为相应候选对象在类图中建立模型。

经分析可知,人力资源管理系统的实体类主要包括"单位类"、"部门类"、"员工类"、"用户类",另外还包括"基本数据类"和"公用类"。

为了便于访问数据库,抽象出一个"数据库操作类",该类可以对数据库执行读、写、检索等操作。所以,再在类图中添加一个"数据库操作类"。

在抽象出系统中的类之后,还要根据用例模型和系统的需求描述确定类的特性、操作以及类与类之间的关系。

用户在使用人力资源管理系统时需要与系统进行交互,所以,还需要为系统创建用户界面类。根据用例模型和系统的需求描述,为人力资源管理系统抽象出以下部分界面类:用户登录界面、用户管理界面、系统主界面、基本数据管理界面、单位设置界面、部门设置界面、人员查询界面、人事管理界面、档案管理界面、更改字段显示名称界面、可见选项界面、查询条件设置界面、新增工作经历界面、新增社会关系界面、更改密码界面、选择部门界面、选择行政级别界面等。

在面向对象的系统分析中,可以将一个复杂的软件系统划分为4层:用户界面层、业务逻辑层、数据访问层和实体层。用户界面用于向用户显示数据和接受用户的操作请求,通常表现为交互界面,例如Windows窗体或Web页面;业务逻辑层是指根据应用程序的业务逻辑处理要求,对数据进行传递和处理,例如验证处理、业务逻辑处理等,业务逻辑层的实现形式通常为类库;数据访问层是指对数据源中的数据进行读写操作,数据源包括关系数据库、数据文件或XML文档等。对数据源的访问操作都封装在该层,其他层不能越过该层直接访问数据库,数据访问层的实现形式也为类库;实体层包含各种实体类,通常情况下一个实体类对应数据库中的一张关系表,实体类中的属性对应关系表中的字段,通过实体类来实现对数据的封装,并将实体对象作为数据载体,有利于数据在各层之间的传递,实体层的实现形式也为类库。

在这种多层结构中,其他层调用实体层中的实体类作为数据的载体,以完成数据在各层之间的传递。用户界面层接受用户的请求后,将请求向业务逻辑层进行传递。业务逻辑层接受请求后,会根据业务规格进行处理,并将处理后的请求转交给数据访问层。数据访问层接受到请求后会去访问数据库,在得到从数据库返回的请求结果后,数据访问层会将请求结果返回给业务逻辑层，业务逻辑层收到返回结果后，会对结果进行审核和处理，然后将请求的结果返回给用户界面层，用户界面层收到返回结果后以适当的方式呈现给用户。

对应系统的 4 层结构，通常将系统中的类划分为 4 种：用户界面类、业务处理类、数据访问类和实体类，将这 4 类分别以包的形式进行包装，形成 4 个类包：用户界面包、业务处理包、数据访问包和实体包，它们之间的关系如图 2-3 所示。

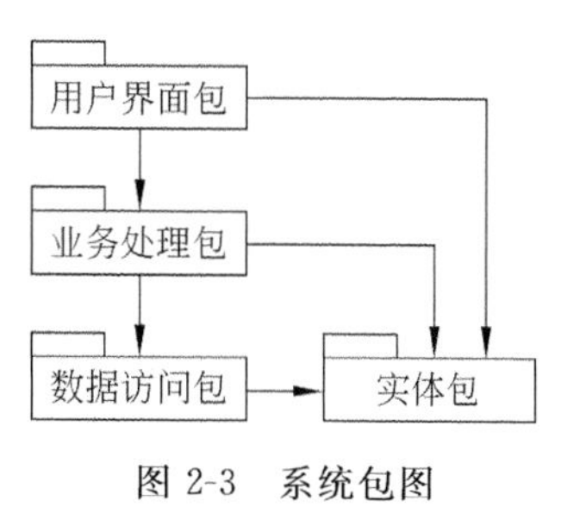

图 2-3　系统包图

4. 创建人力资源管理系统的用例图

在 Microsoft Visio 2010 环境中绘制人力资源管理系统的各个用例图。

(1) 绘制系统的整体用例图

人力资源管理系统的整体用例图如图 2-4 所示。

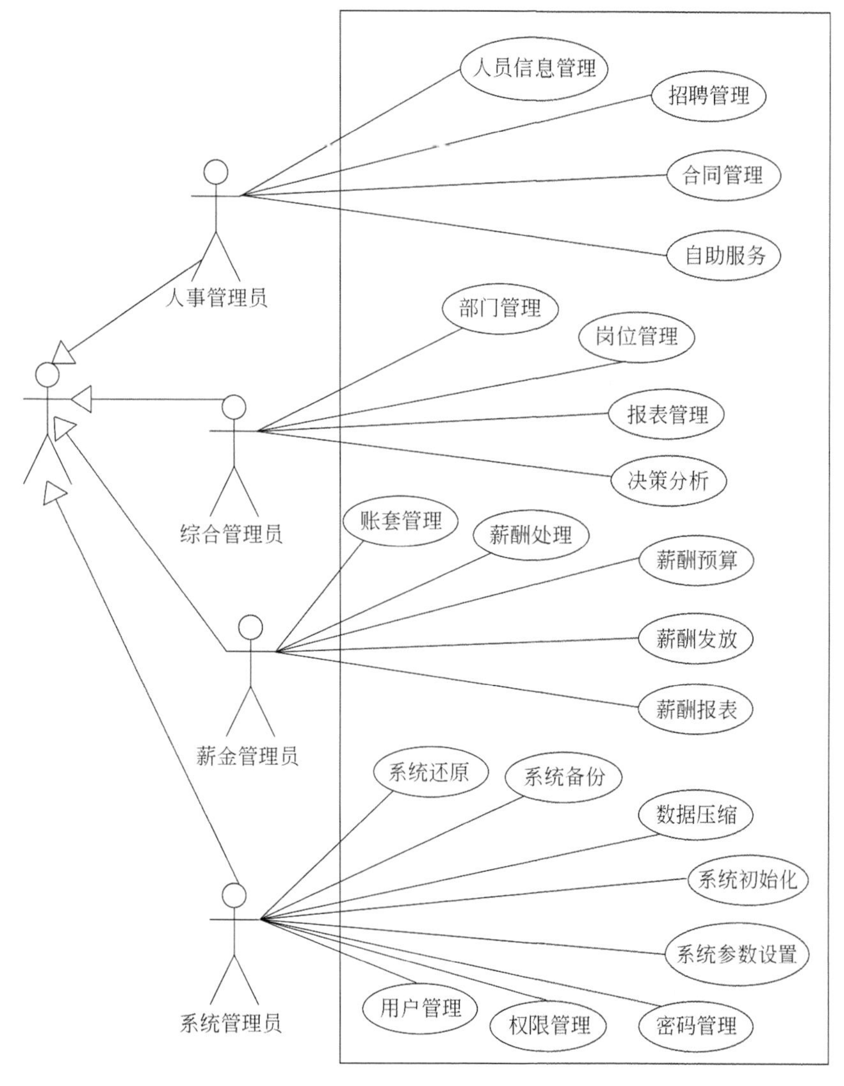

图 2-4　人力资源管理系统用例图

(2) 绘制系统的局部用例图

用户管理的用例图如图 2-5 所示。

部门管理的用例图如图 2-6 所示。

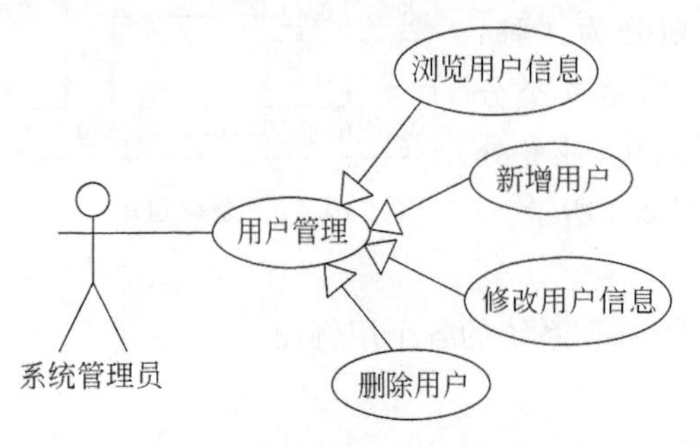

图 2-5 用户管理的用例图

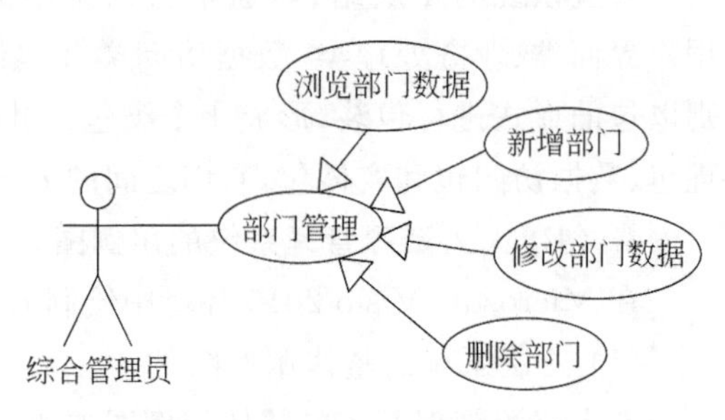

图 2-6 部门管理的用例图

5. 创建人力资源管理系统的类图

在 Microsoft Visio 2010 环境中绘制人力资源管理系统的各个类图。

“数据访问层”的“数据库操作类”命名为 HRDBClass，其类图如图 2-7 所示。

HRDBClass
-conn : object
-openConnection() : void -closeConnection() : void +getDataBySQL(in strComm : string) : object +updateDataTable(in strComm : string) : string +getNumBySQL(in strSql : string) : int +getTableInfo(in strComm : string) : object +updatePersonData(in strComm : string, in person : object) : bool +updateJobRecordData(in strComm : string, in jobRecord : object) : bool +updateSocialRelationsData(in strComm : string, in socialRelations : object) : bool

图 2-7 HRDBClass 类图

“用户类”命名为 HRUserClass，其类图如图 2-8 所示。

HRUserClass
-objHRDB : HRDBClass
+getUserName() : object +getUserInfo(in userName : string, in password : string) : object +getUserInfo(in userName : string) : object +getUserInfoAll() : object +getUserInfoByListNum(in listNum : string) : object +userAdd(in userListNum : string, in userName : string, in userPassword : string) : bool +userInfoEdit(in userListNum : string, in userName : string, in userPassword : string, in id : int) : bool +userDataDelete(in listNum : string) : void +editPassword(in userName : string, in password : string) : string

图 2-8 HRUserClass 类图

“单位类”命名为 HRCompanyClass，其类图如图 2-9 所示。

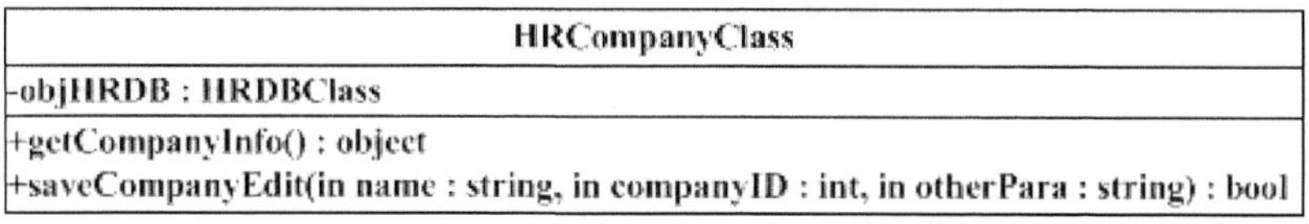

HRCompanyClass
-objHRDB : HRDBClass
+getCompanyInfo() : object +saveCompanyEdit(in name : string, in companyID : int, in otherPara : string) : bool

图 2-9　HRCompanyClass 类图

"员工类"命名为 HRPersonClass，其类图如图 2-10 所示。

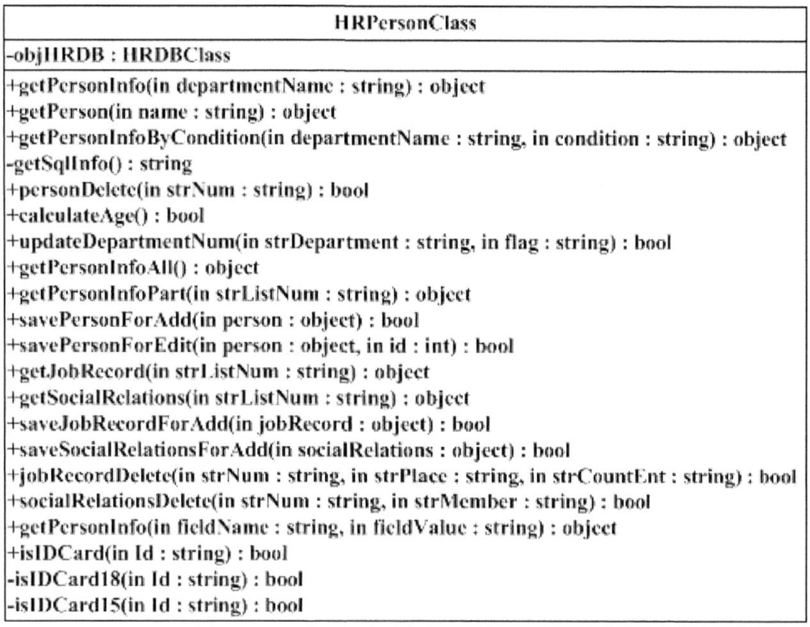

HRPersonClass
-objHRDB : HRDBClass
+getPersonInfo(in departmentName : string) : object +getPerson(in name : string) : object +getPersonInfoByCondition(in departmentName : string, in condition : string) : object -getSqlInfo() : string +personDelete(in strNum : string) : bool +calculateAge() : bool +updateDepartmentNum(in strDepartment : string, in flag : string) : bool +getPersonInfoAll() : object +getPersonInfoPart(in strListNum : string) : object +savePersonForAdd(in person : object) : bool +savePersonForEdit(in person : object, in id : int) : bool +getJobRecord(in strListNum : string) : object +getSocialRelations(in strListNum : string) : object +saveJobRecordForAdd(in jobRecord : object) : bool +saveSocialRelationsForAdd(in socialRelations : object) : bool +jobRecordDelete(in strNum : string, in strPlace : string, in strCountEnt : string) : bool +socialRelationsDelete(in strNum : string, in strMember : string) : bool +getPersonInfo(in fieldName : string, in fieldValue : string) : object +isIDCard(in Id : string) : bool -isIDCard18(in Id : string) : bool -isIDCard15(in Id : string) : bool

图 2-10　HRPersonClass 类图

"部门类"命名为 HRDepartmentClass，其类图如图 2-11 所示。

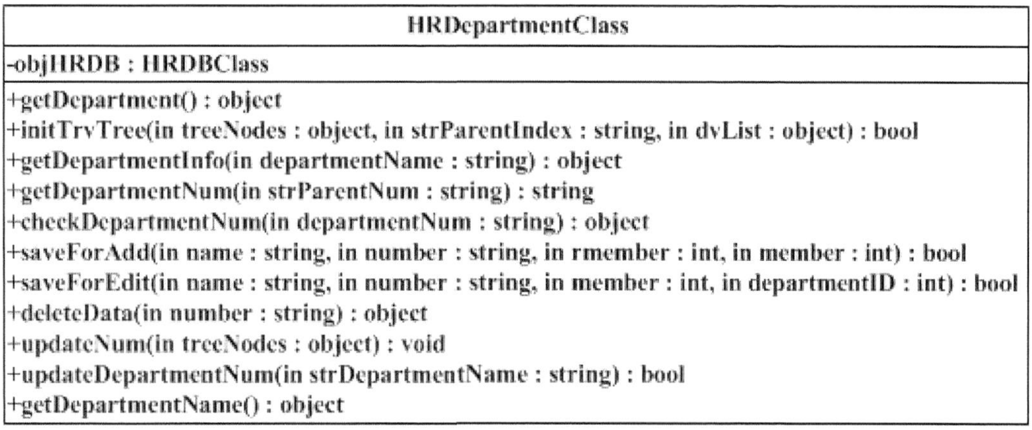

HRDepartmentClass
-objHRDB : HRDBClass
+getDepartment() : object +initTrvTree(in treeNodes : object, in strParentIndex : string, in dvList : object) : bool +getDepartmentInfo(in departmentName : string) : object +getDepartmentNum(in strParentNum : string) : string +checkDepartmentNum(in departmentNum : string) : object +saveForAdd(in name : string, in number : string, in rmember : int, in member : int) : bool +saveForEdit(in name : string, in number : string, in member : int, in departmentID : int) : bool +deleteData(in number : string) : object +updateNum(in treeNodes : object) : void +updateDepartmentNum(in strDepartmentName : string) : bool +getDepartmentName() : object

图 2-11　HRDepartmentClass 类图

"基本数据类"命名为 HRBaseDataClass，其类图如图 2-12 所示。

HRBaseDataClass
-objHRDB : HRDBClass
+getBaseData(in typeValue : string, in titleName : string) : object +getBaseDataInfo(in strName : string) : object +baseDataAdd(in dataType : string, in dataValue : string) : bool +baseDataEdit(in dataType : string, in dataValue : string, in dataID : int) : bool +baseDataDelete(in dataID : int) : bool

图 2-12　HRBaseDataClass 类图

“业务逻辑层”的“公用类”命名为 HRAppClass,其类图如图 2-13 所示。

用户登录界面类图如图 2-14 所示。

HRAppClass
-objHRDB : HRDBClass
+getFieldName(in tableName : string, in fieldValue : string) : object +getTableStructure(in tableName : string) : object +getPersonStruInfo(in tableName : string) : object +editShow(in name : string, in show : int) : bool +getTeDataByPerson(in fieldName : string) : object +editTeDataPerson(in id : int, in strFieldName : string) : bool

图 2-13　HRAppClass 类图

用户登录界面
-objUser : HRUserClass
-frmLogin_Load() : void -btnLogin_Click() : void -btnCancel_Click() : void

图 2-14　用户登录界面类图

人事管理界面类图如图 2-15 所示。

人事管理界面
-objDepartmentData : HRDepartmentClass -objPersonData : HRPersonClass
-frmPersonnelManage_Load() : void -initializeHRtree() : void -treeViewShowSet() : void -treeView1_AfterSelect() : void -btnSearch_Click() : void -txtName_KeyDown() : void -tsbFind_Click() : void -tsbDisplayAll_Click() : void -tsbAdd_Click() : void -tsbDelete_Click() : void -tsbVisibleSet_Click() : void -tsmiCalAge_Click() : void -tsmiSetName() : void -tsbExit_Click() : void -dataGridView1_DoubleClick() : void -listPersonInfo(in condition : string) : void

图 2-15　人事管理界面类图

人员信息管理界面类图如图 2-16 所示。

6. 创建人力资源管理系统的顺序图

在 Microsoft Visio 2010 环境中绘制人力资源管理系统的各个顺序图。

顺序图也称为“序列图”,用户登录顺序图如图 2-17 所示。

浏览人员信息顺序图如图 2-18 所示。

修改人事信息顺序图如图 2-19 所示。

人员信息管理界面
-objPersonData : HRPersonClass -objBaseDataData : HRBaseDataClass +personNum : string = "" -dt : object -flag : string = "" -currenN : int
+frmPersonnelInfoManage(in flagAdd : string) -frmPersonnelInfoManage_Load() : void -setListItem() : void -dataBind() : void -setPartControl() : void -setControl() : void -checkEmpty() : bool -tabControl1_SelectedIndexChanged() : void -btnSelectDepartment_Click() : void -btnSelectGrade_Click() : void -btnPhotoSelect_Click() : void -tsbFirst_Click() : void -tsbBack_Click() : void -tsbNext_Click() : void -tsbLast_Click() : void -txtListNum_TextChanged() : void -tsbAdd_Click() : void -tsbSave_Click() : void -tsbExit_Click() : void -setDgvJobRecord() : void -setDgvSocialRelations() : void -setToolButton() : void -bindingSource1_CurrentChanged() : void -btnJobRecordAdd_Click() : void -btnSocialRelationsAdd_Click() : void -btnSocialRelationsDelete_Click() : void -btnJobRecordDelete_Click() : void -checkRepeat(in strNum : string) : bool -txtListNum_Validating() : void -txtListNum_Validated() : void -validListNum(in strListNum : string, out errorMessage : string) : bool -txtIDCard_Validating() : void -txtIDCard_Validated() : void -frmPersonnelInfoManage_KeyPress() : void -tabControl1_KeyPresss() : void

图 2-16　人员信息管理界面类图

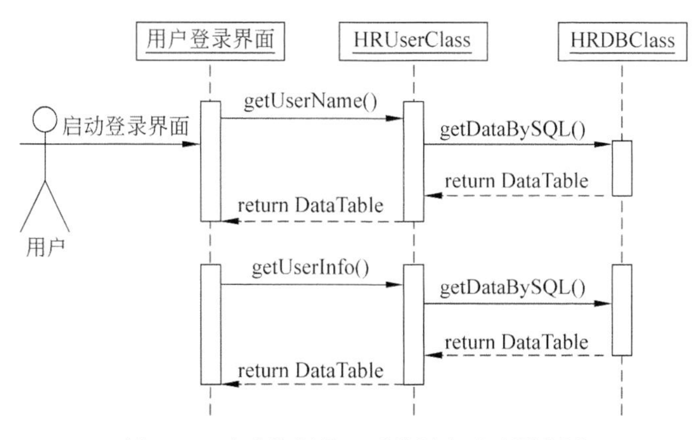

图 2-17　人力资源管理系统用户登录顺序图

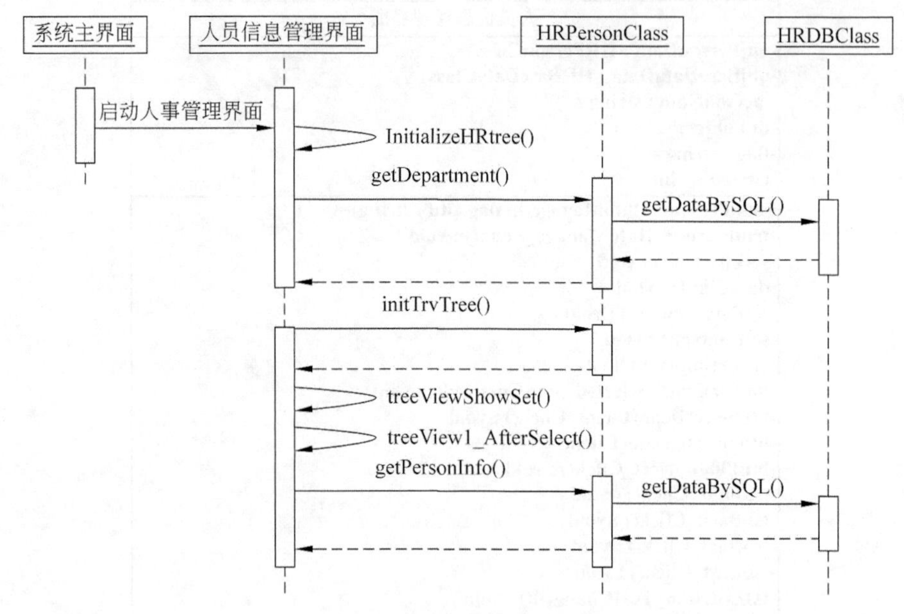

图 2-18　浏览人员信息顺序图

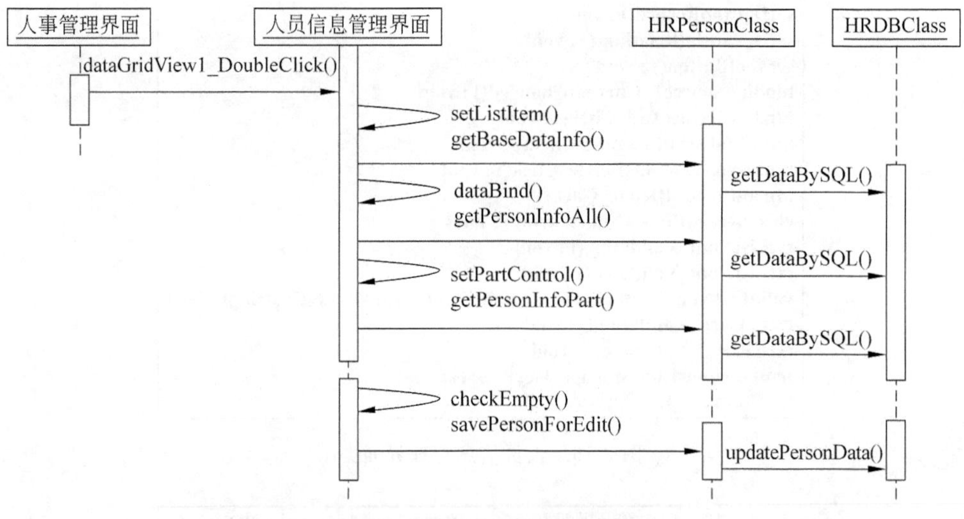

图 2-19　修改人事信息顺序图

新增人员信息顺序图如图 2-20 所示。

7. 创建人力资源管理系统活动图

在 Microsoft Visio 2010 环境中绘制人力资源管理系统的各个活动图。

用户登录活动图如图 2-21 所示。

人员信息管理活动图如图 2-22 所示。

系统启动过程活动图如图 2-23 所示。

8. 创建人力资源管理系统的组件图

在 Microsoft Visio 2010 环境中绘制人力资源管理系统的组件图。

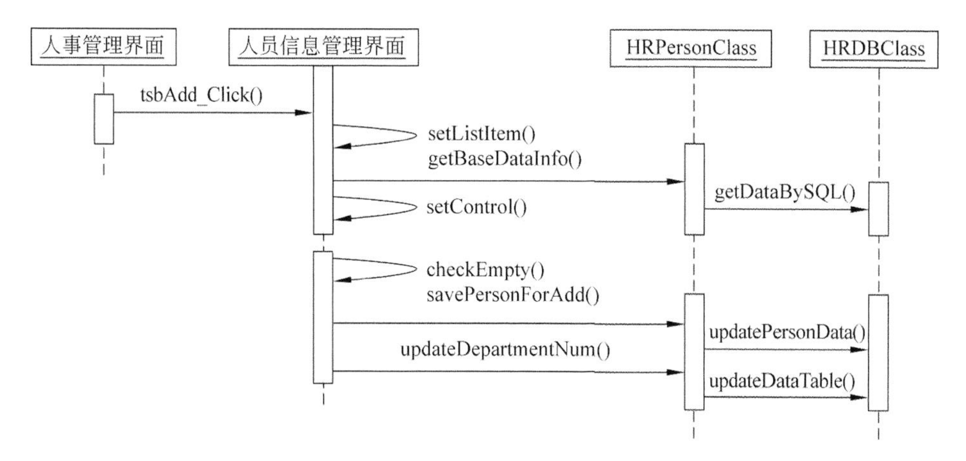

图 2-20　新增人员信息顺序图

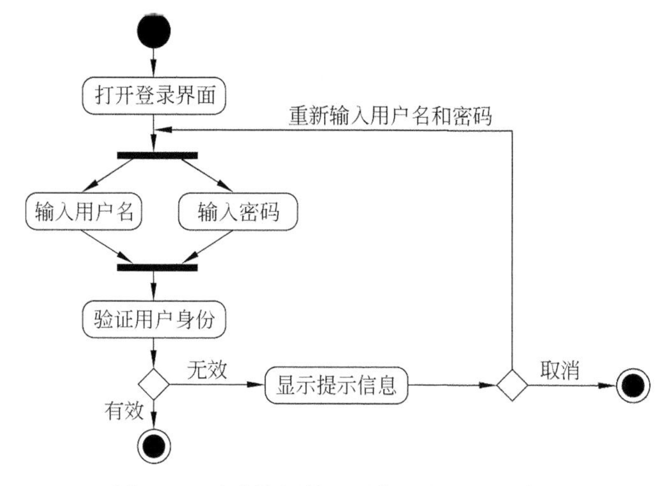

图 2-21　人力资源管理系统用户登录活动图

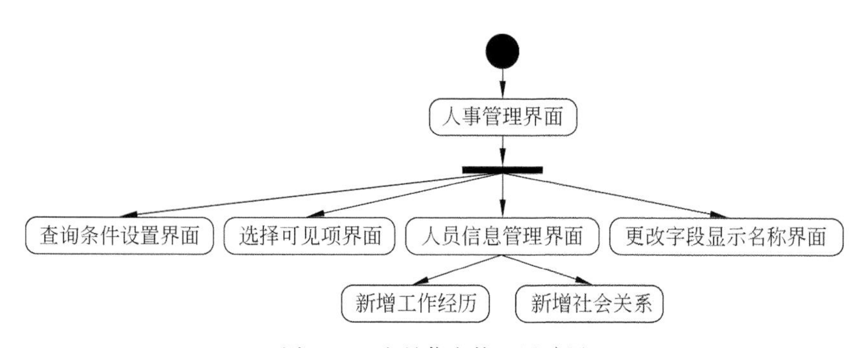

图 2-22　人员信息管理活动图

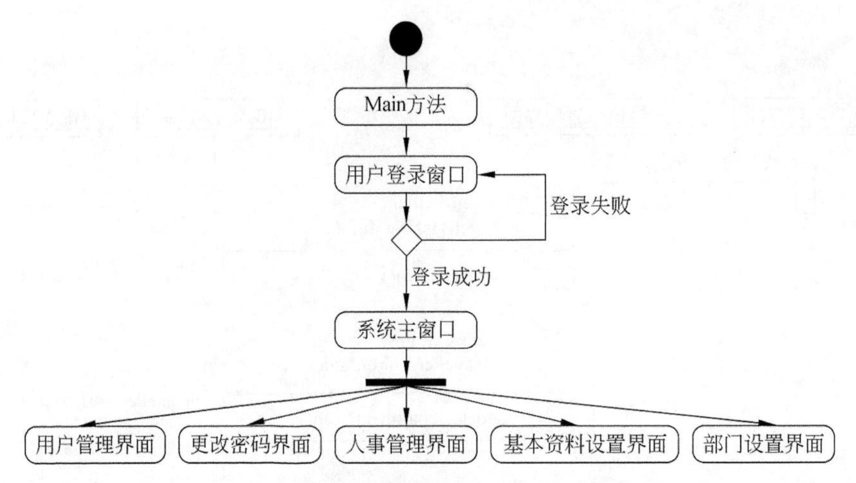

图 2-23　人力资源管理系统启动过程活动图

创建人力资源管理系统组件图如图 2-24 所示。

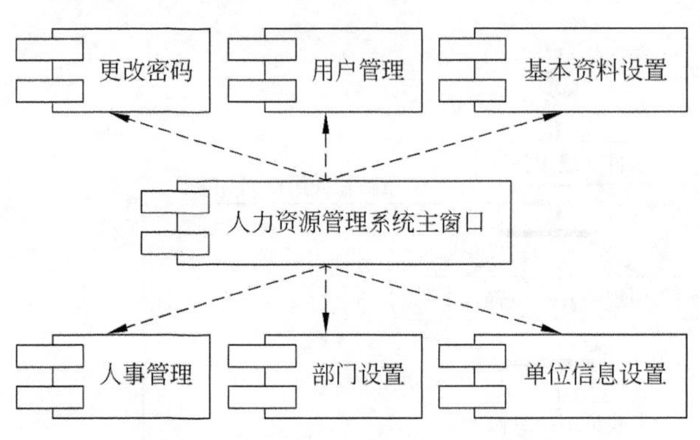

图 2-24　人力资源管理系统组件图

9. 创建人力资源管理系统的部署图

在 Microsoft Visio 2010 环境中绘制人力资源管理系统的部署图。

人力资源管理系统的部署图如图 2-25 所示。

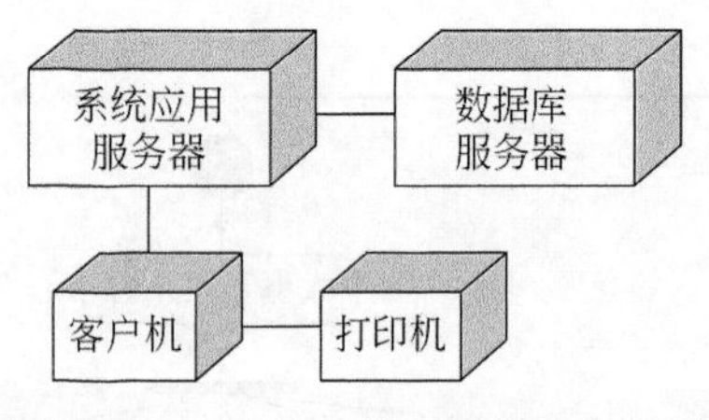

图 2-25　人力资源管理系统的部署图

任务 2-6　人力资源管理系统分析与建模的扩展任务

（1）根据人力资源管理系统开发的背景分析和可行性分析，参照软件项目开发可行性研究报告模板，编写《人力资源管理系统可行性研究报告》。

（2）模仿软件项目开发的组织机构，成立一个人力资源管理系统开发小组，指定一名组长,参照软件项目开发计划模板,完善人力资源管理系统开发计划。

(3) 根据人力资源管理系统开发的用户需求分析,参照软件需求说明书模板,编写《人力资源管理系统需求说明书》。

(4) 前面主要绘制了人员信息管理和用户登录的类图、顺序图、活动图,请参考人员信息管理的界面类图、顺序图、活动图,绘制部门管理、岗位管理、招聘管理、合同管理、薪酬管理的界面类图、顺序图、活动图。

【小试牛刀】

任务2-7 进、销、存管理系统的分析与建模

1. 任务描述

实地调查一家计算机销售公司或家电销售公司的组织机构、业务范围、业务流程,供货、销售、库存管理情况,该公司是否采用了软件系统管理公司业务,其信息化需求如何?

(1) 根据调查情况,写一份调查报告。

(2) 拟为该公司开发进、销、存管理系统,分析进、销、存管理系统的开发背景,撰写简单的进、销、存管理系统开发立项报告,内容包括项目名称、开发单位、系统的期望目标和主要功能、系统运行环境、经费预算及来源、开发进度与计划、验收标准与方法。

(3) 分析开发进、销、存管理系统的必要性和可行性,撰写可行性研究报告。

(4) 制订进、销、存管理系统开发计划。

(5) 建立进、销、存管理系统的逻辑模型,绘制数据流图建立UML模型,编制数据字典。

2. 提示信息

(1) 系统调查

对阳光电器公司的各项业务管理工作进行全面、细致的调查研究,在该公司的进货部门、仓库、卖场通过询问、观察、座谈以及直接参与进、销、存的过程,了解和熟悉了以下情况。

① 商品入库的过程:当采购的商品到货后,负责采购的人员首先填写入库单,然后与仓库管理人员对商品的质量及数量进行核查,检查商品的质量及外表是否合格,核对这些待入库的商品实物数量是否与入库单上的数量相符,核查合格后方可入库,并更新商品入库流水账。

对于新进货商品,在库存台账中建立该商品的账目,在该商品的账目中填写该商品的商品编号、商品名称、购入单价、销售单价等。

对于不合格的商品或不合格的入库单则拒绝入库,交由采购人员处理。

② 商品出库管理过程:仓库管理人员根据商品出库单,经核查后付货,同时登记商品出库流水账。

③ 每天下班之前统计分析人员要根据商品入库流水账和商品出库流水账,累计汇总出各种商品当日的采购入库量、仓库出库量、卖场销售量、库存结余量等数据,并将这些数据填

入库存台账。

④ 每月的月末根据库存台账做出商品库存的进、销、存月报表。

经初步分析原有的手工操作方式主要存在以下主要问题。

① 手工模式下的信息收集不够及时、准确和完整，重复性信息多，工作劳动强度高、效率低、错误多、可靠性较低、处理速度慢，不适应公司发展的需要。

② 在具体工作中，存在着大量数据的保存、汇总、查询等工作，手工模式速度慢而且不利于数据的分析，已不适应现代公司管理模式。

③ 各业务部门联系不密切，信息不能共享，相互沟通渠道不畅通。

④ 不能实现灵活的查询，不能及时提供库存现状信息和库存报警信息。

阳光电器公司是一家主营家用电器的公司，该公司的主要业务涉及电器的采购和销售，销售业务主要有批发和零售两部分，有时候会出现打折促销。公司的仓库和门面在同一栋大楼。公司内设经理办公室、公司办公室、供应部、销售部、仓管部、财务部等部门，公司业务量逐年递增，现有的手工管理进货、销售、库存方式已不适应公司业务需求，急需开发一个进、销、存管理系统来高效管理公司业务，准确地反映进货、销售、库等方面的各种信息，以帮助公司经理制定适宜的销售策略，实现对供应商资料、客户数据、商品信息、交易数据、各种单据等信息的迅速方便的录入、查询与管理，了解进、销、存各项相关信息。

(2) 可行性分析

① 必要性分析

进、销、存是商业企业的重要管理环节，对外直接关系到为顾客服务的水平、商企的合作关系、企业的整体形象，对内影响到企业的经营成果、职员的切身利益。进、销、存管理系统对于提高工作效率、优化业务管理、降低经营成本都有明显的作用。更重要的是通过系统的应用，管理者能更迅速准确地对市场变化做出商业的应变策略，力求在激烈的竞争中不断创造出更多的经济效益，以立于不败之地。建立进、销、存管理系统，使企业管理工作规范化、制度化和程序化，提高信息处理的速度和准确性，理顺企业的信息流程和流向，及时、准确地把握企业内部、市场和其他外部信息，以提高管理决策的水平。为规范企业内部管理，提高企业业务管理水平，更好地服务于顾客，开发一个涉及进货管理、销售管理和库存管理的进、销、存管理系统是必要的。

② 技术可行性

阳光公司的销售业务日益增长，销售方面的数据处理也越来越繁忙。每日所要登记的单据、报表非常多。为了让业务员从烦琐的数据处理中解脱出来，更好地拓展公司的业务，利用计算机信息技术解决销售数据的处理已是迫在眉睫。由于该公司的办公室、财务部等部门都使用了计算机办公，公司人员的素质较高，员工的技术水平达到了软件项目管理业务所要求的水平，该软件项目在公司现有的资源基础上可以实施。目前可视化开发技术、数据库技术、计算机网络技术非常成熟，软件开发工具、测试工具也很先进，为开发进、销、存管理系统提供了技术保障。

③ 经济可行性

该软件项目的实施费用主要涉及设备的购买与安装维护、软件的开发与实施维护、员工的培训等方面，这些费用对于阳光公司来说不是问题。软件项目实施后为公司的业务带来很大的经济效益，公司根据市场的实际需求，有效地组织采购，减少商品积压，加速资金周转，降低经营风险，有效地降低成本。使用该软件项目实时监控各经营环节的信息，能及时发现经营过程中的问题并快速查找原因。

④ 管理可行性

公司的大部分员工都具有大专以上的学历层次，对软件项目的使用不存在问题，只需稍作培训，就可以掌握该系统的使用，让员工从日常烦琐的单据填写、报表统计中解脱出来，员工会乐意接受该系统的使用。对于经理和管理人员来说，他们再也不用等员工统计完数据后才能了解市场及销售情况，他们可以通过该系统随时查看相关信息，打印他们所需要的报表，从而更有利于进行决策，管理层也会乐意使用该软件项目。

⑤ 社会可行性

实施信息化管理可以提高员工业务的处理效率和服务质量，从而赢得客户的满意，提高企业的形象与声誉，在同行中保持竞争力。

(3) 新开发的进、销、存管理系统的功能需求分析

根据对公司的调查分析，提出以下主要的功能要求。

① 采购系统及销售系统录入的入库单、出库单能自动传到仓储系统进行修改、审核、查询等，也可以直接在仓储系统录入采购、销售的出入库单据。

② 在出入库单据中显示商品的即时库存，审核后的出入库单据即时修改库存余额，以满足即时管理的需要。

③ 能够按商品类别了解出入库及结余情况。

④ 能够按出入库单的类别分别统计其出入库的情况。

⑤ 能动态地查看商品在各仓库的入、出、存情况。

⑥ 所有库存报表都提供数据、金额，并通过权限控制其显示的格式。

⑦ 对公司的进、销、存各个环节进行细致的管理，准确地记录经营的每个环节及财务支出状况。

(4) 新开发的进、销、存管理系统的性能要求分析

① 系统具有易操作性

所开发的系统应做到操作简单，尽量使系统的操作不受用户业务人员及其文化水平的限制。

② 系统具有通用性、灵活性

由于商业企业的管理模式变化不定，为了适应不断变化的市场需求，所开发的系统应具有通用性和灵活性，使其在有尽量少的改动或不改动的情况下既能满足新用户的要求，也能使原先的用户在内部管理模式调整的情况下仍能充分发挥原系统的作用。

③ 系统具有可维护性

由于系统涉及的信息比较广，数据库中的数据增长较快，系统可利用的空间及性能也随之下降，为了使系统更好地运转，用户自己可对系统数据及一些简单的功能进行独立的维护及调整。

④ 系统具有开放性

本系统能够在开放的硬件体系结构中运行，并且能与其他系统顺利连接，不会因外部系统的不同而要做大量的修改工作。

(5) 进、销、存管理系统逻辑模型的建立

经过以上调查分析，明确了所开发系统的功能需求和性能要求，发现了存在的问题，清楚了业务功能，为系统逻辑模型的建立提供了依据。

系统分析的主要成果是建立系统的逻辑模型，本系统的逻辑模型主要是以系统的数据流图和数据词典作为主要描述工具。

① 绘制数据流图

数据流图是在绘制业务流程图的基础上，从系统的科学性、管理的合理性、实际运行的可行性角度出发，从逻辑上精确地描述系统应具有的数据加工功能，数据输入、输出、存储，以及数据来源和去向。

a. 绘制顶层图

分析阳光公司进、销、存的总体情况，划分系统边界，识别系统的数据来源和去向，确定外部项，绘制出数据流图的顶层图，如图 2-26 所示。

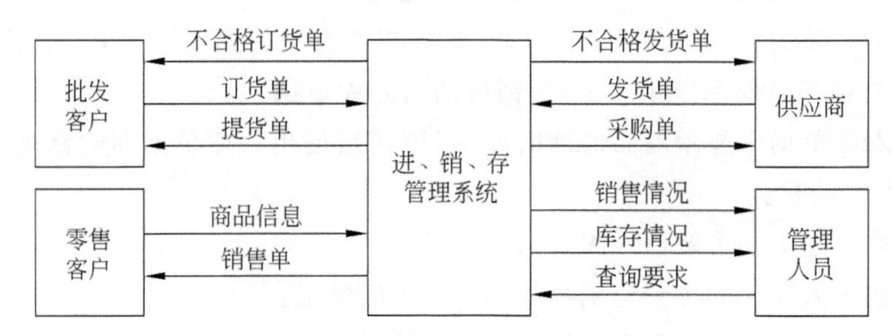

图 2-26 进、销、存软件项目的顶层图

b. 绘制 0 层图

顶层数据流图从总体上反映了阳光公司的信息联系，按照自顶向下、逐层分解的方法对顶层图进一步细化。划分出几个主要的功能模块，并明确各功能之间的联系，绘制出数据流图的 0 层图，如图 2-27 所示。

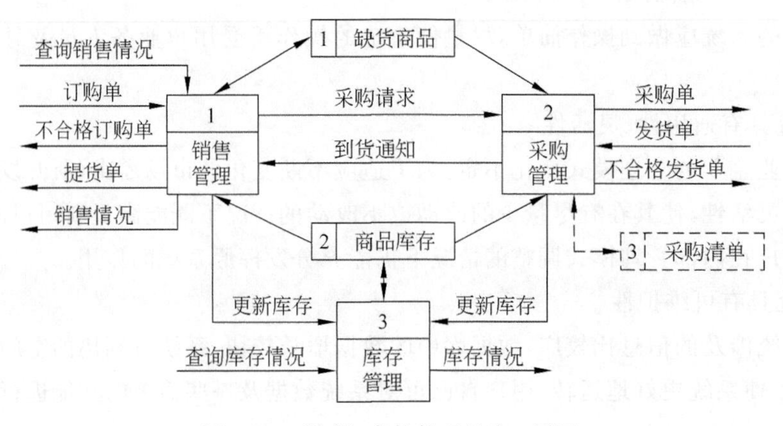

图 2-27 进、销、存软件项目的 0 层图

说明：0 层图中的“采购清单”不必画出，但由于没有绘制 1 层图及以下各层图，在 0 层图中用虚线形式画出，以示区别。

② 定义数据字典

a. 定义数据项

库存量、商品编号两个数据项的定义如下所示。

数据项编号：005 数据项的名称：库存量 别名：实际库存量 概述：某种商品的库存数量 类型：数值型 长度：4 位整数 取值范围：0～9999	数据项编号：002 数据项的名称：商品编号 别名：商品编号 概述：唯一标识某种物资 类型：字符型 长度：12 个字节

b. 定义数据流

本系统的输入数据流主要有订货单、发货单、查询要求等，输出的数据流主要有提货单、采购单、屏幕显示等。订货单数据流的定义如下所示。

数据流名称：订货单 简述：订购客户发出的订货单 数据流来源：订购客户 数据流流向：销售处理功能 数据流组成：日期＋订购编号＋商品编号＋商品名称＋规格＋数量＋客户名＋地址 流通量：50 份/天 高峰流通量：180 份/天

c. 定义存储

数据存储只是表达了需要保存的数据内容，尚未进行规范化，将在系统设计阶段根据选定的数据软件系统进行数据库的逻辑设计和物理设计。商品库存文件的定义如下所示。

数据存储编号：008 数据存储名称：商品库存文件 简述：记录商品的编号、名称、单价与库存数量等信息 数据存储组成：商品号＋商品名称＋购入单价＋规格＋销售单价＋库存数量 关键字：商品号

d. 定义处理逻辑

处理逻辑的定义指最低一层数据流图中的处理逻辑的描述。每个处理逻辑设计一张处理逻辑定义表。商品入库的处理逻辑如下所示。

处理名：商品入库处理
输入：商品发货单
描述：送交商品发货单→读取商品发货单中的商品编号→核对发货单→打开商品库存文件→按商品查找商品编号→如果存在，则有：库存数量＝库存数量＋入库数量→否则在流水账中添加一条新记录→将商品发货单上的商品编号、入库数量等写入商品库存文件，同时更新采购清单→显示“入库完成”→返回。
输出：如果发货单数据检验不合格，拒绝登记，并给出出错的原因和可能的改正方法；如果登记过程完成，除将数据写入商品库存文件中，还要在屏幕上给出登记操作完成的提示。

【单元小结】

本单元主要介绍了软件项目开发的初步调查、详细调查、可行性分析、需求分析、数据流分析、UML与系统建模等方面的内容，重点是可行性分析和需求分析，可行性分析是要决定“做还是不做”，说明该软件开发项目的实现在技术上、经济上和社会因素上的可行性，评述为了合理地达到开发目标可供选择的各种可能实施方案，说明并论证所选定实施方案的理由。需求分析是要决定“做什么，不做什么”，对所开发软件的功能、性能、用户界面及运行环境等作出详细的说明。本单元以人力资源管理系统为例，详细阐述软件项目开发的可行性分析、需求分析、系统建模的方法和过程。

【单元习题】

(1) 软件工程的结构化生命周期方法(SA)是将软件开发的全过程划分为互相独立而又互相依存的阶段，软件的逻辑模型是形成于(　　)。

A. 开发阶段　　B. 计划阶段　　C. 分析阶段　　D. 设计阶段

(2) 结构化分析方法(SA)的基本思想是(　　)。

A. 自底向上逐步抽象　　B. 自底向上逐步分解

C. 自顶向下逐步分解　　D. 自顶向下逐步抽象

(3) 在可行性研究阶段，对系统所要求的功能、性能以及限制条件进行分析，确定是否能够构成一个满足要求的系统，这称为(　　)可行性。

A. 经济　　B. 技术　　C. 法律　　D. 操作

(4) 可行性研究的目的是用最小的代价，在最短的时间内确定问题是否可能解决和值得去解决，主要从(　　)三个方面进行。

A. 技术可行性、费用可行性、效益可行性

B. 经济可行性、技术可行性、机器可行性

C. 技术可行性、操作可行性、经济可行性

D. 费用可行性、机器可行性、操作可行性

(5) 在软件系统中,一个模块应具有什么样的功能,这是由(　　)决定的。

A. 总体设计　　B. 需求分析　　C. 详细设计　　D. 程序设计

(6) 软件需求分析中,开发人员要从用户那里解决的最重要的问题是(　　)。

A. 让软件做什么　　B. 要给软件提供哪些信息

C. 要求软件工作效率怎样　　D. 让软件具有何种结构

(7) 需求分析的最终结果是产生(　　)。

A. 项目开发计划　　B. 可行性分析报告

C. 需求规格说明书　　D. 设计说明书

(8) 需求规格说明书的内容不应包括对(　　)的描述。

A. 主要功能　　B. 算法的详细过程

C. 用户界面和运行环境　　D. 软件性能

(9) 需求规格说明书的作用不应包括(　　)。

A. 软件设计的依据

B. 用户与开发人员对软件要"做什么"的共同理解

C. 软件验收的依据

D. 软件可行性研究的依据

(10) 需求分析阶段不适用于描述加工逻辑的工具是(　　)。

A. 结构化语言　　B. 判定表　　C. 判定树　　D. 流程图

(11) 进行需求分析可使用多种工具,但(　　)是不适用的。

A. 数据流图　　B. 判定表　　C. PAD图　　D. 数据字典

(12) 结构化分析方法(SA)最为常见的图形工具是(　　)。

A. 程序流程图　　B. 实体联系图　　C. 数据流图　　D. 结构图

(13) 需求阶段的文档主要有(　　)等。

A. 一组加工逻辑说明　　B. 用户手册

C. 数据字典　　D. 数据流图

(14) 分层数据流图是一种比较严格又易于理解的描述方式,它的顶层图描述了系统的(　　)。

A. 细节　　B. 输入与输出　　C. 软件的作用　　D. 绘制的时间

(15) 数据流图所描述的是实际系统的(　　)。

A. 逻辑模型　　B. 物理模型　　C. 程序流程　　D. 数据结构

(16) 软件工程中,结构化分析方法采用数据流图表示,其中用直线段表示文件,用椭圆表示(　　),用箭头表示(　　),用方框表示(　　)。

A. 数据流　　B. 加工

C. 数据流的源点和终点　　D. 文件

(17) 数据流图DFD中,当数据流向或流自文件时(　　)。

A. 数据流要命名,文件不必命名

B. 数据流不必命名,文件要命名

C. 数据流和文件均要命名,因为流出和流进的数据流可能不同

D. 数据流和文件均不要命名，因为从处理上可自然反映出来

(18) 分层的数据流图中，父图与子图的平衡是指(　　)的平衡。

A. 处理　　B. 数据存储　　C. 外部项　　D. 数据流

(19) 对于分层的数据流图DFD，父图与子图的平衡指子图的输入、输出数据流同父图相应加工的输入、输出数据流(　　)。

A. 必须一致　　B. 数目必须相等

C. 名字必须相同　　D. 数目必须不等

(20) 数据流图DFD中的每个加工至少有(　　)。

A. 一个输入流或一个输出流　　B. 一个输入流和一个输出流

C. 一个输入流　　D. 一个输出流

(21) 数据流图是一种描述数据及其变换的图形表示，在数据流图上不允许出现(　　)。

A. 数据流　　B. 控制流　　C. 文件　　D. 加工

(22) 数据字典是软件需求分析阶段的重要工具之一，它的基本功能是(　　)。

A. 数据定义　　B. 数据维护　　C. 数据通信　　D. 数据库设计

(23) 数据字典中，一般不出现的条目是(　　)。

A. 数据流　　B. 数据存储　　C. 加工　　D. 源点与终点

单元3　软件项目的概要设计与详细设计

在完成了系统分析之后，为了实现软件需求规格说明书的要求，必须将用户需求转化为对软件系统的逻辑定义，即所谓系统设计，系统设计不仅要完成逻辑模型所规定的任务，而且要使所设计的系统达到优化。进入系统设计阶段，要把软件“做什么”的逻辑模型变换为“怎么做”的物理模型，即着手实现软件的需求，并将设计的结果反映在“设计说明书”文档中，所以系统设计是把前期获取的软件需求转换为软件表示的过程，最初这种表示只是描述软件的总体结构，称为概要设计。在概要设计完成后，首先要做的是数据库设计，然后进行应用模型设计，最后对该整个系统的总体设计进一步细化，称为详细设计。

【知识梳理】

3.1　软件系统概要设计的主要任务

需求分析使我们了解软件系统做什么，而概要设计就是从整体上解决怎么做的问题。需求分析完成后就已给出了软件的用户需求，而软件开发最终需要将用户的逻辑需求通过编写代码来实现，所以我们需要在了解软件需求后，以软件实现为出发点从整体上进行思考和设计，将软件的逻辑需求转变为软件设计。

概要设计主要用于确定软件项目最合适的实现方案和确定软件的设计结构，其重要性在于它能站在开发的角度进行整体上的考虑和设计，以弥补每个开发人员在理解上的片面性。概要设计的主要任务是把需求分析得到的系统用例图转换为软件结构和数据结构。设计软件结构的具体任务是：将一个复杂系统按功能进行模块划分、建立模块的层次结构及调用关系、确定模块间的接口及人机界面等。数据结构设计包括数据特征的描述、确定数据的结构特性以及数据库的设计。显然，概要设计建立的是目标系统的逻辑模型。

概要设计更多的是在需求分析阶段成果的基础上进行精化和细化，但概要设计要能确保以后的开发朝着更容易、更可行的方向进行，软件系统概要设计的主要任务如表3-1所示。

表 3-1 软件系统概要设计的主要任务

序号	设计项目	主要任务
1	确定设计方案	(1) 设计供选择的方案:提出各种可行的实现方案供评选。 (2) 评选确定最佳实现方案:系统分析员比较各个合理方案的利弊,选择一个最佳方案向用户推荐,并为所推荐的方案制订详细的实现计划。用户和有关专家认真评审所提供的几种方案,如果确认某方案为最佳方案,且在现有条件下完全能实现,则应提请用户进一步审核。在使用单位的负责人接受并审批了所推荐的方案后,方可进入软件工程的下一步软件结构设计阶段
2	设计软件结构	确定软件系统由哪些功能模块组成,把整个系统划分为若干个模块,并确定各模块之间的关系。 (1) 功能分解:从实现角度把复杂的功能模块分解为一系列比较简单易于理解的功能,此时数据流图和 IPO 图也可以进一步细化。 (2) 功能模块设计:按层次分解功能模块,顶层模块能调用它的下一层模块,下一层模块再调用其下一层模块,如此依次向下调用,最底层的模块能完成某项具体的功能。画出功能模块结构图,说明每个模块的功能及其调用关系
3	设计系统接口	系统接口包括内部接口、外部接口和用户接口。接口设计的任务是描述系统内部各模块之间如何通信、系统与其他系统之间如何通信、系统与用户之间如何通信
4	设计物理配置方案	选择系统设备,确定系统设备的主要参数及配置
5	设计数据库	首先要确定数据库结构,还需考虑数据库的完整性、安全性、一致性以及优化等问题
6	设计测试方案	为保证软件的可测试性,在软件的设计阶段就要考虑软件测试方案问题。在概要设计阶段,测试方案主要根据系统功能来设计
7	编制概要设计文档	(1) 编写概要设计说明书:包括系统流程图、物理环境配置、成本/效益分析、细化数据流图和层次结构图等。 (2) 编写用户手册:根据概要设计结果,修正需求分析产生的初步用户手册。 (3) 编写测试计划:包括测试策略、测试方案、预期的测试结果、测试进度计划等。 (4) 编写数据库设计文档:包括物理数据库设计、数据字典和数据库关系图等
8	审查和复查	概要设计阶段的最后应该对概要设计的结果进行严格的技术审查,在技术审查通过之后再由相关部门从管理角度进行复审

3.2 软件系统详细设计的主要任务

软件系统详细设计是在《概要设计说明》的基础上对功能模块进行具体描述,即把功能描述转变为精确的、结构化的过程描述。

从项目管理角度来看,软件设计分为概要设计和详细设计,概要设计完成的是软件系统的总体设计,规定了各个模块的功能及模块之间的联系,详细设计是指体系结构选择阶段之后所进行的技术性活动。在此期间,对每个模块给出足够详细的过程性描述,主要集中在体系表达式的细化,以及选择详细的数据结构和算法。

详细设计文档的内容包括各个模块的算法设计、接口设计、数据结构设计、交互设计等。文档中必须写清楚各个模块、接口、公共对象的定义、写清各个模块程序的各种执行投机条件与期望的运行效果，还要正确处理各种可能的异常。

详细设计的任务是决定各个模块内部特性(内部的算法及使用的数据)。详细设计的任务不是编写程序，而是给出程序的设计蓝图，程序设计人员根据设计蓝图编写程序。目的是为软件结构图中的每一个模块确定使用的算法和块内数据结构，并用某种选定的表达式具体给出清晰的描述。表达工具可以由开发单位或设计人员自行选择，但它必须具有描述过程细节的能力，而且在编码阶段能够直接翻译为程序设计语言书写的源程序。具体来说，详细设计阶段就是要确定如何具体实现所需求的系统，得到一个接近源代码的表示。这一阶段的主要任务如表3-2所示。

表3-2　软件系统详细设计的主要任务

序号	设计项目	主要任务
1	算法设计	用某种图形、表格、语言等工具将每个模块处理的过程用详细算法描述出来
2	数据结构定义	对于需求分析、概要设计确定的概念性数据类型进行确切的定义，为以后的程序编写做好充分的准备
3	接口细节定义	确定软件模块之间的接口、模块与外部实体的接口，以及模块输入数据、输出数据、局部数据的全部细节
4	测试用例设计	为每一个模块设计出一组测试用例，以便在编码阶段对模块代码进行预定的测试
5	编码(Code)设计	设计编码结构，确定使用范围和期限，编制编码表
6	用户界面设计	设计用户界面的风格，编写联机帮助信息，设计错误信息提示与处理
7	输入设计	确定数据源，设计数据输入格式、内容和精度，选择数据输入方式和输入设备
8	输出设计	确定输出内容、格式和精度，决定输出设备和输出介质
9	安全性设计	设定各类用户的权限，数据备份与恢复
10	编制详细设计文档	(1) 编写详细设计说明书：可以根据实际需要包含程序功能、性能、输入项、输出项、算法、流程逻辑、接口、存储分配、注释设计、限制条件、测试计划、尚未解决的问题等。 (2) 编写用户操作手册：在详细设计阶段可以写出初步的用户操作手册，在编码实现阶段，再对其进行补充和完善。操作手册的内容包含软件结构、安装和初始化过程、每种可能的运行及其步骤、具体操作要求、输入/输出过程、非常规过程、远程操作等
11	评审与复审	软件的详细设计完成以后，必须从软件的正确性和可维护性等方面对软件的逻辑结构、数据结构、人机界面等方面进行审查，以保证软件设计的质量

3.3　软件系统的功能模块设计

软件系统的模块结构设计其主要任务是以整体的观点，按照自顶向下、逐步求精的原则，借助于一套标准的设计准则和图表工具，将系统划分为若干个子系统或模块。

3.3.1 功能模块设计概述

1. 模块和模块化概述

模块化是指将系统的总任务(系统功能)分解为若干小任务,小任务再分解为更小的任务,以此类推,直到分解的任务具体、明确、单一为止,这些任务汇集起来便组成一个系统。分解过程中的小任务称为模块,分解的结果用模块结构图表示。

在程序设计中模块是指能够完成特定功能的若干程序语句的组合,在高级语言中常被称为子程序、过程或函数。在系统开发中,模块指能完成特定任务相对独立的功能单元。

2. 模块独立性

模块独立性是指每个模块只完成一个相对独立的特定子功能,并且和其他模块之间的关系很简单。独立性强的模块功能简单、接口简单,容易开发和测试。

模块独立的作用主要体现在以下几个方面:

(1) 一个子系统一般由若干个模块组成,模块独立可以减小模块间的相互影响,当修改一个模块时,只影响本模块的结构和功能,不影响其他模块或整个系统的结构和功能。这样有利于多人分工开发不同的模块,共同完成一个系统的开发,从而缩短软件产品的开发周期,提高软件产品的生产率,保证软件产品的质量。

(2) 修改一个模块时,由于涉及范围较小,减小了一个模块修改影响其他模块正确性的风险。

(3) 对一个模块进行维护时,不必担心其他模块内部程序运行是否受到影响,增加了系统可维护性和适应性。

3.3.2 子系统与功能模块的划分

系统总体设计的一个主要任务是划分软件系统的子系统,将整个软件系统系统划分为若干个子系统,每个子系统划分为若干个功能模块,每个功能模块又划分为若干个子功能模块。各个子功能模块规模较小,功能相对独立,更易于建立和修改。

子系统与功能模块的划分在软件系统总体结构设计中十分重要,模块划分是否合理将直接影响系统设计的质量、开发时间以及系统实施的方便性。划分模块至今没有严格的标准。

优秀的设计方案也不是唯一的,通常的划分方法和原则如下。

1. 子系统的划分方法

(1) 子系统与当前的业务部门对应,每一个独立的业务管理部门,划分为一个子系统。这种划分方法比较容易实现,但适应性很差,当机构或业务调整时,导致子系统的划分要重新调整。

(2) 按功能划分子系统,将功能上相对独立、规模适中、数据使用完整的部分作为一个子系统,例如学生管理系统中的学籍管理子系统、成绩管理子系统。

(3) 采用企业系统规划法(BSP),利用 U/C 矩阵划分子系统。

2. 划分功能模块的原则

(1) 功能模块或子系统有其相对独立性,即功能模块或子系统内部联系紧密(高内聚),而功能模块或子系统之间的依赖性尽量小(低耦合)。

(2) 模块的作用范围应在控制范围之内。

一个模块的作用范围是指该模块中包含的判定处理所影响到的所有模块及该判定所在模块的集合。在某一模块中有一个判断语句,只要其他模块中含有一些依赖于这个判定的操作,那么这些模块就被影响到,判断语句所在的模块连同被影响到的模块的总和就是该模块的作用范围。

一个模块的控制范围是指调用模块本身以及它可以调用的所有下层模块的集合。下层模块包括直接下属模块和间接下属模块。

如图3-1所示,假设模块3中有一判断语句,模块6、7、8依据该判断语句执行了某些操作,那么模块3的作用范围为模块3、6、7、8,模块3的控制范围为模块3、6、7、8、9、10六个模块。此时模块3的作用范围小于其控制范围。如果模块3做出的判断影响到模块4,而模块4又不在模块3的控制范围内,此时模块3的作用范围大于其控制范围,降低了模块的独立性。

由以上分析可知,模块的作用范围应不大于其控制范围,模块的作用范围应是其控制范围的子集,理想情况是模块的作用范围限制在判断模块本身及其直属下级模块。

(3) 模块的扇出数尽量小,扇入数尽量大。

"扇出数"是指一个模块调用其下级模块的个数,如图3-2所示,模块A扇出数为2。模块的扇出数小,则表示模块的复杂度低。

"扇入数"是指直接调用本模块的上级模块的个数,如图3-3所示,模块A的扇入数为3。扇入数反映了系统的通用性,扇入数越大,说明共享本模块的上级模块数越多,表示模块的通用性高,便于维护,但同时模块独立性会减弱。

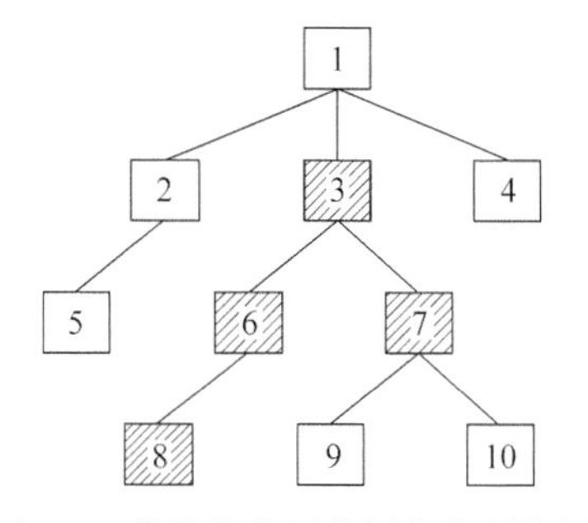

图3-1 模块的作用范围与控制范围

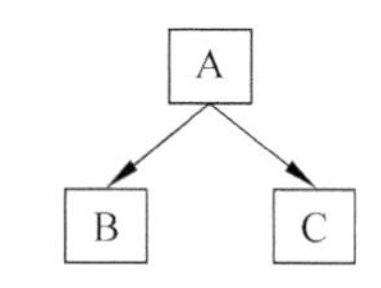

图3-2 模块的扇出

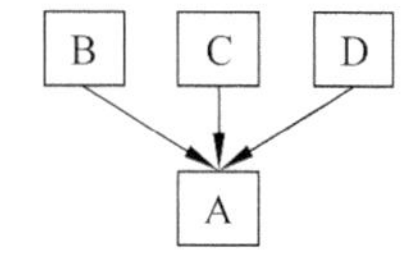

图3-3 模块的扇入

(4) 模块为单入口、单出口,每个模块只归其上级模块调用。

所谓单入口指执行模块功能的起始位置只有一个。所谓单出口指模块功能执行结束后的退出位置也只有一个。模块单入口、单出口可以避免模块间由于接口过多而造成的系统复杂和模块间的内容耦合。

(5) 模块的大小适中(50～100个语句)。

如果模块划分得过大,将会造成程序阅读、测试、维护困难;如果模块划分得过小,就会增加模块个数,增加模块接口的复杂性,增加模块接口的调试工作,增加花费在调用和返回上的时间开销,降低系统运行效率。

(6) 模块的功能可以预测,即相同的输入数据能产生相同的输出。

(7) 建立公用模块,以减少冗余,消除不必要的重复劳动。

(8) 模块具有信息隐蔽性。

3.3.3 功能模块之间的联系

耦合衡量不同模块间相互联系的紧密程度；内聚衡量一个模块内部各个元素之间联系的紧密程度。

1. 模块耦合(Coupling of module)

模块耦合性越低，表明模块间相互联系越少，模块的独立性越强。模块耦合有七种类型，如表 3-3 所示。

表 3-3 模块耦合的类型

耦合类型	各种耦合的主要区别	耦合程度	独立性程度
非直接耦合	模块间没有直接联系，既无调用关系，又没有数据传递	低	高
数据耦合	模块间存在调用关系，用参数表传递数据	↓	↑
标记耦合	模块间存在调用关系，用模块接口传递数据结构		
控制耦合	模块间除了传递数据信息外，还传递控制信息		
外部耦合	模块与软件外环境有关		
公共耦合	模块间通过同一个公共数据区域相互传递数据		
内容耦合	一个模块与另一个模块的内部属性直接发生联系，可访问内部数据，有多个入口	高	低

非直接耦合的耦合度最低，模块的独立性最强。在进行模块设计时，要尽可能降低模块的耦合度，多用非直接耦合、数据耦合、标记耦合，少用控制耦合、外部耦合，尽量不用公共耦合和内容耦合，从而提高模块的独立性。

2. 模块内聚(Cohesion of module)

模块内聚性越高，表明模块内部各组成部分相互联系越紧密，模块的独立性越强。模块内聚有七种类型，如表 3-4 所示。

表 3-4 模块内聚的类型

内聚类型	各种内聚的主要区别	内聚程度	独立性程度
偶然内聚	模块内各个任务间的关系松散	低	低
逻辑内聚	模块内各个任务彼此无关但处理过程和内容相似	↓	↓
瞬时内聚	模块内各个任务须在同一时间间隔内执行		
过程内聚	模块内各个任务彼此无关但要以特定次序执行		
通信内聚	模块内部的各个元素处在一个数据结构区域		
顺序内聚	模块的各组成元素相关，某个元素的输出是另一个的输入		
功能内聚	模块完成单一功能，各部分不可缺少	高	高

功能内聚独立性最强，是最理想的聚合方式。在进行模块设计时，要尽可能提高模块的聚合性，多用功能内聚、顺序内聚、通信内聚，少用过程内聚、瞬时内聚，尽量不用逻辑内聚和偶然内聚，以提高模块的独立性。

3.3.4 程序模块处理过程的设计

系统设计阶段的总体设计将系统分解成许多模块，并确定了每个模块的功能、模块之间的调用关系、参数传递。模块处理过程设计又称算法设计，是确定模块结构图中的每个功能模块的内部执行过程，包括局部的数据组织，控制流，每一步的具体加工要求及实现细节。通过处理过程设计为编写程序制订一个周密的计划。但对于一些功能简单的模块，可以直接编写程序。

模块处理过程设计并不是具体的编写程序，而是细化成很容易从中产生程序的一种描述，这种对处理过程的详细描述是程序员编写代码的依据。模块处理过程设计的关键是用一种合适的表达方法描述每一个模块的具体执行过程。这种表示方法应该清晰、准确、易懂，并由此能直接导出编程语言表示的程序。常用的方法有传统流程图、N-S 图和伪代码等。

3.4 软件系统的输出设计

输出信息是软件系统的最终成果，输出首先要保证正确性，其次输出格式要符合用户要求。由于输出的形式及内容直接与使用者有关，所以一般先设计输出，后设计输入。输出设计主要考虑系统输出什么信息，在哪里输出，格式怎样。

1. 输出设计的内容

(1) 输出信息使用要求设计。包括使用者、使用目的、使用周期、安全性要求等方面。

(2) 输出信息内容设计。包括输出信息的形式(文字、图形、表格)，数据结构和数据类型、位数、精度、输出速度、频率以及取值范围，数据完整性、一致性、安全性要求等方面。

(3) 输出格式设计。输出格式要满足用户的要求和习惯，达到格式清晰、美观，易于阅读和理解的要求。报表是常用的一种输出形式，报表一般由三部分组成：表头、表体和表尾。

(4) 输出介质和输出设备的选择。选择合适的输出介质和输出设备。

2. 数据输出的方式

软件系统输出结果的主要使用者是用户。常见的输出类型如下。

(1) 打印输出。系统输出的信息以表格、图像、报告等形式打印输出，供使用者长期保存。

(2) 屏幕显示。通过显示器显示各种查询结果，提供给各级管理人员。

(3) 文件输出。系统内部各子系统之间交换信息或共享数据，以及数据备份，数据上报，用文件的形式存储在硬盘、光盘、优盘等存储设备中。

3. 数据输出的格式要求

输出设计应考虑输出内容的统一性，同一内容的输出对显示器、打印机、文本文件和数据库文件应具有一致的格式。显示器提供查询或预览服务，打印机提供报表服务。

3.5 软件系统的输入设计

软件系统的目的在于为各类人员及时提供所必需的信息，要得到及时、准确、有效的信息，首先要为系统输入必需的原始数据。同时正确的输入将保证系统输出的可靠性。

3.5.1 软件系统输入设计的基本内容

(1) 输入数据源的设计。包括确定输入数据的提供场所、收集记录部门、收集方法、输入数据的产生周期、收集周期、最大数据量、平均发生量等方面。

(2) 确定输入数据的内容。包括确定输入数据项名称、数据类型、精度、位数和数值范围等。

(3) 确定输入数据的格式。在满足系统所需数据内容的前提下,应尽量做到格式美观、风格一致、操作简便、符合习惯,显示画面最好与原始单据格式一致。

(4) 输入数据的正确性校验。对输入的数据进行必要的校验,以减少输入差错。

(5) 确定输入设备。根据所输入的数据特点及应用要求,再结合设备本身的特性来确定输入设备。

3.5.2 软件系统输入设计的原则

(1) 源点输入原则。软件系统中,较理想的数据输入方式是从产生数据的地方由数据记录人员输入,尽量减少数据的转抄、传递等中间环节。数据多一处中间环节,就多一次产生错误的可能性。例如学生成绩的管理,如果由任课教师自己输入系统,教师对自己书写的分数心中有数,出错的可能性较小。但如果由他人输入,出错的可能性较大。

(2) 一次性输入原则。软件系统中,各种输入的原始数据内容要考虑各部门的管理要求,尽量做到数据一次输入,多次享用,提高效率。即使某项数据本身管理部门不需要,但其他管理部门需要,该数据项也应从源点处录入,以避免输入数据不完善,不能满足其他管理部门的要求又要重新输入。

(3) 简单性原则。输入的准备、输入过程应尽量容易,以减少错误的发生。

(4) 最小量原则。在保证满足处理要求的前提下使输入量最小,输入时只需要输入基本信息,其他的统计数据由系统完成。输入量越小,出错机会越少,花费时间越少,数据一致性越好。凡是数据库中已有的数据,应尽量调用,以免重复输入。

(5) 正确性原则。采用有效的验证手段,减少输入错误。

3.5.3 软件系统输入类型

(1) 外部输入。基本的原始数据输入方式,例如会计凭证、订货单、合同等数据的输入。

(2) 交互式输入。输入的数据采用人机对话方式进行。

(3) 内部输入。软件系统内部运算后产生的数据,例如产值、利润、平均值等数据。

(4) 网络输入。系统内部和外部的计算机通过网络交换或共享数据。

3.5.4 软件系统的输入设备

用来收集和输入数据常用的设备有:键盘、扫描仪、刷卡机、触摸屏、条形码阅读器、光笔、语音输入、数码相机等。选择输入设备时要根据数据量的大小和输入频率、输入数据的类型和格式要求,输入的速度和准确性以及设备的费用等方面进行全面考虑。

3.5.5　软件系统的原始单据设计

输入设计的重要内容之一是原始单据的设计。开发新的软件系统时，要对原始单据进行审查或重新设计。设计原始单据时应考虑以下原则。

(1) 符合标准、项目齐全。不同的行业或不同部门的单据都有自身的标准，单据的设计应遵守一般标准。例如会计部门的记账凭证、销售部门的销售单、仓管部门的入库单都应符合各自的标准。

(2) 版面简洁、便于填写。单据的设计要保证填写量小，版面布局合理，含义明确，无歧义现象。

(3) 尺寸规范、便于归档。单据尺寸要符合有关标准，预留装订位置，便于归档，长期保存。

3.5.6　常见的软件系统数据输入错误

(1) 录入错误。

① 数据输入不一致：两位操作员所输入的数据不一致。

② 非法字符：数字字段中出现汉字字符；数学标记符号中出现非数学标记的字符；物品编号不符合构造规则。

③ 日期数据中含有不符合年、月、日要求的数字，例如00/13/31，00/02/30。

④ 数据类型不符：输入的数据类型与数据库文件要求不符，例如性别、职称用数字表示，为数字型，而不能输入汉字。

⑤ 代号或编号超出规定范围。

(2) 输入的数据与具体的数据文件要求或限制条件不符。

① 非法编号或代码：物品或单位的编号由于笔误造成的虽然符合编号规则，但实际上却没有对应的物品编号或单位编号，在相应文件(例如库存文件或销售文件)中找不到。说明编号或代码录入有误，应责成有关人员更正后再输入。

② 非法的数量或金额：例如，数量×单价≠金额，出库数量或销售数量大于库存文件中的现有库存量。

(3) 重复输入或重复操作：输入失误造成重复输入同一个发货单据收款单据。

3.5.7　软件系统输入数据的校验方法

为了保证输入数据的正确性，数据的输入和处理过程要进行数据的合法性和一致性的检查，在输入数据时必须采取一定的校验措施。输入数据的常见校验方法如表3-5所示。

表3-5　输入数据的常见校验方法

校验方法	方法说明
重复校验	对于同一数据输入两次，若两次输入的数据不一致，则认为数据输入有误
视觉校验	对输入的数据，在屏幕上校验之后再做处理
数据类型校验	确认输入数据的类型是否符合预先规定的数据类型

续表

校验方法	方法说明
格式校验	校验数据项位数和位置是否符合预先规定。例如,邮政编码为6位
界限校验	检查输入数据是否在规定的范围内。例如成绩在0～100分
逻辑校验	检查数据项的值是否合乎逻辑。例如,月份不超过12
记录计数校验	将输入前记录条数与输入后的记录条数进行对比,检查记录有无遗漏或重复。例如输入一个班的学生成绩,记录条数应与该班实际人数一致
分批汇总校验	对重要数据进行分批汇总校验,常用于财务报表或统计报表。例如在统计报表中,添加小计字段,若计算机计算的小计值与原始报表中的小计值一致,则认为输入正确
平衡校验	检查相反项目是否平衡。例如会计中的借、贷是否平衡
代码自身校验	利用校验码本身特性校验

3.6 软件系统的配置方案设计

3.6.1 软件系统配置方案设计的基本原则

软件系统配置方案设计的基本原则包括以下方面。

(1) 根据系统调查和系统分析结果、实际业务需要、业务性质综合考虑选择、配置系统设备。

(2) 根据企业或组织中各部门地理分布情况设置系统结构。

(3) 根据系统调查和系统分析所估算出的数据容量确定存储设备。

(4) 根据系统通信量、通信频率确定网络结构、网络类型、通信方式等。

(5) 根据系统的规模和特点配备系统软件,选择软件工具。

(6) 根据系统实际情况确定系统配置的各种指标,例如处理速度、传输速度、存储容量、性能等。

3.6.2 硬件设备的选择

计算机系统的基础是硬件,硬件系统由输入设备、主机、外存储器和输出设备组成,根据系统需要和资源约束选择硬件设备。

硬件设备选型的原则:①实用性好,技术上成熟可靠,近期内保持一定的先进性,表现为可扩充、可升级、可维护性好、稳定性好、具有良好的兼容性。②选择性能价格比高、技术力量较强、售后服务周到、信誉好的厂家产品。

选型的方法可采用招标法、信息调查法、方案征集法、基准程序测试法等。

选购计算机硬件设备时主要考虑以下技术指标。

(1) 运行速度。计算机的运行速度可以用时钟频率表示,时钟频率越高表示运行速度越快。

(2) 主存储器容量。主存配置的容量越大,运行的速度越快。

(3) 外存储器容量。外存储器的容量大小直接影响到整个系统存取数据的能力和信息存储量。

(4) 吞吐量和处理量。单位时间内计算机的处理能力,例如单位时间内数据的输入/输出量。

(5) 系统的对外通信能力。设备是否支持网格操作,例如支持局域网络操作的硬件配置和支持 Internet 网络操作的硬件配置。

根据软件系统、操作系统、数据库管理系统等方面的综合要求,从用户和系统要求的实际出发,确定 CPU 的型号、频率,硬盘的容量、转速,内存的容量、型号,主板的型号等。一般首先选用速度快、容量大、操作灵活方便、技术上成熟可靠的高档微型计算机。计算机硬件设备的选择一般应准备几种方案,对每种方案在性能、费用等方面进行比较,形成选择方案报告供选用。

3.6.3　软件系统的网络设计

软件系统的网络设计是指利用网络技术将软件系统的各个子系统合理布置和连接。网络由服务器、交换机、路由器、线路等设备组成,其中服务器是全网的核心,一定要选好服务器。

软件系统的网络设计一般考虑以下问题。

(1) 设计网络结构。网络结构是指网络的物理连接方式,例如局域网的拓扑结构:可以选择星形结构、总线结构、树形结构、环形结构等。确定网络的物理结构后要确定子系统及设备的分布和位置。通常先按部门职能将系统从逻辑上分为各个分系统或子系统,然后按需要配备主服务器、主交换机、分系统交换机、路由器等设备,并考虑各设备之间的连接结构。

(2) 选择与配置网络硬件。网络硬件与网络的规模、网络的类型有关,对于局域网主要考虑的硬件包括服务器、工作站、网卡、传输介质等。对于与互联网连接构成的内部网或校园网主要考虑的硬件包括各种服务器、路由器、网关、用户终端连接设备。

(3) 选择通信协议。根据功能的需要在软件系统的不同部分选配合适的网络协议。

(4) 选择网络操作系统。网络操作系统是管理网络资源和提供网络服务的系统软件,主要的网络操作系统有 Windows 系列操作系统、UNIX 操作系统和 Linux 操作系统。

(5) 通信方面的要求。主要包括传输范围、频带的选择、使用范围、通信方式等。如果系统需要接入 Internet,还要考虑接入方式。

3.6.4　软件系统平台的选择

系统软件是应用程序运行的环境,其中操作系统是软件平台的核心,操作系统所具备的功能和性能在一定程度上决定系统的整体水平,在软件系统运行过程中改变操作系统,会付出很大代价,选择时应慎重考虑,一旦选定就不要轻易改变操作系统。

目前常用的操作系统有 Microsoft 系列操作系统和 UNIX 操作系统等。

(1) Microsoft 系列操作系统。主要包括 Windows 2003、Windows 7、Windows 8、Windows 2008 等。

Microsoft 系列操作系统由美国 Microsoft 公司开发的图形化操作系统,具有友好的多窗口图形用户界面,可以建立安全可靠的数据库系统,具有各种安全防护和容错功能,保证信息的有效性和安全性。

(2) UNIX 操作系统。UNIX 操作系统由美国贝尔实验室于 1969 年研制，是一个多用户、多任务的分布式网络操作系统，适用于各种机型的主流操作系统，它具有丰富的应用支持软件、良好的网络管理功能，能够提供真正的多任务和多线程服务，具有优异的内存管理、任务管理性能以及 I/O 性能，具有很高的安全性和保密性，是所有操作系统的首选。

(3) Linux 操作系统。Linux 是一种开放型的操作系统，它是 UNIX 操作系统的一个分支，采用 UNIX 技术，但其源代码公开，既具有高可靠性和稳定性，又具备操作简单、功能强大的特点，是当前应用较为广泛的网络操作系统之一。

3.6.5 开发工具与程序设计语言的选用

中国有句古话：工欲善其事，必先利其器。也就是说，工具的好坏直接影响到系统开发质量和效率。目前程序设计语言和其他开发工具可以有多种选择，例如：C#、Java、C++ 等都是优秀的软件开发工具。除了开发语言，还要考虑在办公自动化方面所需的软件，包括文字处理、图形处理、表格处理软件等，例如 Word、WPS、Visio、Excel 等。

选择适合于软件系统的程序开发工具，主要考虑几个原则。

(1) 系统的需要。选择能满足软件系统的功能、性能需要的开发工具。如果开发 C/S 和多层模式的应用程序，可以使用 Java、C#、C++ 等开发工具；如果开发 B/S 模式的应用程序，可以使用 ASP. NET、JSP、PHP 等开发工具。

(2) 用户的要求。如果所开发的系统由用户负责维护，通常使用用户熟悉的语言编写程序。

(3) 开发人员对开发工具和设计语言的熟悉程度。应选择开发人员所熟悉的开发工具和设计语言。如果在设计时才去熟悉工具的使用，很难保证在规定时间内开发出较好的软件系统。

(4) 开发工具提供丰富的支持工具和手段，便于系统的实现和调试。

(5) 软件可移植性好。

【方法指导】

3.7 软件系统的数据库设计

在软件系统中，数据存储主要通过数据库实现，数据库决定了数据存储的组织形式，以及数据处理的速度和效率。因此，数据库设计是整个系统设计的重要组成部分。

3.7.1 数据库设计的需求分析

进行数据库设计的需求分析时，首先调查用户的需求，包括用户的数据要求、加工要求和对数据安全性、完整性的要求，通过对数据流程及处理功能的分析，得到软件系统的数据需求及其关系，明确以下几个方面的问题。

(1) 数据类型及其表示；

(2) 数据间的联系；

(3) 数据加工的要求；

(4) 数据量；

(5) 数据冗余；

(6) 数据的完整性、安全性和有效性。

其次在系统详细调查的基础上，确定各个用户对数据的使用要求，主要内容包括以下方面。

(1) 分析用户对信息的需求。分析用户希望从数据库中获得哪些有用的信息，从而可以推导出数据库中应该存储哪些有用的信息，并由此得到数据类型、数据长度、数据量等。

(2) 分析用户对数据加工的要求。分析用户对数据需要完成哪些加工处理，有哪些查询要求和响应时间要求，以及对数据库保密性、安全性、完整性等方面的要求。

(3) 分析系统的约束条件和选用的DBMS的技术指标体系。分析现有系统的规模、结构、资源和地理分布等限制或约束条件。了解所选用的数据库管理系统的技术指标，例如选用了Microsoft Access 2010，必须了解Microsoft Access 2010的最多字段数、最大记录数、最大记录长度、文件大小和系统所允许的数据库容量等。

3.7.2　数据库的概念结构设计

概念结构设计的主要工作是根据用户需求设计概念性数据模型。概念模型是一个面向问题的模型，它独立于具体的数据库管理系统，从用户的角度看待数据库，反映用户的现实环境，与将来数据库如何实现无关。概念模型设计的典型方法是E-R方法(Entity-Relationship Approach)，即用实体-联系模型表示。

E-R方法使用E-R图来描述现实世界，E-R图包含三个基本成分：实体、联系、属性。E-R图直观易懂，能够比较准确地反映现实世界的信息联系，且从概念上表示一个数据库的信息组织情况。

(1) 实体：指客观世界存在的事物，可以是人或物，也可以是抽象的概念。例如：学校中的教师、学生、课程都是实体。E-R图中用矩形框表示实体。

(2) 联系：指客观世界中实体与实体之间的联系，联系的类型有三种：一对一(1∶1)、一对多(1∶N)、多对多(M∶N)。E-R图中用菱形框表示实体间的联系。例如学校与校长为一对一的关系；学生与课程之间为多对多的关系，一个学生可以选择多门课程，一门课程可以有多个学生选择。其E-R图如图3-4所示。

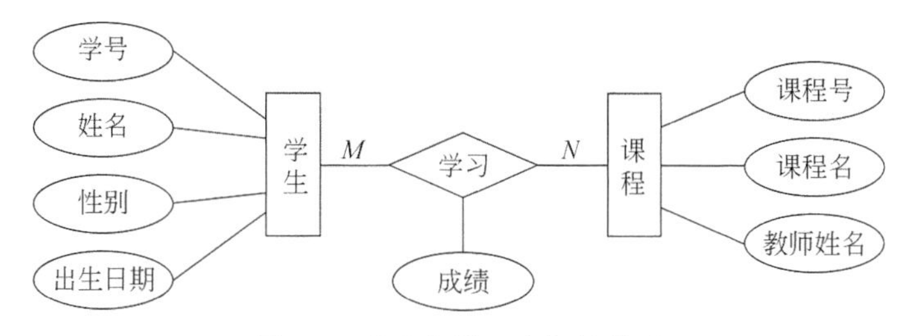

图3-4　学生与课程之间的关系

(3) 属性：指实体或联系所具有的性质。例如学生实体可由学号、姓名、性别、出生日期等属性来刻画。E-R图中用椭圆表示实体的属性。

3.7.3 数据库的逻辑结构设计

逻辑结构设计的任务是设计数据的结构，把概念模型转换成所选用的 DBMS 支持的数据模型。在由概念结构向逻辑结构的转换中，必须考虑到数据的逻辑结构是否包括了处理所要求的所有关键字段，所有数据项和数据项之间的相互关系，数据项与实体之间的相互关系，实体与实体之间的相互关系，以及各个数据项的使用频率等问题，以便确定各个数据项在逻辑结构中的地位。

3.7.4 数据库的物理结构设计

1. 数据库管理系统的类型及选用

数据库管理系统(DBMS)是软件系统中一个重要的管理平台，主要作用是对数据库进行管理并为用户提供数据服务，因此选择合适的 DBMS 是十分重要的。目前市场上数据库产品较多，占市场份额较大的关系数据库管理系统主要有 Oracle、Microsoft SQL Server、Sybase、Informix、Ingres、Access 等，各个数据库产品在功能、性能、价格等方面有些差异，在选择数据库时主要考虑其操作界面、数据的完整性和一致性、功能参数等，以 SQL Server、Oracle 为最佳首选对象。常见关系数据库管理系统的特点和应用如下所示。

(1) Microsoft Access。Access 是 Microsoft 公司的产品，它采用 Windows 程序设计概念，具有简单易用、功能强大、面向对象的可视化设计等特点。用户用它提供的各种图形化查询工具、屏幕和报表生成器，可以建立复杂的查询，生成复杂的报表。Access 不仅可以用于小型数据库管理，而且能与工作站、数据库服务器或者主机上的各种数据库连接。

(2) Microsoft SQL Server。Microsoft SQL Server 也是 Microsoft 公司的产品，它是多处理器、多线程的网络数据库管理系统。它对硬件适应能力强，用户界面友好、性能可靠、使用方便，常应用于数据量相对较少的场合。

Microsoft SQL Server 是基于客户机/服务器(C/S)模式的数据库管理系统，在 C/S 模式中 SQL 处于服务器端，主要用于存储、管理数据，在客户端可以使用 C＃、ASP、ASP .NET 等可视化工具来开发。

Microsoft SQL Serve 能在各种硬件平台下实现其优越的性能，具有加强的对称式服务器结构，使系统可以并行地执行内部的数据库功能，从而提高了在多处理器上运行的性能和适应能力。并行数据扫描、并行数据装载、并行索引不仅提高了系统的性能，而且高速并行备份功能使得系统可以支持超大型数据库。

(3) Oracle。Oracle 是标准 SQL 数据库语言的产品。它在数据管理、数据完整性检查、数据库查询性能及数据安全方面的功能强大，并且在保密机制、备份与恢复、空间管理、开放式连接及开发工具方面提供了较好的手段。例如，在数据安全机制方面，Oracle 使用表或记录加锁的方法来禁止同时写数据，使用扩大共享内存的方法来减少读/写磁盘的次数，防止数据访问冲突，使用快照的方法进行备份，快照脱离原表，使得对于某些远程查询操作的数据可以在本地机上执行，从而减少了网络传输量。

Oracle 是多进程体系结构，它支持客户机/服务器模式的数据处理，通过两段提交机制来保证分布式事务的一致性，同时支持集中式多用户的应用环境，并达到企业范围内的数据共享。Oracle 针对不同的使用界面提供了不同的开发工具，均以填表的方式来说明用户的要求，不用编程就可自动生成各种复杂的表格、图形、菜单。

(4) Sybase。Sybase数据库管理系统由服务器、客户开发工具和支持两者通信连接的开放性接口三部分软件组成。Sybase服务器是一种多线索单服务器运行体系结构，通过导航服务器来适应对称多处理器和大规模并行处理计算两种多处理器结构，能自动地将特大型数据库优化分布到多个并行的服务器上。提供在联机控制下的备份、恢复、修改数据库设计、完整性约束、过程诊断和性能调整等管理和维护手段，还提供软件的硬盘镜像功能。

Sybase具有一套面向对象的应用开发工具，用于从应用的设计、开发、调试到运行和监控管理。可以通过选择菜单或图标来完成数据库管理工作，例如：数据的定义、录入、修改、查询等。通过应用工具开发数据库的各种类型表格，生成高质量的报表和查询，支持对象嵌入与连接，并且在报表对象中提供了对电子邮件的支持，内置的数据库引擎不需要与后台相连就能够进行系统的应用开发。

2. 选择数据库管理系统(DBMS)的基本原则

(1) 适应软件系统所使用的开发方式。所选用的DBMS应使用方便、适应性较强。

(2) 提供数据安全管理机制。数据库管理系统中应防止非法的使用造成的数据泄露、更改和破坏。

(3) 提供并发控制机制。在多用户数据库环境中，多个用户可并行地存取数据，如果不对并发操作进行控制，会存取不正确的数据，或破坏数据的一致性。

(4) 提供事务处理完整性机制。DBMS应提供一种完整性检查机制，防止数据库存取不符合语义的数据，防止错误信息的输入和输出。

(5) 提供数据备份和恢复机制。数据库正常工作时，能及时进行备份，当系统发生故障时，或被破坏时，应能尽快恢复数据。

(6) 选择DBMS时应考虑所选择的操作系统。例如选择UNIX或Linux操作系统，则数据库以Oracle居多，目前Oracle也推出了Windows版本。SQL Server只能在Windows平台中工作，选择Windows操作系统时，可考虑选择SQL Server。

3. 数据库物理结构设计的主要内容

数据库的物理结构设计是在逻辑结构设计的基础上，进一步设计数据模型的一些物理细节，为数据模型在设备上确定合适的存储结构和存取方法。它的出发点是如何提高数据库系统的效率。物理结构设计的主要内容如下。

(1) 确定数据的存储结构。根据数据库中数据的使用情况，从数据库管理系统提供的各种存储结构中选取适合应用环境的结构加以实现。确定存储结构的主要因素是用户的数据要求和处理要求、存取数据的时间、空间利用率和对存储结构的维护代价等方面。

(2) 选择和调整存取路径。数据库必须支持多个用户的不同应用要求，因此应对同一数据提供多条存取路径。

(3) 确定数据的存放介质和存储位置。根据数据的具体应用情况确定数据的存储位置、存储设备、备份方式以及区域划分。对数据库按不同的情况划分为若干个组，把存取频率和存取速度要求高的数据存入在高速存储器上，把存取频率低和存取速度要求较低的数据，存放在低速存储器上。

(4) 确定存储分配的参数。许多DBMS提供了一些存储分配参数，例如：缓冲区的大小和个数、溢出空间的大小和分布、数据块的尺寸等，这些参数的设置将影响数据存取的时间和存储分配的策略,设计人员应全面考虑。

(5) 确定数据的恢复方案。对数据恢复问题应予以考虑,例如采取双硬盘、多处理器并行工作、数据备份等有效措施,一旦发生故障,系统就可以继续运行,数据可以及时恢复。

3.8 软件系统的界面设计

用户界面是软件系统与用户之间的接口,用户通过用户界面与应用程序交互,用户界面是应用程序的一个重要组成部分。用户界面决定了使用应用程序的方便程度,用户界面设计应坚持友好、简便、实用、易于操作的原则。

软件系统的程序设计一般包括两部分:一部分是用户界面的设计;另一部分才是业务逻辑的实现。用户界面是软件系统与用户之间的接口,用户通过用户界面与应用程序交互,用户界面是应用程序的一个重要组成部分。用户界面决定了使用应用程序的方便程度,用户界面设计应坚持友好、简便、实用、易于操作的原则。

一般用户界面被理解为当用户打开一个应用程序时出现在计算机显示器上的界面,实际上用户界面也包括系统的输入和输出部分,用户界面主要包括系统主界面、输入界面和输出界面。

3.8.1 友好用户界面的基本要求

用户界面充分发挥可视化程序设计的优势,采用图形化操作方式,适应用户的能力和要求,尽量做到简单、方便、一致,为用户提供友好的操作环境;用户界面设计保持风格一致,系统与各子系统的命令或菜单采用相同或相似的形式;数据输入界面的设计应以方便输入为准;查询用户、数据录入员及部门管理员只能在工作站登录,无权直接对数据库进行任何操作,由系统管理员完成各种对数据库的直接操作;在各个层次和各种操作界面上,尽可能提供在线帮助功能和一定的错误恢复功能。

人力资源管理系统的界面由窗口构成,一般分为登录窗口、主窗口、多个子窗口、对话框、报表等。子窗口的设计要和系统功能联系,以不同的系统功能来构建相应的窗口。

(1) 直观的设计。设计用户界面时应该使用户能够直观地理解如何使用用户界面,直观的设计能够帮助用户快速地熟悉界面。例如按钮和选择项尽量安排在同样的位置,便于用户熟练操作。另外输入画面尽量接近实际,例如会计凭证录入画面应与实际的凭证一样,用户在终端上录入凭证,仿佛用笔在纸上填写,增强人机亲和力。

(2) 及时的帮助。用户界面应有帮助功能,提供给用户以必要的帮助信息。当程序执行中出现错误操作或可能会出现错误时,应给出醒目的提示,告诉用户应该怎样避免错误的产生和怎样降低可能造成的损失,告知使用者产生错误的可能原因及解决方法。

(3) 有益的提示。当用户完成某种操作后,应及时给予提示,让用户始终了解界面的状态、界面元素的状态和系统操作的状态。例如输入数据时,可在屏幕底部给出数据的说明,让用户知道应输入什么样的数据。

关键操作要有提示或警告。对于某些要害操作,应事先预防错误,无论操作者是否有误操作,系统应进一步确认,进行强制发问或警告。

(4) 方便的导航。不同的用户喜欢采用不同的方式来访问界面上控件,界面上的控件应该设计成可以通过鼠标、Tab 键、方向控制键以及其他的快捷键方便地访问。

(5) 快捷的输入。数据输入量较大的软件系统,对于一些相对固定的数据,不应让用户频频输入,而应让用户用鼠标轻松选择,用户界面的输入尽量采用下拉列表方式选择输入,以避免出错。例如“性别”是相对固定的数据,其值只有“男”和“女”两项,应采用列表框选择输入。

(6) 得体的外观。设计界面时根据用户与界面交互的频率和时间长短等因素决定界面的外观。窗口中各部件合理布置,图形、颜色应搭配和谐,以减少单调性。

(7) 合理的布置。根据需要显示的信息数量和来自用户输入的数量决定如何规划界面,应该尽可能把所有相关信息的输入控件放置在同一个屏幕中,这能使用户通过单个屏幕来和应用程序交互。当需要显示的信息太多或者所显示的信息逻辑上不相关时,可以使用选项卡或子窗口。

(8) 有效的检验。当用户在界面输入数据时,应有效地防止用户输入无效数据,将用户的输入限制在有效的数据范围之内。在窗体的填写接近结束时运行验证代码,当遇到输入错误时,将用户引导到出现错误的域,并显示一条消息以帮助用户修改错误。

(9) 一致的风格。用户界面设计力求保持风格一致,系统与各子系统的命令或菜单采用相同或相似的形式。界面的词汇、图示、选取方式的含义与效果应前后一致,统一的界面使用户始终用同一种方式思考与操作。应避免每换一个屏幕就要换一套操作方法。

(10) 迅速的响应。为处理用户和界面的交互,需要为界面的各种组件编写事件处理程序,这些程序执行时不能让用户花很长时间等待应用程序做出响应。对于处理时间较长的任务,需要用户等待时,应让用户了解进展情况,给出“正在进行处理,请稍候”的提示或给出合适的进度指示。不能让用户不知道计算机在做什么、什么时候能做完,让用户产生计算机没有响应或已死机的错觉。

3.8.2 软件系统的界面设计

1. 用户界面的组成元素

图形用户界面(GUI)设计的基本元素包括窗口、菜单、工具栏、状态栏、控件等,另外还应该包括表示隐喻和用户概念的元素。

(1) 窗口。窗口是容纳所有其他元素的环境,窗口提供了用户查看数据并与数据交互的基本界面。应用程序拥有一个主窗口,通常用户在主窗口里与对象交互,并查看和编辑数据。另外可以设置辅助窗口,以便用户设置属性和选项或提供信息和反馈。

(2) 菜单。菜单是软件系统功能选择操作的常用方式。特别是对于图形用户界面,菜单集中了系统的各项功能,具有直观、易操作的优点。常用菜单形式有下拉式、弹出式。

菜单设计时应和子系统的划分结合起来,尽量将一组相关的菜单放在一起。同一层菜单中,功能应尽可能多,菜单设计的层次尽可能少。

一般功能选择性操作最好让用户一次就进入系统,避免“让用户选择后再确定”的形式。对于两个邻近功能的选择,使用高亮度或强烈的对比色,使它们醒目。

(3) 工具栏。工具栏使用图标表示任务,可以为工具栏中的控件设定快速访问命令或选项。

(4) 状态栏。状态栏通常位于窗口的底部,用于显示正在查看的对象的当前状态和其他只读、不可交互的信息。

(5) 对话框。负责用户和系统间的信息交换,收集用于运行特定的指令或任务的信息。

(6) 控件。利用控件显示并编辑各种数据,运行各种指令。

2. 用户界面设计的主要内容

用户界面的设计主要包括以下内容。

(1) 设计初始用户界面。设计用户界面的第一步是创建可以让用户审查的初始设计。初始设计首先用铅笔和纸绘制草图,显示主要功能、结构和导航,快速、简单地探索可供选择的设计。然后经与用户讨论取得一致意见之后,用诸如 Microsoft Visio 这样的工具详细设计屏幕布局和界面元素。

(2) 创建导航图和流程图。用户界面的导航图和流程图显示当用户界面事件触发时将调用什么窗体。

(3) 设计提示信息和帮助信息。为了方便用户操作,系统应能提供相应的操作提示信息(包括视觉提示、听觉提示、触觉提示等形式)和帮助信息。在用户界面上,可用标签显示提示信息,或者以文字形式将提示信息显示在状态栏上或消息框中。还可以将系统操作说明输入帮助文件,建立联机帮助。

(4) 设计输入的有效性验证。在程序中设定输入数据的类型和有效长度,由程序本身在程序处理前来验证输入数据的有效性。在用户输入完数据后,让用户再确认一次。若输入的数据量比较大时,采用多终端重复输入数据,不同终端输入的数据进行比较,相同的为有效数据,不同的则为无效数据。另外输入数据的验证时机的设计也很重要,是在每次用户把焦点从一个输入区移到另一个时进行验证,还是一直等到用户提交这些输入时再进行验证要考虑好。

(5) 设计用户身份验证界面。为了保证系统的安全,设置用户身份界面,通过设置用户名、密码及使用权限来控制对数据的访问。

(6) 设计错误处理。在系统运行过程中,当用户操作错误时,系统要向用户发出提示和警告性的信息。当系统执行用户操作指令遇到两种以上的可能时,系统提请用户进一步地予以说明。

3.9 详细设计图形工具

1. 传统程序流程图

传统程序流程图又称为程序框图,用一些图框直观地描述模块处理步骤、结构和处理内容,具有直观、形象、容易理解的特点,但表示控制的箭头过于灵活,且只描述执行过程而不能描述有关数据。常用的流程图符号如图 3-5 所示。

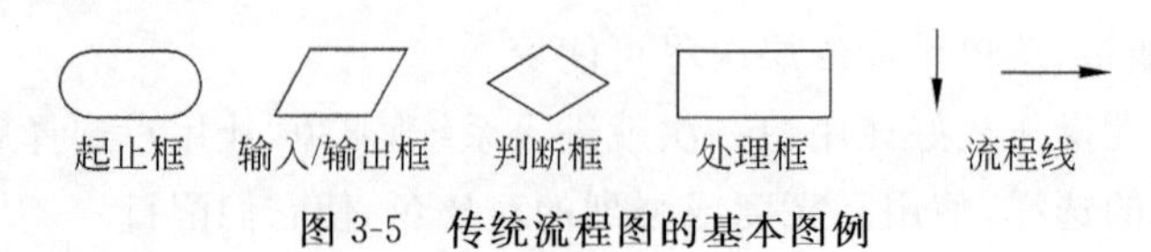

图 3-5 传统流程图的基本图例

三种基本控制结构(顺序结构、选择结构、循环结构)的传统流程图如图 3-6 所示,图中 A、B 表示“处理”,p 表示“条件”。

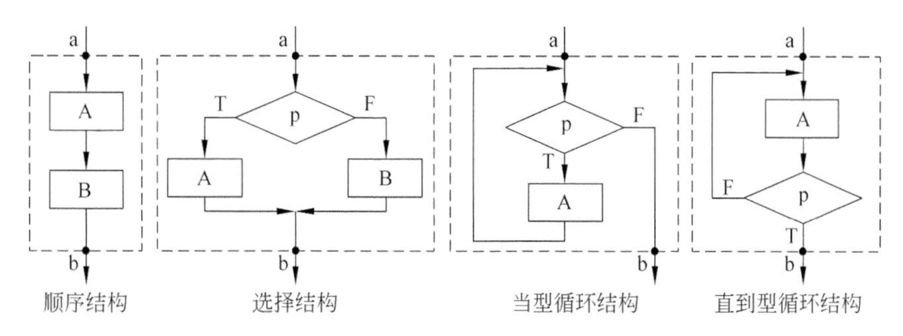

图 3-6 三种基本控制结构的传统流程图

2. N-S 图(盒图)

N-S 图又称盒图,是直观描述模块处理过程的自上而下的积木式图示。比传统流程图紧凑易画,取消了流程线,限制了随意的控制转移,保证了程序的良好结构。N-S 流程图中的上下顺序就是执行的顺序,即图中位置在上面的先执行,位置在下面后执行。

三种基本控制结构的 N-S 图如图 3-7 所示,图中 A、B 表示"处理",p 表示"条件"。

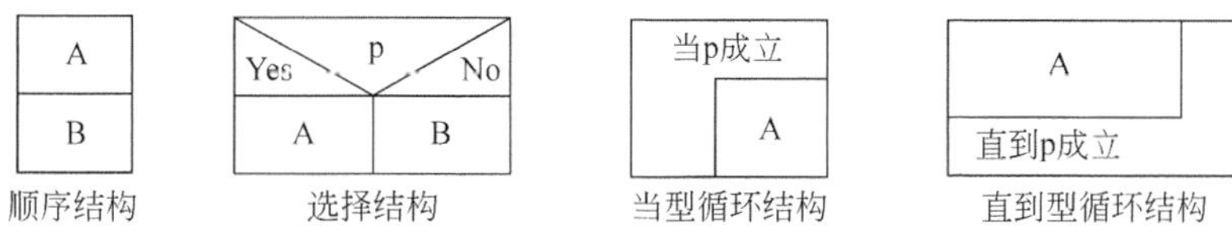

图 3-7 三种基本控制结构的 N-S 图

3. 判定树(又称为决定树)

判定树是用树形分叉图表示加工逻辑的一种工具。判定树可以直观、清晰地表达某一加工处理过程。

判定树的组成:左边结点为树根,与树根相连的分叉表示条件,最右侧的条件枝的端点称为树梢结点,表示决策结果。

应用示例:学生管理信息系统中学籍变动的判断树如图 3-8 所示。

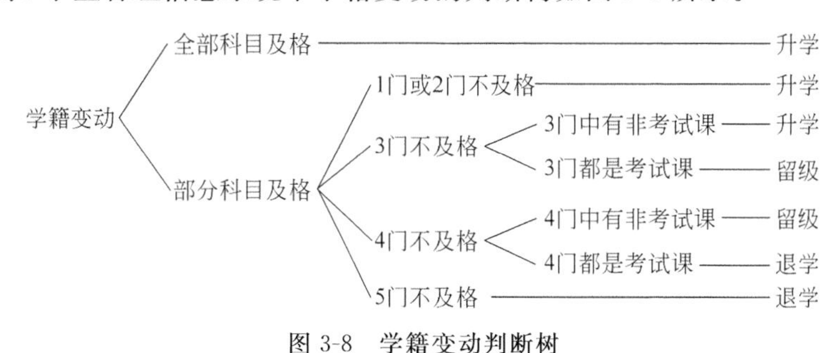

图 3-8 学籍变动判断树

4. 判定表(又称为决策表)

判定表是用表格形式来表达加工处理逻辑的一种工具。判定表可以在复杂的情况下直观地表达具体条件、决策规则和应当采取的行动之间的逻辑关系。用判定表描述加工逻辑比较清晰,条件组合齐全,不会产生考虑不周或条件遗漏现象。

例如绘制库存控制过程的判定表,已知条件如下。

① 当库存量高于极限量,已经订货,则取消订货。

② 当库存量高于极限量，尚未订货，则什么也不做。

③ 当库存量高于订货点，小于等于极限量，已经订货，则要求订货延期。

④ 当库存量高于订货点，小于等于极限量，尚未订货，则什么也不做。

⑤ 当库存量高于最低储备量，小于等于订货点，已经订货，而且订货会迟到，则催订货。

⑥ 当库存量高于最低储备量，小于等于订货点，已经订货，订货不会迟到，则什么也不做。

⑦ 当库存量高于最低储备量，小于等于订货点，尚未订货，则订一次货。

⑧ 当库存量小于等于最低储备量，已经订货，则催订货。

⑨ 当库存量小于等于最低储备量，尚未订货，则紧急订货。

应用示例：库存控制的决策表如表3-6所示。

表3-6　库存控制的决策表

决策规则		1	2	3	4	5	6	7	8	9
决策条件	库存量＞极限量	Y	Y	N	N					
	库存量＞订货点			Y	Y	N	N	N		
	库存量＞最低储备点					Y	Y	Y	N	N
	已订货了吗	Y	N	Y	N	Y	Y	N	Y	N
	订货是否会延迟					Y	N			
应采取的行动	取消订货	do								
	要求订货延期			do						
	什么也不做		do		do		do			
	催订货					do			do	
	订一次货							do		
	紧急订货									do

5. 结构化语言

结构化语言也称为伪代码或者程序描述语言（Program Description Language，PDL），是用于描述数据加工的处理功能和处理过程的规范化语言。结构化语言介于自然语言与计算机语言之间，具有语句类型少、结构规范、表达清晰、易理解的特点。

PDL通常分为内外两层，其外层用于描述模块的控制结构，语法是确定的，只能由顺序、选择、循环三种基本控制结构组成，描述控制结构采用类似一般编程语言的保留字。内层用于描述执行的功能，语法不确定，采用自然语言来描述具体操作。伪代码不用图形符号，书写方便，格式紧凑，比较好懂，便于向计算机语言算法（即程序）过渡。但用伪代码写算法不如流程图直观，可能会出现逻辑上的错误。

(1) 结构化语言中使用的词汇

关键字：if、then、else、end if、select case...case、otherwise、while、until、so 等。

关系运算词汇，例如：＞、＜、＞＝、＜＝、！＝、＝。

逻辑运算词汇，例如：and、or、not。

祈使语句中的动词，例如：计算、汇总、获得、核对等。

数据词典中的名词，例如：姓名、学号、成绩、学生花名册、成绩表等。

(2) 语句类型

祈使语句：说明要做的事情，一般用动词加宾语构成，动词表示要执行的功能，宾语表示动作的对象，例如：计算总分，计算平均分。

条件语句：说明在满足一定条件下做的事情，类似结构化程序中的判断结构。

条件语句的一般形式为：

```
if  <条件>  then  执行语句A
else              执行语句B
```

循环语句：说明在满足某种条件下反复要做的事情。由循环条件和重复执行语句构成。

形式1：

```
while<条件>成立
执行语句
```

形式2：

```
执行语句
until  <条件>不成立
```

(3) 应用示例。

学生管理信息系统中学籍变动情况用结构化语言表示。

```
if  全部科目及格  then  升学
else
select  case  (不及格的科目数)
        case  1:
        case  2:升学
        case  3:if  3门中有非考试课程  then  升学
                else                        留级
        case  4:if  4门中有非考试课程  then  留级
                else                        退学
        otherwise:                          退学
end if
```

【模板预览】

3.10　软件项目的设计阶段的主要文档

软件项目设计阶段编写的主要文档包括《概要设计说明书》、《详细设计说明书》和《数据设计说明书》等。

3.10.1　概要设计说明书模板

概要设计说明书又可称系统设计说明书，这里所说的系统是指软件系统。编制的目的是说明对软件系统的设计考虑，包括程序系统的基本处理流程、程序系统的组织结构、模块划分、功能分配、接口设计、运行设计、数据结构设计和出错处理设计等，为程序的详细设计提供基础。概要设计说明书参考模板如下所示。

概要设计说明书

1 引言
1.1 编写目的
1.2 背景
1.3 定义
1.4 参考资料
2 总体设计
2.1 需求规定
2.2 运行环境
2.3 基本设计概念和处理流程
2.4 结构
2.5 功能需求与程序的关系
2.6 人工处理过程
2.7 尚未解决的问题
3 接口设计
3.1 用户接口
3.2 外部接口
3.3 内部接口
4 运行设计
4.1 运行模块组合
4.2 运行控制
4.3 运行时间
5 系统数据结构设计
5.1 逻辑结构设计要点
5.2 物理结构设计要点
5.3 数据结构与程序的关系
6 系统出错处理设计
6.1 出错信息
6.2 补救措施
6.3 系统维护设计

3.10.2 详细设计说明书模板

详细设计说明书又可称程序设计说明书。编制目的是说明一个软件系统各个层次中的每一个程序(每个模块或子程序)的设计考虑，如果一个软件系统比较简单，层次很少，本文件可以不单独编写，有关内容合并入概要设计说明书。详细设计说明书参考模板如下所示。

详细设计说明书

1 引言
1.1 编写目的
1.2 背景
1.3 定义
1.4 参考资料
2 程序系统的结构
3 程序1(标识符)设计说明
3.1 程序描述
3.2 功能
3.3 性能
3.4 输入项
3.5 输出项
3.6 算法
3.7 流程逻辑
3.8 接口
3.9 存储分配
3.10 注释设计
3.11 限制条件
3.12 测试计划
3.13 尚未解决的问题
4 程序2(标识符)设计说明
……

3.10.3 数据库设计说明书模板

数据库设计说明书是对于设计中的数据库的所有标识、逻辑结构和物理结构做出具体的设计规定。数据库设计说明书参考模板如下所示。

数据库设计说明书

1 引言

主要包括编写目的、背景、定义、参考资料等方面。

2 外部设计

主要包括说明标识符和状态、使用数据库的程序和约定、支撑软件等方面。

3 结构设计

主要包括概念结构设计、逻辑结构设计、物理结构设计等方面。

4 运用设计

主要包括数据字典设计、安全保密设计等方面。

【项目实战】

任务描述：人力资源管理系统的系统分析完成后，即进入了系统设计阶段，主要包括系统总体设计、接口设计、数据库设计、输入输出设计、用户界面设计等方面。

任务3-1 人力资源管理系统的总体设计

1. 人力资源管理系统的功能设计

根据单元2对人力资源管理系统的功能分析和业务需求分析，本单元将人力资源管理系统划分为5个模块：人事管理模块、综合管理模块、薪金管理模块、系统管理模块和用户管理模块。

(1) 人事管理模块的功能设计

① 档案管理功能。该功能实现员工基本资料、证照资料、工作经历、学习经历、社会关系、劳动技能等人事档案的新增、修改、删除、查询和浏览。

② 考勤管理功能。该功能实现员工出勤情况新增、修改、删除、统计汇总、查询和浏览。

③ 培训管理功能。该功能实现员工培训、进修情况(包括培训计划、培训课程、培训讲师、培训实施、培训费用、培训记录、挂职记录)的新增、修改、删除、查询和浏览。

④ 考核管理功能。该功能实现员工考核情况、考核等级的新增、修改、删除、查询和浏览。

⑤ 招聘管理功能。该功能实现招聘计划、招聘方式、招聘费用、入职评价、面试记录、职业测评、招聘总结、录用情况的新增、修改、删除、查询和浏览。

⑥ 职称管理功能。该功能实现员工职称评定、晋升情况、聘用情况、证书信息的新增、

修改、删除、查询和浏览。

⑦ 劳保管理功能。该功能实现员工劳保物品发放情况的新增、修改、删除、查询和浏览。

⑧ 奖惩管理功能。该功能实现员工奖励与惩罚情况的新增、修改、删除、查询和浏览。

⑨ 调动管理功能。该功能实现员工工作岗位异动、离复职、调入调出、离退休等情况的新增、修改、删除、查询和浏览。

(2) 综合管理模块的功能设计

① 部门管理功能。该功能实现部门信息的新增、修改、删除、查询和浏览。

② 合同管理功能。该功能实现人事合同的新增、修改、删除、查询和浏览。

③ 假期管理功能。该功能实现员工各种假期的新增、修改、删除、查询和浏览。

④ 报表管理功能。该功能实现统计人事数据与报表打印。

⑤ 通知管理功能。该功能实现有关人事方面通知、文件的新增、修改、删除、查询和浏览。

⑥ 出差管理功能。该功能实现员工出差情况的新增、修改、删除、查询和浏览。

(3) 薪金管理模块的功能设计

① 账套管理功能。该功能根据单位情况建立若干个账套,并给每一个账套定义所需要的工资项目和对应的计算公式。

② 工资管理功能。该功能实现工资项目、工资数据的新增、修改、删除、查询和浏览,并实现工资的核算与统计。

③ 福利管理功能。该功能实现员工福利费用的新增、修改、删除、查询和浏览,并实现福利费用核算与统计。

④ 保险管理功能。该功能实现养老保险、医疗保险、失业保险、工伤保险、生育保险与住房公积金的新增、修改、删除、查询和浏览,并按月、按部门进行统计,生成各种统计报表。

(4) 系统管理模块的功能设计

系统管理模块实现系统参数设置、系统初始化、系统备份、系统还原和数据压缩等功能。

(5) 用户管理模块的功能设计

用户管理模块实现用户管理、权限管理和密码管理等功能。

2. 绘制功能结构图

(1) 绘制人力资源管理系统的总体功能结构图

人力资源管理系统的总体功能结构图如图 3-9 所示。

(2) 绘制人事管理模块的功能结构图

人事管理模块主要包括档案管理、考勤管理、培训管理、考核管理、招聘管理、职称管理、劳保管理、奖惩管理和调动管理等,功能结构图如图 3-10 所示。

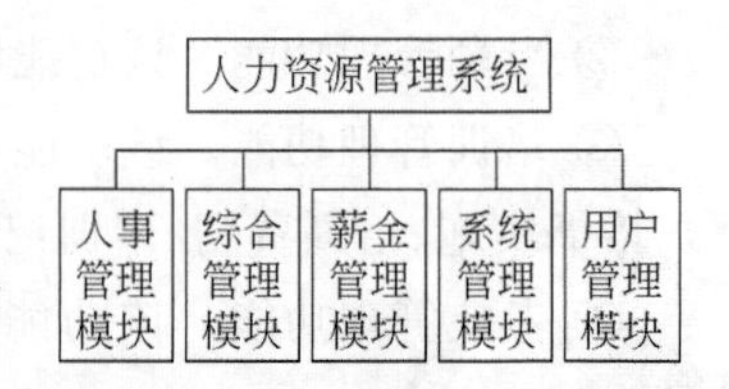

图 3-9 人力资源管理系统的总体功能结构图

(3) 绘制综合管理模块的功能结构图

综合管理模块主要包括部门管理、合同管理、假期管理、报表管理、通知管理和出差管理等,功能结构图如图 3-11 所示。

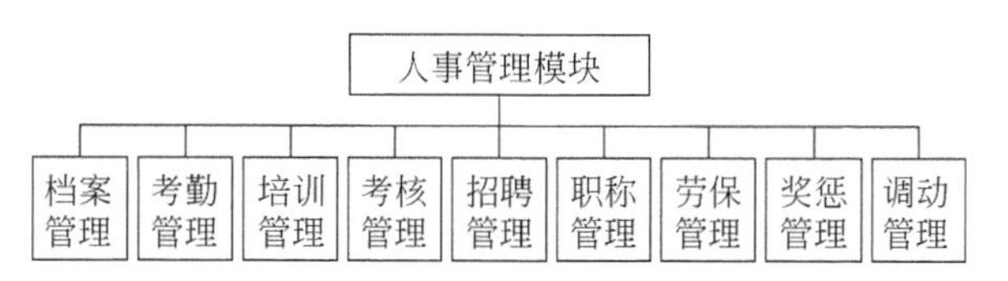

图 3-10　人事管理模块的功能结构图

(4) 绘制薪金管理模块的功能结构图

薪金管理模块主要包括账套管理、工资管理、保险管理和福利管理，功能结构图如图 3-12 所示。

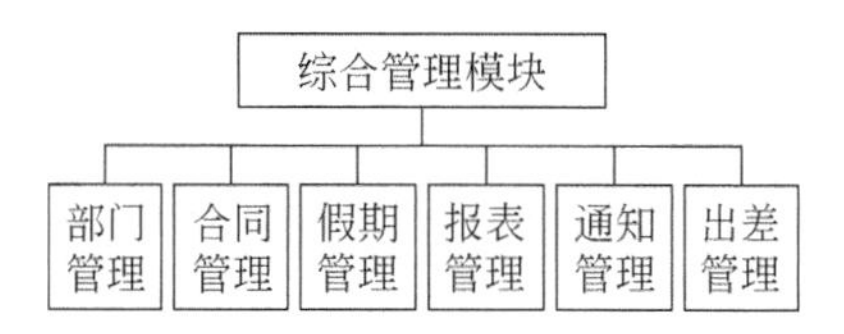

图 3-11　综合管理模块的功能结构图

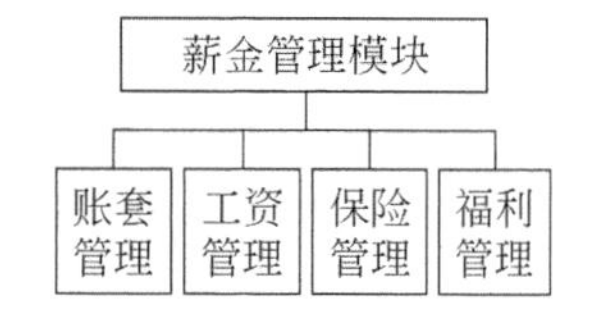

图 3-12　薪金管理模块的功能结构图

(5) 绘制系统管理模块的功能结构图

系统管理模块主要包括系统备份、系统还原、数据压缩、系统初始化和系统参数设置，功能结构图如图 3-13 所示。

(6) 绘制用户管理模块的功能结构图

用户管理模块主要包括用户管理、权限管理和密码管理，功能结构图如图 3-14 所示。

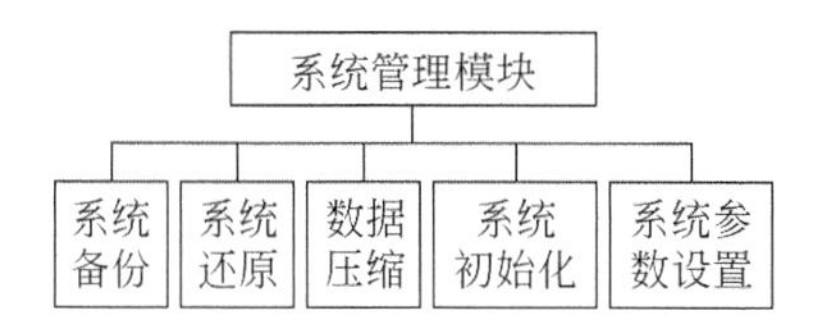

图 3-13　系统管理模块的功能结构图

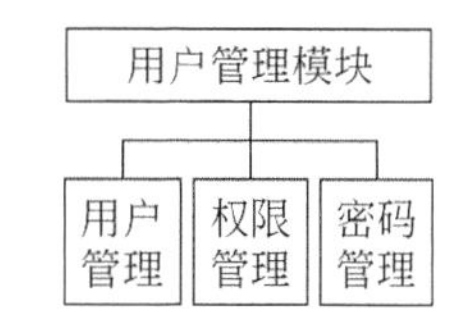

图 3-14　用户管理模块的功能结构图

任务 3-2　人力资源管理系统的接口设计

整个软件系统的解决方案要求是集成一体化，考虑到将来系统和学校原有信息系统的数据交换和共享，系统应提供多层次的应用开发接口，所有的功能都应该函数化或者过程化，为进一步的应用开发提供接口基础。

1. 系统接口要求

(1) 符合软件接口开发有关技术规范和标准要求。

(2) 能够支持明德学院内部门户、单点登录、学校统一认证平台的集成，为适应学校信息化环境，便于维护。

(3) 系统接口交互方式可以是 Web Services、文件、数据库其中之一，其优先顺序由高到低依次是 Web Services、文件、数据库。

(4) 支持业界的开放性标准，包括 XML、LDAP、CORBA、WML、Web Services、J2CA 规范。

2. 与学校现有的信息系统接口

(1) 与外部网站系统的集成：招聘信息、应聘信息、人才储备库等信息与外部网站可进行双向数据交换。

(2) 与档案管理系统的集成：按规定格式提交人事档案数据进入档案管理系统。

(3) 与协同办公平台的集成：人力资源管理系统应与协同办公平台中的员工个人工作卡片、员工入/离职/调岗通知等功能进行集成，提取相应数据，可通过门户系统访问员工自助功能。员工人力资源管理相关的代办或通知事项，可在门户网站上进行显示和提醒。同时，门户网站可共享和显示人力资源管理系统中的员工的部门和通信信息。采用协同办公平台的工作流引擎实现各种审批流程。

(4) 与邮件系统集成，以便系统生成的预警及通知发送至个人邮箱。

3. 系统预留接口

(1) 与财务管理系统的接口：人力资源管理系统的薪酬福利信息进入财务管理系统；

(2) 系统应支持开放式接口配置，支持方便地通过配置完成同其他系统的数据交换。同时，系统还应支持将数据生成要求格式的文件，供其他系统读取。

(3) 预留未来“工作证管理系统”接口，从数据库中调用员工信息以及照片数据等。

(4) 需预留人力资源管理系统二、三期建设的功能需求模块接口，主要预留考勤管理、培训管理、绩效管理、能力素质管理、外事管理等模块的接口。

任务 3-3 人力资源管理系统总体架构和软件平台设计

1. 系统总体架构设计

系统须采用B/S结构为主，C/S模式为辅的混合结构模式，可支持业界流行的浏览器IE 6.0及以上版本。系统开发语言应以Java和.NET为优先考虑，系统采用三层的架构进行应用设计、开发。

2. 软件平台设计

软件项目实施采用“软件包＋二次开发”的模式进行，项目需要考虑扩展性和内部系统的集成性，采用的二次开发技术必须符合相关软件开发标准和规范要求。系统应采用三层架构进行应用设计、开发，在该结构中，所有的数据存放在数据层的数据库中，保证整个系统的数据存储具有完整性与一致性。

任务 3-4 人力资源管理系统的数据库设计

1. 人力资源管理数据库的概念结构设计

(1) 确定实体。

根据前面的业务需求分析可知，人力资源管理系统主要对员工的档案、出勤、奖惩、培训、调动、假期、考核、工作经历、社会关系、工资等方面进行有效管理，同时还会涉及基础数据管理、部门管理、通知管理、税率设置等方面。通过分析，可以确定该系统涉及的主要实体有单位、部门、员工、用户、工资等。

(2) 确定属性。

通过调查分析，列举出各个实体的属性构成，人力资源管理系统的主要实体的属性列表如表3-7所示。

表3-7　人力资源管理系统的主要实体及其属性

序号	实体名称	实体属性
1	单位	单位名称、法人代表、成立日期、联系电话、邮箱、单位地址、单位简介
2	部门	部门名称、父部门编号、部门编号、部门负责人、编制人数、实际人数、联系电话、部门职责等
3	员工	员工编号、姓名、档案编号、部门、性别、民族、籍贯、学历、毕业院校、专业、职称、职务、家庭住址、出生日期、政治面貌、身份证号、工资等级、婚姻状况、在职状态、用工形式、参加工作日期等
4	用户	用户编号、姓名、密码等
5	工资	员工编号、姓名、部门、年、月、岗位工资、薪级工资、课时津贴、班级津贴、考核奖励、绩效工资、养老保险、医疗保险、失业保险、工伤保险、生育保险、住房公积金、个人所得税、应发工资、实发工资等

(3) 确定实体联系类型。实体之间的联系类型有3种：一对一、一对多和多对多，例如员工与部门属于一对多关系(一个员工属于一个部门，而一个部门可以有多位员工)，员工与工资属于一对多关系(每个月都给员工发放一次工资，1年12个月则会发放12次工资)。

(4) 绘制E-R图。可以先绘制系统每个模块的局部E-R图，然后综合各个模块局部E-R图获取整体的E-R图。人力资源管理系统的部分E-R图如图3-15所示，为了便于清晰看出不同实体之间的关系，在E-R图中没有列出实体的属性。

图3-15　人力资源管理系统的部分E-R图

(5) 形成概念模型。对总体E-R图进行优化，确定最终的总体E-R图，即概念模型。

2. 人力资源管理数据库的逻辑结构设计

逻辑结构设计主要是将E-R图转换为关系模式，设计关系模式时应符合规范化要求，例如每一个关系模式只有一个主题，每一个属性不可分解，不包含可推导或可计算的数值型字段，例如金额、年龄等字段属于可计算的数值型字段。

(1) 实体转换为关系。

将E-R图中的每一个实体转换为一个关系，实体名为关系名，实体的属性为关系的属性。部门实体转换为关系：部门(部门编号、部门名称、父部门编号、部门负责人、编制人数、实际人数、联系电话、部门职责)，主关键字为部门编号。员工实体转换为关系：员工(员工编号、姓名、档案编号、部门、性别、民族、籍贯、学历、毕业院校、专业、职称、职务、家庭住址、出生日期、政治面貌、身份证号、工资等级、婚姻状况、在职状态、用工形式、参加工作日期)，主关键字为员工编号。工资实体转换为关系：工资(员工编号、姓名、部门、年、月、岗位工资、薪级工资、课时津贴、班级津贴、考核奖励、绩效工资、养老保险、医疗保险、失业保险、工伤保险、生育保险、住房公积金、个人所得税、应发工资、实发工资)。

(2) 联系转换为关系。

一对一的联系和一对多的联系不需要转换为关系。多对多的联系转换为关系的方法是将两个实体的主关键字抽取出来建立一个新关系,新关系中根据需要加入一些属性,新关系的主关键字为两个实体的关键字的组合。

(3) 关系的规范化处理。

通过对关系进行规范化处理,对关系模式进行优化设计,尽量减少数据冗余,消除函数依赖和传递依赖,获得更好的关系模式,以满足第三范式。

进行数据库设计时,如果将员工的信息同员工的工资信息存放在同一数据表中,这样不仅增加了数据的冗余,而且造成了数据操作的不方便,没有发挥关系数据库的优势。例如该数据表中存放了3个月的工资信息,那么每位职工的信息也被储存了3次;当要删除某位职工时,要查找到一条记录将其删除,然后继续查找、删除,直到将整个表全部搜索一遍。为了克服以上缺陷,将员工的信息与员工的工资信息分别分成两个独立的表,分别为员工表和工资表。

3. 人力资源管理数据库的物理结构设计

数据库的物理结构设计是在逻辑结构设计的基础上,进一步设计数据模型的一些物理细节,为数据模型在设备上确定合适的存储结构和存取方法,其出发点是如何提高数据库系统的效率。

人力资源管理系统的数据库管理系统拟采用 Microsoft Access 2010 或 Microsoft SQL Server 2008。这里选用 Microsoft Access 2010 作为数据库管理系统,相应的数据库、数据表的设计应符合 Microsoft Access 2010 的要求。字段的确定根据关系的属性同时结合实际需求,字段名称一般采用英文表示,字段类型的选取还需要参考数据字典。人力资源管理数据库的数据表如表3-8所示,为便于对照,字段名暂用汉字表示,具体设计表结构中再换成英文。

表3-8 人力资源管理系统中的数据表

序号	实体名称	实体属性
1	单位	ID、单位名称、法人代表、成立日期、联系电话、邮箱、单位地址、单位简介
2	部门	ID、部门名称、父部门编号、部门编号、部门负责人、编制人数、实际人数、联系电话、部门职责
3	员工	ID、员工编号、姓名、档案编号、部门、性别、民族、籍贯、学历、毕业院校、专业、职称、职务、家庭住址、出生日期、政治面貌、身份证号、工资等级、婚姻状况、在职状态、用工形式、参加工作日期等
4	用户	ID、用户编号、姓名、密码
5	工资	ID、员工编号、姓名、部门、年、月、岗位工资、薪级工资、课时津贴、班级津贴、考核奖励、绩效工资、养老保险、医疗保险、失业保险、工伤保险、生育保险、住房公积金、个人所得税、应发工资、实发工资等

下面进行数据表设计时,注意主键不允许为空。若一个字段可以取 NULL,则表示该字段可以不输入数据。但对于允许不输入数据的字段来说,最好给它设定一个默认值,即在不输入值时,系统为该字段提供一个预先设定的默认值,以免由于使用 NULL 值带来的不便。

（1）单位表的结构设计。

单位表的结构设计如表3-9所示。

表3-9 单位表的表结构信息

序　号	字段名称	数据类型	字段大小	是否为主键	允许空字符串
1	ID	自动编号	长整型	是	否
2	单位名称	文本	100		否
3	法人代表	文本	30		否
4	成立日期	日期/时间			是
5	联系电话	文本	50		是
6	联系邮箱	文本	50		是
7	单位地址	文本	100		是
8	简介	备注			是

（2）部门表的结构设计。部门表的结构设计如表3-10所示。

表3-10 部门表的表结构信息

序　号	字段名称	数据类型	字段大小	是否为主键	允许空字符串
1	ID	自动编号	长整型	是	否
2	部门编号	文本	30		否
3	部门名称	文本	50		否
4	父部门编号	文本	30		否
5	部门负责人	文本	50		是
6	编制人数	数字	长整型		是
7	实际人数	数字	长整型		是
8	联系电话	文本	20		是
9	部门职责	文本	200		是

（3）员工表的结构设计。员工表的结构设计如表3-11所示。

表3-11 员工表的表结构信息

序　号	字段名称	数据类型	字段大小	是否为主键	允许空字符串
1	ID	自动编号	长整型	是	否
2	员工编号	文本	30		否
3	姓名	文本	30		否
4	档案编号	文本	30		否
5	部门	文本	50		否

续表

序　　号	字段名称	数据类型	字段大小	是否为主键	允许空字符串
6	性别	文本	2		是
7	民族	文本	30		是
8	籍贯	文本	30		是
9	学历	文本	50		是
10	毕业院校	文本	60		是
11	专业	文本	50		是
12	职称	文本	50		是
13	职务	文本	50		是
14	家庭住址	文本	100		是
15	出生日期	日期/时间			是
16	政治面貌	文本	30		是
17	身份证号	文本	20		是
18	工资等级	文本	20		是
19	婚姻状况	文本	10		是
20	在职状态	文本	20		是
21	用工形式	文本	50		是
22	参加工作日期	日期/时间			是

(4) 用户表的结构设计。用户表的结构设计如表 3-12 所示。

表 3-12　用户表的表结构信息

序　　号	字段名称	数据类型	字段大小	是否为主键	允许空字符串
1	ID	自动编号	长整型	是	否
2	用户编号	文本	50		否
3	用户名称	文本	50		否
4	密码	文本	30		是

(5) 工资表的结构设计。工资表的结构设计如表 3-13 所示。

表 3-13　工资表的表结构信息

序　　号	字段名称	数据类型	字段大小	是否为主键	允许空字符串
1	ID	自动编号	长整型	是	否
2	员工编号	文本	30		否
3	姓名	文本	30		否

续表

序　　号	字段名称	数据类型	字段大小	是否为主键	允许空字符串
4	部门	文本	50		否
5	年	数字	长整型		否
6	月	数字	长整型		否
7	岗位工资	数字	双精度型		是
8	薪级工资	数字	双精度型		是
9	绩效工资	数字	双精度型		是
10	课时津贴	数字	双精度型		是
11	班级津贴	数字	双精度型		是
12	考核奖励	数字	双精度型		是
13	养老保险	数字	双精度型		是
14	医疗保险	数字	双精度型		是
15	失业保险	数字	双精度型		是
16	工伤保险	数字	双精度型		是
17	生育保险	数字	双精度型		是
18	住房公积金	数字	双精度型		是
19	个人所得税	数字	双精度型		是
20	应发工资	数字	双精度型		是
21	实发工资	数字	双精度型		是

任务3-5　人力资源管理系统的输入/输出设计

1. 输入设计

软件系统中处理的数据一般可以分为3种类型：静态数据、动态数据和中间数据。

(1) 静态数据。静态数据是指很长时间内保持不变的数据，例如民族、政治面貌、职称、学历、籍贯、图书类型、计量单位、货币类型等方面的数据。

这些静态数据是软件系统运行的基础数据，在软件系统第一次运行之前就必须收集完成，静态数据一般都有现成的标准代码。

由于所处的客观环境总是不断变化的，静态数据的“静态”只是相对的，也要定期维护静态数据，保持其准确性。

(2) 动态数据。动态数据是指软件系统使用过程中动态生成的数据，例如考勤数据、考核数据、奖惩数据、培训数据等。

(3) 中间数据。中间数据是根据用户对管理工作的需要，由软件系统按照人们设定的逻辑程序，综合上述静态数据和动态数据，经过计算、汇总，形成的各种报表或图表。它是一种经过加工处理的信息，供管理人员掌握生产、经营状况，进行分析和决策。例如部门统计数据、人员结构统计数据等。

软件系统中的数据输入格式设计时要尽量操作方便、安全,尽可能减少输入量。对于静态数据一般使用组合框或列表框选择输入,也可以使用按钮弹出另一个数据选择窗口选择输入。对于动态数据一般借助文本框或数字框使用键盘输入,对于编号也可以采用扫描仪扫描输入,同时也要对数据的合法性和有效性进行验证。中间数据一般是软件系统处理的结果,不需要输入数据。

2. 输出设计

为了适应日常管理的需要和提供对内对外报告,该人力资源管理系统提供三种输出形式。

(1) 屏幕输出:主要满足日常管理的需要,用于查询结果显示。

(2) 磁盘输出:主要用于数据备份。

(3) 打印输出:主要用于满足部门人员统计、人员信息汇总、工资汇总的要求,打印输出的形式有员工花名册、部门员工情况汇总、工资明细表、部门汇总表等。

任务3-6 人力资源管理系统开发平台与开发工具的选择

(1) 操作系统:Windows/UNIX/Linux等各种平台。

(2) 支撑应用服务器:MS IIS/IBM Websphere等。

(3) 数据库管理系统:Oracle 8i以上/MS SQL Server 2005以上/IBM DB2等,本书为了考虑教学实施的方便性,选用Microsoft Access 2010。

(4) 浏览器:MS Internet Explorer 6或以上。

(5) 软件开发工具:Microsoft Visual Studio 2005或者2008。

(6) 程序设计语言:C#或Java。

(7) 软件建模工具:Microsoft Office Visio 2003或者2010。

(8) 网页设计工具:Dreamweaver CS4及以上版本。

任务3-7 人力资源管理系统的用户界面设计

1. 人力资源管理系统的主界面设计

人力资源管理系统的C/S模式主界面设计示意图如图3-16所示。

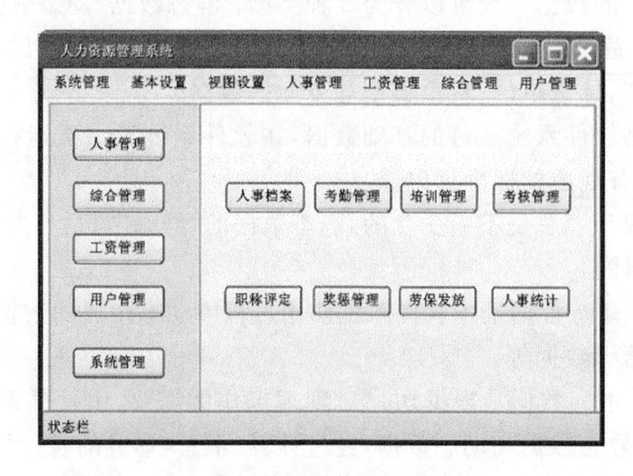

图3-16 人力资源管理系统的主界面设计示意图

2. 基本资料管理界面设计

基本资料管理C/S模式界面的设计示意图如图3-17所示。

3. 部门管理界面设计

部门管理C/S模式界面的设计示意图如图3-18所示。

图3-17　基本资料管理界面的设计示意图

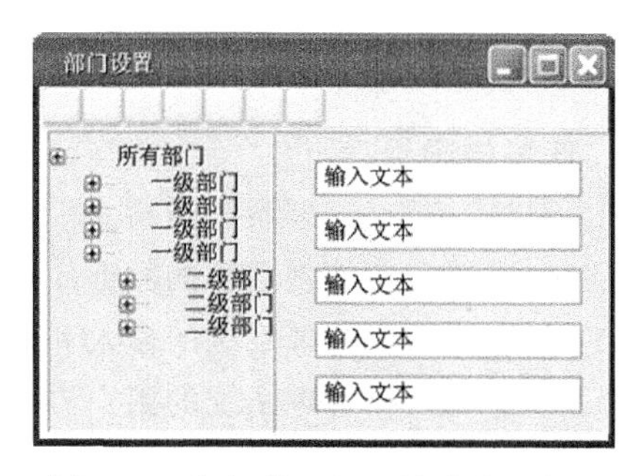

图3-18　部门管理界面的设计示意图

4. 人事管理界面设计

人事管理C/S模式界面的设计示意图如图3-19所示。

5. 人事档案管理界面设计

人事档案管理C/S模式界面的设计示意图如图3-20所示。

图3-19　人事管理界面的设计示意图

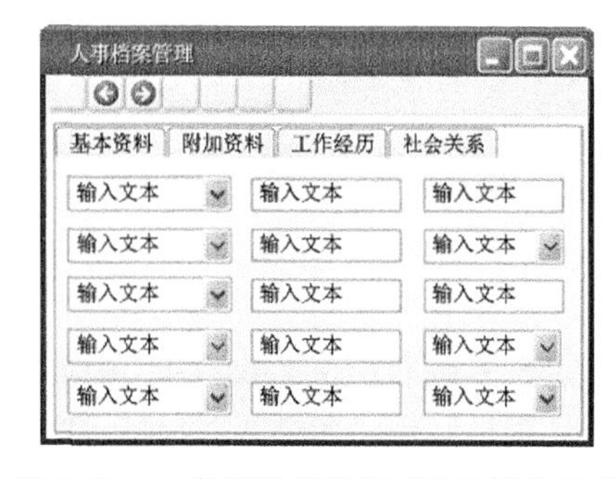

图3-20　人事档案管理界面的设计示意图

任务3-8　人力资源管理系统概要设计与详细设计扩展任务

(1) 根据人力资源管理系统的概要设计内容，参照概要设计说明书模板，编写《人力资源管理系统概要设计说明书》。

(2) 根据人力资源管理系统的详细设计内容，参照详细设计说明书模块，编写《人力资源管理系统详细设计说明书》。

(3) 根据人力资源管理系统的数据库设计内容，参照数据库设计说明书模块，编写《人力资源管理系统数据库设计说明书》。

(4) 设计人力资源管理系统的B/S模式中的用户登录页面。

(5) 设计人力资源管理系统的 B/S 模式中的用户注册页面。

(6) 设计人力资源管理系统的 B/S 模式中的人员信息查询、新增与修改页面。

【小试牛刀】

任务 3-9　进、销、存管理系统的概要设计与详细设计

1. 任务描述

(1) 对进、销、存管理系统的功能模块进行设计。

(2) 对进、销、存管理系统的数据库进行设计。

(3) 对进、销、存管理系统的输入和输出进行设计。

(4) 对进、销、存管理系统的用户界面进行设计。

2. 提示信息

(1) 进、销、存管理系统的功能模块设计

根据需求分析和总体设计结果,细化系统的功能。根据阳光公司的具体情况,系统主要功能如下。

① 进货管理。包括入库登记、入库退货、入库报表。

② 销售管理。包括销售登记、销售退货、销售报表。

③ 库存管理。包括库存查询、库存盘点、库存修改、库存报表。

④ 调货管理。包括调货登记、调货查询。

⑤ 合同管理。合同管理功能包括两部分,即合同概况管理和合同明细管理,合同概况管理主要是对企业与供应商之间的合作约定进行管理,涉及的内容有合同的签约地点、时间、合同期限、结算方式等,对具体的商品信息不做管理。合同明细管理则除了概况信息外,还要对合同的总金额及每一种商品的价格、数量、金额进行管理。两者的业务处理过程均为登录、审核、变更三种方式。

⑥ 价格管理。包括价格信息的维护、商品的削价处理等。

⑦ 财务管理。包括收款单、收款查询、付款单、付款查询等。

⑧ 账目管理。包括当月结账、销售查询统计、入库查询统计、销售退货查询、入库退货查询、财务报表、查询月报表等。

⑧ 综合信息查询。包括基本信息查询、进货信息查询、库存信息查询、销售信息查询等。

基本信息查询包括查询供应商信息、商品信息、员工信息、公司部门信息等。

进货查询、销售查询、库存查询可以按部门、销售小组、数量、金额进行查询。

销售查询包括部门日销售查询、销售小组日销售汇总查询、销售小组销售时段查询、商品日销售查询、销售详细数据查询、收款员汇总查询、收款员收款明细查询、营业员销售查询等。

⑩ 基础信息管理。将系统中的公共信息数据集中管理及维护,以保证公共数据的唯一性,所涉及的数据是其他业务功能运行的基础数据,包括公司信息、公司部门信息、员工信息、客户信息、供应商信息、仓库信息、商品信息等。

⑪ 系统管理。系统管理包括操作员管理、权限设置、数据备份、数据恢复等。主要对系统的初始运行环境进行设置及系统使用过程中对各种运行参数的调整；对系统各项功能的使用权限进行设置及调整；对系统运行时的系统资源占用状况进行监测；对系统中数据进行多方面的管理，包括日常备份及转储与恢复。

⑫ 报表输出。报表输出包括各种基本信息表的输出、销售信息报表的输出、进货信息报表的输出和库存信息报表的输出等。

(2) 进、销、存管理系统的数据库设计

"部门"数据表的结构信息样例如表3-14所示，"员工"数据表的结构信息样例如表3-15所示，"仓库"数据表的结构信息样例如表3-16所示。

表3-14 "部门"数据表的结构信息

字段名称	数据类型	字段大小
部门编号	varchar	3
部门名称	varchar	30
联系电话	varchar	15
负责人	varchar	20

表3-15 "员工"数据表的结构信息

字段名称	数据类型	字段大小
职员编号	varchar	14
姓名	varchar	10
性别	varchar	2
职务	varchar	20
联系电话	varchar	14
地址	varchar	80
身份证号	varchar	18
照片	image	
部门编号	varchar	3

表3-16 "仓库"数据表的结构信息

字段名称	数据类型	字段大小
仓库编号	varchar	14
仓库名称	varchar	30
仓库类别	varchar	16
备注	text	

"供应商"数据表的结构信息样例如表3-17所示，"客户"数据表的结构信息样例如表3-18所示。

表3-17 "供应商"数据表的结构信息

字段名称	数据类型	字段大小
供应商编号	varchar	10
供应商名称	varchar	80
公司地址	varchar	80
联系人	varchar	30
联系电话	varchar	20
开户银行	varchar	40
银行账号	varchar	20
税号	varchar	20

表3-18 "客户"数据表的结构信息

字段名称	数据类型	字段大小
客户编号	varchar	10
客户名称	varchar	80
地址	varchar	80
联系人	varchar	30
联系电话	varchar	20
开户银行	varchar	40
银行账号	varchar	20
税号	varchar	20

“商品信息”数据表中的结构信息样例如表 3-19 所示,“商品类型”数据表中的结构信息样例如表 3-20 所示,“用户”数据表中的结构信息样例如表 3-21 所示。

表 3-19 “商品信息”数据表中的结构信息

字段名称	数据类型	字段大小
商品编号	varchar	14
条形码	varchar	14
商品名称	varchar	80
规格	varchar	40
单位	varchar	6
产地	varchar	50
商品类型	varchar	20
进货价	float	—
销售价	float	—
最低售价	float	—
供应商编号	varchar	10

表 3-20 “商品类型”数据表中的结构信息

字段名称	数据类型	字段大小
商品类型编号	varchar	2
商品类型名称	varchar	30
描述	text	—

表 3-21 “用户”数据表中的结构信息

字段名称	数据类型	字段大小
用户编号	varchar	6
姓名	varchar	10
性别	varchar	2
密码	varchar	10
部门编号	varchar	3

(3) 进、销、存管理系统的输入/输出设计

① 输入。输入主要设计订货单、提货单、采购单、发货单等单据。

② 输出。输出主要包括以下方面。

a. 日进货量连续 1 个月的变化曲线。

b. 销售量日报:包括日期、商品代码、商品名称、日销售量、日销售金额、月累计销售量、完成月计划销售量比例等。

c. 销售量分析表:包括商品代码、商品名称、日销售量、累计销售量、去年同期累计量,同期增长百分比、日销售金额、累计销售金额、去年同期累积金额、同期增长百分比等。

d. 销售商品分类汇总表:包括商品类别、当月销售量、累计销售量、与去年同期增长百分比等。

e. 日销量连续 1 个月的变化曲线。

f. 库存量日报:包括产品名称、当日库存量等。

g. 库存量连续 1 个月的变化曲线。

【单元小结】

本单元主要介绍了软件系统的功能模块设计、输出设计、输入设计、配置方案设计、数据库设计、界面设计等方面的内容。系统设计阶段的任务是设计软件系统的模块层次结构,设计数据库的结构以及设计模块的控制流程,其目的是明确软件系统“如何做”。这个阶段又分两个步骤:概要设计和详细设计。概要设计解决软件系统的模块划分和模块的层次结构

以及数据库设计；详细设计解决每个模块的控制流程，内部算法和数据结构的设计。这个阶段结束，要交付概要设计说明书和详细设计说明，也可以合并在一起，称为设计说明书。本单元以人力资源管理系统为例，具体阐述了总体设计、接口设计、数据库设计、用户界面设计的方法和过程。

【单元习题】

(1) 软件设计阶段可划分为(　　)设计阶段和(　　)设计阶段。

A. 逻辑　　B. 程序　　C. 概要　　D. 详细

(2) 软件项目的概要设计阶段的主要任务不包括下列哪一项？(　　)

A. 设计软件结构　　B. 用户界面设计　　C. 设计数据库　　D. 设计系统接口

(3) 软件项目的详细设计阶段的主要任务不包括下列哪一项？(　　)

A. 数据结构定义　　B. 测试用例设计　　C. 设计测试方案　　D. 输入/输出设计

(4) 软件的(　　)设计又称为总体结构设计，其主要任务是建立软件系统的总体结构。

A. 概要　　B. 抽象　　C. 逻辑　　D. 规划

(5) 概要设计的任务是决定系统中各个模块的(　　)，即其(　　)。

A. 外部特性　　B. 内部特性

C. 算法和使用数据　　D. 功能和输入/输出数据

(6) 详细设计的任务是决定每个模块的(　　)，即模块(　　)。

A. 外部特性　　B. 内部特性

C. 算法和使用数据　　D. 功能和输入/输出数据

(7) 结构化设计方法的总则是使每个模块执行(　　)功能，模块间传递数据性参数，模块通过调用语句语句调用其他模块，而且模块间传递的参数应尽量少。

A. 一个　　B. 多个　　C. 尽量多　　D. 尽量少

(8) 用结构化设计方法的最终目的是使(　　)。

A. 块间联系大，块内联系大　　B. 块间联系大，块内联系小

C. 块间联系小，块内联系大　　D. 块间联系小，块内联系小

(9) 软件总体结构的内容应在(　　)文档中阐明。

A. 软件需求规格说明书　　B. 概要设计规格说明书

C. 详细设计规格说明书　　D. 数据要求规格说明书

(10) 要减少两模块之间的联系，则(　　)。

A. 两模块之间的调用次数要尽量少

B. 两模块之间直接传递的信息要尽量少

C. 两模块应使用尽可能相同的全局变量

D. 两模块应尽量共享相同的数据结构

(11) 块间联系和块内联系是评价程序结构质量的重要标准，在块内联系中，(　　)联系最强。

A. 偶然内聚　　B. 功能内聚　　C. 通信内聚　　D. 顺序内聚

(12) 模块本身的内聚性是模块独立性的重要度量因素之一，在七类内聚中，具有最强内聚的一类是(　)。

A. 顺序内聚　　B. 过程内聚　　C. 逻辑内聚　　D. 功能内聚

(13) 将以下3种耦合性由弱到强的顺序排列，正确的是(　　)。

A. 控制耦合、数据耦合、公共耦合　　B. 数据耦合、公共耦合、控制耦合

C. 公共耦合、数据耦合、控制耦合　　D. 数据耦合、控制耦合、公共耦合

(14) 在七种耦合中，最低耦合是(　　)。

A. 内容耦合　　B. 公共耦合　　C. 数据耦合　　D. 非直接耦合

(15) 模块内聚度越高，说明模块内各成分彼此结合的程度越(　　)。

A. 松散　　B. 紧密　　C. 无法判断　　D. 相等

(16) 如果(　　)，则称该模块具有功能内聚。

A. 模块包括单一功能

B. 模块包括若干功能，但所有功能相互紧密相关

C. 每个模块有单入口、单出口

D. 模块中每个处理成分对应一个功能，它们紧密结合

(17) 要减少两个模块之间的耦合，则必须(　　)。

A. 两个模块间的调用次数要少

B. 模块间传递的参数要少

C. 模块间传递的参数要少且不传递开关型参数

D. 模块间传递的参数要少且不传递开关型参数以及两模块不引用同样的全局变量

(18) 如果一个模块要调用另一个模块，在下列几种方式中，采用(　　)方式的块间联系小。

A. 过程调用，传递控制参数　　B. 过程调用，传递数据参数

C. 直接引用，共用控制信息　　D. 直接引用，共用数据信息

(19) 在测试层次结构的大型软件时，有一种方法是从上层模块开始，自顶向下进行测试，此时有必要用替代尚未测试过的下层模块，该模块称为(　　)。

A. 主模块　　B. 桩模块　　C. 驱动模块　　D. 输出模块

(20) (　　)用来模拟被测试模块的上一级模块，相当于被测模块的主程序。它接收数据，将相关数据传送给被测模块，启用被测模块，并打印出相应的结果。

A. 主模块　　B. 桩模块　　C. 驱动模块　　D. 输出模块

(21) 一个模块直接控制(调用)的下层模块的数目称为模块的(　　)。

A. 扇入数　　B. 扇出数　　C. 宽度　　D. 作用域

单元4　软件项目的编码实现与单元测试

软件项目的编码实现是将软件的详细设计转换成用程序设计语言实现的程序代码。编码也称为程序设计，程序设计是根据详细设计说明书中对各个功能模块的功能描述，程序员运用某种程序语言或可视化开发工具编写程序，实现各项功能的活动。程序的编写尽量利用最新的技术、软件和方法。一般来说，在软件编码实现的同时要进行单元测试，然后在系统集成时进行多种综合测试，包括集成测试、系统测试、验收测试等。

【知识梳理】

4.1　程序设计的基本步骤

程序设计是给出解决特定问题程序的过程，是软件构造活动中的重要组成部分。程序设计往往以某种程序设计语言为工具，给出这种语言下的程序。专业的程序设计人员常被称为程序员。程序设计的基本步骤如下所示。

(1) 分析问题。对于接受的任务要进行认真的分析，研究所给定的条件，分析最后应达到的目标，找出解决问题的规律，选择解题的方法，完成实际问题。

(2) 设计算法。设计出解题的方法和具体步骤。

(3) 编写程序。将算法翻译成计算机程序设计语言，对源程序进行编辑、编译和连接。

(4) 运行程序，分析结果。运行可执行程序，得到运行结果。能得到运行结果并不意味着程序正确，要对结果进行分析，看它是否合理。不合理要对程序进行调试，即通过上机发现和排除程序中的故障的过程。

(5) 编写程序文档。许多程序是提供给别人使用的，如同正式的产品应当提供产品说明书一样，正式提供给用户使用的程序，必须向用户提供程序说明书。内容应包括：程序名称、程序功能、运行环境、程序的装入和启动、需要输入的数据以及使用注意事项等。

4.2　程序设计的一般方法

目前程序设计的方法主要有面向过程的结构化方法、面向对象的可视化方法。这些方法充分利用现有的软件工具，不但可以减轻开发的工作量，而且还使得系统开发的过程规范、易维护和修改。

1. 面向过程的结构化程序设计方法

(1) 采用自顶向下、逐步求精的设计方法。

(2) 采用结构化、模块化方法编写程序。

(3) 模块内部的各部分自顶向下地进行结构划分,各个程序模块按功能进行组合。

(4) 各程序模块尽量使用三种基本结构,不用或少用 GOTO 语句。

(5) 每个程序模块只有一个入口和一个出口。

2. 面向对象的可视化程序设计方法

面向对象的可视化程序设计方法尽量利用已有的软件开发工具完成编程工作,为各种软件系统的开发提供了强有力的技术支持和实用手段。利用这些可视化的软件生成工具,可以大量减少手工编程的工作量,避免各种编程错误的出现,极大地提高系统的开发效率和程序质量。

可视化编程技术的主要思想是用图形工具和可重用部件来交互地编制程序。它把现有的或新建的模块代码封装于标准接口软件包中。可视化编程技术中的软件包可能由某种语言的功能模块或程序组成,由此获得的是高度的平台独立性和可移植性。在可视化编程环境中,用户还可以自己构造可视控制部件,或引用其他环境构造的符合软件接口规范的可视控制部件,增加编程的效率和灵活性。

可视化编程采用对象本身的属性与方法来解决问题,在解决问题的过程中,可以直接在对象中设计事件处理程序,很方便地让用户实现自由无固定顺序的操作。可视化编程的用户界面中包含各种类型的可视化控件,例如文本框、命令按钮、列表框等。编程人员在可视化环境中,利用鼠标便可建立、复制、移动、缩放或删除各种控件,每个可视化控件包含多个事件,利用可视化编程工具提供的语言为控件的事件程序编程,当某个控件的事件被触发,则相对应的事件驱动程序被执行,完成各种操作。

4.3 程序编写的规范化要求

4.3.1 优良程序的性能指标

(1) 正确性。编制的程序能够严格按规定要求,准确无误地执行,实现其功能。

(2) 可靠性。包括程序或系统安全的可靠性,例如数据安全、系统安全等,程序运行的可靠性以及容错能力。

(3) 实用性。从用户角度来看程序实用方便。

(4) 规范性。子系统的划分、程序的书写格式、标识符的命名都符合统一规范。

(5) 可读性。程序清晰、明了,没有太多繁杂的技巧,容易阅读和理解。

(6) 强健性。系统能识别错误操作、错误数据输入,不会因错误操作、错误数据输入以及硬件故障而造成系统崩溃。

(7) 可维护性。能及时发现系统中存在的问题或错误,顺利地修改错误。对用户提出的新要求能得到及时的满足。

4.3.2 良好的编程风格

为设计出具有良好性能的程序,程序设计人员除了具有丰富的编程经验和熟练掌握开发工具和编程语言外,还需养成良好的编程风格。编程风格指程序员编写程序时所表现出来的习惯和思维方式等,良好的编程风格可以减少程序的错误,增强程序的可读性,从而提高软件的开发效率。

1. 程序的布局格式追求清晰和美观

程序的布局格式虽然不会影响程序的功能，但会影响程序的可读性和视觉效果，例如恰当地使用空格、空行可以改善程序的清晰度。

(1) 关键词和操作符之间加适当的空格。

(2) 相对独立的程序块与块之间加空行。

(3) 较长的语句、表达式等要分成多行书写。

(4) 划分出的新行要进行适当的缩进，使排版整齐，语句可读。

(5) 长表达式要在低优先级操作符处划分新行，操作符放在新行之首。

(6) 循环、判断等语句中若有较长的表达式或语句，则要进行适应的划分。

(7) 多层嵌套结构，各层应缩进左对齐，这样嵌套结构的层次关系、程序的逻辑结构一目了然，便于理解，也便于修改。

(8) 若函数或过程中的参数较长，则要进行适当的划分。

(9) 不允许把多个短语句写在一行中，即一行只写一条语句，便于识别和加入注释。

(10) 函数或过程的开始、类的定义、结构的定义、枚举的定义以及循环、判断等语句中的代码都要采用缩进风格。

(11) C/C#/C++/Java语言是用大括号“{”和“}”界定一段程序块的，编写程序块时“{”和“}”应各独占一行并且位于同一列，同时与引用它们的语句左对齐。

(12) 变量赋初值应符合就近原则，定义变量的同时赋予其初值。

2. 程序的注释

程序的注释是为便于理解程序而加入的说明，注释一般采用自然语言进行描述。注释分为序言性注释和功能性注释两种。

(1) 序言性注释

序言性注释是指每个程序或模块起始部分的说明，它主要对程序从整体上进行说明。一般包括程序的编号、名称、版本号、功能、调用形式、参数说明、重要数据的描述、设计者、审查者、修改者、修改说明、日期等。

(2) 功能性注释

功能性注释是指嵌入程序中需说明位置上的注释。主要对该位置上的程序段、语句或数据的状态进行针对性说明。程序段注释置于需说明的程序段前，语句注释置于需说明的语句或包含需说明数据的语句之后。

加入程序注释应注意以下事项。

① 注释要简单明了，且应采用明显标记以便与源程序区别。

② 注释应提供程序本身难以提供的信息。

③ 注释应在编写程序过程中形成，避免事后补加，以确保注释含义与源代码相一致。修改代码的同时要修改相应的注释，以保证注释与代码的一致性。

④ 在必要的地方注释，注释量要适中。注释的内容要清楚、明了，含义准确，防止注释的二义性。保持注释与其描述的代码相邻，即注释的就近原则。

⑤ 对代码的注释应放在其上方相邻位置，不可放在下面。

⑥ 对数据结构的注释应放在其上方相邻位置，不可放在下面；对结构中的每个域的注

释应放在此域的右方；同一结构中不同域的注释要对齐。

⑦ 变量、常量的注释应放在其上方相邻位置或右方。

⑧ 全局变量要有较详细的注释，包括对其功能、取值范围、用哪些函数或过程存取它，以及存取时注意事项等的说明。

⑨ 在每个源文件的头部要有必要的注释信息，包括：文件名；版本号；作者；生成日期；模块功能描述(如功能、主要算法、内部各部分之间的关系、该文件与其他文件关系等)；主要函数或过程清单及本文件历史修改记录等。

⑩ 在每个函数或过程的前面要有必要的注释信息，包括：函数或过程名称；功能描述；输入、输出及返回值说明；调用关系及被调用关系说明等。

3. 将数据说明编成文档

程序中的注释，由于篇幅限制，只能作为提示性的说明。为了便于程序的阅读和维护，应将程序中的变量、函数，以及文件的功能、名称、含义用文档的形式详细记载，以备日后查找。

4. 标识符的命名要规范

标识符是指用户可命名的各类名称的总称，包括变量名、函数名、文件名、类名等。对于简单的程序，标识符的命名无关紧要，但对于一个软件项目，许多人共同完成软件开发，应制定统一规范的命名规则。

(1) 标识符的命名应符合程序设计语言的语法规定。

(2) 标识符的命名应做到见名知义、一目了然，尽量使用英文字母，避免使用汉语拼音。较短的单词可通过去掉“元音”形成缩写，较长的单词可取单词的头几个字符。

(3) 全局变量、局部变量、符号常量的标识符应明显加以区别。

(4) 标识符的命名应全盘考虑，简单且有规律，做到前后一致。

5. 程序的可读性

(1) 避免使用不易理解的数字，用有意义的标识来替代。

(2) 不要使用难懂的技巧性很高的语句。

(3) 源程序中关系较为紧密的代码应尽可能相邻。

6. 程序的变量

(1) 要适当地定义公共变量，去掉没必要的公共变量。

(2) 构造仅有一个模块或函数可以修改、创建，而其余有关模块或函数只访问的公共变量，防止多个不同模块或函数都可以修改、创建同一公共变量的现象。

(3) 仔细定义并明确公共变量的含义、作用、取值范围及公共变量间的关系。

(4) 明确公共变量与操作此公共变量的函数或过程的关系，如访问、修改及创建等。

(5) 当向公共变量传递数据时，要十分小心，防止赋予不合理的值或越界等现象发生。

(6) 防止局部变量与公共变量同名。

(7) 仔细设计结构中元素的布局与排列顺序，使结构容易理解、节省占用空间，并减少引起误用的现象。

(8) 结构的设计要尽量考虑向前兼容和以后的版本升级，并为某些未来可能的应用保留余地(如预留一些空间等)。

(9) 留心具体语言及编译器处理不同数据类型的原则及有关细节。

(10) 严禁使用未经初始化的变量。声明变量的同时对变量进行初始化。

(11) 编程时,要注意数据类型的强制转换。

7. 程序的语句

(1) 语句要简单直观,避免过多使用技巧。

(2) 避免使用复杂的条件判断,尽量减少否定的逻辑条件。

(3) 尽量减少循环嵌套和条件嵌套的层数。

(4) 适当使用括号主动控制运算符的运算次序,避免使用默认优先级,避免产生二义性。

(5) 应先保证语句正确,再考虑编程技巧。

(6) 尽量少用或不用 GOTO 语句。

8. 程序的函数与过程

(1) 函数的规模尽量限制在 200 行以内。

(2) 一个函数最好仅完成一个功能。

(3) 为简单功能编写函数。

(4) 函数的功能应该是可以预测的,也就是只要输入数据相同就应产生同样的输出。

(5) 尽量不要编写依赖于其他函数内部实现的函数。

(6) 避免设计多参数函数,不使用的参数从接口中去掉。

(7) 用注释详细说明每个参数的作用、取值范围及参数间的关系。

(8) 检查函数所有参数输入的有效性。

(9) 检查函数所有非参数输入的有效性,如数据文件、公共变量等。

(10) 函数名应准确描述函数的功能。

(11) 避免使用无意义或含义不清的动词为函数命名。

(12) 函数的返回值要清楚、明了,让使用者不容易忽视错误情况。

(13) 明确函数功能,精确(而不是近似)地实现函数设计。

(14) 减少函数本身或函数间的递归调用。

9. 程序的可测性

(1) 在编写代码之前,应预先设计好程序调试与测试的方法和手段,并设计好各种调测开关及相应测试代码如打印函数等。

(2) 在进行集成测试/系统联调之前,要构造好测试环境、测试项目及测试用例,同时仔细分析并优化测试用例,以提高测试效率。

10. 程序的效率

(1) 编程时要经常注意代码的效率。

(2) 在保证软件系统的正确性、稳定性、可读性及可测性的前提下,提高代码效率。

(3) 不能一味地追求代码效率,而对软件的正确性、稳定性、可读性及可测性造成影响。

(4) 编程时,要随时留心代码效率;优化代码时,要考虑周全。

(5) 要仔细地构造或直接用汇编编写调用频繁或性能要求极高的函数。

(6) 通过对系统数据结构的改进、对程序算法的优化来提高空间效率。

(7) 在多重循环中,应将最忙的循环放在最内层。

(8) 尽量减少循环嵌套层次。

(9) 避免循环体内含判断语句,应将循环语句置于判断语句的代码块之中。

(10) 尽量用乘法或其他方法代替除法,特别是浮点运算中的除法。

11. 程序的质量保证

(1) 在软件设计过程中构筑软件质量,代码质量保证优先原则。

① 正确性,指程序要实现设计要求的功能。

② 稳定性、安全性,指程序稳定、可靠、安全。

③ 可测试性,指程序要具有良好的可测试性。

④ 规范/可读性,指程序书写风格、命名规则等要符合规范。

⑤ 全局效率,指软件系统的整体效率。

⑥ 局部效率,指某个模块/子模块/函数的本身效率。

⑦ 个人表达方式/个人方便性,指个人编程习惯。

(2) 只引用属于自己的存储空间。

(3) 防止引用已经释放的内存空间。

(4) 过程/函数中分配的内存,在过程/函数退出之前要释放。

(5) 为打开文件,过程/函数中申请的文件句柄,在过程/函数退出前要关闭。

(6) 防止内存操作越界。

(7) 时刻注意表达式是否会上溢、下溢。

(8) 认真处理程序所能遇到的各种出错情况。

(9) 系统运行之初,要初始化有关变量及运行环境,防止未经初始化的变量被引用。

(10) 系统运行之初,要对加载到系统中的数据进行一致性检查。

(11) 严禁随意更改其他模块或系统的有关设置和配置。

(12) 不能随意改变与其他模块的接口。

(13) 充分了解系统的接口之后,再使用系统提供的功能。

(14) 要时刻注意易混淆的操作符。当编完程序后,应从头至尾检查一遍这些操作符。

(15) 不使用与硬件或操作系统关系很大的语句,而使用建议的标准语句。

(16) 使用第三方提供的软件开发工具包或控件时,要注意以下几点。

① 充分了解应用接口、使用环境及使用时注意事项。

② 不能过分相信其正确性。

③ 除非必要,不要使用不熟悉的第三方工具包与控件。

12. 程序代码的编译

(1) 编写代码时要注意随时保存,并定期备份,防止由于断电、硬盘损坏等原因造成代码丢失。

(2) 同一项目组内,最好使用相同的编辑器,并使用相同的设置选项。

(3) 合理地设计软件系统目录,方便开发人员使用。

(4) 打开编译器的所有告警开关对程序进行编译。

(5) 在同一项目组或产品组中,要统一编译开关选项。

(6) 使用工具软件对代码版本进行维护。

13. 代码的测试与维护

(1) 单元测试要求至少达到语句覆盖。

(2) 单元测试开始要跟踪每一条语句,并观察数据流及变量的变化。

(3) 清理、整理或优化后的代码要经过审查及测试。

(4) 代码版本升级要经过严格测试。

4.4 单元测试简介

单元测试是代码正确性验证的重要工具,是系统测试当中的重要环节,也是需要编写代码才能进行测试的一种测试方法。在标准的开发过程中,单元测试的代码与实际程序的代码具有同等的重要性。每一个单元测试,都是用来定向测试其所对应单元的数据是否正确。

单元测试是由程序员自己来完成,最终受益的也是程序员自己。可以这么说,程序员有责任编写功能代码,同时也就有责任为自己的代码编写单元测试。执行单元测试,就是为了证明这段代码的行为和我们期望的一致。

4.4.1 单元测试的主要功用

1. 能够协助程序员尽快找到 Bug 的具体位置

在没有单元测试的时代,大多数的错误都是通过运行程序时发现的。当发现一个错误时,会根据异常抛出的地点来确定是哪段代码出现了问题。但是大多数时候,不会在所有方法中都使用 Try 块去处理异常。因此一旦发现一个异常,通常都是最顶层代码抛出的,但是错误往往又是在底层很深层次的某个对象中出现的。当找到了这个最初抛出异常的方法时,我们可能无法得知这段代码到底是哪里出了问题,只能逐行代码的去查找,一旦这个方法中使用的某个对象在外部有注册事件或者有其他的操作正在与当前方法同步进行,那么更难发现错误真正的原因。

在这种状态之下,在找错误的时候会直接编译整个程序,通过界面逐步地操作到错误的地方,然后再去查找代码中是否有错误。这样的找错误的方法效率非常低。但是当我们拥有单元测试的时候,就不需要通过界面去一步一步地操作,而是直接运行这个方法的单元测试,将输入条件模拟成出现错误时的输入信息和调用方法的形式,这样就可能很快地还原出错误。这样解决起来速度就提高了很多,每次找到错误都去修改单元测试,那么下次就不会再出现相同的错误了。

如果通过模拟,单元测试也没有出现任何异常,这时也可以断定,并非该代码出现的错误,而是其他相关的代码出现的错误。只需再调试其他几个相关的代码的单元测试即可找到真正的错误。

2. 能够让程序员对自己编写的程序更有自信

很多时候,当主管问我们程序会不会再出问题时,会很难回答。因为没法估计到系统还可能出现什么问题。但是如果这时为所有代码都编写了单元测试,而且测试代码都是按照标准去编写的,这些测试又都能够成功地通过。那么就完全有自信说出我们的把握有多大。因为在测试代码中,已经把所有可能的情况都预料到了,程序代码中也将这些可能预料到的问题都解决了。因此会对自己的程序变得越来越自信。

3. 能够让程序员在提交软件项目之前就将代码变得更加健壮

大多数程序员在编写代码时,都会先考虑最理想化情况下的程序该如何写,写完之后在理想状态下编译成功,然后输入理想的数据发现没有问题。他们就会自我安慰地说"完成了"。然后可能为了赶进度,就又开始写其他的程序了。时间久了这种理想化的程序就越来越多。一旦提交测试，就发现这里有错误那里有错误，然后程序员们再拿出时间来这里补个漏洞那里补个漏洞。而且在补漏洞的过程中，也可能继续沿用这种理想化的思路，就导致了补了这里又导致那里出问题的情况。

但是如果在初期，我们就为每段代码编写单元测试，而且根据一些既定的标准去写，那么单元测试就会提前告诉程序员哪些地方会出现错误。那么他们可能在编写代码过程中就提前处理了那些非理想状态下的问题，这样代码就会健壮很多。

4. 能够协助程序员更好地进行开发

"代码未动，测试先行"，这是极限编程中倡导的一种编程模式，为什么要这样呢？因为在编写单元测试的过程中，其实就是在设计代码将要处理哪些问题。单元测试写得好，就代表代码写得好。而且你会根据单元测试的一些预先设想的情况去编写代码，就不会盲目地添加属性和方法。

5. 能够向其他程序员展现你的程序该如何调用

通常情况下，单元测试代码中写的都是在各种情况下如何调用那段待测试的代码。因此这个单元测试同时也向其他人员展示了代码该如何调用？在什么情况下会抛出什么异常？这样一个单元测试就变成了一个代码性的帮助文档。

6. 能够让项目主管更了解系统当前的状况

传统的管理中，项目的进度、代码的质量都只是通过口头的形式传递到主管那里的。如果通过一个完善的单元测试系统，那么主管就可以通过查看单元测试的运行结果和单元测试的代码覆盖率来确定开发人员的工作是否真正完成了。

4.4.2 单元测试的标准

虽然要进行单元测试的代码会是各种各样的，但是编写单元测试代码还是有规律可循的。测试的对象一般情况下分为方法(包含构造函数)和属性，因此按照这两个方向来确定单元测试的标准。

1. 哪些代码需要添加单元测试

如果软件项目正处在一个最后冲刺阶段，主要的编码工作已经基本完成。因此要全面地添加单元测试，其实是比较大的投入。所以单元测试不能一次性地全部加上，只能一步一步地来进行测试。

第一步，应该对所有程序集中的公开类以及公开类里面的公开方法添加单元测试。

第二步，对于构造函数和公共属性进行单元测试。

第三步，添加全面单元测试。

在产品全面提交之前可以先完成第一步的工作，第二、三步可以待其他所有功能完成之后再进行添加。由于第二、三步的添加工作其实与第一步类似，只是在量上的累加，因此先着重讨论第一步的情况。

在做第一步单元测试添加时，也需要有选择性地进行，要抓住重点进行测试。首先应该针对属于框架技术中的代码添加单元测试，这里就包含操作数据库的组件、操作外部WebService的组件、邮件接收发送组件、后台服务与前提程序之间的消息传递的组件等。通过为这些主要的可复用代码进行测试，可以大大加强底层操作的正确性和健壮性。

其次为业务逻辑层对界面公开的方法添加单元测试,这样可以让业务逻辑保持正确,并且能够将大部分的业务操作都归纳到单元测试中,保证以后产品发布之后,一旦出现问题可以直接通过业务逻辑的单元测试来找到 Bug。

剩下的代码大部分属于代码生成器生成的,而且大多数的操作都是类似的,因此我们可以先针对某一个业务逻辑对象做详细的单元测试。通过这样的规定,单元测试添加的范围就减少了很多。

如果项目是刚刚开始的,那么应当对所有公开的方法和属性都添加单元测试。

2. 单元测试代码的写法

在编写单元测试代码时需要认真地考虑以下几个方面。

(1) 所测试方法的代码覆盖率必须达到100%

单元测试编写的代码是否合理或者是否达到了要求的主要标准就是整个测试的代码覆盖率,代码覆盖率其实就是测试代码所运行到的实际程序路径的覆盖率。在实际程序中可能会有很多的循环、判断等分支路径。一个好的单元测试应该能够将所有可能的路径都将走到,这样就可以保证大多数情况都测试过了。

一般情况下,代码覆盖率低,说明测试代码中没有过多地考虑某些特殊情况。特殊情况包括以下方面。

① 边界条件数据。例如值类型数据的最大值、最小值、DbNull,或者是方法中所使用的条件边界,例如 $a>100$,那么100就变成了这个数据的边界,而且在测试时还必须把超出边界的数据作为测试条件进行测试。

② 空数据。一般空数据对应于引用类型的数据,也就是 Null 值。

③ 格式不正确数据。对于引用类型的数据或者结构对象,类型虽然正确但是其内部的数据结构不正确。例如一个数据库实体对象,数据库中要求其某个属性必须为非空,但是这时如果可以为空,这样这个对象就属于一个不正确数据库。

这三种数据都是针对被测试方法中所使用的外部数据来说的,方法中使用的外部数据无非就是方法参数传入的数据和方法所在的对象的属性或者字段的数据。因此在编写测试代码时就必须将这些使用到的数据设置为上面这几种情况的数据来检测方法执行的情况,这才能保证方法编写是正确的。

在编写单元测试代码时应先了解到被测试方法可能会使用的外部数据,然后将这些外部数据一次设置为上面规定的这几种情况,然后再执行方法。这样就基本可以达到外部数据所有情况都能够正确测试到。

通过这种方法编写的单元测试代码覆盖率一般可以超过80%。

(2) 预期值是否达到

测试时执行了某个方法之后,该方法所在的类中某个属性或者返回值应该与预期相同。

在编写单元测试时,不能单纯追求代码覆盖率。有时候代码覆盖率已经达到了100%,程序也能正常运行,但是可能会出现方法执行完毕之后某些数据并非预期的数值。这时就必须对执行的结果进行断言。在.NET 提供的单元测试模块中,可以在单元测试中直接使用一个类(例如 Assert)的一些静态方法来判断某个值是否达到了预期的情况,在这个类中公开了多个判断等效性、开关性、非空性的方法,这些方法可以提前做出预测,一旦程序执行之后,如果这些断言不能通过,就代表代码有错误。

通过添加断言，就可以对程序执行过程中数据的正确性做一个检测，保证程序不出现写错数据的情况或者出现错误状态的情况。

(3) 外部设备状态更改时测试是否正常通过

被测试代码所使用的外部设备的状态包括数据库是否可读、网络是否可用、打印机是否可用、WebService 是否可用等。

当代码覆盖率和预期值都达到了我们的要求之后，整个程序其实就基本达到了质量标准。但是这样还不全面，因为很多程序都要使用到外部的设备或者程序，例如数据库、打印机、网络、串行口、并行口等。当这些设备发生改变或者不可用时，程序就可能出现一些不可预知的错误。因此一个健壮的程序也必须考虑到这些情况，这时可以通过将这些设备设置为不正常状态来检测程序可能会出现的问题，然后再在测试程序中将这些条件加上。

每一段单元测试代码，必须考虑到以上的三个问题，并且对于这些问题都要有相应的测试。上面所介绍的只是简单的单元测试的入门级别的要求，当然真正的单元测试还有很多更加复杂的要求和测试技巧。但是对于一个初学者而言，如果能达到上述的要求，那么代码的健壮性应该能够满足大部分要求。

【方法指导】

4.5 .NET 程序的单元测试

Microsoft Visual Studio 2008 中集成了一个专门用来进行单元测试的组件，无须借用第三方的测试工具来进行这些测试。

1. 创建.NET 程序的单元测试

Visual Studio 2008 集成的单元测试工具可以对任何类、接口、结构等实体中的字段、属性、构造函数和方法等进行单元测试。

创建单元测试大致可以分为以下两类。

(1) 整体测试

整体测试是在类名称上右击，在弹出的快捷菜单中选择【创建单元测试】命令，这样就可以为整个类创建单元测试项目，这时会为整个类可以被测试的内容全部添加测试方法，测试人员直接在这些自动生成的测试方法中添加单元测试代码就可以。

(2) 单独测试

如果只想单独对某个方法、属性、字段进行测试，则可以将鼠标焦点放在这个待测试的项目名称之上，然后右击，在弹出的快捷菜单中选择【创建单元测试】命令，这样就可以单独为某个方法创建单元测试项目。

2. 编写单元测试代码

创建完单元测试项目之后，就可以为单元测试编写测试代码。具体的测试代码的编写方法将在任务 4-5 中予以介绍。

3. 运行单元测试

单元测试代码编写完毕，就可以通过运行单元测试来执行测试。需要运行单元测试时，一般需要打开测试管理器窗口，该窗口可以通过选择【测试】→【窗口】→【测试列表编辑器】命令来打开。打开该窗口之后，就可以在该窗口中看到所建立的单元测试的列表，可以在列表中勾选某个单元测试前面的复选框，然后右击，在弹出的快捷菜单中选择【调试选中的测试】或者【运行选中的测试】命令。

调试选中的测试对象时，可以在测试代码中或者我们自己的代码中添加断点并逐步运行以查看其状态。运行选中的测试对象只会运行该测试对象，这时代码的运行是模拟真实软件运行时的情况执行。可以根据实际情况来选中执行哪种测试。

4. 查看测试结果

运行了测试之后，需要查看这次测试的结果。可以通过选择【测试】→【窗口】→【测试结果】命令来打开一个测试结果窗口。每次测试都会在测试结果中向我们显示一些记录。也可以通过双击这个测试结果来查看详细的结果信息。

4.6　用户界面测试的基本原则和常见规范

图形用户界面(Graphical User Interface，GUI)以其直观便捷的操作、美观友好的表现形式成为大多数软件系统首选的人机交互接口，用户界面的质量直接影响用户使用软件时的效率和对软件的印象。一个包含用户界面的系统可分为 3 个层次：界面层、界面与功能接口层和功能层，界面是软件与用户交互最直接的层，界面的好坏决定用户对软件的第一印象，而且设计良好的界面能够引导用户自己完成相应的操作，起到向导的作用。同时界面如同人的面孔，具有吸引用户眼球的直接优势，设计合理的界面能给用户带来轻松愉悦的感受和成功的感觉，相反由于界面设计的失败，让用户有挫败感，再实用强大的功能都可能在用户的畏惧与放弃中付诸东流。

用户界面测试主要关注界面层、界面与功能的接口层，是用于核实用户与软件之间的交互性能，验收用户界面中的对象是否按照预期方式运行，并符合国家或行业标准的测试活动。用户界面测试是一项主观性较强的活动，测试人员的喜好往往会影响测试结果，在一定程度上会影响测试结果的客观性。

用户界面测试分为界面整体测试和界面元素测试。界面整体测试是指对界面的规范性、一致性、合理性等方面进行测试和评估，界面元素测试主要关注对窗口、菜单、图标、文字、鼠标等界面中元素的测试。

界面元素的测试可以对元素的外观、布局和行为等方面进行。界面元素外观测试包含对界面元素在大小、形状、色彩、对比度、明亮度、文字属性等方面的测试；界面元素的布局测试包含对界面元素位置、界面元素的对齐方式、界面元素间的间隔、Tab 顺序、各界面元素间色彩搭配等方面的测试；界面元素的行为测试包括回显功能、输入限制和输入检查、输入提示、联机帮助、默认值设置、激活或取消激活、焦点状态、功能键或快捷键、操作路径、行为回退等方面的测试。

用户界面测试是一个需要综合用户心理、界面设计技术的测试活动。尤其需要把握一些界面设计的原则，遵循一些设计要点来进行测试。根据界面设计的原则来制定界面设计规范，这些设计规范需要得到项目全体人员的认可，作为设计界面和测试界面的依据，也是开发人员设计界面和修改界面的依据。

1. 易用性

用户界面的按钮名称应该通俗易懂，用词准确，以免使用模棱两可的字眼，要与同一界面上的其他按钮易于区分，理想的情况是用户不用查阅帮助就能知道该界面的功能并进行相关的正确操作。

(1) 按功能将界面划分区域块，使用分组框予以标识，并要有功能说明或标题。常用按钮要支持快捷方式。

(2) 完成同一功能或任务的元素放在集中位置，减少鼠标移动的距离。

(3) 界面要支持键盘自动浏览按钮功能，即按 Tab 键、Enter 键的自动切换功能。

(4) 界面上首先要输入的和重要信息的控件在 Tab 顺序中应当靠前，位置也应放在窗口上较醒目的位置。

(5) 同一界面上的控件数量最好不要超过 10 个，多于 10 个时可以考虑使用分页界面显示。

(6) Tab 键顺序与控件排列顺序要一致，一般整体上从上到下排列，行间从左到右排列。

(7) 分页界面要支持在页面间的快捷切换，常用组合快捷键为 Ctrl+Tab。

(8) 默认情况按钮要支持 Enter 选择操作，即按 Enter 键后自动执行默认按钮对应操作。

(9) 可写控件检测到非法输入后应给出说明并能自动获得焦点。

(10) 复选框和选项框按选择几率的高低而进行先后排列。

(11) 复选框和选项框要有默认选项，并支持 Tab 选择。

(12) 选项数相同时多用选项框而不用下拉列表框。

(13) 界面空间较小时使用下拉列表框而不用选项框。

(14) 专业性强的软件要使用相关的专业术语，通用性界面则提倡使用通用性词汇。

2. 规范性

界面的规范性是指软件界面要尽量符合现行标准和规范，并在应用软件中保持一致。为了达到这一目的，在开发软件时就要充分考虑软件界面的规范性，最好采取一套行业标准。对于一些特殊行业，由于系统使用环境和用户使用习惯的特殊性，还需要制定一套具有行业特色的标准和规范。在界面测试中，测试人员应该严格遵循这些标准和规范设计界面测试用例。

通常界面设计都按 Windows 界面的规范来设计，可以说界面遵循规范化的程度越高，则易用性就越好。

(1) 常用菜单要有命令快捷方式。

(2) 完成相同或相近功能的菜单用横线隔开放在同一位置。

(3) 菜单前的图标能直观地代表要完成的操作。

(4) 菜单深度一般要求最多控制在三层以内。

(5) 工具栏要求可以根据用户的要求自己选择定制。

(6) 相同或相近功能的工具栏放在一起。

(7) 工具栏中的每一个按钮要有及时提示信息。

(8) 一条工具栏的长度最长不能超出屏幕宽度。

(9) 工具栏的图标能直观地代表要完成的操作。

(10) 为系统常用的工具栏设置默认放置位置。

(11) 工具栏太多时可以考虑使用工具箱。

(12) 工具栏要具有可增减性,由用户自己根据需求定制。

(13) 工具栏的默认总宽度不要超过屏幕宽度的 1/5。

(14) 状态条要能显示用户切实需要的信息,常用的有目前的操作、系统状态、用户位置、用户信息、提示信息、错误信息等,如果某一操作需要的时间较长,还应该显示进度条和进程提示。

(15) 滚动条的长度要根据显示信息的长度或宽度能及时变换,以利于用户了解显示信息的位置和百分比。

(16) 状态条的高度以放置 5 号字为宜,滚动条的宽度比状态条的略窄。

(17) 菜单和工具条要有清晰的界限,菜单要求凸出显示,这样在移走工具条时仍有立体感。

(18) 菜单和状态条中通常使用 5 号字体。工具条一般比菜单要宽,但不要宽得太多,否则看起来很不协调。

3. 合理性

界面的合理性是指界面是否与软件功能相融洽,界面的颜色和布局是否协调等。如果界面不能体现软件的功能,那么界面的作用将大打折扣。界面合理性的测试一般通过观察进行。

屏幕对角线相交的位置是用户直视的地方,正上方 1/4 处为易吸引用户注意力的位置,在放置窗体时要注意利用这两个位置。

(1) 父窗体或主窗体的中心位置应该在对角线焦点附近。

(2) 子窗体位置应该在主窗体的左上角或正中。

(3) 多个子窗体弹出时应该依次向右下方偏移,以显示窗体出标题为宜。

(4) 重要的命令按钮与使用较频繁的按钮要放在界面上注目的位置。

(5) 错误使用容易引起界面退出或关闭的按钮不应该放在易单击的位置。横排开头或最后与竖排最后为易单击位置。

(6) 与正在进行的操作无关的按钮应该加以屏蔽(Windows 中用灰色显示,即目前该按钮不能使用)。

(7) 对可能造成数据无法恢复的操作必须提供确认信息,给用户放弃选择的机会。

(8) 非法的输入或操作应有足够的提示说明。

(9) 对运行过程中出现问题而引起错误的地方要有提示,让用户明白错误出处,避免形成无限期的等待。

(10) 提示和警告或错误说明应该清楚、明了、恰当。

4. 一致性

界面的一致性既指使用标准的控件,也指相同的信息表现方法,例如在字体、标签风格、颜色、术语、显示错误信息等方面确保一致。界面具有一致性,用户可以减少过多的学习和记忆，从而降低培训和支持成本。界面的一致性还包括考察软件的界面在不同平台上是否表现一致，例如颜色、字体等。

(1) 界面布局是否一致，如所有窗口按钮的位置和对齐方式要一致。

(2) 界面外观是否一致，如控件的大小、颜色、背景和显示信息等属性要一致，但一些需要艺术处理或有特殊要求的地方除外。

(3) 操作方法是否一致，如双击其中的项，使得某些事件发生，那么双击任何其他的项，都应该有同样的事件发生。

(4) 颜色的使用是否一致，颜色的一致性使整个应用软件有同样的美感。

(5) 快捷键在各个配置项上语义是否保持一致。

(6) 界面中元素的文字、颜色等信息与功能是否一致。

(7) 窗口控件的大小、对齐方向、颜色、背景等属性的设置值是否和程序设计规格说明相一致。

5. 安全性

用户在软件过程的使用过程中如果出现保护性错误而退出系统，这种错误最容易使用户对软件失去信心，因为这意味着用户要中断思路，并费时费力地重新登录，而且已进行的操作也会因没有存盘而全部丢失。软件开发者应当尽量周全地考虑到各种可能发生的问题，使出错的可能性降至最小。

(1) 尽量排除可能会使应用非正常中止的错误。

(2) 应当注意尽可能避免用户无意录入无效的数据。

(3) 采用相关控件限制用户输入值的种类。

(4) 当用户做出选择的可能性只有两个时，可以采用单选按钮。

(5) 当选择的可能再多一些时，可以采用复选框，每一种选择都是有效的，用户不可能输入任何一种无效的选择。

(6) 当选项特别多时，可以采用下拉列表框。

(7) 在一个应用系统中，开发者应当避免用户做出未经授权或没有意义的操作。

(8) 对可能引起致命错误或系统出错的输入字符或动作要加以限制或屏蔽。

(9) 对可能发生严重后果的操作要有补救措施，通过补救措施用户可以回到原来的正确状态。

(10) 对一些特殊符号的输入、与系统使用的符号相冲突的字符等进行判断并阻止用户输入该字符。

(11) 对错误操作最好支持可逆性处理，如取消操作。

(12) 在输入有效性字符之前应该阻止用户进行只有输入之后才可进行的操作。

(13) 对可能造成等待时间较长的操作应该提供取消功能。

(14) 与系统采用的保留字符冲突的要加以限制。

(15) 在读入用户所输入的信息时，根据需要选择是否去掉前后空格。

(16) 有些读入数据库的字段不支持中间有空格，但用户切实需要输入中间空格，这时要在程序中加以处理。

6. 美观与协调性

用户界面应该大小适合美学观点，感觉协调舒适，能在有效的范围内吸引用户注意力。

(1) 长宽接近黄金点比例，切忌长宽比例失调或宽度超过长度。

(2) 布局要合理，不宜过于密集，也不能过于空旷，应合理地利用空间。

(3) 按钮大小基本相近，忌用太长的名称，免得占用过多的界面位置。

(4) 按钮的大小要与界面的大小和空间要协调。

(5) 避免空旷的界面上放置很大的按钮。

(6) 放置完控件后界面不应有很大的空缺位置。

(7) 字体的大小要与界面的大小比例协调，通常使用的字体中宋体 9～12 号较为美观，很少使用超过 12 号的字体。

(8) 前景与背景色搭配合理协调，反差不宜太大，最好少用深色，如大红、大绿等。常用色考虑使用 Windows 界面色调。

(9) 如果使用其他颜色，主色调要柔和，具有亲和力，坚决杜绝太刺眼的颜色。

(10) 界面风格要保持一致，文字的大小、颜色、字体要相同，除非是需要艺术处理或有特殊要求的地方。

(11) 如果窗体支持最小化和最大化或放大时，窗体上的控件也要随着窗体而缩放；切忌只放大窗体而忽略控件的缩放。

(12) 通常父窗体支持缩放时，子窗体没有必要缩放。

(13) 如果能给用户提供自定义界面风格则更好，由用户自己选择颜色和字体等。

7. 独特性

如果一味地遵循业界的界面标准，则会丧失自己的个性，在整体上符合业界规范的情况下，设计具有自己独特风格的界面尤为重要，尤其在商业软件流通中有着很好的潜移默化的广告效用。

(1) 安装界面上应有单位介绍或产品介绍，并有自己的 Logo。

(2) 主界面以及大多数界面上要有公司 Logo。

(3) 登录界面上要有本产品的标志，同时包含公司 Logo。

(4) 帮助菜单的“关于”中应有版权和产品信息。

(5) 公司的系列产品要保持一直的界面风格，如背景色、字体、菜单排列方式、图标、安装过程和按钮用语等应该大体一致。

8. 菜单

菜单是界面上最重要的元素，菜单位置应按照按功能来进行组织。

(1) 菜单通常采用“常用—主要—次要—工具—帮助”的位置排列，符合流行的 Windows 风格。

(2) 常用的菜单有“文件”、“编辑”、“查看”等，几乎每个软件系统都有这些选项，当然需要根据不同的系统有所取舍。

(3) 下拉菜单要根据菜单选项的含义进行分组，并且按照一定的规则(例如使用频率、逻辑顺序、使用顺序)进行排列，用横线隔开。

(4) 一组菜单的使用有先后要求或有向导作用时,应该按先后次序排列。

(5) 没有顺序要求的菜单项按使用频率和重要性排列,常用的放在开头,不常用的靠后放置;重要的放在开头,次要的放在后边。

(6) 如果菜单选项较多,应该采用加长菜单的长度而减少深度的原则排列。

(7) 菜单深度一般要求最多控制在三层以内。

(8) 常用的菜单要有快捷命令方式。

(9) 对于与当前进行的操作无关的菜单要使用屏蔽方式加以处理,如果采用动态加载方式,即只有需要的菜单才显示。

(10) 菜单前的图标不宜太大,与字体高度保持一致为好。

(11) 主菜单的宽度要接近,字数不应多于四个,每个菜单的字数能相同最好。

(12) 主菜单数目不应太多,最好为单排布置。

(13) 系统的菜单条应显示在合适的语境中。

(14) 应用程序的菜单条应显示系统相关的特性(如时钟显示)。

(15) 下拉式操作应能正确工作。

(16) 菜单、调色板和工具条应工作正确。

(17) 适当地列出了所有的菜单功能和下拉式子功能。

(18) 可以通过鼠标访问所有的菜单功能。

(19) 菜单的文本字体、大小和格式应合适,相同功能按钮的图标和文字应一致。

(20) 能够用其他的文本命令激活每个菜单功能。

(21) 菜单功能可以随当前的窗口操作加亮或变灰。

(22) 菜单功能应能全部正确执行。

(23) 菜单标题要简明且有意义,菜单名称应具有解释性。

(24) 菜单项应有帮助,且与语境相关。

(25) 光标、处理指示器和识别指针能够随操作恰当地改变。

(26) 右键快捷菜单应采用与菜单相同的准则。

(27) 各级菜单显示格式和操作方式应一致。

9. 鼠标操作

用户操作几乎离不开鼠标,必须对鼠标的准确性和灵活性进行测试。

(1) 在整个交互式语境中,应能够识别鼠标操作。

(2) 如果要求多次单击鼠标,应能够在语境中正确识别。

(3) 如果鼠标有多个按钮,应能够在语境中正确识别。

(4) 光标和鼠标指针能够随操作恰当地改变。

(5) 对于窗口中相同种类的元素应采用相同的操作予以激活。

(6) 鼠标无规则单击时不会产生无法预料的结果。

(7) 右击时可以顺畅地弹出菜单,取消操作则可以顺畅地隐藏快捷菜单。

(8) 建议用沙漏形状表示系统正忙,用手形表示可以单击。

10. 快捷方式

在菜单及按钮中使用快捷键可以让喜欢使用键盘的用户操作得更快一些。软件系统中常见的快捷方式如表4-1所示。这些快捷键也可以作为开发中文应用软件的标准，但亦可使用汉语拼音的开头字母。

表4-1 软件系统中常见的快捷方式

快捷键	功能说明	快捷键	功能说明	快捷键	功能说明	快捷键	功能说明
Ctrl+N	新建	Ctrl+Z	撤销	Alt+E	编辑	Alt+D	删除
Ctrl+S	保存	Ctrl+Y	恢复	Alt+T	工具	Alt+A	添加
Ctrl+O	打开	Ctrl+P	打印	Alt+W	窗口	Alt+E	编辑
Ctrl+I	插入	Ctrl+W	关闭	Alt+H	帮助	Alt+B	浏览
Ctrl+A	全选	Ctrl+F4	关闭	Alt+F4	结束	Alt+R	读
Ctrl+C	复制	Ctrl+F	查找	Alt+Y	确定	Alt+W	写
Ctrl+V	粘贴	Ctrl+H	替换	Alt+C	取消	Alt+Tab	下一应用
Ctrl+X	剪切	Ctrl+G	定位	Alt+N	否	Ctrl+Tab	下一分页窗口或反序浏览同一页面控件
Ctrl+D	删除	Alt+F	文件	Alt+Q	退出		
Enter	默认按钮/确认操作	Esc	取消按钮/取消操作	Shift+F1	上下文相关帮助		

11. 帮助

系统应该提供详尽而可靠的帮助文档，在用户使用中产生迷惑时可以自己寻求解决方法。

(1) 帮助文档中的性能介绍和说明要与系统性能配套一致。

(2) 新系统打包时，对作了修改的地方在帮助文档中要做相应的修改。

(3) 操作时要提供及时调用系统帮助的功能，常用的快捷键为F1。

(4) 在界面上调用帮助系统时应该能够及时定位到与该操作相对的帮助位置，也就是说帮助要有即时针对性。

(5) 最好提供目前流行的联机帮助格式或HTML帮助格式。

(6) 用户可以使用关键词在帮助索引中搜索所要的帮助，当然也应该提供帮助主题词。

(7) 如果没有提供书面的帮助文档，最好提供打印帮助的功能。

(8) 在帮助中应该提供技术支持方式，一旦用户难以自己解决，可以方便地寻求新的帮助方式。

12. 多窗口的应用与系统资源

设计良好的软件不仅要有完备的功能，而且要尽可能地占用最低限度的资源。

(1) 在多窗口系统中，有些界面要求必须保持在最顶层，避免用户在打开多个窗口时，不停地切换甚至最小化其他窗口来显示该窗口。

(2) 在主界面载入完毕后自动释放出内存，让出所占用的Windows系统资源。

(3) 关闭所有窗体，系统退出后要释放所占的所有系统资源，除非是需要后台运行的系统。

(4) 尽量防止对系统的独占使用。

(5) 窗口应能够基于相关的输入或菜单命令适当地打开。

(6) 窗口应允许用户改变其大小或进行移动和滚动操作。

(7) 窗口中的数据内容应能够使用鼠标、功能键、方向箭头和键盘操作。

(8) 当窗口被覆盖并重调用后,窗口能够正确地再生。

(9) 需要时能够使用所有窗口相关的功能。

(10) 所有窗口相关的功能必须是可操作的。

(11) 相关的下拉式菜单、工具条、滚动条、对话框、按钮、图标和其他控件应适时正确显示并且能被正常调用。

(12) 多个窗口叠加显示时,窗口的名称显示正确。

(13) 活动窗口应被适当地加亮。

(14) 如果使用多任务,所有的窗口都应被实时更新。

(15) 多次或不正确按鼠标键,不应导致无法预料的副作用。

(16) 窗口的声音、颜色提示和窗口的操作顺序应符合相关需求。

(17) 窗口能够正确地关闭。

(18) 多窗口的切换响应时间是否过长。如果切换时间过长就会使用户出现意外的焦躁情绪,而响应时间过短有时会造成用户操作节奏加快,从而导致用户操作错误。

【模板预览】

4.7 软件项目的编码实现与单元测试阶段的主要文档

软件项目的编码实现与单元测试阶段的主要文档包括《程序设计报告》和《单元测试报告》等。

4.7.1 程序设计报告模板

软件系统程序设计阶段应及时书写程序设计报告,程序设计报告是对系统程序设计过程的总结。为系统调试和系统维护工作提供了依据,可以避免因程序设计人员的调动而造成系统维护工作的困难。程序设计报告参考模板如下所示。

程序设计报告

1 概述

1.1 程序设计的工具

1.2 程序设计的环境配置

2 系统程序模块的组成及总体结构描述

3 模块程序中采用的算法及其描述

4 各程序流程及其描述

5 系统各模块程序的源代码清单

6 程序注释说明

4.7.2 单元测试报告模板

单元测试是指对软件中的最小可测试单元进行检查和验证。对于单元测试中单元的含义，一般来说，要根据实际情况去判定其具体含义，如C语言中单元指一个函数，Java里单元指一个类，图形化的软件中可以指一个窗口或一个菜单等。总的来说，单元就是人为规定的最小的被测功能模块。单元测试是在软件开发过程中要进行的最低级别的测试活动，软件的独立单元将在与程序的其他部分相隔离的情况下进行测试。单元测试报告参考模板如下所示。

单元测试报告

1 概述
1.1 单元测试的目的
1.2 单元测试的背景
1.3 单元测试的所需文档
2 测试时间及人员
3 环境配置
4 单元测试项目
4.1 模块接口测试
4.2 局部数据结构测试
4.3 路径测试
4.4 边界条件测试
4.5 错误处理测试
4.6 代码书写规范测试
5 发现问题
6 差异
7 测试评价与总结
7.1 测试覆盖率
7.2 检查记录

【项目实战】

任务描述：人力资源管理系统的系统分析完成后，即进入功能模块的编码和调试阶段，一般在编码实现的同时要进行单元测试。

任务4-1 人力资源管理系统公共类与公共方法的创建

1. 创建人力资源管理系统的数据库

在Microsoft Access 2010中创建一个数据库，将其命名为HRdata。该数据库包括“基础数据”、“单位信息”、“用户”、“部门”、“职员”等多个数据表，这些数据表将本单元的各个任务中分别创建。

2. 创建应用程序解决方案和应用程序项目

本书使用Microsoft Visual Studio.NET 2008作为系统开发工具。

(1) 启动Microsoft Visual Studio.NET 2008，显示系统的集成开发环境。

(2) 新建一个空白解决方案。

在Microsoft Visual Studio集成开发环境中，单击选择菜单命令【文件】→【新建】→【项目】，将弹出【新建项目】对话框。在【新建项目】对话框左侧的【项目类型】中选择Visual C#，右侧的模板选择“Windows 窗体应用程序”,【名称】文本框中输入 HRUI,【解决方案名称】文本框中输入 HRMis,设置合适的保存位置,如图 4-1 所示,然后单击【确定】按钮,就完成了解决方案的创建,同时创建了 1 个应用程序项目。

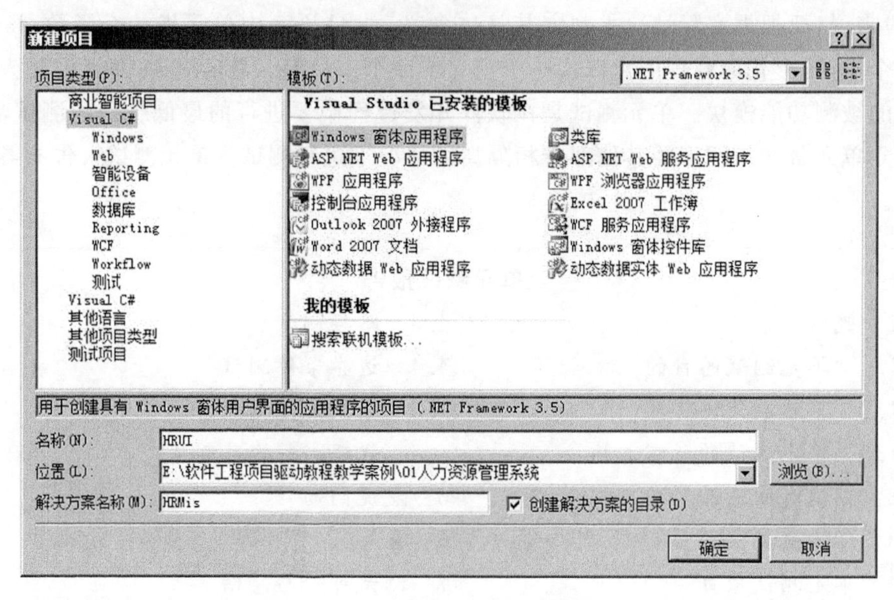

图 4-1 【新建项目】对话框

3. 创建业务处理项目

由于人力资源管理系统需要频繁访问数据库,将常用的数据库访问和操作以类库形式进行封装,这样,需要进行数据库访问和操作时,只需要调用相应的类库就可以了,既提高了开发效率,又可以减少错误。

在【解决方案资源管理器】中右击【解决方案“HRMis”(1 个项目)】,在弹出的快捷菜单中单击菜单命令【添加】→【新建项目】,如图 4-2 所示。在【添加新项目】对话框中,在左侧的【项目类型】中选择 Visual C#,右侧的【模板】选择“类库”,在【名称】文本框中输入 HRApp。然后单击【确定】按钮,就完成了新项目的创建。

4. 创建数据库访问项目

按照创建业务处理项目的操作方法,创建 1 个数据库访问项目,将其命名为 HRDB。

添加了 3 个项目的【解决方案资源管理器】,如图 4-3 所示,各个项目中保留了系统自动添加的类文件 Class1.cs 或窗体 Form1.cs。这样分层创建多个项目,我们将数据库访问类、业务处理类和界面应用程序项目分别放置在不同的文件夹中,而解决方案文件则放在这些文件夹之外,这样有利于文件的管理,便于维护。

5. 创建数据库操作类 HRDBClass 及公用方法

根据数据库操作类模型创建数据库操作类(HRDBClass),数据库操作类(HRDBClass)各个公用成员的功能如表 4-2 所示。

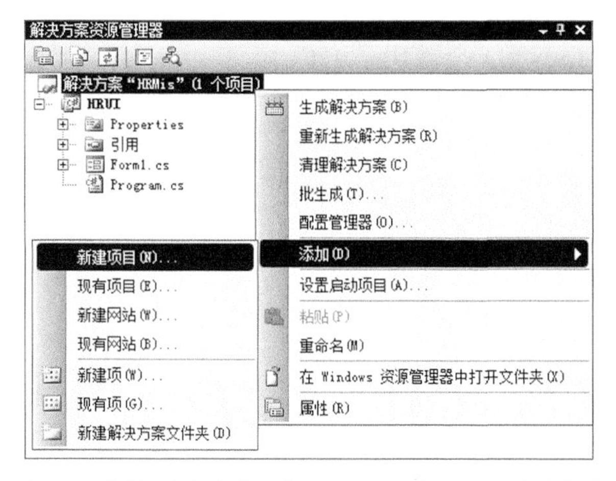

图 4-2　在【解决方案资源管理器】中新建项目的快捷菜单

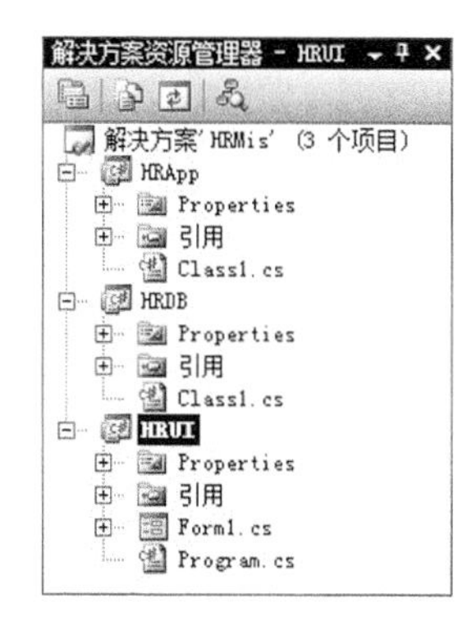

图 4-3　添加了 3 个项目的【解决方案资源管理器】窗口

表 4-2　HRDBClass 类各个公用成员的功能

成员名称	成员类型	功 能 说 明
conn	变量	数据库连接对象
openConnection	方法	创建数据库连接对象,打开数据库连接
closeConnection	方法	关闭数据库连接
getDataBySQL	方法	根据传入的 SQL 语句生成相应的数据表,该方法的参数是 SQL 语句
updateDataTable	方法	根据传入的 SQL 语句更新相应的数据表,更新包括数据表的增加、修改和删除

将项目 HRDB 中系统自动生成的类 Class1.cs 重命名为 HRDBClass.cs。双击类文件 HRDBClass.cs,打开代码编辑器窗口,在该窗口中编写程序代码。

(1) 引入命名空间

由于数据库操作类中需要使用多个数据库访问类和 MessageBox 类,所以首先应引入对应的命名空间,代码如下所示。

```
using System.Windows.Forms;
using System.Data;
using System.Data.OleDb;
```

(2) 声明数据库连接对象

数据库连接对象 conn 在类 HRDBClass 的多个方法中需要使用,所以将其定义为窗体级局部变量,代码如下所示。

```
OleDbConnection conn;
```

(3) 编写方法 openConnection 的程序代码

方法 openConnection 的程序代码如表 4-3 所示。

表 4-3　方法 openConnection 的程序代码

行　　号	代　　码
01	private void openConnection()
02	{
03	string strConn ="Provider=Microsoft.Jet.OLEDB.4.0;"
04	+" Data Source=" +Application.StartupPath.Substring(0,
05	Application.StartupPath.Length -14)
06	+@"data\HRdata.mdb";
07	conn =new OleDbConnection(strConn);
08	if (conn.State ==ConnectionState.Closed)
09	{
10	conn.Open();
11	}
12	}

(4) 编写方法 closeConnection 的程序代码

方法 closeConnection 的程序代码如表 4-4 所示。

表 4-4　方法 closeConnection 的程序代码

行　　号	代　　码
01	private void closeConnection()
02	{
03	if (conn.State ==ConnectionState.Open)
04	{
05	conn.Close();
06	}
07	}

(5) 编写方法 getDataBySQL 的程序代码

方法 getDataBySQL 的程序代码如表 4-5 所示。

表 4-5　方法 getDataBySQL 的程序代码

行　　号	代　　码
01	public DataTable getDataBySQL(string strComm)
02	{
03	OleDbDataAdapter adapterOleDb;
04	DataSet ds =new DataSet();
05	try
06	{
07	openConnection();
08	adapterOleDb =new OleDbDataAdapter(strComm,conn);
09	adapterOleDb.Fill(ds,"table01");
10	closeConnection();

续表

行　　号	代　　码
11	return ds.Tables[0];
12	}
13	catch (Exception ex)
14	{
15	MessageBox.Show("创建数据表发生异常!异常原因: "
16	+ex.Message,"错误提示信息",
17	MessageBoxButtons.OK,MessageBoxIcon.Error);
18	}
19	return null;
20	}

（6）编写方法 updateDataTable 的程序代码

方法 updateDataTable 的程序代码如表 4-6 所示。

表 4-6　方法 updateDataTable 的程序代码

行　　号	代　　码
01	public bool updateDataTable(string strComm)
02	{
03	try
04	{
05	OleDbCommand comm;
06	openConnection();
07	comm =new OleDbCommand(strComm,conn);
08	comm.ExecuteNonQuery();
09	closeConnection();
10	return true;
11	}
12	catch (Exception ex)
13	{
14	MessageBox.Show("更新数据失败!"+ex.Message,"提示信息");
15	return false;
16	}
17	}

任务 4-2　人力资源管理系统的“用户登录”模块设计与测试

1. 创建数据表

启动 Access 2010,打开数据库 HRdata,在其中创建“用户”数据表,命名为 UserLogin,该数据表的设计视图(数据表的结构数据)如图 4-4 所示,其记录数据如图 4-5 所示。

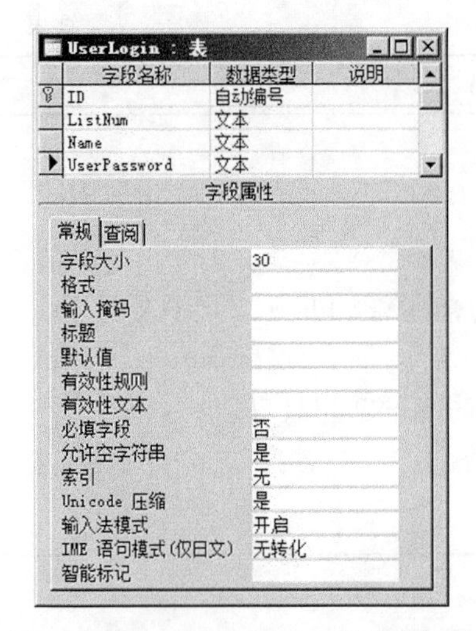

图 4-4　数据表 UserLogin 的设计视图

UserLogin : 表

ID	ListNum	Name	UserPassword
1	001	admin	123456
2	002	李柏	123456
3	003	荣卫	888
4	004	肖建华	666

记录: 1 共有记录数: 6

图 4-5　数据表 UserLogin 中的记录

2. 创建业务处理类 HRUserClass

(1) 业务处理类 HRUserClass 成员的说明

根据业务处理类的模型创建业务处理类 HRUserClass,业务处理类 HRUserClass 各个成员及其功能如表 4-7 所示。

表 4-7　HRUserClass 类各个成员及其功能

成员名称	成员类型	功能说明
objHRDB	变量	HRDB 类库中 HRDBClass 类的对象
getUserName	方法	获取数据表 UserLogin 中所有的用户名称
getUserInfo	方法	根据检索条件获取相应的用户数据。该方法有两种重载形式,第一种形式包含 2 个参数,用于获取指定"用户名"和"密码"的用户数据;第二种形式包含 1 个参数,用于获取指定"用户名"的用户数据
getUserInfoAll	方法	获取数据表 UserLogin 中所有的用户数据
getUserInfoByListNum	方法	根据指定的用户编号获取数据表 UserLogin 中的用户数据
userAdd	方法	新增用户
userInfoEdit	方法	修改用户数据
userDataDelete	方法	删除用户
editPassword	方法	更改用户密码

(2) 添加引用

在业务处理类 HRUserClass 中需要使用 HRDB 类库中 HRDBClass 类中所定义的方法,必须将类库 HRDB 添加到类库 HRApp 的引用中。

在【解决方案资源管理器】中,在类库名称 HRApp 位置右击,在弹出的快捷菜单中选择菜单命令【添加引用】,打开【添加引用】对话框,在该对话框中选择【项目】选项卡,这时前面所创建的类库已经自动显示在项目列表中。单击选择类库 HRDB,如图 4-6 所示,然后单击【确定】按钮即可。这样在 HRApp 类库中的各个类中就可以直接使用 HRDB 类库中的资源。

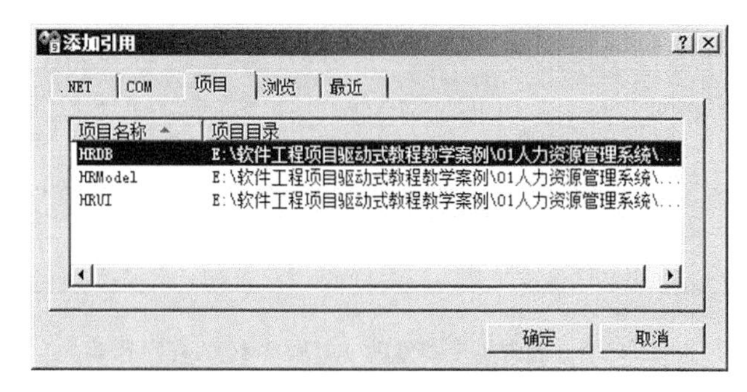

图 4-6　【添加引用】对话框

(3) 添加类

参照任务 4-1 中介绍的方法,在 HRApp 类库中添加一个类 HRUserClass.cs。

(4) 业务处理类 HRUserClass 成员的代码编写

双击类文件 HRUserClass.cs,打开代码编辑器窗口,在该窗口中编写程序代码。

① 引入命名空间

首先应引入所需的命名空间,代码如下所示。

```
using System.Data;
using System.Windows.Forms;
```

② 声明 HRDB 类库中 HRDBClass 类的对象

对象 objHRDB 在 HRUserClass 类的多个方法中需要使用,所以将其定义为窗体级局部变量,代码如下所示。

```
HRDB.HRDBClass objHRDB =new HRDB.HRDBClass();
```

③ 编写方法 getUserName 的程序代码

方法 getUserNamer 的程序代码如表 4-8 所示。

表 4-8　方法 getUserNamer 的程序代码

行　号	代　码
01	public DataTable getUserName()
02	{
03	string strComm;
04	strComm="Select Name From UserLogin ";
05	return objHRDB.getDataBySQL(strComm);
06	}

④ 编写方法 getUserInfo 的程序代码

方法 getUserInfo 有两种重载形式,其程序代码分别如表 4-9 和表 4-10 所示。

表 4-9 包含 2 个参数的 getUserInfo 的程序代码

行号	代码
01	`public DataTable getUserInfo(string userName,string password)`
02	`{`
03	`    string strComm;`
04	`    strComm="Select ListNum,Name,UserPassword "`
05	`        +" From UserLogin Where Name='"`
06	`        +userName +"' And UserPassword='" +password +"'";`
07	`    return objHRDB.getDataBySQL(strComm);`
08	`}`

表 4-10 包含 1 个参数的 getUserInfo 的程序代码

行号	代码
01	`public DataTable getUserInfo(string userName)`
02	`{`
03	`    string strComm;`
04	`    strComm="Select ListNum ,Name ,UserPassword "`
05	`        +" From UserLogin Where Name='" +userName +"'";`
06	`    return objHRDB.getDataBySQL(strComm);`
07	`}`

3. 设计“用户登录”界面

(1) 添加 Windows 窗体

在【解决方案资源管理器】中右击项目 HRUI,在弹出的快捷菜单中单击选择菜单命令【添加】→【添加 Windows 窗体】,打开【添加新项】对话框,从右侧的模板中选择“Windows 窗体”,在【名称】文本框中输入窗体的名称 frmUserLogin. cs,如图 4-7 所示,然后单击【添加】按钮,这样便新建一个 Windows 窗体,并自动打开窗体设计器。

图 4-7 添加 Windows 窗体的对话框

(2) 设计窗体外观

在窗体中添加 1 个 PictureBox 控件、2 个 Label 控件、1 个 ComboBox 控件、1 个 TextBox 控件和 2 个 Button 控件，调整各个控件的大小与位置，窗体的外观如图 4-8 所示。

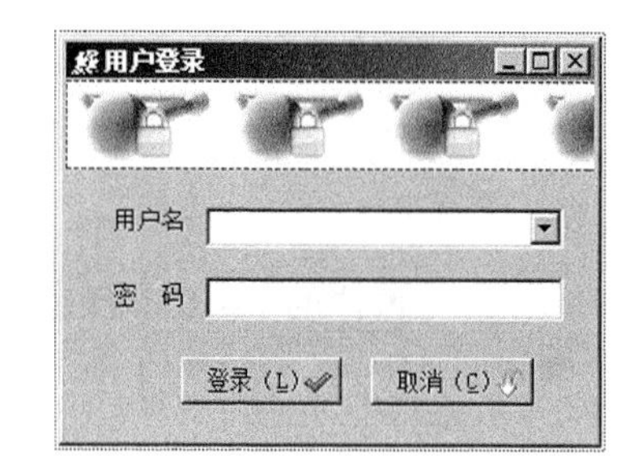

图 4-8 【用户登录】窗体的外观设计

(3) 设置窗体与控件的属性

【用户登录】窗体及控件的主要属性设置如表 4-11 所示。

表 4-11 【用户登录】窗体及控件的主要属性设置

窗体或控件类型	窗体或控件名称	属性名称	属性设置值
Form	frmUserLogin	AcceptButton	btnLogin
		CancelButton	btnCancel
		Icon	已有的 Ico 文件
		Text	用户登录
PictureBox	PictureBox1	Image	已有的图片
Label	lblUserName	AutoSize	True
		Text	用户名
		TextAlign	MiddleCenter
	lblPassword	AutoSize	True
		Text	密码
		TextAlign	MiddleCenter
ComboBox	cboUserName	FormattingEnabled	True
TextBox	txtPassword	PasswordChar	*
		Text	(空)
Button	btnLogin	Text	登录(&L)
		Image	已有的图片
		ImageAlign	MiddleRight
	btnCancel	Text	取消(&C)
		Image	已有的图片
		ImageAlign	MiddleRight

4. 编写【用户登录】窗体的程序代码

(1) 添加引用

在用户登录应用程序中需要使用 HRApp 类库的 HRUserClass 类中所定义的方法，必须将类库 HRApp 添加到类库 HRUI 的引用中。参照"2. 创建业务处理类 HRUserClass"中介绍的方法将类库 HRApp 添加到类库 HRUI 的引用中。

(2) 声明窗体级变量

声明 HRApp 类库中 HRUserClass 类的对象 objUser,代码如下所示。

```
HRApp.HRUserClass objUser =new HRApp.HRUserClass();
```

(3) 编写窗体的 Load 事件过程的程序代码

窗体 frmUserLogin 的 Load 事件过程的程序代码如表 4-12 所示。

表 4-12 窗体 frmUserLogin 的 Load 事件过程的程序代码

行 号	代 码
01	`private void frmUserLogin_Load(object sender,EventArgs e)`
02	`{`
03	`    DataTable dt;`
04	`    dt =objUser.getUserName();`
05	`    cboUserName.DataSource =dt;`
06	`    cboUserName.DisplayMember ="UserLogin.Name";`
07	`    cboUserName.ValueMember ="Name";`
08	`    cboUserName.SelectedIndex =-1;`
09	`}`

(4) 编写【登录】按钮 Click 事件过程的程序代码

【登录】按钮 Click 事件过程的程序代码如表 4-13 所示。

表 4-13 【登录】按钮 Click 事件过程的程序代码

行 号	代 码
01	`private void btnLogin_Click(object sender,EventArgs e)`
02	`{`
03	`    if (cboUserName.Text.Trim().Length ==0)`
04	`    {`
05	`        MessageBox.Show("用户名不能为空,请输入用户名!","提示信息");`
06	`        cboUserName.Focus();`
07	`        return;`
08	`    }`
09	`    DataTable dt =new DataTable();`
10	`    dt= objUser.getUserInfo(cboUserName.Text.Trim(),txtPassword.Text.Trim());`
11	`    if (dt.Rows.Count !=0)`
12	`    {`
13	`        if (MessageBox.Show("合法用户,登录成功!","提示信息",`
14	`            MessageBoxButtons.OKCancel,`
15	`            MessageBoxIcon.Information) ==DialogResult.OK)`
16	`        {`
17	`            frmMain.currentUserName =cboUserName.Text.Trim();`
18	`            this.DialogResult =DialogResult.OK;`
19	`        }`

续表

行　　号	代　　码
20	else
21	{
22	this.DialogResult =DialogResult.Cancel;
23	}
24	}
25	else
26	{
27	dt =objUser.getUserInfo(cboUserName.Text.Trim());
28	if (dt.Rows.Count ==0)
29	{
30	MessageBox.Show("用户名有误,请重新输入用户名!","提示信息");
31	cboUserName.Focus();
32	cboUserName.SelectedIndex =-1;
33	return;
34	}
35	else
36	{
37	MessageBox.Show("密码有误,请重新输入密码!","提示信息");
38	txtPassword.Focus();
39	txtPassword.Clear();
40	return;
41	}
42	}

(5) 编写【取消】按钮 Click 事件过程的程序代码

【取消】按钮 Click 事件过程的程序代码如表 4-14 所示。

表 4-14 【取消】按钮 Click 事件过程的程序代码

行　　号	代　　码
01	private void btnCancel_Click(object sender,EventArgs e)
02	{
03	if (MessageBox.Show("你真的不登录系统吗?","退出系统提示信息",
04	MessageBoxButtons. YesNo, MessageBoxIcon. Information) = = DialogResult.Yes)
05	{
06	Application.Exit();
07	}
08	}

5. 测试“用户登录”模块

1）设置启动项目和启动对象

（1）设置解决方案的启动项目

由于解决方案 HRMis 中包括 3 个项目，必须设置其中一个为启动项目。在【解决方案资源管理器】中右击【解决方案“HRMis”】，在弹出的快捷菜单中单击选择菜单命令【设置启动项目】，打开【解决方案“HRMis”属性页】，选择单选按钮【单启动项目】，然后在启动项目列表中选择项目 HRUI，如图 4-9 所示。单击【确定】按钮，这样就设置项目 HRUI 为启动项目，在【解决方案资源管理器】中启动项目名称并显示为粗体。

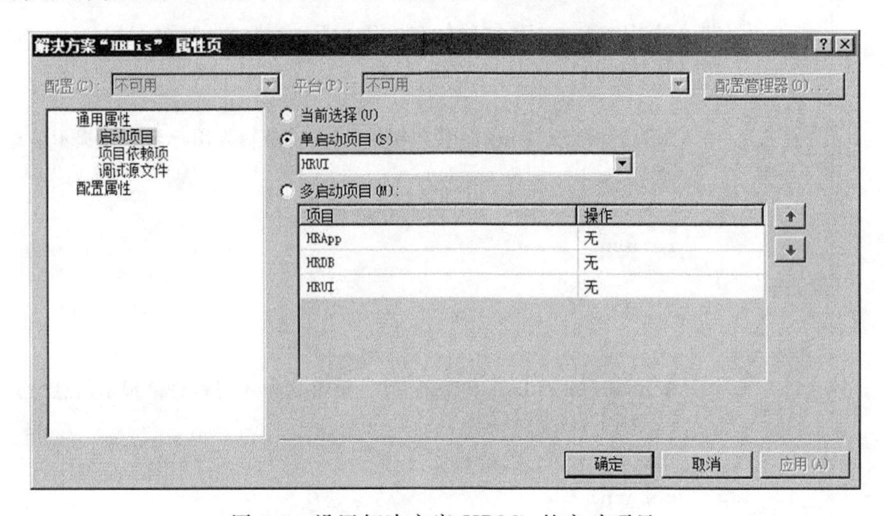

图 4-9　设置解决方案 HRMis 的启动项目

也可以在【解决方案资源管理器】中右击准备设置为启动项目的项目名称 HRUI，在弹出的快捷菜单中选择菜单命令【设为启动项目】即可。

（2）设置启动对象

解决方案的启动项目设置完成后，接下来设置启动项目中的启动对象。在【解决方案资源管理器】中右击项目 HRUI，在弹出的快捷菜单中选择菜单命令【属性】，打开 HRUI 属性页，在【应用程序】的【启动对象】列表中选择 HRUI. Program，如图 4-10 所示。然后在工具栏中单击【保存选定项】按钮即可。

打开文件 Program. cs，在 main 方法中修改启动窗体，代码如下所示。

```
Application.Run(new frmUserLogin());
```

2）界面测试

（1）测试内容：用户界面的视觉效果和易用性；控件状态、位置及内容确认。

（2）确认方法：目测，界面如图 4-11 所示。

（3）测试结论：合格。

3）功能测试

功能测试的目的是测试该窗体的功能要求是否能够实现，同时测试用户登录模块的容错能力。

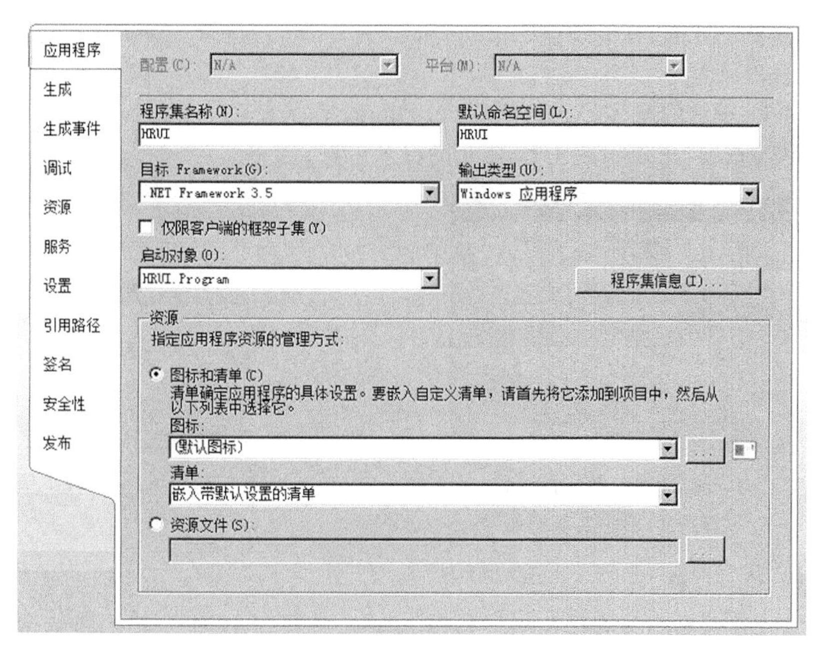

图 4-10　设置项目中的启动对象

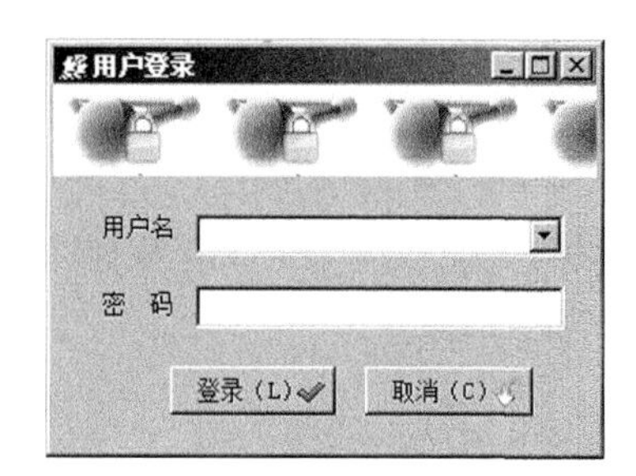

图 4-11　【用户登录】窗体运行的初始状态

① 准备测试用例

准备的测试用例如表 4-15 所示。

表 4-15　【用户登录】模块的测试用例

序号	测试数据		预期结果
	密码	用户名	
1	admin	123456	显示“合法用户,登录成功”的提示信息
2	(空)	(不限)	显示“用户名不能为空,请输入用户名”的提示信息
3	adminX	(不限)	显示“用户名有误,请重新输入用户名”的提示信息
4	admin	123	显示“密码有误,请重新输入密码”的提示信息

② 测试输入正确的用户名和密码时,单击【确定】按钮的动作

a. 测试内容：输入的用户名和密码都正确时,单击【确定】按钮时,能显示“合法用户,登录成功”的提示信息。

b. 确认方法：目测。

c. 测试过程。

在如图 4-11 所示的窗体中，选择用户名 admin、输入密码 123456，结果如图 4-12 所示，然后单击【确定】按钮，出现如图 4-13 所示的提示信息。

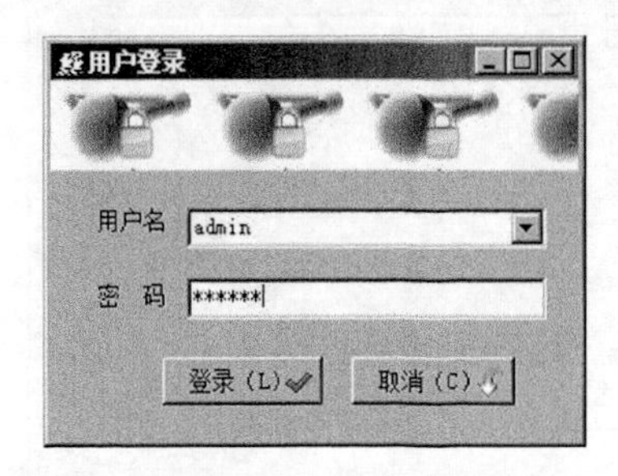

图 4-12　测试【用户登录】窗口中输入正确的用户名和密码

4-13　“登录成功”的提示信息

d. 测试结论：合格。

UserLogin 数据表中的确存在用户名为 admin、密码为 123456 的记录数据，UserLogin 数据表中现有的记录数据如图 4-5 所示。

③ 测试“用户名”为空时【确定】按钮的动作

a. 测试内容：“用户名”为空时，单击【确定】按钮，会出现提示信息。

b. 确认方法：目测。

c. 测试过程。

如图 4-11 所示，光标停在“用户名”文本框中，但没有选择 1 个“用户名”，此时单击【确定】按钮，出现如图 4-14 所示的提示信息。

d. 测试结论：合格。

④ 测试【用户名】有误时【确定】按钮的动作

a. 测试内容：在【用户名】文本框中输入 adminX 时，单击【确定】按钮时会出现提示信息。

b. 确认方法：目测。

c. 测试过程。

图 4-14　“用户名不能为空”的提示信息

在【用户名】文本框中输入 adminX，如图 4-15 所示。

从图 4-5 可以看出，目前 UserLogin 数据表中不存在 adminX 的用户名，也就是所输入的“用户名”有误，此时，单击【确定】按钮时会出现如图 4-16 所示的提示信息。

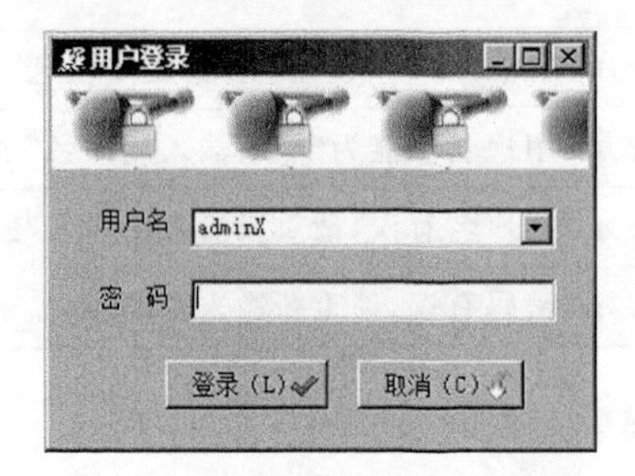

图 4-15　测试输入“用户登录”表中不存在的用户名的情况

图 4-16　“用户名有误”的提示信息

④ 测试结论：合格。

⑤ 测试【密码】为空或输入错误时【确定】按钮的动作

a. 测试内容：当【密码】为空或输入错误时，单击【确定】按钮会出现提示信息。

b. 确认方法：目测。

c. 测试过程。

在【用户名】文本框中输入正确的用户名 admin，在“密码”文本框中输入错误的密码 123，如图 4-17 所示，然后单击【确定】按钮，会出现如图 4-18 所示的提示信息。

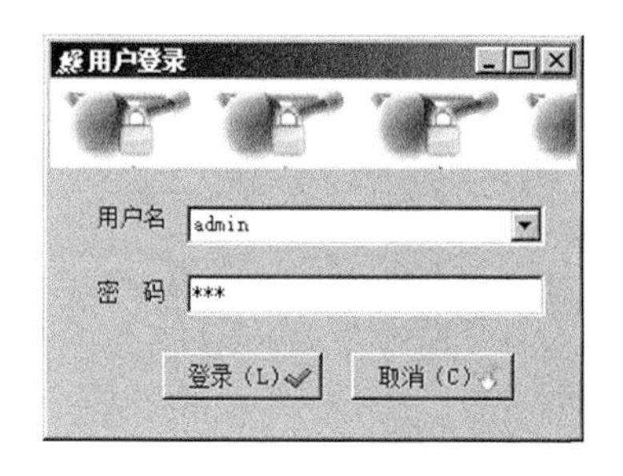

图 4-17　测试【用户登录】窗口中输入错误密码的情况

图 4-18　“密码有误”的提示信息

在【用户名】文本框中输入正确的用户名 admin，光标停在【密码】文本框中，但没有输入任何密码，然后单击【确定】按钮也会出现如图 4-18 所示的提示信息。

d. 测试结论：合格。

⑥ 测试【取消】按钮的有效性

a. 测试内容：单击【取消】按钮会出现提示信息。在【用户登录】窗口中单击【取消】按钮，出现如图 4-19 所示的【退出系统提示信息】提示对话框。

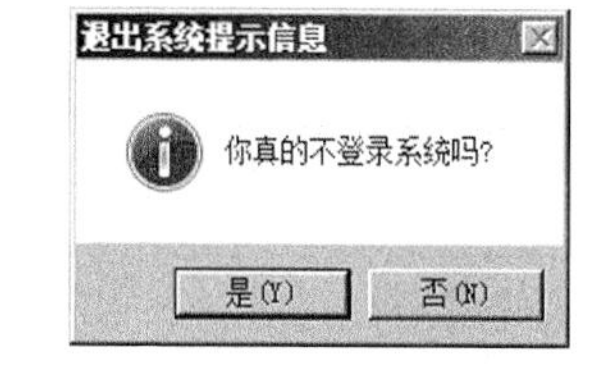

图 4-19　退出系统的提示信息

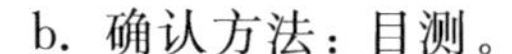

b. 确认方法：目测。

c. 测试结论：合格。

任务 4-3　人力资源管理系统的“单位信息设置”模块设计与测试

人力资源管理系统的“单位信息设置”模块设计思路如下：创建一个数据表 ComInfo，先在该数据表输入 1 条记录，用户使用人力资源管理系统时，只允许修改单位信息，不能新增单位信息和删除单位信息。

1. 创建数据表

启动 Access 2010，打开数据库 HRdata，在该数据库创建“单位信息”数据表，命名为 ComInfo，该数据表的记录数据如图 4-20 所示，设计视图(数据表的结构数据)如图 4-21 所示。

ComInfo : 表

ID	单位名称	法人代表	成立日期	联系电话	联系邮箱	单位地址	
1	明德学院	倪康	1972-08-08	13007337853	nikang@163.com	湖南株洲	明德学院有教职工300多人
(自动编号)							

记录: 1 共有记录数: 1

图 4-20　数据表 ComInfo 中的记录

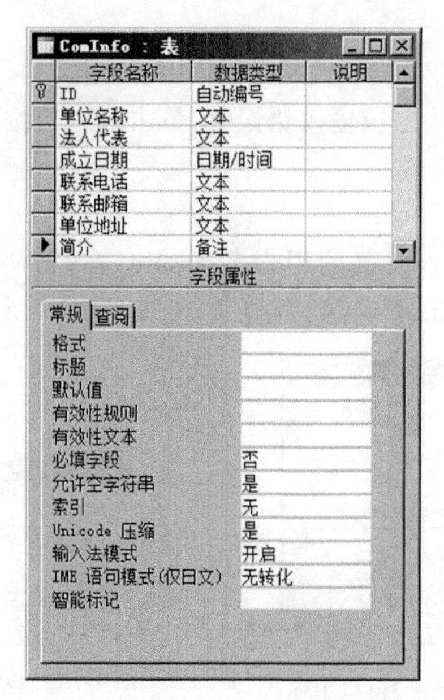

图 4-21　数据表 ComInfo 的设计视图

2. 创建业务处理类 HRCompanyClass

(1) 业务处理类 HRCompanyClass 成员的说明

业务处理类 HRCompanyClass 各个成员及其功能如表 4-16 所示。

表 4-16　HRCompanyClass 类的各个成员及其功能

成员名称	成员类型	功能说明
objHRDB	变量	HRDB 类库中 HRDBClass 类的对象
getCompanyInfo	方法	获取数据表 ComInfo 中的单位信息
saveCompanyEdit	方法	保存单位信息的修改

(2) 添加类

在 HRApp 类库中添加一个类 HRCompanyClass.cs。

(3) 业务处理类 HRCompanyClass 成员的代码编写

双击类文件 HRCompanyClass,打开代码编辑器窗口,在该窗口中编写程序代码。

① 引入命名空间

首先应引入所需的命名空间,代码如下所示。

```
using System.Data;
using System.Windows.Forms;
```

② 声明 HRDB 类库中 HRDBClass 类的对象

对象 objHRDB 在 HRCompanyClass 类的多个方法中需要使用,所以将其定义为窗体级局部变量,代码如下所示。

```
HRDB.HRDBClass objHRDB =new HRDB.HRDBClass();
```

③ 编写方法 getCompanyInfo 的程序代码

方法 getCompanyInfo 的程序代码如表 4-17 所示。

表 4-17　方法 getCompanyInfo 的程序代码

行　号	代　码
01	public DataTable getCompanyInfo()
02	{
03	string strComm;
04	strComm="Select ID,单位名称,法人代表,成立日期,"
05	+"联系电话,联系邮箱,单位地址,简介 From ComInfo ";
06	return objHRDB.getDataBySQL(strComm);
07	}

④ 编写方法 saveCompanyEdit 的程序代码

方法 saveCompanyEdit 的程序代码如表 4-18 所示。

表 4-18　方法 saveCompanyEdit 的程序代码

行　号	代　码
01	public bool saveCompanyEdit(string name,string controller,
02	DateTime date,string phone,string email,
03	string address,string summary,int companyID)
04	{
05	try
06	{
07	string strSql;
08	strSql="Update ComInfo Set";
09	strSql+="单位名称='"+name+"',";
10	strSql+="法人代表='"+controller+"',";
11	strSql+="成立日期='"+date+"',";
12	strSql+="联系电话='"+phone+"',";
13	strSql+="联系邮箱='"+email+"',";
14	strSql+="单位地址='"+address+"',";
15	strSql+="简介='"+summary+"'";
16	strSql+="Where ID="+companyID;
17	return objHRDB.updateDataTable(strSql);
18	}
19	catch (Exception)
20	{
21	MessageBox.Show("修改数据失败!","提示信息");
22	return false;
23	}
24	}

3. 设计【单位信息设置】界面

(1) 添加 Windows 窗体

在 HRUI 类库中添加一个新的 Windows 窗体 frmCompanyInfo。

(2) 设计窗体外观

在窗体中添加 1 个 GroupBox 控件、7 个 Label 控件、6 个 TextBox 控件、1 个 DataTimePicker 控件和 2 个 Button 控件，调整各个控件的大小与位置，窗体的外观如图 4-22 所示。

(3) 设置窗体与控件的属性

【单位信息设置】窗体及控件的主要属性设置如表 4-19 所示。

图 4-22 【单位信息设置】窗体的外观设计

表 4-19 【单位信息设置】窗体及控件的主要属性设置

窗体或控件类型	窗体或控件名称	属性名称	属性设置值
Form	frmCompanyInfo	ShowIcom	False
		Text	单位信息设置
GroupBox	groupBox1	Text	(空)
Label	lblName	Text	单位名称：
	lblController	Text	法人代表：
	lblPhone	Text	联系电话：
	lblAddress	Text	单位地址：
	lblSummary	Text	简介：
	lblDate	Text	成立日期：
	lblEmail	Text	联系邮箱：
TextBox	txtName	Text	(空)
	txtController	Text	(空)
	txtPhone	Text	(空)
	txtAddress	Text	(空)
	txtSummary	Text	(空)
		Multiline	True
	txtEmail	Text	(空)
DataTimePicker	dtpDate	ShowCheckBox	False
Button	btnOK	Text	确定
	btnCancel	Text	关闭

4. 编写【单位信息设置】窗体的程序代码

(1) 声明窗体级变量

各个窗体级变量的声明如表 4-20 所示，其中对象变量 objCompanyData 是 HRApp 类库中 HRCompanyClass 类的对象，companyID 用于存放单位的 ID。

表 4-20 frmCompanyInfo 窗体级变量的声明

行 号	代 码
01	`HRApp.HRCompanyClass objCompanyData =new HRApp.HRCompanyClass();`
02	`int companyID;`

(2) 编写【单位信息设置】窗体的 Load 事件过程的程序代码

【单位信息设置】窗体的 Load 事件过程的程序代码如表 4-21 所示。

表 4-21 【单位信息设置】窗体的 Load 事件过程的程序代码

行 号	代 码
01	`private void frmCompanyInfo_Load(object sender,EventArgs e)`
02	`{`
03	`    DataTable dt=new DataTable();`
04	`    dt=objCompanyData.getCompanyInfo();`
05	`    txtName.Text=dt.Rows[0][1].ToString();`
06	`    txtController.Text=dt.Rows[0][2].ToString();`
07	`    dtpDate.Text=dt.Rows[0][3].ToString();`
08	`    txtPhone.Text=dt.Rows[0][4].ToString();`
09	`    txtEmail.Text=dt.Rows[0][5].ToString();`
10	`    txtAddress.Text=dt.Rows[0][6].ToString();`
11	`    txtSummary.Text=dt.Rows[0][7].ToString();`
12	`    companyID=int.Parse(dt.Rows[0][0].ToString());`
13	`}`

(3) 编写【确定】按钮的 Click 事件过程的程序代码

【确定】按钮的 Click 事件过程的程序代码如表 4-22 所示。

表 4-22 【确定】按钮的 Click 事件过程的程序代码

行 号	代 码
01	`private void btnOK_Click(object sender,EventArgs e)`
02	`{`
03	`    string name=txtName.Text.Trim();`
04	`    string controller=txtController.Text.Trim();`
05	`    DateTime date=dtpDate.Value;`
06	`    string phone=txtPhone.Text.Trim();`
07	`    string email=txtEmail.Text.Trim();`
08	`    string address=txtAddress.Text.Trim();`
09	`    string summary=txtSummary.Text.Trim();`

续表

行　号	代　码
10	`    if (objCompanyData.saveCompanyEdit(name,controller,`
11	`        date,phone,email,address,summary,companyID))`
12	`    {`
13	`        MessageBox.Show("更新数据成功！","提示信息");`
14	`    }`
15	`    else`
16	`    {`
17	`        MessageBox.Show("更新数据失败！","提示信息");`
18	`    }`
19	`}`

5. 测试"单位信息设置"程序

(1) 设置启动项目和启动对象

① 设置解决方案的启动项目

将 HRUI 设为启动项目。

② 设置启动对象

将 frmCompanyInfo 窗体设置为启动对象。

(2) 用户界面测试

【单位信息设置】界面如图 4-23 所示，参照用户界面测试的基本原则和常见规范，根据表 4-23所示的测试项目和测试方法逐项进行测试。

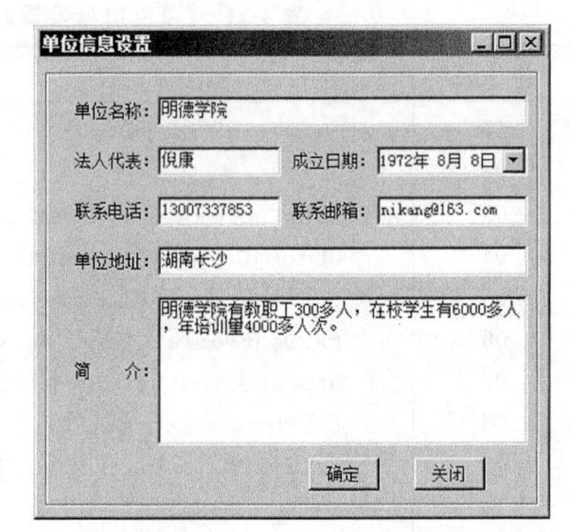

图 4-23 【单位信息设置】窗体运行的初始状态

测试结果见表 4-23 中的第 5 列。

表 4-23 【单位信息设置】窗体的界面测试用例和测试结果

测试用例				测试结果
用例编号	测试项目	测试方法	预期结果	
Test01	界面中元素的文字、颜色等信息是否与功能一致	目测	合格	合格
Test02	窗口按钮的位置和对齐方式是否一致	目测	合格	合格
Test03	按钮的大小与界面的大小和空间是否协调	目测	合格	合格
Test04	前景与背景颜色搭配是否合理协调	目测	合格	合格
Test05	窗口按钮的布局是否合理	目测	合格	合格
Test06	窗口按钮大小是否合适	目测	合格	合格
Test07	窗口是否正确地关闭	关闭操作	合格	合格
Test08	窗口是否支持最小化操作	最小化操作	合格	合格
Test09	在窗口中按 Tab 键，移动聚焦是否按顺序进行	按 Tab 键	合格	合格

续表

测 试 用 例				测 试 结 果
用例编号	测 试 项 目	测试方法	预期结果	
Test10	窗口中每一个按钮是否都可以正确操作且有效	单击操作	合格	合格
Test11	在整个交互式语境中，是否可以识别鼠标操作	单击	合格	合格
Test12	鼠标无规则单击时是否会产生无法预料的结果	单击	合格	合格

(3) 功能测试

功能测试的目的是测试该窗体的功能要求是否能够实现，同时测试【单位信息设置】窗体的容错能力。

① 测试内容：修改单位信息。

② 确认方法：目测。

③ 测试过程。

在【单位信息设置】窗口中将“单位地址”修改为“湖南株洲”，然后单击【确定】按钮，弹出如图 4-24 所示的【提示信息】对话框，在该对话框中单击【确定】按钮即可。

提示信息

更新数据成功！

确定

图 4-24　“更新数据成功”的提示信息

任务 4-4　人力资源管理系统的“基本信息设置”模块设计与测试

人力资源管理系统的“基本信息设置”模块设计思路如下：创建一个数据表 BaseData，事先将系统所需的常用基本信息存入该数据表中，用户使用人力资源管理系统时，可以新增或修改民族、职称、职务、学历、婚姻状况等基本信息，但无法新增或修改基本信息的类别。

1. 创建数据表

启动 Access 2010，打开数据库 HRdata，在该数据库创建“基本信息”数据表，命名为 BaseData，该数据表的设计视图（数据表的结构数据）如图 4-25 所示，其记录数据如图 4-26 所示。

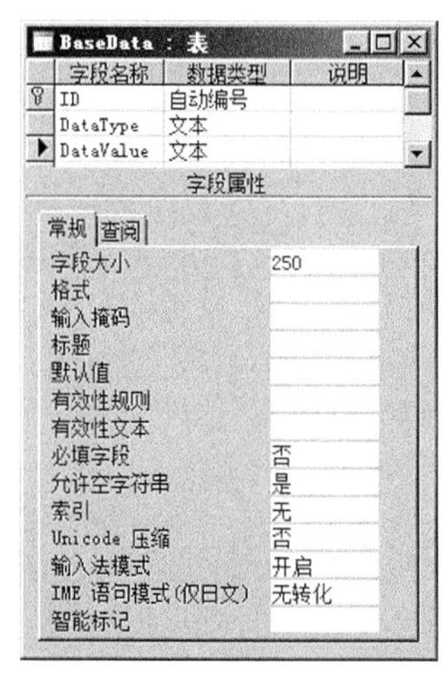

图 4-25　数据表 BaseData 的设计视图

BaseData : 表

ID	DataType	DataValue
1	mz	汉族
2	mz	蒙古族
3	mz	回族
4	mz	藏族
5	mz	维吾尔族
6	mz	苗族
7	mz	彝族
8	mz	壮族
9	mz	布依族
10	mz	朝鲜族
11	mz	满族
12	mz	侗族
13	mz	瑶族
14	mz	白族
15	mz	土家族
16	mz	哈尼族
17	mz	哈萨克族
18	mz	傣族
19	mz	黎族
20	mz	傈僳族

记录：21 共有记

图 4-26　数据表 BaseData 中的部分记录

2. 创建业务处理类 HRBaseDataClass

(1) 业务处理类 HRBaseDataClass 成员的说明

业务处理类 HRBaseDataClass 各个成员及其功能如表 4-24 所示。

表 4-24 HRBaseDataClass 类各个成员及其功能

成员名称	成员类型	功 能 说 明
objHRDB	变量	HRDB 类库中 HRDBClass 类的对象
getBaseData	方法	根据基本信息类别获取数据表 BaseData 中对应类别的数据
baseDataAdd	方法	新增基本信息
baseDataEdit	方法	修改基本信息
baseDataDelete	方法	删除基本信息

(2) 添加类

在 HRApp 类库中添加一个类 HRBaseDataClass. cs。

(3) 业务处理类 HRBaseDataClass 成员的代码编写

双击类文件 HRBaseDataClass,打开代码编辑器窗口,在该窗口中编写程序代码。

① 引入命名空间

首先应引入所需的命名空间,代码如下所示。

```
using System.Data;
using System.Windows.Forms;
```

② 声明 HRDB 类库中 HRDBClass 类的对象

对象 objHRDB 在 HRBaseDataClass 类的多个方法中需要使用,所以将其定义为窗体级局部变量,代码如下所示。

```
HRDB.HRDBClass objHRDB=new HRDB.HRDBClass();
```

③ 编写方法 getBaseData 的程序代码

方法 getBaseData 的程序代码如表 4-25 所示。

表 4-25 方法 getBaseData 的程序代码

行 号	代 码
01	`public DataTable getBaseData(string typeValue,string titleName)`
02	`{`
03	`    string strComm;`
04	`    strComm="Select ID,DataValue As " +titleName`
05	`            +" From BaseData Where DataType='"`
06	`            +typeValue +"' Order By ID";`
07	`    return objHRDB.getDataBySQL(strComm);`
08	`}`

④ 编写方法 baseDataAdd 的程序代码

方法 baseDataAdd 的程序代码如表 4-26 所示。

表 4-26　方法 baseDataAdd 的程序代码

行　号	代　码
01	`public bool baseDataAdd(string dataType,string dataValue)`
02	`{`
03	`    string strInsertComm;`
04	`    strInsertComm="Insert Into BaseData(DataType,DataValue) Values('"`
05	`                  +dataType +"','" +dataValue +"')";`
06	`    return objHRDB.updateDataTable(strInsertComm);`
07	`}`

⑤ 编写方法 baseDataEdit 的程序代码

方法 baseDataEdit 的程序代码如表 4-27 所示。

表 4-27　方法 baseDataEdit 的程序代码

行　号	代　码
01	`public bool baseDataEdit(string dataType,string dataValue,int dataID)`
02	`{`
03	`    string strEditComm;`
04	`    strEditComm="Update BaseData Set DataType='"`
05	`                +dataType +"'," +" DataValue='" +dataValue`
06	`                +"'" +" Where ID=" +dataID;`
07	`    return objHRDB.updateDataTable(strEditComm);`
08	`}`

⑥ 编写方法 baseDataDelete 的程序代码

方法 baseDataDelete 的程序代码如表 4-28 所示。

表 4-28　方法 baseDataDelete 的程序代码

行　号	代　码
01	`public bool baseDataDelete(int dataID)`
02	`{`
03	`    string strDeleteComm;`
04	`    strDeleteComm="Delete From BaseData Where ID=" +dataID;`
05	`    return objHRDB.updateDataTable(strDeleteComm);`
06	`}`

3. 设计【基本信息设置】界面

(1) 添加 Windows 窗体

在 HRUI 类库中添加一个新的 Windows 窗体 frmBaseDataManage。

(2) 设计窗体外观

在窗体中添加 1 个 SplitContainer 控件、1 个 ListBox 控件、1 个 DataGridView 控件和

1 个 ToolStrip 控件，其中 ToolStrip 控件包括 4 个按钮，调整各个控件的大小与位置，窗体的外观如图 4-27 所示。

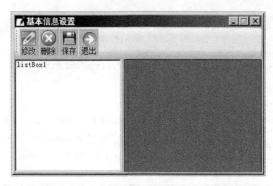

图 4-27 【基本信息设置】窗体的外观设计

(3) 设置窗体与控件的属性

【基本信息设置】窗体及控件的主要属性设置如表 4-29 所示。

表 4-29 【基本信息设置】窗体及控件的主要属性设置

窗体或控件类型	窗体或控件名称	属性名称	属性设置值
Form	frmBaseDataManage	Icon	已有的 ico 图片
		MaximizeBox	False
		Text	基本信息设置
SplitContainer	splitContainer1	Cursor	SizeWE
ListBox	listBox1	Cursor	Hand
		Dock	Fill
DataGridView	dataGridView1	Cursor	Default
		Dock	Fill
ToolStrip	toolStrip1	RenderMode	System
ToolStripButton	tsbEdit	Text	修改
	tsbDelete	Text	删除
	tsbSave	Text	保存
	tsbExit	Text	退出

4. 编写【基本信息设置】窗体的程序代码

(1) 声明窗体级变量

各个窗体级变量的声明如表 4-30 所示，其中对象变量 objBaseData 是 HRApp 类库中 HRBaseDataClass 类的对象，selectID 用于存放 ListBox 控件的 SelectedIndex 值，dataType 用于存储基本信息类别。

表 4-30　窗体级变量的声明

行　　号	代　　码
01	HRApp.HRBaseDataClass objBaseData=new HRApp.HRBaseDataClass();
02	DataTable dt=new DataTable();
03	int selectID;
04	string dataType;

(2) 编写【基本信息设置】窗体的 Load 事件过程的程序代码

【基本信息设置】窗体的 Load 事件过程的程序代码如表 4-31 所示。

表 4-31　【基本信息设置】窗体的 Load 事件过程的程序代码

行　　号	代　　码
01	private void frmBaseDataManage_Load(object sender,EventArgs e)
02	{
03	listBox1.Items.Add("民族");
04	listBox1.Items.Add("政治面貌");
05	listBox1.Items.Add("婚姻状况");
06	listBox1.Items.Add("行政级别");
07	listBox1.Items.Add("职务");
08	listBox1.Items.Add("职称");
09	listBox1.Items.Add("学历");
10	listBox1.Items.Add("专业");
11	listBox1.Items.Add("发卡银行");
12	listBox1.Items.Add("保险办理");
13	listBox1.Items.Add("电脑水平");
14	listBox1.Items.Add("离职类别");
15	listBox1.Items.Add("外语语种");
16	listBox1.Items.Add("外语水平");
17	listBox1.Items.Add("岗位工种");
18	listBox1.Items.Add("用工形式");
19	listBox1.Items.Add("工资等级");
20	listBox1.Items.Add("在职状态");
21	dataGridView1.AllowUserToAddRows=false;
22	dataGridView1.AllowUserToDeleteRows=false;
23	dataGridView1.ReadOnly=true;
24	dt=objBaseData.getBaseData("mz","民族");
25	dataGridView1.DataSource=dt;
26	dataGridView1.Columns[0].Visible=false;
27	dataGridView1.Columns[1].Width=180;
28	dataGridView1.EditMode=DataGridViewEditMode.EditOnEnter;
29	listBox1.SelectedIndex=0;
30	dataGridView1.CurrentRow.Selected=false;
31	}

(3) 编写 ListBox 控件的 SelectedIndexChanged 事件过程的程序代码

ListBox 控件的 SelectedIndexChanged 事件过程的程序代码如表 4-32 所示。

表 4-32　ListBox 控件的 SelectedIndexChanged 事件过程的程序代码

行　号	代　码
01	`private void listBox1_SelectedIndexChanged(object sender,EventArgs e)`
02	`{`
03	`    dt.Rows.Clear();`
04	`    switch (listBox1.SelectedItem.ToString())`
05	`    {`
06	`        case "民族":`
07	`            dt=objBaseData.getBaseData("mz","民族");`
08	`            dataType="mz";`
09	`            break;`
10	`        case "政治面貌":`
11	`            dt=objBaseData.getBaseData("pstate","政治面貌");`
12	`            dataType="pstate";`
13	`            break;`
14	`        case "婚姻状况":`
15	`            dt=objBaseData.getBaseData("marry","婚姻状况");`
16	`            dataType="marry";`
17	`            break;`
18	`        case "行政级别":`
19	`            dt=objBaseData.getBaseData("xzjb","行政级别");`
20	`            dataType="xzjb";`
21	`            break;`
22	`        case "职务":`
23	`            dt=objBaseData.getBaseData("kind","职务");`
24	`            dataType="kind";`
25	`            break;`
26	`        case "职称":`
27	`            dt=objBaseData.getBaseData("career","职称");`
28	`            dataType="career";`
29	`            break;`
30	`        case "学历":`
31	`            dt=objBaseData.getBaseData("levelc","学历");`
32	`            dataType="levelc";`
33	`            break;`
34	`        case "专业":`
35	`            dt=objBaseData.getBaseData("major","专业");`
36	`            dataType="major";`
37	`            break;`
38	`        case "发卡银行":`
39	`            dt=objBaseData.getBaseData("bank","发卡银行");`
40	`            dataType="bank";`
41	`            break;`

续表

行　号	代　码
42	case "保险办理":
43	dt=objBaseData.getBaseData("bxdo","保险办理");
44	dataType="bxdo";
45	break;
46	case "电脑水平":
47	dt=objBaseData.getBaseData("comlevel","电脑水平");
48	dataType="comlevel";
49	break;
50	case "离职类别":
51	dt=objBaseData.getBaseData("leavetype","离职类别");
52	dataType="leavetype";
53	break;
54	case "外语语种":
55	dt=objBaseData.getBaseData("fokind","外语语种");
56	dataType="fokind";
57	break;
58	case "外语水平":
59	dt=objBaseData.getBaseData("folevel","外语水平");
60	dataType="folevel";
61	break;
62	case "岗位工种":
63	dt=objBaseData.getBaseData("gwgz","岗位工种");
64	dataType="gwgz";
65	break;
66	case "用工形式":
67	dt=objBaseData.getBaseData("form","用工形式");
68	dataType="form";
69	break;
70	case "工资等级":
71	dt=objBaseData.getBaseData("salarylevel","工资等级");
72	dataType="salarylevel";
73	break;
74	case "在职状态":
75	dt=objBaseData.getBaseData("pstatus","在职状态");
76	dataType="pstatus";
77	break;
78	}
79	selectID=listBox1.SelectedIndex;
80	dataGridView1.DataSource=dt;
81	dataGridView1.Columns[0].Visible=false;
82	dataGridView1.Columns[1].Width=180;
83	}

(4)编写 DataGridView 控件的 CellValidating 事件过程的程序代码

DataGridView 控件的 CellValidating 事件过程的程序代码如表 4-33 所示。

表 4-33 DataGridView 控件的 CellValidating 事件过程的程序代码

行号	代　　码
01	private void dataGridView1_CellValidating(object sender,
02	DataGridViewCellValidatingEventArgs e)
03	{
04	if (e.FormattedValue.ToString()==string.Empty)
05	{
06	dataGridView1.Rows[e.RowIndex].ErrorText="不能为空";
07	e.Cancel=true;
08	}
09	}

(5) 编写【修改】按钮 tsbEdit 的 Click 事件过程的程序代码

【修改】按钮 tsbEdit 的 Click 事件过程的程序代码如表 4-34 所示。

表 4-34 【修改】按钮 tsbEdit 的 Click 事件过程的程序代码

行　　号	代　　码
01	private void tsbEdit_Click(object sender,EventArgs e)
02	{
03	dataGridView1.AllowUserToAddRows=true;
04	dataGridView1.ReadOnly=false;
05	dataGridView1.BeginEdit(true);
06	}

(6) 编写【删除】按钮 tsbDelete 的 Click 事件过程的程序代码

【删除】按钮 tsbDelete 的 Click 事件过程的程序代码如表 4-35 所示。

表 4-35 【删除】按钮 tsbDelete 的 Click 事件过程的程序代码

行号	代　　码
01	private void tsbDelete_Click(object sender,EventArgs e)
02	{
03	if (objBaseData.baseDataDelete(
04	(int)dt.Rows[dataGridView1.CurrentRow.Index][0])==true)
05	{
06	MessageBox.Show("成功删除一条记录","提示信息");
07	}
08	else
09	{
10	MessageBox.Show("删除记录失败","提示信息");
11	}
12	dataGridView1.EndEdit();
13	dt=objBaseData.getBaseData(dataType,listBox1.SelectedItem.ToString());
14	dataGridView1.DataSource=dt;
15	dataGridView1.Refresh();
16	}

(7) 编写【保存】按钮 tsbDelete 的 Click 事件过程的程序代码

【保存】按钮 tsbSave 的 Click 事件过程的程序代码如表 4-36 所示。

表 4-36　【保存】按钮 tsbSave 的 Click 事件过程的程序代码

行号	代　码
01	`private void tsbSave_Click(object sender,EventArgs e)`
02	`{`
03	`dataGridView1.EndEdit();`
04	`try`
05	`{`
06	`if (dt.Rows.Count !=0)`
07	`    {`
08	`        for (int i=0; i <dt.Rows.Count; i++)`
09	`            {`
10	`                if (dt.Rows[i][1].ToString().Length==0)`
11	`                {`
12	`                        MessageBox.Show("数据不能为空","提示信息");`
13	`                        listBox1.SelectedIndex=0;`
14	`                        listBox1.SelectedIndex=selectID;`
15	`                    }`
16	`                    else`
17	`                    {`
18	`                        if (dt.Rows[i].RowState==DataRowState.Modified)`
19	`                        {`
20	`                                objBaseData.baseDataEdit(dataType,`
21	`                                                    dt.Rows [i] [1].ToString ()，(int)dt.Rows[i][0]);`
22	`                                MessageBox.Show("成功修改基础数据","提示信息");`
23	`                                break;`
24	`                            }`
25	`                        else`
26	`                            {`
27	`                                if (dt.Rows[i].RowState==DataRowState.Added)`
28	`                                    {`
29	`                                    objBaseData.baseDataAdd(dataType,`
30	`                                                    dt. Rows [i] [1]. ToString());`
31	`                                    MessageBox.Show("成功新增基础数据","提示信息");`
32	`                                }`
33	`                            }`
34	`                    }`
35	`                }`
36	`        }`
37	`        listBox1.SelectedIndex=selectID;`

续表

行号	代　码
38	dataGridView1.AllowUserToAddRows=false;
39	dataGridView1.AllowUserToDeleteRows=false;
40	dataGridView1.ReadOnly=true;
41	}
42	catch (Exception es)
43	{
44	MessageBox.Show("更新基础数据数据表时出现了错误,错误信息为:"
45	+es.Message,"提示信息");
46	}
47	}

注意：在 DataGridView 控件中新增或者修改数据时，必须按 Enter 键或者移动光标，将光标移到其他行，DataGridView 才会将编辑过后的数据提交到数据缓存区，才会有效保存新增或修改的数据，这一特性也给用户新增或修改数据带来了不便。

5. 测试"基本信息设置"程序

(1) 设置启动项目和启动对象

① 设置解决方案的启动项目

将 HRUI 设置为启动项目。

② 设置启动对象

将 frmBaseDataManage 窗体设置为启动对象。

(2) 用户界面测试

① 测试内容：用户界面的视觉效果和易用性；控件状态、位置及内容确认。

② 确认方法：目测，界面如图 4-28 所示。

③ 测试结论：合格。

(3) 功能测试

功能测试的目的是测试该窗体的功能要求是否能够实现，同时测试【基本信息设置】窗体的容错能力。

① 准备测试用例

准备的测试用例如表 4-37 所示。

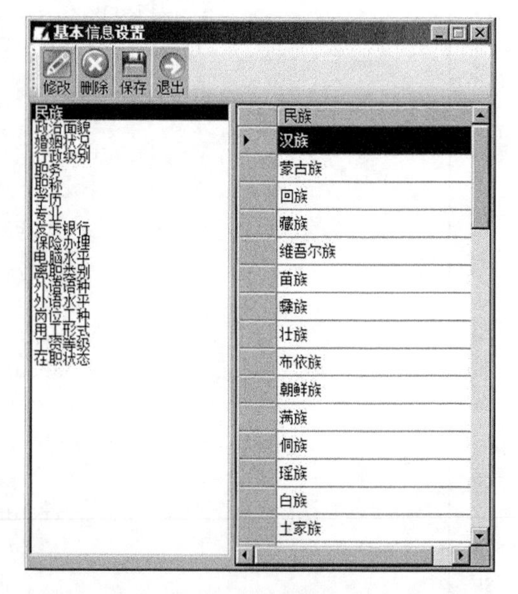

图 4-28 【基本信息设置】窗体运行的初始状态

表 4-37 【基本信息设置】的测试用例

序　　号	测 试 数 据		预 期 结 果
	数据类型	数据值	
1	外语语种	葡萄牙语	成功新增外语语种
2	外语语种	越南语	成功新增外语语种

② 测试新增外语语种

a. 测试内容：新增外语语种。

b. 确认方法：目测。

c. 测试过程。

【基本信息设置】窗口成功启动后，单击选择节点“外语语种”，在窗口工具栏中单击【修改】按钮，然后输入表4-37中的两行外语语种数据，如图4-29所示。

接着单击【保存】按钮，弹出如图4-30所示的“成功新增基础数据”的【提示信息】对话框，在该对话框中单击【确定】按钮即可。

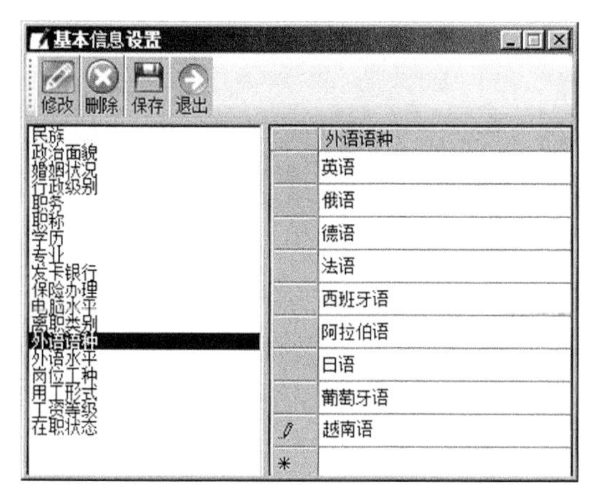

图4-29 新增外语语种

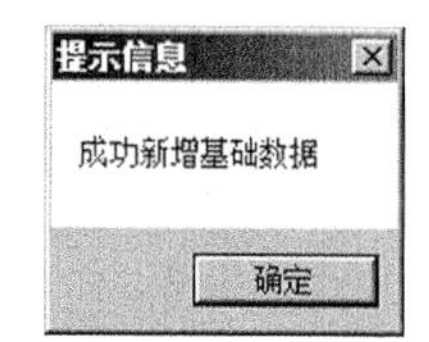

图4-30 “成功新增基础数据”的【提示信息】对话框

注意：新增或者修改基础数据时，必须按Enter键或者移动光标，将光标移到其他行，DataGridView才会将编辑过后的数据提交到数据缓存区，才会有效保存新增或修改的数据。

d. 测试结论：合格。

任务4-5 人力资源管理系统的“个人所得税计算器”模块设计与测试

【个人所得税计算器】属于人力资源管理系统的“自助服务”模块，方便员工验算个人所得税。

1. 设计【个人所得税计算器】界面

在HRUI类库中添加一个新的Windows窗体frmCalcTax，该窗体的外观如图4-31所示。

2. 编写代码实现功能

编写“个人所得税计算器”应用程序的代码，如表4-38所示。

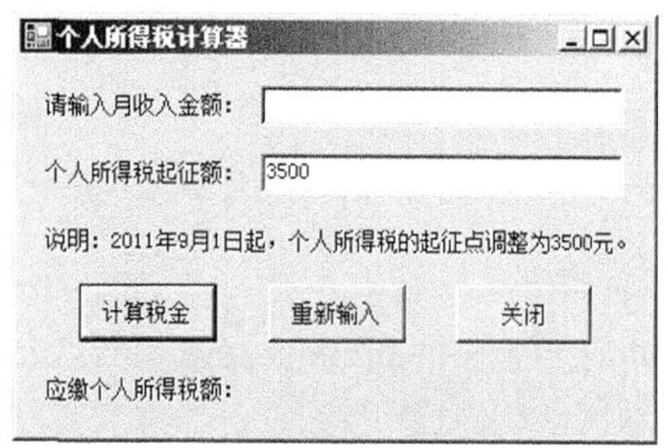

图4-31 【个人所得税计算器】窗体外观

表 4-38 “个人所得税计算器”应用程序的代码

行号	代 码
01	`using System;`
02	`using System.Collections.Generic;`
03	`using System.ComponentModel;`
04	`using System.Data;`
05	`using System.Drawing;`
06	`using System.Linq;`
07	`using System.Text;`
08	`using System.Windows.Forms;`
09	`namespace calcTax`
10	`{`
11	`    public partial class frmCalcTax : Form`
12	`    {`
13	`        public frmCalcTax()`
14	`        {`
15	`            InitializeComponent();`
16	`        }`
17	`        private bool isNumeric(string num)`
18	`        {`
19	`            string checkOK="0123456789";`
20	`            string checkStr=num;`
21	`            bool allValid=true;`
22	`            int i,j;`
23	`            string ch;`
24	`            for (i=0; i <checkStr.Length; i++)`
25	`            {`
26	`                ch=checkStr.Substring(i,1);`
27	`                for (j=0; j <checkOK.Length; j++)`
28	`                {`
29	`                    if (ch==checkOK.Substring(j,1))`
30	`                        break;`
31	`                }`
32	`                if (j==checkOK.Length)`
33	`                {`
34	`                    allValid=false;`
35	`                    break;`
36	`                }`
37	`            }`
38	`            return allValid;`
39	`        }`
40	`        public double calTax(double totalMoney,double basicm)`
41	`        {`
42	`            double cha,tax=0;`
43	`            cha=(totalMoney-basicm);`
44	`            if (cha<=0 ) {tax=0;}`

续表

行号	代　码
45	if (cha>0 && cha<=1500) { tax=cha * 0.03; }
46	if (cha>1500 && cha<=4500) { tax=cha * 0.1-105; }
47	if (cha>4500 && cha<=9000) { tax=cha * 0.2-555; }
48	if (cha>9000 && cha<=35000) { tax=cha * 0.25-1005; }
49	if (cha>35000 && cha<=55000) { tax=cha * 0.3-2755; }
50	if (cha>55000 && cha<=80000) { tax=cha * 0.35-5505; }
51	if (cha>80000) { tax=cha * 0.45-13505; }
52	return tax;
53	}
54	private void btnCalTax_Click(object sender,EventArgs e)
55	{
56	string income,start;
57	income=txtIncome.Text.Trim();
58	start=txtStart.Text.Trim();
59	if (isNumeric(income) && isNumeric(start))
60	{
61	lblTax.Text=calTax(Convert.ToDouble(income),
62	Convert.ToDouble(start)).ToString ()+" 元";
63	}
64	else
65	{
66	if (!isNumeric(income))
67	{
68	MessageBox.Show("月收入只能为数字,请重新输入月收入","提示信息");
69	txtIncome.Focus();
70	}
71	if (!isNumeric(start))
72	{
73	MessageBox.Show("起征额只能为数字,请重新输入起征额","提示信息");
74	txtStart.Focus();
75	}
76	}
77	}
78	private void btnReInput_Click(object sender,EventArgs e)
79	{
80	txtIncome.Clear();
81	txtStart.Text="3500";
82	}
83	private void btnClose_Click(object sender,EventArgs e)
84	{
85	this.Close();
86	}
87	}
88	}

3. 从被测代码生成单元测试项目对方法 isNumeric()进行测试

(1) 新建测试项目

① 启动 Microsoft Visual Studio 2008,打开被测试的 C#项目 calcTax。然后打开窗体 frmCalcTax.cs 的代码编辑器。

② 在 isNumeric()方法体内,右击,在弹出的快捷菜单选择【创建单元测试】命令,如图 4-32 所示。

③ 弹出【创建单元测试】对话框,在该对话框中 isNumeric()方法左侧的复选框被选中,如图 4-33 所示,表示需要为该方法自动创建单元测试代码的基本框架。

图 4-32 在快捷菜单中选择【创建单元测试】命令

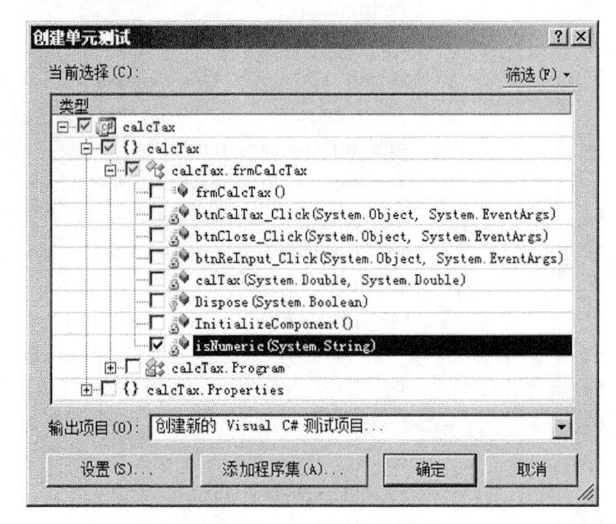

图 4-33 【创建单元测试】对话框

④ 在【创建单元测试】对话框中单击【确定】按钮,弹出【新建测试项目】对话框,在该对话框的文本框中输入需要创建的单元测试项目名称,这里使用默认名称 TestProject1,如图 4-34 所示。

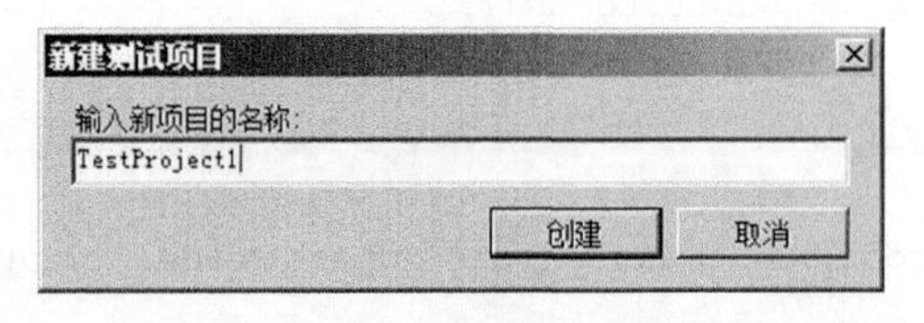

图 4-34 【新建测试项目】对话框

单击【创建】按钮,则会自动创建一个新的单元测试代码项目。在【解决方案资源管理器】窗口中可以看到多了一个 TestProject1 项目,在 TestProject1 项目中引用了单元测试框架 Microsoft.VisualStudio.QualityTools.UnitTestFramework 和被测试项目的程序集 calcTax,同时还自动创建了 C#代码文件 frmCalcTaxTest.cs 和测试引用 calcTax.accessor,如图 4-35 所示。

自动生成的代码文件 frmCalcTaxTest.cs 的详细代码如表 4-39 所示。

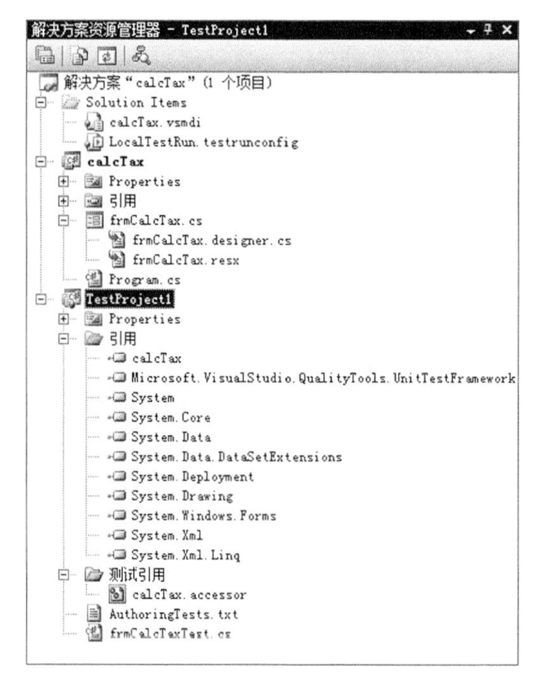

图 4-35　【解决方案资源管理器】窗口新增的测试项目和文件

表 4-39　代码文件 frmCalcTaxTest.cs 的详细代码

行　　号	代　　码
01	using calcTax;
02	using Microsoft.VisualStudio.TestTools.UnitTesting;
03	namespace TestProject1
04	{
05	//<summary>
06	//这是 frmCalcTaxTest 的测试类,旨在包含所有 frmCalcTaxTest 单元测试
07	//</summary>
08	[TestClass()]
09	public class frmCalcTaxTest
10	{
11	private TestContext testContextInstance;
12	//<summary>
13	//获取或设置测试上下文,上下文提供有关当前测试运行及其功能的信息
14	//</summary>
15	public TestContext TestContext
16	{
17	get
18	{
19	return testContextInstance;
20	}
21	set

续表

行　号	代　码
22	{
23	testContextInstance=value;
24	}
25	}
26	#region 附加测试属性
27	//
28	//编写测试时,还可使用以下属性:
29	//
30	//使用 ClassInitialize 在运行类中的第一个测试前先运行代码
31	//[ClassInitialize()]
32	//public static void MyClassInitialize(TestContext testContext)
33	//{
34	//}
35	//
36	//使用 ClassCleanup 在运行完类中的所有测试后再运行代码
37	//[ClassCleanup()]
38	//public static void MyClassCleanup()
39	//{
40	//}
41	//
42	//使用 TestInitialize 在运行每个测试前先运行代码
43	//[TestInitialize()]
44	//public void MyTestInitialize()
45	//{
46	//}
47	//
48	//使用 TestCleanup 在运行完每个测试后运行代码
49	//[TestCleanup()]
50	//public void MyTestCleanup()
51	//{
52	//}
53	//
54	#endregion
55	//<summary>
56	//isNumeric 的测试
57	//</summary>
58	[TestMethod()]
59	[DeploymentItem("calcTax.exe")]
60	public void isNumericTest()
61	{
62	frmCalcTax_Accessor target=new frmCalcTax_Accessor();
63	string num=string.Empty;　　　//TODO: 初始化为适当的值

续表

行　号	代　码
64	`            bool expected=false;           //TODO: 初始化为适当的值`
65	`            bool actual;`
66	`            actual=target.isNumeric(num);`
67	`            Assert.AreEqual(expected,actual);`
68	`            Assert.Inconclusive("验证此测试方法的正确性");`
69	`        }`
70	`    }`
71	`}`

从表 4-39 所示的代码可以看出，文件 frmCalcTaxTest. cs 中自动产生了一个类 frmCalcTaxTest，并且用 TestClass( )属性标识为单元测试类，以及一个测试方法 isNumericTest()，该测试方法中自动添加了对被测试方法 isNumeric()的访问，并且为使用被测试方法而初始化了 1 个参数。

(2) 完善和扩展测试方法的代码

测试方法 isNumericTest()的代码只是自动产生的初始代码，需要进一步根据单元测试用例和测试逻辑对代码进行完善和扩展。测试方法 isNumericTest()改进的程序代码如表 4-40 所示。

表 4-40　测试方法 isNumericTest()改进的程序代码

行　号	代　码
01	`public void isNumericTest()`
02	`{`
03	`    frmCalcTax_Accessor target=new frmCalcTax_Accessor();`
04	`    string num="5000";                //TODO: 初始化为适当的值`
05	`    bool expected=true;               //TODO: 初始化为适当的值`
06	`    bool actual;`
07	`    actual=target.isNumeric(num);`
08	`    Assert.AreEqual(expected,actual,"验证的数据包含非数字");`
09	`}`

这个测试方法用于验证 isNumeric()方法在输入参数为 5000，返回结果为 true。

(3) 执行单元测试

拟用的测试用例如表 4-41 所示。

表 4-41　对方法 isNumeric()进行测试的测试用例

测试用例编号	输入参数值	预期输出	测试用例	输入参数值	预期输出
Test01	5000	true	Test02	5a00	false

单元测试的执行有两种方式：调试和运行。可以像调试普通代码一样对单元测试代码进行调试，也可以直接运行。

打开代码文件 frmCalcTaxTest. cs，在 Visual Studio 2008 集成开发环境的主菜单【测试】中选择【运行】→【当前上下文中的测试】命令，如图 4-36 所示。

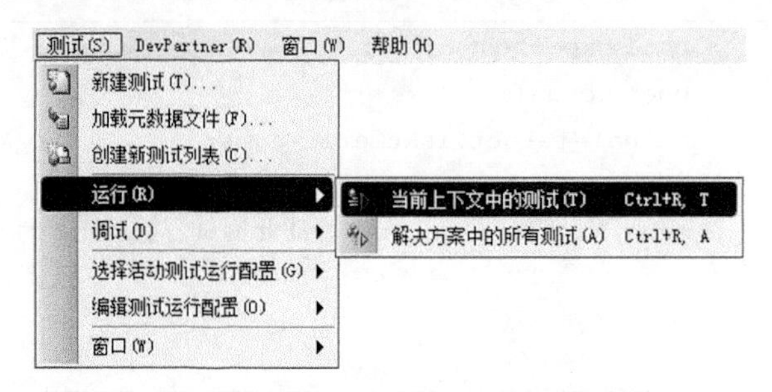

图 4-36 选择【运行】→【当前上下文中的测试】命令

单元测试的运行结果将在【测试结果】界面中显示，如图 4-37 所示，表示测试通过。

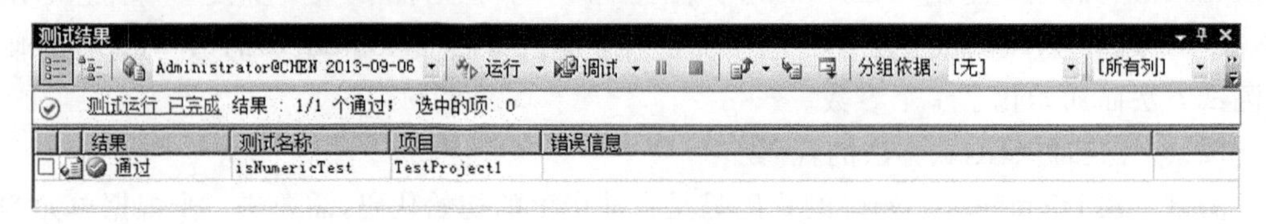

图 4-37 【测试结果】界面

也可以通过选择【测试】→【窗口】→【测试列表编辑器】命令，如图 4-38 所示。打开【测试列表编辑器】窗口，在该窗口的测试列表中选择需要参与测试的单元测试方法，如图 4-39 所示。

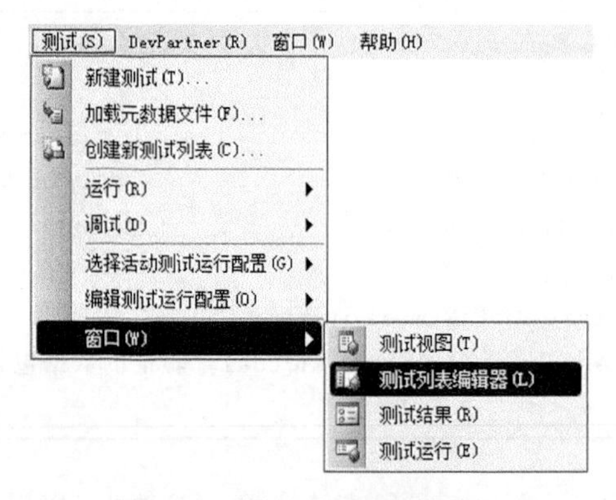

图 4-38 【窗口】的级联菜单项

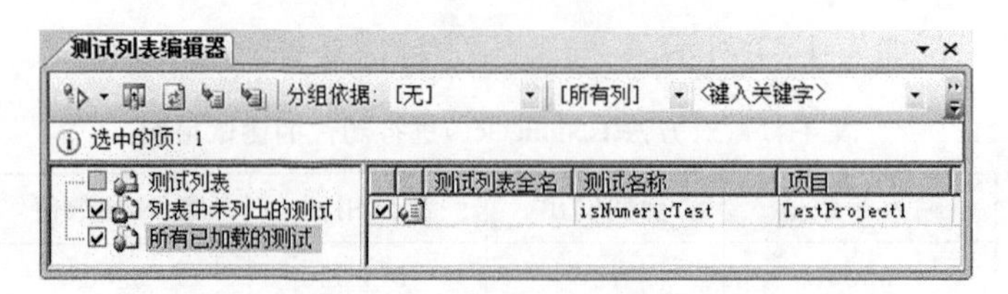

图 4-39 【测试列表编辑器】窗口

假设将表 4-40 中第 04 行的语句“string num="5000";”修改为“string num="500a";”，再

次使用同样的方法测试程序，其结果如图4-40所示，从该图可以看出“测试结果”为“未通过”，且给出了错误信息。

图4-40　测试运行时“未通过”的测试结果

以类似方法对测试方法isNumericTest()的程序代码进行改进，验证isNumeric()方法在输入参数为5a00，返回结果为false。

4. 独立添加单元测试项目对方法calTax()进行测试

(1) 新建测试项目

① 启动Microsoft Visual Studio 2008，打开被测试的C#项目calcTax。

② 在Visual Studio 2008集成开发环境的主菜单【测试】中选择【新建测试】命令，弹出【添加新测试】对话框，在该对话框的【测试名称】文本框中输入UnitTest1.cs，【添加到测试项目】列表框中选择“创建新的Visual C#测试项目...”，如图4-41所示。

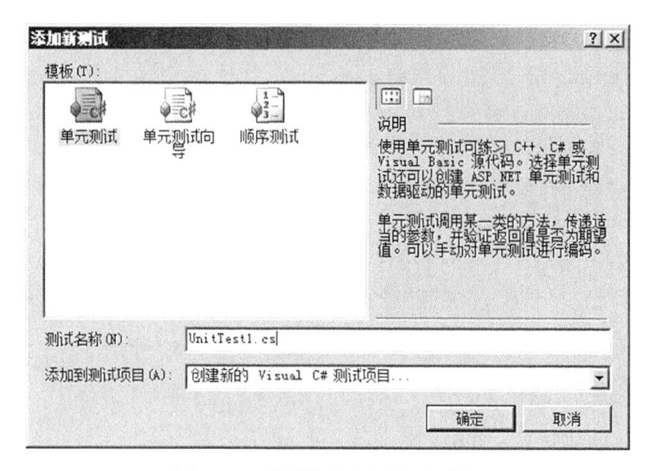

图4-41　【添加新测试】对话框

③ 在【添加新测试】对话框中单击【确定】按钮，弹出【新建测试项目】对话框，在【新项目的名称】文本框中输入项目名称TestProject2，然后单击【确定】按钮，自动产生一个新的单元测试项目，在【解决方案资源管理器】窗口中可以看到新添加的测试项目TestProject2和代码文件UnitTest1.cs。

对比代码文件frmCalcTaxTest.cs和UnitTest1.cs可以发现，代码文件UnitTest1.cs中方法TestMethod1()的程序体为空，需要自行编写测试代码。

(2) 添加对被测试项目程序集引用

在测试项目TestProject2的“引用”节点位置右击，在弹出的快捷菜单中选择【添加引用】命令，弹出【添加引用】对话框，在该对话框中切换到【项目】选项卡，单击选择被测试项目calcTax，如图4-42所示，然后单击【确定】按钮，完成对被测试项目程序集的引用。

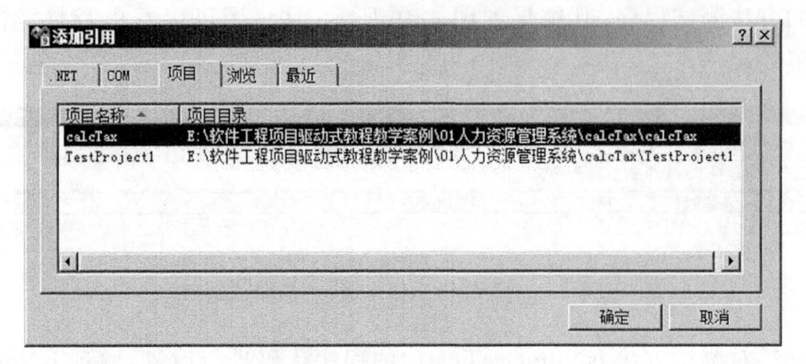

图 4-42 【添加引用】对话框

这里还需要添加对 System. Windows. Forms 的引用。

(3) 编写测试代码

在方法 TestMethod1()的程序体部分编写测试代码,其完整的程序代码如表 4-42 所示。

表 4-42 方法 TestMethod1()完整的程序代码

行 号	代 码
01	`public void TestMethod1()`
02	`{`
03	`    calcTax.frmCalcTax target=new calcTax.frmCalcTax();`
04	`    double totalMoney=5000;`
05	`    double basicm=3500;`
06	`    double expected=45;`
07	`    double actual;`
08	`    actual=target.calTax(totalMoney,basicm);`
09	`    Assert.AreEqual(expected,actual,"方法计算结果有误");`
10	`}`

(4) 执行单元测试

拟用的测试用例如表 4-43 所示。

表 4-43 对方法 calTax()进行测试的用例

测试用例编号	月收入金额	个人所得税起征额	预期输出
Test01	5000	3500	45
Test03	0	3500	0
Test04	3600	3500	3
Test05	80400	3500	21410

在方法 TestMethod1()的代码位置右击,在弹出的快捷菜单选择【运行测试】命令,开始运行测试代码,测试结果如图 4-43 所示。

以类似方法使用其他测试用例进行测试。

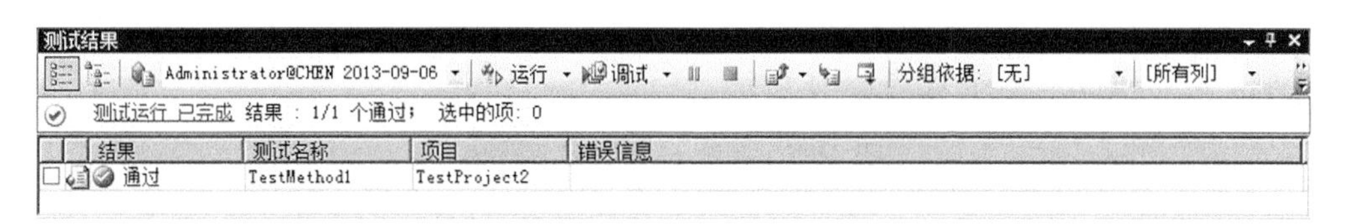

图 4-43　方法 TestMethod1()的测试结果

任务 4-6　人力资源管理系统的“主界面”模块设计与系统联调

1. 设计“主界面”

(1) 添加 Windows 窗体

在 HRUI 类库中添加一个新的 Windows 窗体 frmCompanyInfo。

(2) 设计窗体外观和设置窗体与控件的属性

在窗体中添加 1 个 SplitContainer 控件、1 个 TabControl 控件、30 个 Button 控件、1 个 MenuStrip 控件和 1 个 StatusStrip 控件，MenuStrip 控件包括多个菜单项，每个菜单又包括多个下拉菜单，调整各个控件的大小与位置，窗体的外观如图 4-44 所示。【主界面】中各个控件的属性设置比较简单，在此不再说明。

图 4-44　【主界面】窗体的外观设计

2. 编写【主界面】窗体的程序代码

(1) 声明窗体级变量

声明一个静态全局变量 currentUserName，用于存放当前登录用户名称。声明代码如下：

```
public static string currentUserName="";
```

(2) 编写方法 Main 的程序代码

方法 Main 的程序代码如表 4-44 所示。

表 4-44　方法 Main 的程序代码

行　号	代　码
01	static void Main()
02	{
03	Application.EnableVisualStyles();
04	Application.SetCompatibleTextRenderingDefault(false);
05	frmUserLogin frmUL=new frmUserLogin();　　//新建 Login 窗口
06	frmUL.ShowDialog();　　//使用模式对话框方法显示 frmUserLogin
07	if (frmUL.DialogResult==DialogResult.OK)
08	{
09	frmUL.Close();
10	Application.Run(new frmMain());
11	}
12	else
13	{
14	Application.Exit();
15	}
16	}

(3) 编写【主界面】窗体的 Load 事件过程的程序代码

【主界面】窗体 frmMain 的 Load 事件过程的程序代码如表 4-45 所示。

表 4-45　【主界面】窗体 frmMain 的 Load 事件过程的程序代码

行　号	代　码
01	private void frmMain_Load(object sender,EventArgs e)
02	{
03	toolStripStatusLabel1.Text="当前登录用户是：" +currentUserName;
04	toolStripStatusLabel2.Text="当前用户的登录时间是："
05	+DateTime.Today.ToShortDateString();
06	}

(4) 编写【主界面】左侧导航栏各个按钮 Click 事件过程的程序代码

【主界面】左侧导航栏各个按钮 Click 事件过程的程序代码如表 4-46 所示。

表 4-46　【主界面】左侧导航栏各个按钮 Click 事件过程的程序代码

行　号	代　码
01	private void btn0101_Click(object sender,EventArgs e)
02	{
03	tabControl1.SelectedIndex=0;
04	}
05	private void btn0102_Click(object sender,EventArgs e)

续表

行　　号	代　　码
06	{
07	tabControl1.SelectedIndex=1;
08	}
09	private void btn0103_Click(object sender,EventArgs e)
10	{
11	tabControl1.SelectedIndex=2;
12	}
13	private void btn0104_Click(object sender,EventArgs e)
14	{
15	tabControl1.SelectedIndex=3;
16	}
17	private void btn0105_Click(object sender,EventArgs e)
18	{
19	tabControl1.SelectedIndex=4;
20	}

(5) 编写【主界面】主菜单中各个主要菜单按钮 Click 事件过程的程序代码

【主界面】主菜单中各个主要菜单按钮 Click 事件过程的程序代码如表 4-47 所示。

表 4-47　【主界面】主菜单中各个主要菜单按钮 Click 事件过程的程序代码

行　　号	代　　码
01	private void tsMenu0201_Click(object sender,EventArgs e)
02	{
03	frmCompanyInfo frmCI=new frmCompanyInfo();
04	frmCI.Show();
05	}
06	private void tsMenu0202_Click(object sender,EventArgs e)
07	{
08	frmBaseDataManage frmBDM=new frmBaseDataManage();
09	frmBDM.Show();
10	}
11	private void tsMenu0203_Click(object sender,EventArgs e)
12	{
13	frmChangeName frmCN=new frmChangeName();
14	frmCN.Show();
15	}
16	private void tsMenu0301_Click(object sender,EventArgs e)
17	{
18	if (tsMenu0301.Checked)
19	{
20	tsMenu0301.Checked=false;
21	}

续表

行　号	代　码
22	`    else`
23	`    {`
24	`        tsMenu0301.Checked=true;`
25	`    }`
26	`}`
27	`private void tsMenu0302_Click(object sender,EventArgs e)`
28	`{`
29	`    if (tsMenu0302.Checked)`
30	`    {`
31	`        tsMenu0302.Checked=false;`
32	`        statusStrip1.Visible=false;`
33	`    }`
34	`    else`
35	`    {`
36	`        tsMenu0302.Checked=true;`
37	`        statusStrip1.Visible=true;`
38	`    }`
39	`}`
40	`private void tsMenu0401_Click(object sender,EventArgs e)`
41	`{`
42	`    frmPersonnelManage frmPM=new frmPersonnelManage();`
43	`    frmPM.Show();`
44	`}`
45	`private void tsMenu0601_Click(object sender,EventArgs e)`
46	`{`
47	`    frmDepartmentManage frmDM=new frmDepartmentManage();`
48	`    frmDM.Show();`
49	`}`
50	`private void tsMenu0701_Click(object sender,EventArgs e)`
51	`{`
52	`    frmUserManage frmUM=new frmUserManage();`
53	`    frmUM.Show();`
54	`}`
55	`private void tsMenu0703_Click(object sender,EventArgs e)`
56	`{`
57	`    frmChangePassword frmCP=new frmChangePassword();`
58	`    frmCP.Show();`
59	`}`

3. 测试【人力资源管理系统】主窗口的运行

(1) 设置启动项目和启动对象

① 设置解决方案的启动项目

将 HRUI 为启动项目。

② 设置启动对象

这里先修改 Main 方法，暂时将 frmMain 窗体设置为启动对象。

(2) 功能测试

功能测试的目的是测试系统的功能要求是否能够实现，同时测试系统【主窗口】的容错能力。

① 测试内容：系统正常启动效果，主窗口中菜单项、功能按钮的有效性。

② 确认方法：目测。

③ 测试过程。

将 frmUserLogin 窗体设置为启动对象，启动系统，首先出现【用户登录】窗口，在该窗口中选择用户名称为 admin，输入密码 123456，然后单击【登录】按钮，弹出“合法用户，登录成功”的【提示信息】对话框，在该对话框中单击【是】按钮，将会显示系统的“主窗口”，如图 4-45 所示。在该窗口显示了当前登录用户的名称，依次试用各个菜单项和按钮，测试其有效性。

图 4-45　登录成功后显示的系统主窗口

在系统主窗口工具栏中单击菜单命令【用户管理】→【更改密码】，打开【更改密码】对话框，在该对话框【原密码】文本框中输入 123456，在【新密码】和【确认密码】对应的文本框中分别输入 123，如图 4-46 所示。然后单击【确定】按钮，弹出如图 4-47 所示的“密码修改成功”的【提示信息】对话框。

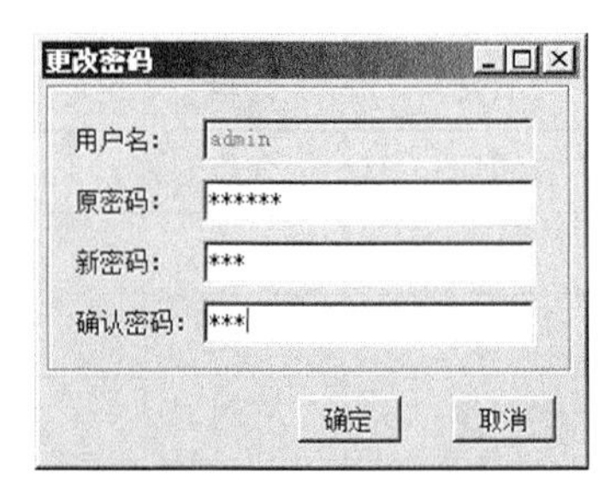

图 4-46　【更改密码】对话框

图 4-47　“密码修改成功”的【提示信息】对话框

④ 测试结论：合格。

(3) 用户界面测试

【人力资源管理系统】主窗口运行的初始状态如图 4-45 所示，可以依次单击左侧导航栏的各个按钮进行切换。单击左侧导航栏的【用户管理】按钮，如图 4-48 所示。

图 4-48　在系统“主窗口”切换到【用户管理】界面

参照用户界面测试的基本原则和常见规范，根据表 4-48 所示的测试项目和测试方法逐项进行测试。测试结果见表 4-48 中的第 5 列。

表 4-48　【主窗口】窗体的界面测试用例和测试结果

测试用例				测试结果
用例编号	测试项目	测试方法	预期结果	
Test01	界面中元素的文字、颜色等信息是否与功能一致	目测	合格	合格
Test02	窗口按钮的位置和对齐方式是否一致	目测	合格	合格
Test03	按钮的大小与界面的大小和空间是否协调	目测	合格	合格
Test04	前景与背景颜色搭配是否合理协调	目测	合格	合格
Test05	窗口按钮的布局是否合理	目测	合格	合格
Test06	窗口按钮大小是否合适	目测	合格	合格
Test07	在整个交互式语境中，是否可以识别鼠标操作	单击	合格	合格
Test08	鼠标无规则单击时是否会产生无法预料的结果	单击	合格	合格
Test09	菜单的文本字体、大小和格式是否合适	目测	合格	合格
Test10	菜单深度是否控制在三层以内	目测	合格	合格
Test11	菜单名称是否具有解释性	目测	合格	合格

续表

测 试 用 例				测试结果
用例编号	测 试 项 目	测试方法	预期结果	
Test12	常用菜单是否有命令快捷方式	目测	合格	合格
Test13	是否可以通过鼠标访问所有的菜单功能	单击	合格	合格
Test14	下拉菜单是否能正常显示与使用	单击	合格	合格

任务4-7　人力资源管理系统编码实现与单元测试的扩展任务

(1) 根据人力资源管理系统的编码实现内容，参照程序设计报告模板，编写人力资源管理系统《程序设计报告》。

(2) 根据人力资源管理系统的单元测试内容，参照单元测试报告模板，编写人力资源管理系统《单元测试报告》。

(3) 人力资源管理系统的“部门设置”模块的设计与测试。

(4) 人力资源管理系统的“人事管理”模块的设计与测试。

(5) 人力资源管理系统的“人事档案管理”模块的设计与测试。

(6) 人力资源管理系统的“薪酬管理”模块的设计与测试。

(7) 人力资源管理系统B/S模式中的“用户登录”模块的设计与测试。

(8) 人力资源管理系统B/S模式中的“用户注册”模块的设计与测试。

(9) 人力资源管理系统的B/S模式中的人员信息查询、新增与修改模块的设计与测试。

【小试牛刀】

任务4-8　进、销、存管理系统编码实现与单元测试

1. 任务描述

(1) 设计进、销、存管理系统的“员工基本信息管理”模块，完成进、销、存管理系统员工基本信息的浏览、新增、修改和删除的程序设计。

(2) 设计进、销、存管理系统的“供货商基本信息管理”模块，完成进、销、存管理系统供货商基本信息浏览、新增、修改和删除的程序设计。

(3) 设计进、销、存管理系统的“商品类别和商品信息管理”模块，完成进、销、存管理系统商品类别和商品信息浏览、新增、修改和删除的程序设计。

(4) 设计进、销、存管理系统的“主界面”，编写Program.cs类Main方法的程序代码，编写“主界面”的方法和事件过程的程序代码实现其功能，测试“主界面”及进、销、存管理系统的启动过程。

2. 提示信息

(1) 进、销、存管理系统的参考主界面如图4-49所示。

(2) 员工基本信息管理窗体参考界面如图4-50所示。

文件(F) 基础数据(D) 库存(K) 销售(S) 报表(B) 帮助(H) 在线留言
基本信息 进货入库 销售管理 统计报表 财务管理 收支管理
入库录入 | 调拨录入 | 全款销售 | 欠款销售 |
基本信息
员工信息
供货商信息
产品信息
仓库信息
客户信息
赠品信息
进货入库
销售管理
统计报表
财务管理
收支管理
基础数据
员工信息
产品信息
供货商信息
批发客户
仓库信息
赠品信息
单品销售排行
客户提货排行
应收应付统计表
操作员：「admin」 类别：「管理员」 使用单位：「株洲蝴蝶贸易公司」 日期：「2008-03-17」

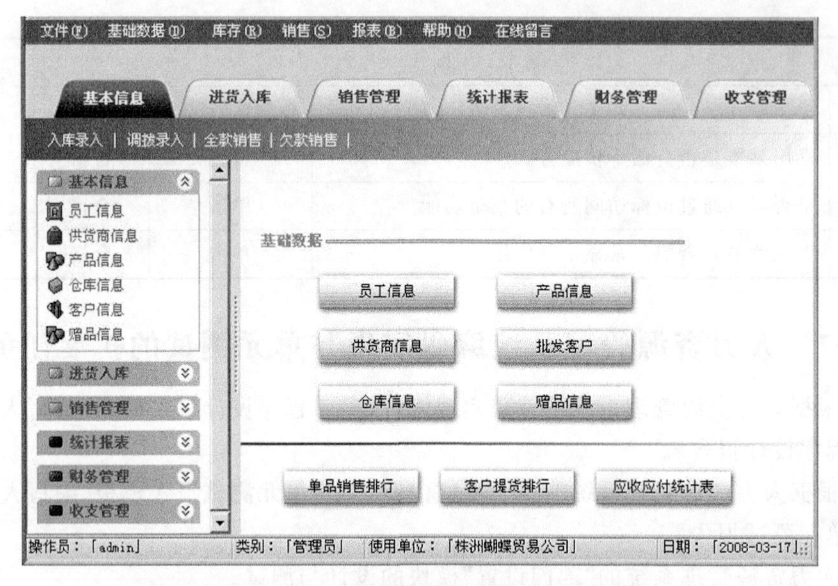

图 4-49 进、销、存管理系统的参考主界面

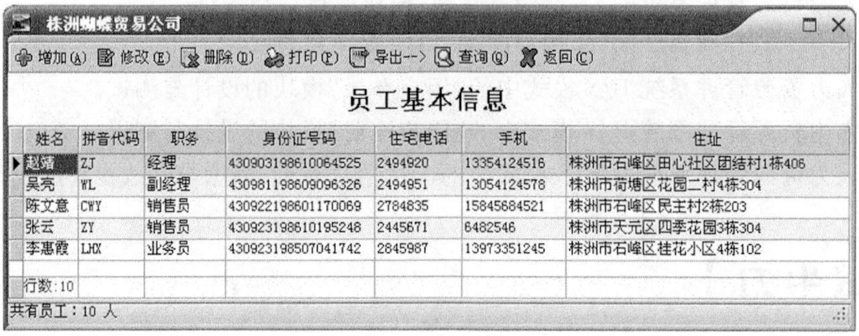

株洲蝴蝶贸易公司
增加(A) 修改(E) 删除(D) 打印(P) 导出--> 查询(Q) 返回(C)
员工基本信息
姓名 拼音代码 职务 身份证号码 住宅电话 手机 住址
赵靖 ZJ 经理 430903198610064525 2494920 13354124516 株洲市石峰区田心社区团结村1栋406
吴亮 WL 副经理 430981198609096326 2494951 13054124578 株洲市荷塘区花园二村4栋304
陈文意 CWY 销售员 430922198601170069 2784835 15845684521 株洲市石峰区民主村2栋203
张云 ZY 销售员 430923198610195248 2445671 6482546 株洲市天元区四季花园3栋304
李惠霞 LHX 业务员 430923198507041742 2845987 13973351245 株洲市石峰区桂花小区4栋102
行数：10
共有员工：10 人

图 4-50 员工基本信息管理窗口

(3) 员工基本信息增加窗体参考界面如图 4-51 所示。

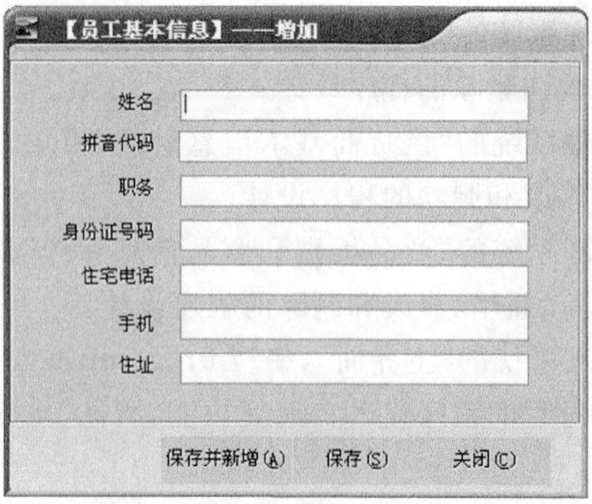

【员工基本信息】——增加
姓名
拼音代码
职务
身份证号码
住宅电话
手机
住址
保存并新增(A) 保存(S) 关闭(C)

图 4-51 员工基本信息增加窗口

(4) 商品类别与商品信息管理窗体的参考界面如图 4-52 所示。

图4-52　商品类别与商品信息管理窗口

(5) 商品信息增加或修改窗体的参考界面如图4-53所示。

【商品信息】——增加
产品基本信息
基本信息 附加信息
自定义货品编号
条形码 暂停使用
产品信息：
品名 (*)
规格型号 (*)
拼音代码
其它属性
品牌 (*)
颜色 (*)
单位 (*)
生产厂家
等级
产地
库存报警
库存下限
库存上限 0
价格信息：
进价： 0 >>
建议售价： 0 >> 更多价格设置
保存并新增(A) 保存(S) 关闭(C)

图4-53　商品信息增加窗口

(6) 供货商基本信息管理窗体的参考界面如图4-54所示。

图 4-54　供货商基本信息管理窗口

(7) 供货商基本信息增加或修改窗体的参考界面如图 4-55 所示。

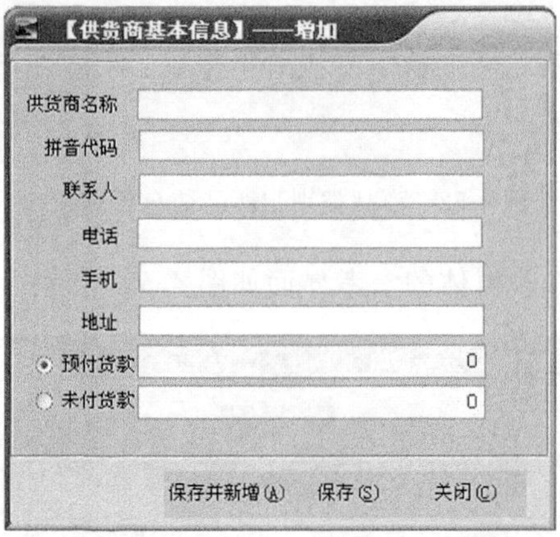

图 4-55　供货商基本信息增加或修改窗口

【单元小结】

本单元主要介绍了软件项目程序设计的基本步骤、一般方法、程序编写的规范化要求、用户界面测试的基本原则和常见规范、单元测试的主要功能和标准、.NET 程序的单元测试等内容。程序设计是指设计、编制、调试程序的方法和过程，它是目标明确的智力活动，由于程序是软件的主体，软件的质量主要通过程序的质量来体现。单元测试是在软件开发过程中要进行的最低级别的测试活动，是指对软件中的最小可测试单元进行检查和验证。单元测试是由程序员自己来完成，最终受益的也是程序员自己。程序员有责任编写功能代码，同时也就有责任为自己的代码编写单元测试。执行单元测试，就是为了证明这段代码的行为和我们期望的一致。本单元以人力资源管理系统为例，重点实施了人力资源管理系统的“用户登录”模块、“单位信息设置”模块、“基本信息设置”模块、“个人所得税计算器”和“主界面”的设计与测试。

【单元习题】

(1) 结构化程序设计主要强调程序的(　　)。

A. 效率　　B. 速度　　C. 可读性　　D. 大小

(2) 程序的三种基本控制结构是(　　)。

A. 过程、子程序和分程序　　B. 顺序、条件和重复

C. 递归、堆栈和队列　　D. 调用、返回和转移

(3) 结构程序设计的一种基本方法是(　　)。

A. 筛选法　　B. 递归法　　C. 归纳法　　D. 逐步求精法

(4) 结构化程序设计思想的核心是要求程序只由顺序、循环和(　　)三种结构组成。

A. 分支　　B. 单入口　　C. 单出口　　D. 有规则 GOTO

(5) 源程序的版面文档要求应有变量说明、适当注释和(　　)。

A. 框图　　B. 统一书写格式　　C. 修改记录　　D. 编程日期

(6) 在面向对象软件方法中,"类"是(　　)。

A. 具有同类数据的对象的集合

B. 具有相同操作的对象的集合

C. 具有同类数据的对象的定义

D. 具有同类数据和相同操作的对象的定义

(7) 编码(实现)阶段得到的程序段应该是(　　)。

A. 编辑完成的源程序　　B. 编译(或汇编)通过的可装配程序

C. 可交付使用的程序　　D. 可运行程序

(8) 程序的三种基本控制结构的共同特点是(　　)。

A. 不能嵌套使用　　B. 只能用来写简单程序

C. 已经用硬件实现　　D. 只有一个入口和一个出口

单元5　软件项目的综合测试与验收

在完成各功能模块的程序设计和调试后，开发人员进行系统联调和综合测试，从系统处理逻辑、系统处理能力、容错能力等方面进行测试，并将发现的各种问题进行纠正。最后，将测试后的系统交付用户进行验收测试和试运行。

软件系统集成测试的执行是在单元测试完成并达到入口条件时开始，关注经过单元测试后的软件基本组成单位之间接口交互的正确性，是单元测试的逻辑扩展。集成测试采用基于消息集成的策略，通过遍历所有与系统功能设计与实现相关的消息路径，确定各个逻辑层之间的消息协作是否正确，是否满足软件设计要求。

软件系统系统测试是完成单元测试和集成测试之后进行的高级别的测试活动，是站在用户角度，验证系统是否满足用户需求的测试过程。系统测试通常采用黑盒测试方法，由不同于系统开发人员的测试人员承担。

验收测试是部署软件之前的最后一个测试操作。在软件产品完成了单元测试、集成测试和系统测试之后，产品发布之前所进行的软件测试活动，它是技术测试的最后一个阶段，也称为交付测试。验收测试是向的用户表明系统能够像预定要求那样工作。经集成测试后，已经按照设计把所有的模块组装成一个完整的软件系统，接口错误也已经基本排除了，接着就应该进一步验证软件的有效性，这就是验收测试的任务。验收测试的目的是确保软件准备就绪，并且可以让最终用户将其用于执行软件的既定功能和任务。

【知识梳理】

5.1　软件测试的概述

5.1.1　软件测试的概念

简单地说，软件测试就是为了发现错误而执行程序的过程。软件测试是一个找错的过程，测试只能找出程序中的错误，而不能证明程序无错。测试要求以较少的用例、时间和人力找出软件中潜在的各种错误和缺陷，以确保软件系统的质量。

在IEEE所提出的软件工程标准术语中，软件测试的定义为“使用人工或自动手段来运行或测试某个系统的过程，其目的在于检验它是否满足规定的需求或弄清楚预期结果与实际结果之间的差别”。软件测试与软件质量密切联系在一起的，软件测试归根到底是为了保证软件质量，通过软件质量是以“满足需求”为基本衡量标准的，该定义明确提出了软件测试以检验是否满足需求为目标。

软件测试的主要工作是验证(verification)和确认(validation),验证是保证软件正确实现特定功能的一系列活动,即保证软件做了所期望的事情,确认是一系列的活动过程,其目的是证实在一个给定的外部环境中软件的逻辑正确性。

软件测试的对象不仅仅是程序,还包括整个软件开发期间各个阶段所产生的文档。

5.1.2　软件测试的地位和作用

软件测试在整个软件开发生命周期中占据着重要的地位,软件工程采用的生命周期方法把软件开发划分成多个阶段,把整个开发工作明确地划成若干个开发步骤,可以把复杂的问题按阶段分别加以解决,为中间产品提供了检验的依据,各阶段完成的软件文档成为检验软件质量的主要依据。很显然,表现在程序中的错误,并不一定是编码所引起的,也可能是概要设计、详细设计阶段,甚至是需求分析阶段的问题引起的。因此,软件中所出现问题的根源可能在开发前期的各个阶段。解决问题、纠正错误也必须追溯到前期的工作。正因如此,软件测试工作应该着眼于整个软件生命周期,特别是着眼于编码以前各个开发阶段的工作来保证软件的质量。也就是说,软件测试应该从软件开发生命周期的第一个阶段开始,并贯穿于整个软件开发生命周期,以检验各阶段的成果是否接近预期的目标,尽可能早地发现错误并加以修正。如果不在早期阶段进行测试,错误的延时扩散常常会导致最后成品测试的巨大困难。所以说,软件测试并非传统意义上产品交付前单一的"找错"过程,而是贯穿于软件生产全过程,是一个科学的质量控制过程。一个软件项目的需求分析、概要设计、详细设计以及编码等各阶段所得到的文档,包括需求规格说明、概要设计说明、详细设计说明以及源程序,都应该是软件测试的主要对象,软件开发的整个过程都需要软件测试人员的介入。

软件测试应该从生命周期的第一个阶段开始,并贯穿于整个软件开发生命周期的每个阶段,而且越早测试越好,早期检测和纠错是系统开发中最有效的方法。

1. 需求分析阶段

在软件开发初期,与问题定义和需求分析同时进行的验证行为极其重要,必须对需求进行彻底的分析,并在初始测试时得到预期的回答。进行这些测试有助于明确系统需求,而且这些测试将成为最终测试单元的核心。

2. 系统设计阶段

系统设计阶段要阐明一般测试策略,如测试方法和测试评价标准,并创建测试计划。另外,重大测试事件的日程安排也应在这一阶段构建,同时还要建立质量保证和测试文档的框架。

在详细设计阶段,要确定相应的测试工具并产生测试规程,同时还要构建功能测试所需的测试用例。除此之外,设计过程本身也要经过分析和检查以排除错误。设计中的遗漏情况、不完善的逻辑结构、模块接口不匹配、数据结构不一致、错误的输入/输出设计和不恰当的接口等都是需要考虑的内容。

3. 系统编码阶段

在编码阶段要进行足够的单元测试,很多测试工具和技术会应用于这一阶段。代码走查(code walkthrough)和代码审查都是有效的人工测试技术。静态分析技术通过分析程序特征来排除错误。对于大型程序,需要用自动化工具来完成这些分析。

4. 系统测试阶段

测试应用系统应着眼于功能上的测试,严格控制和管理测试信息是最重要的。

5. 系统安装阶段

系统安装阶段的测试必须确保投入运行的程序是正确的,这个阶段的测试必须确保投入生产的程序是正确的版本,确保数据被正确地更改和增加。

6. 系统维护阶段

系统启用以后,无论是纠正系统错误还是扩充原系统,都需要对系统进行更改。系统在每一次更改之后都需要重新测试,这种重新进行的测试称为回归测试。一般情况下,只对由于更改而影响系统的部分进行重新测试,但是任何程序的变化都有必要进行重新测试、重新确认并更新文档。

5.1.3 软件测试的目的

软件测试的目的是保证软件产品的最终质量,在软件开发过程中,对软件产品进行质量控制。测试可以完成许多事情,但最重要的是可以衡量正在开发软件的质量。

对于软件测试目的,Grenford J. Myers 提出以下观点。

(1) 软件测试是一个为了发现错误而执行程序的过程。

(2) 软件测试是为了证明程序有错,而不是证明程序无错。

(3) 一个好的测试用例在于它能发现至今尚未发现的错误。

(4) 一个成功的测试是发现了至今尚未发现的错误的测试。

这些观点提醒人们测试要以查找错误为中心,而不是为了演示软件的正确功能。首先,软件测试并不仅仅是为了要找出错误,也是对软件质量进行度量和评估,以提高软件的质量。软件测试是以评价一个程序或者系统属性为目标的活动,从而验证软件的质量满足用户的需求的程度,为用户选择与接受软件提供有力的依据。通过分析错误产生的原因和错误的分布特征,可以帮助软件项目管理者发现当前所采用的软件过程的缺陷,以便改进软件过程。同时,通过分析也能帮助我们设计出有针对性的检测方法,改善测试的有效性。其次,没有发现错误的测试也是有价值的,完整的测试是评定测试质量的一种方法。

5.1.4 软件测试的原则

为了进行有效的测试,测试人员理解和遵循以下基本原则。

1. 应当把“尽早地和不断地进行软件测试”作为软件开发者的座右铭

由于软件系统的复杂性和抽象性,软件开发各个阶段工作的多样性,以及开发过程中各种层次的人员之间工作的配合关系等因素,使得软件开发的每个环节都可能产生错误。所以不应把软件测试仅仅看作软件开发的一个独立阶段,而应当把它贯穿到软件开发的各个阶段中,坚持在软件开发的各个阶段进行技术评审,这样才能在开发过程中尽早发现和预防错误,杜绝某些隐患,提高软件质量。

2. 程序员应避免检查自己的程序

人们常常由于各种原因而产生一些不愿意否定自己的心理，认为揭露自己程序中的问题不是一件愉快的事情。这一心理状态就成为测试自己编写的程序的障碍。另外，程序员对软件规格说明理解错误而引入的错误则更难发现。如果由别人来测试程序员编写的程序可能会更客观、更有效，并更容易取得成功。但要区分程序测试和程序调试（debuging），调试程序由程序员自己来做可能更有效。

3. 测试用例应由测试输入数据和与之对应的预期输出结果两部分组成

在进行测试之前应当根据测试的要求选择测试用例（Test Case），测试用例不但需要测试的输入数据，而且需要针对这些输入数据的预期输出结果。如果对测试输入数据没有给出预期的输出结果，那么就缺少检验实测结果的基准，就有可能把一个似是而非的错误结果当成正确结果。

4. 在设计测试用例时，应当包括合理的输入条件和不合理的输入条件

合理的输入条件是指能验证程序正确性的输入条件，而不合理的输入条件是指异常的、临界的、可能引起问题变异的输入条件。在测试程序时，人们常常倾向于过多地考虑合法的和期望的输入条件，以检查程序是否做了它应该做的事情，而忽视了不合法的和预想不到的输入条件。事实上，软件系统在投入运行以后，用户的使用往往不遵循事先的约定，使用了一些意外的输入，如用户在键盘上按错了键或输入了非法的命令。如果软件对这种异常情况不能做出适当的反应，给出相应的信息，那么就容易产生故障，轻则输出错误的结果，重则导致软件失效。因此，软件系统处理非法命令的能力也必须在测试时受到检验。用不合理的输入条件测试程序时，往往比用合理的输出条件进行测试更能发现错误。

5. 充分注意软件测试时的群集现象

测试时不要以为找到了几个错误问题就不需要继续测试了。在所测试的程序中，若发现的错误数目较多，则残存的错误数目也比较多，这种错误群集现象已被许多程序的测试实践所证实。根据这一现象，应当对错误群集的程序进行重点测试，以提高测试效率。

6. 严格执行测试计划，排除测试的随意性

测试计划的内容要完整、描述要明确，并且不要随意更改。

7. 应当对每一个测试结果做全面检查

有些错误的征兆在输出实测结果时已经明显地出现了，但是如果不仔细、全面地检查测试结果，就会使这些错误被遗漏掉。所以必须对预期的输出结果明确定义、对实测的结果仔细分析检查、暴露错误。

8. 妥善保存测试过程中产生的各种数据和文档

对于测试过程中产生的测试计划、测试用例、出错统计和分析报告等数据和文档应妥善保存，为日后维护提供方便。

9. 注意回归测试的关联性

回归测试的关联性一定要引起充分的注意，修改一个错误而引起更多错误出现的现象并不少见。

5.1.5 软件测试的分类

软件测试有多种分类方式，例如按测试阶段分类、按是否需要运行被测试软件分类、按是否需要查看代码分类，按测试执行时是否需要人工干预分类、按测试目的分类等，表 5-1 描述了软件测试的各种分类。

表 5-1 软件测试的各种分类

分类方式	测试类型
按测试阶段分类	单元测试、集成测试、确认测试、系统测试、验收测试
按是否需要执行被测试软件分类	静态测试、动态测试
按是否需要查看代码分类	白盒测试、黑盒测试、灰盒测试
按测试执行时是否需要人工干预分类	手工测试、自动测试
按测试目的分类	功能测试、界面测试、易用性测试、兼容性测试、安全性测试、接口测试、文档测试、安装与卸载测试、配置测试、恢复测试、性能测试、负载测试、压力测试、强度测试、并发测试、可靠性测试、健壮性测试等
其他测试类型	冒烟测试、随机测试、回归测试

5.1.6 软件测试的流程

软件测试流程是指从软件测试开始到软件测试结束所经过的一系列准备、执行、分析的过程，一般可划分为制订测试计划、设计测试用例和测试过程、实施软件测试、评估软件测试等几个主要阶段。

1. 制订测试计划

制订测试计划的主要目的是识别任务、分析风险、规划资源和确定进度。测试计划一般由测试负责人或测试经验丰富的专业人员制订，其主要依据是项目开发计划和测试需求分析结果。

测试计划一般包括以下几个方面。

(1) 软件测试背景

软件测试背景主要包括软件项目介绍、项目涉及人员等。

(2) 软件测试依据

软件测试依据主要有软件需求文档、软件规格书、软件设计文档以及其他内容等。

(3) 测试范围的界定

测试范围的界定就是确定测试活动需要覆盖的范围。确定测试范围之前，需要分解测试任务，分解任务有两个方面的目的，一是识别子任务；二是方便估算对测试资源的需求。

(4) 测试风险的确定

软件项目中总是有不确定的因素，这些因素一旦发生，对项目的顺利执行会产生很大的影响。所以在软件项目中，首先需要识别出存在的风险。识别风险之后，需要对照风险制定规避风险的方法。

（5）测试资源的确定

确定完成任务需要消耗的人力资源和物资资源，主要包括测试设备需求、测试人员需求、测试环境需求以及其他资源需求等。

（6）测试策略的确定

主要包括采取的测试方法、搭建的测试环境、采用的测试工具和管理工具以及对测试人员进行培训等。

（7）制定测试进度表

在识别出子任务和资源之后，可以将任务、资源和时间关联起来形成测试进度表。

2. 设计测试用例和测试过程

测试用例是为特定目标开发的测试输入、执行条件和预期结果的集合，这些特定目标可以是验证一个特定的程序路径，或核实是否符合特定需求。

设计测试用例就是设计针对特定功能或组合功能的测试方案，并编写成文档。测试的目的是暴露软件中隐藏的缺陷，所以在设计测试用例时要考虑那些易于发现缺陷的测试用例和数据，结合复杂的运行环境，在所有可能的输入条件和输出条件中确定测试数据，来检查软件是否都能产生正确的输出。

测试过程一般分成几个阶段：代码审查、单元测试、集成测试、系统测试和验收测试等，尽管这些阶段在实现细节方面都不相同，但其工作流程却是一致的。设计测试过程就是确定测试的基本执行过程，为测试的每个阶段的工作建立一个基本框架。

3. 实施软件测试

实施测试包括测试准备、建立测试环境、获取测试数据、执行测试等方面。

（1）测试准备和建立测试环境

测试准备主要包括全面、准确地掌握各种测试资料，进一步了解、熟悉测试软件，配置测试的软、硬件环境，搭建测试平台，充分熟悉和掌握测试工具等。

测试环境很重要，不同软件产品对测试环境有着不同的要求，符合要求的测试环境能够帮助我们准确地测试出软件存在的问题，并且做出正确的判断。测试环境的一个重要组成部分是软、硬件配置，只有在充分认识测试对象的基础上，才有可能知道每一种测试对象需要什么样的软、硬件配置，才有可能配置出相对合理的测试环境。

（2）获取测试数据

测试数据即使用测试事务创建有代表性的处理情形，创建测试数据的难点在于要确定使用哪些事务作为测试事务。需要测试的常见情形有正常事务的测试和使用无效数据的测试。

（3）执行测试

执行测试的步骤一般由输入、执行过程、检查过程和输出4个部分组成。测试执行过程可以分为单元测试、集成测试、系统测试、验收测试等阶段，其中每个阶段还包括回归测试等。

从测试的角度而言，测试执行包括一个量和度的问题，即测试范围和测试程度的问题。例如，一个软件版本需要测试哪些方面？每个方面要测试到什么程度？从管理的角度而言，在有限的时间内，在人员有限甚至短缺的情况下，要考虑如何分工，如何合理地利用资源来开展测试。

4. 评估与总结软件测试

软件测试的主要评估方法包括缺陷评估、测试覆盖和质量评测。质量评测是对测试对象的可靠性、稳定性以及性能的评测，它建立在对测试结果的评估和对测试过程中确定的变更请求分析的基础上。

测试工作的每一个阶段都应该有相应的测试总结，测试软件的每个版本也应该有相应的测试总结。当软件项目完成测试后，一般要对整个项目的测试工作做个回顾总结。

5.1.7 软件测试人员的类型和要求

软件测试是一项非常严谨、复杂和具有挑战性的工作，软件系统的规模和复杂性正在日益增加，软件公司已经把软件测试作为技术工程的专业岗位。随着软件技术的发展，进行专业化、高效率软件测试的要求越来越迫切，对软件测试人员的基本素质要求也越来越高。

1. 软件测试人员的类型

软件测试过程中，必须要合理地组织人员，一般将软件测试人员分成三部分：一部分为上机测试人员(测试执行者)，一部分为测试结果检查核对人员，还有一部分是测试数据制作人员，这三部分人员应该紧密配合、相互协调，保证软件测试工作的顺利进行。

(1) 上机测试人员

上机测试人员负责理解产品的功能要求，然后根据测试规范和测试用例进行测试，检查软件有没有错误，确定软件是否具有稳定性，承担最低级的执行角色。

(2) 测试结果检查核对人员

测试结果检查核对人员负责编写测试代码，并利用测试工具对软件进行测试。

(3) 测试数据制作人员

测试数据制作人员要具备编写程序的能力，因为不同产品的特性不一样，对测试工具的要求也不一样。

(4) 测试经理

测试经理主要负责测试内部管理以及与其他外部人员、客户的交流等，测试经理需要具备项目经理所具备的知识和技能。同时，测试经理在测试工作开始前需要书写《测试计划书》，在测试结束时需要书写《测试总结报告》。

(5) 测试文档审核师

测试文档审核师主要负责前置测试，包括对需求分析期间与软件设计期间产生的文档进行审核，审核时需要书写审核报告。当文档确定后，需要整理文档报告，并且反映给测试工程师。

(6) 测试工程师

测试工程师主要根据需求分析期间与软件设计期间产生的文档设计制作测试数据和各个测试阶段的测试用例。

2. 软件测试人员的要求

软件测试已经成为了一个独立的技术学科，软件测试技术不断更新和完善，新工具、新流程、新测试方法都在不断涌现，如果没有合格的测试人员，测试工作是不可能高质高效地完成。

测试人员的知识结构与素质要求如表5-2所示。

表 5-2 测试人员的知识结构与素质要求

要求类别	具 体 要 求
知识结构	(1) 懂得计算机的基本理论,又有一定的开发经验。 (2) 了解软件开发的基本过程和特征,对软件有良好的理解能力,掌握软件测试相关理论及技术。 (3) 具有软件业务经验。 (4) 能根据测试计划和方案进行软件测试,针对软件需求制订测试方案,安排测试计划,设计测试用例,搭建测试环境,进行软件测试。 (5) 能够规划测试环境,编制测试大纲并设计测试用例,对软件进行全面测试工作。 (6) 能够编制测试计划,评审测试方案,规范测试流程及测试文档,分析测试结果,管理测试项目。 (7) 会操作测试工具
素质要求	(1) 沟通能力。一名优秀的测试人员必须能够与测试涉及的所有人进行沟通,具有与技术人员(开发者)和非技术人员(客户、管理人员等)交流的能力,既能和用户交流,也能与开发人员交流。 (2) 技术能力。测试人员应该在研究分析程序的基础上,更好地读懂程序和理解新技术。一个合格的测试人员必须既明白被测软件系统,又要会使用测试工具。 (3) 自信心。开发者经常会指出测试者的错误,测试者必须对自己的观点有足够的自信心。 (4) 洞察力。一个好的测试工程师会持有"测试是为了破坏"的观点,具有捕获用户观点的能力,强烈追求高质量的意识,对细节的关注能力,对高风险区的判断能力,以便将有限的测试聚焦于重点环节。好的测试人员的工作重点应该放在理解需求,理解客户需要,思考在什么条件下程序会出错。 (5) 探索精神。软件测试人员不会害怕进入陌生环境,他们喜欢将新软件安装在自己的机器上进行测试,然后观察运行结果。 (6) 不懈努力。软件测试员总是不停地尝试,他们可能会碰到"转瞬即逝"或难以重建的软件缺陷,他们会尽一切可能去寻找软件缺陷。 (7) 创造性。测试显而易见的结果,那不是软件测试员的主要工作。他们的主要工作是采取富有创意甚至超常手段来寻找缺陷。 (8) 追求完美。软件测试员力求完美,但是知道某些目标无法达到时,他们不会去苛求,而是尽力接近目标。 (9) 判断准确。软件测试员要决定测试内容、测试时间以及所看的问题是否是真正的缺陷。 (10) 老练稳重和说服力。软件测试员不害怕坏消息,他们找出的软件缺陷有时会被认为不重要、不用修复,这时要善于表达观点,表明软件缺陷必须修复,并通过实际演示来证明自己的观点

5.2 测试用例设计

测试用例(Test Case,TC)贯穿于整个测试的执行过程,一个好的测试用例会使测试工作的效果事半功倍,并且能尽早发现一些隐藏的缺陷。

5.2.1 测试用例的基本概念

测试用例是为某个特定目的而设计的一组测试输入、执行条件以及预期结果。简单地说,测试用例就是一个文档,描述输入、动作或者时间和一个期望的结果,其目的是确认应用程序的某些特性是否正常工作,并且达到程序所设计的结果。如果执行测试用例,软件不能正常运行,而且问题重复发生,那就表示已经测试出软件有缺陷,这时就必须将软件缺陷标识出来,并且输入到缺陷跟踪系统中,通知软件开发人员。软件开发人员接到通知后,修正问题，再次返回给测试人员进行确认，以确保该问题已顺序解决。

一个好的测试用例会使测试工作达到事半功倍的效果，并且能尽早发现一些隐藏的软件缺陷。测试用例可以用一个简单的公式来表示：

测试用例＝输入＋输出＋测试环境

其中，输入是指测试数据和操作步骤；输出是指系统的预期执行结果；测试环境是指系统环境配置，包括硬件环境、软件环境和数据，有时还包括网络环境。

简单地说，测试环境就是软件运行的平台，即进行软件测试所必需的工作平台和前提条件，可用如下公式来表示：

测试环境＝硬件＋软件＋网络＋历史数据

5.2.2 测试用例的主要作用

测试用例始终贯穿于整个软件测试全过程，其作用主要体现在以下几个方面。

1. 指导测试的实施

在开始实施测试之前设计好测试用例，可以避免盲目测试，使测试的实施做到重点突出。实施测试时，测试人员必须严格按照测试用例规定的测试思想和测试步骤逐一进行测试，记录并检查每个测试结果。

2. 指导测试数据的规划

测试实施时，按照测试用例配套准备一组或若干组测试原始数据及预期测试结果是十分必要的。

3. 指导测试脚本的编写

自动化测试可以提高测试效率，其中心任务是编写测试脚本，自动化测试所使用的测试脚本编写的依据就是测试用例。

4. 作为评判的基准

测试工作完成后需要评估并进行定论，判断软件是否合格，然后出具测试报告。测试工作的评判基准是以测试用例为依据的。

5. 作为分析缺陷的基准

测试的目的就是发现Bug，测试结束后对得到的Bug进行复查，然后和测试用例进行对比，看看这个Bug是一直没有检测到还是在其他地方重复出现过。如果是一直没有检测到的，说明测试用例不够完善，应该及时补充相应的用例；如果重复出现过，则说明实施测试还存在一些问题需要处理。最终目的是交付一个高质量的软件产品。

5.2.3 测试用例设计的基本原则

设计测试用例是根据实际需要进行的，设计测试用例所需要的文档资源主要包括软件需求说明书、软件设计说明书、软件测试需求说明书和成熟的测试用例。

设计测试用例时应遵循以下一些基本原则。

1. 测试用例的正确性

测试用例的正确性包括数据的正确性和操作的正确性，首先保证测试用例的数据正确，其次预期的输出结果应该与测试数据发生的业务相吻合，操作的预期结果应该与程序输出结果相吻合。

2. 测试用例的代表性

测试用例应能够代表并覆盖各种合理的和不合理的、合法的和非法的、边界的和越界的以及极限的输入数据、操作和环境设计等。一般针对每个核心的输入条件，其数据大致可以分为 3 类：正常数据、边界数据和错误数据，测试数据就是从以上 3 类中产生，以提高测试用例的代表性。

3. 测试结果的可判定性

测试结果的可判定性即测试执行结果的正确性是可判定的，每一个测试用例都应有相应明确的预期结果，而不应存在二义性，否则将难以判断系统是否运行正常。

4. 测试结果的可再现性

测试结果的可再现性，即对同样的测试用例则系统的执行结果应当相同。测试结果的可再现性有利于在出现缺陷时能够确保缺陷的重现，为缺陷的快速修复打下基础。

5.2.4　测试用例的编写标准

一个优秀的测试用例应该包含以下要素。

(1) 测试用例的编号。测试用例编号是测试引用的唯一标识符，方便查找测试用例，也便于测试用例的管理和跟踪。测试用例的编号应遵守一定的规则，例如可以是"软件名称简写－功能模块简写－NO."。

(2) 测试标题。测试标题是对测试用例的描述，应该清楚表达测试用例的用途，例如"测试用户登录输入错误密码时，软件的响应情况"。

(3) 测试项。测试用例应该准确、具体地描述所测试项及其详细特征，应该比测试设计说明中所列的特性更加具体。

(4) 测试环境要求。对测试用例执行所需的外部条件，包括软、硬件具体指标以及测试工具等。如果对测试环境有特殊需求，也应加以说明。

(5) 测试的步骤。对测试执行过程的步骤应详细说明，对于复杂的测试用例，其输入需要分为几个步骤完成，这部分内容在操作步骤中应详细列出。

(6) 测试的预期结果。应提供测试执行的预期结果，预期结果应该根据软件需求中的输出得出。

(7) 测试用例之间的关联。在实际测试过程中，很多测试用例并不是单独存在的，它们之间可能有某种依赖关系。如果某个测试用例与其他测试用例有时间上、次序上的关联，应标识该测试用例与其他测试用例之间的依赖关系。

(8) 测试日期。

(9) 测试用例设计人员和测试人员。

(10) 测试用例的优先级。

5.3　黑盒测试

5.3.1　黑盒测试的基本概念

黑盒测试又称为数据驱动测试或基于规范的测试。这种方法进行测试时，可以将程序看作一个不能打开的黑盒子，在完全不考虑程序内部结构和内部特性的情况下，注重于测试软件的功能性要求，测试者在程序接口处进行测试，只检查程序功能是否按照规格说明书的规定正常使用，程序是否能接收输入数据而产生正确的输出信息，并且保持数据库或文件的完整性。依据程序功能的需求规范考虑确定测试用例和推断测试结果的正确性。它是已知软件系统所具有的功能，通过测试来检测每项功能是否都能正常运行，因此黑盒测试是从用户角度的测试，确认测试、系统测试、验收测试一般都采用黑盒测试。

1. 黑盒测试可以发现的错误类型

黑盒测试有两种结果，即通过测试和测试失败。能发现以下几类错误：

(1) 功能不能实现或遗漏。

(2) 界面错误。

(3) 数据结构或外部数据库访问错误。

(4) 性能错误。

(5) 初始化和终止错误。

2. 黑盒测试对程序功能性测试的要求

黑盒测试对程序的功能性测试有以下要求：

(1) 每个软件特性必须被一个测试用例或一个被认可的异常所覆盖。

(2) 利用数据类型和数据值的最小集测试。

(3) 利用一系列真实的数据类型和数据值运行，测试超负荷及其他“最坏情况”的结果。

(4) 利用假想的数据类型和数据值运行，测试排斥不规则输入的能力。

(5) 测试影响性能的关键模块，例如基本算法、精度、时间和容量等是否正常。

3. 黑盒测试的优缺点

黑盒测试具有如下优点：

(1) 有针对性地寻找问题，并且定位问题更准确。

(2) 黑盒测试可以证明软件系统是否达到用户要求的功能，符合用户的工作要求。

(3) 能重复执行相同的功用，测试工作中最枯燥的部分可交由机器完成。

黑盒测试具有如下缺点：

(1) 需要充分了解软件系统用到的技术，测试人员需要具有较多经验。

(2) 在测试过程中很多是手工测试操作。

(3) 测试人员要负责大量文档、报表的编制和整理工作。

4. 采用黑盒技术设计测试用例的主要方法

黑盒测试主要针对软件界面和软件功能进行测试，而不考虑内部逻辑结构，采用黑盒技术设计测试用例的主要方法有以下几种。

(1) 等价类划分法。

(2) 边界值分析法。

(3) 决策表法。

(4) 因果图法。

(5) 功能图分析法。

(6) 场景设计法。

(7) 错误推断法。

(8) 正交试验法。

本单元重点介绍等价类划分法、边界值分析法和决策表法，由于本书篇幅的限制，本单元没有介绍因果图法、功能图分析法、场景设计法、错误推断法和正交试验法，请学习者参考相关书籍，了解这些黑盒测试方法。

5.3.2　等价类划分法

等价类划分是一种典型的、常用的黑盒测试方法。等价类是指某个输入域的子集，使用这一方法时，是把所有可能的输入数据，即程序的输入域划分为若干子集，然后从每一个子集中选取少数具有代表性的数据作为测试用例。由于测试时，不可能用所有可以输入的数据来测试程序，只能从全部可供输入的数据中选取少数代表性子集进行测试，每一类的代表性数据在测试中的作用等价于这一类的其他值。因此，可以把全部输入数据合理划分为若干等价类，在每一个等价类中选取一个数据作为测试的输入条件，就可以用少量代表性的测试数据取得较好的测试结果。

1. 等价类的划分

等价类可划分为有效等价类和无效等价类两种不同的情况。

(1) 有效等价类

有效等价类是指对于程序规格说明来说，是合理的、有意义的输入数据构成的集合。利用它可以检验程序中功能和性能的实现是否有不符合规格说明要求的地方。

(2) 无效等价类

无效等价类是指对于程序规格说明来说，是不合理的、无意义的输入数据构成的集合。利用它可以检查程序中功能和性能的实现是否有不符合规格说明要求的地方。

设计测试用例时，要同时考虑有效等价类和无效等价类的设计。软件不能只接收合理的数据，还要经受意外的考验，接受无效的或不合理的数据，这样经过测试的软件系统才具有较高的可靠性。

2. 划分等价类的方法

(1) 按区间划分

如果可能的输入数据属于一个取值范围或值的个数限制范围，则可以确定一个有效等价类和两个无效等价类。例如，输入值是课程成绩，范围是 0～100，其有效等价类为 0≤成绩≤100，无效等价类为“成绩＜0”和“成绩＞100”。可以确定一个有效等价类(例如 90)和两个无效等价类(例如－5 和 120)。

(2) 按数值划分

如果规格说明规定了输入数据的一组值，而且程序要对每个输入值分别进行处理。则可为每一个输入值确立一个有效等价类，并针对这组值确立一个无效等价类，这是所有不允许的输入的集合。例如，程序输入条件说明性别可为男和女两种，且程序中对这两种数值分别进行了处理，有效等价类为男、女，无效等价类为除这两种以外值的集合。

(3) 按数值集合划分

如果规格说明规定了输入值的集合，则可确定一个有效等价类和一个无效等价类(该集合有效值之外的数据)。例如某程序要求“标识符以字母开头”，则“以字母开头者”作为一个有效等价类，“以非字母开头”作为一个无效等价类。

(4) 按限制条件划分

在输入条件是一个布尔量的情况下，可确定一个有效等价类(符合限制条件)和一个无效等价类(不符合限制条件)。例如,若某个程序规定了输入数据必须是数字,则可划分为一个有效等价类(输入数据是数字)和一个无效等价类(输入数据为非数字)。

(5) 按限制规则划分

在规定了输入数据必须遵守的规则的情况下,可确立一个有效等价类(符合规则)和若干个无效等价类(从不同角度违反规则)。例如如果程序规定输入数据的规则为以数字 1 开头,长度为 11 的数字,则有效等价类为满足上述所有条件的字符串,无效等价类为不以 1 开头的字符串,长度不为 11 的字符串和包含了非数字的字符串。

(6) 按处理方式划分

在确知已划分的等价类中各元素在程序处理中的方式不同的情况下,则应再将该等价类进一步划分为更小的等价类。

在确立了等价类之后,建立等价类表,列出所有划分出的等价类,如表 5-3 所示。

表 5-3　等价类表

编　　号	输入条件	有效等价类	编　　号	无效等价类

3. 等价类划分测试用例设计

在设计测试用例时,应同时考虑有效等价类和无效等价类测试用例的设计。根据等价类表设计测试用例的方法如下。

(1) 划分等价类,形成等价类表,为每个等价类规定一个唯一的编号。

(2) 设计一个新的测试用例,使它尽可能多地覆盖尚未被覆盖的有效等价类,重复这一步,直到测试用例覆盖了所有的有效等价类。

(3) 设计一个新的测试用例,使它仅覆盖一个还没有被覆盖的无效等价类,重复这一步,直到测试用例覆盖了所有的无效等价类。

每次只覆盖一个无效等价类,是因为一个测试用例若覆盖了多个无效等价类,那么某些无效等价类可能永远不会被检测到,因为第一个无效等价类的测试用例可能会屏蔽或终止其他无效等价类的测试执行。例如,程序规格说明中规定“编号以字母 A 开头,长度为 6”,则无效等价类应分别为“非字母 A 开头”、“长度小于 6”和“长度大于 6”。

5.3.3　边界值分析法

边界值分析法是对输入或输出的边界值进行测试的一种黑盒测试方法。在测试过程中,边界值分析法通过选择等价类边界的测试用例进行测试。边界值分析法与等价类划分法的区别是,边界值分析不是从某个等价类中随便挑一个作为代表,而是使这个等价类的每个边界都要作为测试条件。另外,边界值分析不仅考虑输入条件为界,还要考虑输出域边界产生的测试情况。

测试实践表明,大量的错误是发生在输入或输出范围的边界上,因此针对各种边界情况设计测试用例,可以查出更多的错误。例如,当循环条件本应判断“≤”,却错写了“<”,计数器常常少记一次。这里所说的边界是指相对于输入等价类和输出等价类而言,稍高于其边界及稍低于边界值的一些特定情况。实践表明,在设计测试用例时,对边界附近的处理必须足够重视。

使用边界值分析方法设计测试用例，首先应确定边界情况，通常输入等价类和输出等价类的边界，就是应着重测试的边界情况。应当选取正好等于、刚刚大于或刚刚小于边界的值作为测试数据，而不是选取等价类中的典型值或任意值作为测试数据。

常见的边界值如下所示。

(1) 对于循环结构，第0次、第1次、最后1次和倒数第2次是边界。

(2) 对于16位整型数据，32767和−32768是边界。

(3) 数组的第一个和最后一个元素是边界。

(4) 报表的第一行和最后一行是边界。

(5) 屏幕上光标在最左上和最右下位置是边界。

边界值分析方法是有效的黑盒测试方法，是对等价类划分方法的补充。但当边界情况很复杂的时候，要找出适当的测试用例还需针对问题的输入域、输出域边界，耐心细致地逐个考虑。

通常情况下，软件测试所包含的边界检验有几种类型：数值、字符、位置、重量、速度、尺寸、空间等。相应地，以上类型的边界值应该在最大/最小，首位/末位、上/下、最高/最低、最快/最慢、最短/最长、空/满等情况下。软件测试时应利用这些边界值作为测试数据。

边界值分析方法选择测试用例的原则如下所示。

(1) 如果输入条件规定了值的范围，则应该取刚达到这个范围的边界值，以及刚刚超过这个范围边界的值作为测试输入数据。

(2) 如果输入条件规定了值的个数，则用最大个数、最小个数、比最大个数多一个，比最小个数少一个的数作为测试数据。

(3) 根据规格说明的每一个输出条件，使用前面两条规则。

(4) 如果程序的规格说明给出的输入域或输出域是有序集合(例如有序表、顺序文件等)，则应选取集合的第一个和最后一个元素作为测试用例。

(5) 如果程序使用了一个内部结构，应该选取这个内部数据结构的边界值作为测试用例。

(6) 分析规格说明，找出其他可能的边界条件。

为便于理解，这里讨论一个有2个变量x和y的程序P，假设输入变量x和y在下列范围内取值：$a\leqslant x\leqslant b, c\leqslant y\leqslant d$。

边界值分析利用输入变量的最小值(min)、稍大于最小值(min+)、域内任意值(nom)、稍小于最大值(max−)和最大值(max)来设计测试用例。即使1个变量分别取min、min+、nom、max−和max来进行测试，其他变量则取正常值。对于有2个变量的程序P的边界值共有9个，即一个变量取正常值，另一个变量分别取min、min+、max−、max，还有2个变量都取正常值的情况。

对于一个含有n个变量的程序，其中一个变量依次取min、min+、max−、max，其他变量取正常值，对每个变量都重复进行，会产生$4n$个测试用例，还有1个所有变量都取正常值的测试用例，共$4n+1$个测试用例。

不管理采用什么编程语言，变量的min、min+、nom、max−和max值根据语境可以很清楚地确定。如果没有显式地给出边界，例如三角形问题，可以人为设定一个边界。边长的下界是1，那么如何设定一个上界呢？在默认情况下，可以取最大可表示的整型值，或者规定一个数作为上界，如100或500等。

健壮性是指在异常情况下，程序还能正常运行的能力。健壮性测试是边界值分析的一种简单扩展。变量除了取 min、min+、nom、max−和 max5 个边界值外，还要考虑采用一个略超过最大值(max+)的取值和一个略小于最小值(min−)的取值，观察超过极限值时系统会出现什么情况。边界值分析的大部分测试用例可直接用于健壮性测试，健壮性测试最有意义的情况不是输入，而是输出，观察如何处理例外情况。

5.3.4 决策表法

在一个程序中，如果输入/输出比较多，输入和输出之间相互制约的条件较多，在这种情况下应用决策表很适用，它可以很清楚地表达它们之间的各种复杂关系。

决策表是把作为条件的所有输入的各种组合值以及对应输出值都罗列出来而形成的表格，它能够将复杂的问题按照各种可能的情况全部列举出来，简明并易于理解，同时可避免遗漏。因此，利用决策表能够设计出完整的测试用例集合。使用决策表设计测试用例时，可以把条件解释为输入，把动作解释为输出。

决策表通常由条件桩、条件项、动作桩和动作项 4 个部分组成。

1. 条件桩

列出了问题的所有条件，除了某些问题对条件的先后次序有特定的要求外，通常在这里列出的条件的先后次序无关紧要。

2. 条件项

针对条件桩给出的条件列出所有可能的取值。

3. 动作桩

列出了问题规定的可能采取的操作，这些操作的排列顺序一般没有什么约束，但为了便于阅读，也可令其按适当的顺序排列。

4. 动作项

列出在条件项的各种取值情况下应该采取的动作。

动作项和条件项紧密相关，指出在条件项的各组取值情况下应采取的动作。我们把任何一个条件组合的特定取值及其相应要执行的操作称为一条规则。在决策表中贯穿条件项和动作项的一列就是一条规则。显然，决策表中列出多少组条件取值，就有多少条规则。

如表 5-4 所示的决策表，第 2 列表示桩，第 3 列至第 8 列表示项，在表中项部分，一列就是一条规则，条件用 C1、C2、C3 表示，动作用 A1、A2、A3、A4 来表示。在决策表 5-4 中，如果 C1、C2 和 C3 都为真，则动作 A1、A2 发生；如果 C1 和 C2 为真，而 C3 为假，则动作 A1 和 A3 发生。在下一条规则中，如果 C1 为真而 C2 为假，则 C3 项成为“无关”项，则动作 A4 发生。对无关项可以有两种解释：条件无关或条件不适用。

表 5-4 决策表

	桩	规则 1	规则 2	规则 3	规则 4	规则 5	规则 6
条件	C1	T	T	T	F	F	F
	C2	T	T	F	T	T	F
	C3	T	F	—	T	F	—

续表

	桩	规则 1	规则 2	规则 3	规则 4	规则 5	规则 6
动作	A1	√	√		√		
	A2	√				√	
	A3		√		√		
	A4			√			√

构造决策表的主要步骤如下所示。

(1) 列出所有的条件桩和动作桩。

(2) 分析输入域,对输入域进行等价类划分。

(3) 分析输出域,对输出进行细化,以指导具体的输出动作。

(4) 确定规则的个数,假如有 n 个条件,每一个条件有两个取值(分别取真值、假值),则有 2^n种规则。

(5) 填写条件项和动作项,得到初始决策表。

(6) 合并相似规则,简化决策表,得到最终决策表。

为了使用决策表构造测试用例,可以把条件看作程序输入,把动作看作程序输出。有时条件也可解释为输入的等价类,而动作对应被测试软件的主要功能处理部分,这样规则就可解释为测试用例。

5.4　白盒测试

白盒测试是一种测试用例设计方法,盒子指的是被测试的软件,白盒指的是盒子是可视的,测试人员清楚盒子内部的东西以及里面是如何运作的。"白盒"法全面了解程序内部逻辑结构,对所有逻辑路径进行测试。

5.4.1　白盒测试的基本概念

白盒测试也称结构测试或逻辑驱动测试,它是按照程序内部的结构测试程序,通过测试来检测产品内部动作是否按照设计规格说明书的规定正常进行,检验程序中的每条通路是否都能按预定要求正确工作。这一方法是把测试对象看作一个打开的盒子,测试人员依据程序内部逻辑结构相关信息,设计或选择测试用例,对程序所有逻辑路径进行测试,通过在不同点检查程序的状态,以确定实际运行状态是否与预期的状态一致。

"白盒"法是穷举路径测试,在使用这一方法时,测试者必须检查程序的内部结构,从检查程序的逻辑着手,得出测试数据。

白盒测试通常可分为静态测试和动态测试两类方法。其中静态测试不要求实际执行所测程序,主要以一些人工的模拟技术对软件进行分析和测试;而动态测试是通过输入一组预先按照一定的测试准则构造的实例数据来动态运行程序,而达到发现程序错误的过程。

白盒测试的测试方法有代码检查法、静态结构分析法、逻辑覆盖法、基本路径测试法、域测试法、符号测试法、数据流测试法、Z 路径覆盖法和程序变异法等,本单元主要介绍代码检查法、逻辑覆盖法和基本路径测试法。由于本书篇幅的限制,本单元没有介绍静态结构分析法、域测试法、符号测试法、数据流测试法、Z 路径覆盖法和程序变异法,请学习者参考相关书籍，了解这些白盒测试方法。

采用白盒测试方法必须遵循以下几条原则。

(1) 保证一个模块中的所有独立路径至少被使用一次。

(2) 对所有逻辑值均需测试逻辑真(true)和逻辑假(false)。

(3) 在上下边界及可操作范围内运行所有循环。

(4) 检查程序的内部数据结构，以确保其结构的有效性。

在白盒测试中，可以使用各种测试方法进行测试。但是，测试时要考虑以下5个问题。

(1) 测试中尽量先用自动化工具来进行静态结构分析。

(2) 测试中建议先从静态测试开始，如：静态结构分析、代码走查和静态质量度量，然后进行动态测试，如：覆盖率测试。

(3) 将静态分析的结果作为依据，再使用代码检查和动态测试的方式对静态分析结果进行进一步确认，以提高测试效率及准确性。

(4) 覆盖测试是白盒测试中的重要手段，在测试报告中可以作为量化指标的依据，对于软件的重点模块，应使用多种覆盖率标准衡量代码的覆盖率。

(5) 在不同的测试阶段，测试的侧重点是不同的。

① 单元测试阶段：以程序语法检查、程序逻辑检查、代码检查、逻辑覆盖为主。

② 集成测试阶段：需要增加静态结构分析、静态质量度量、以接口测试为主。

③ 系统测试阶段：在真实系统工作环境下通过与系统的需求定义作比较，检验完整的软件配置项能否和系统正确连接，发现软件与系统/子系统设计文档和软件开发合同规定不符合或与之矛盾的地方；验证系统是否满足了需求规格的定义，找出与需求规格不相符或与之矛盾的地方，从而提出更加完善的方案，确保最终软件系统满足产品需求并且遵循系统设计的标准和规定。

④ 验收测试阶段：按照需求说明，体验该产品是否能够满足使用要求，有没有达到原设计水平，完成的功能怎样，是否符合用户的需求，以达到预期目的为主。

5.4.2 代码检查法

代码检查是静态测试的主要方法，它包括代码走查、桌面检查、流程图审查等。

1. 代码检查的概念

代码检查主要检查代码和设计意图的一致性、代码结构的合理性、代码编写的标准性和可读性、代码逻辑表达的正确性等方面。包括变量检查、命名和类型审查、程序逻辑审查、程序语法检查和程序结构检查等内容。

在进行代码检查前应准备好需求文档、程序设计文档、程序的源代码清单、代码编码标准、代码缺陷检查表和流程图等。

2. 代码检查的目的

代码检查是为达到以下目的。

(1) 检查程序是不是按照某种编码标准或规范编写的。

(2) 检查代码是不是符合流程图要求。

(3) 发现程序缺陷和程序产生的错误。

(4) 检查有没有遗漏的项目。

(5) 检查代码是否易于移植。

(6) 使代码易于阅读、理解和维护。

3. 代码检查的方式

代码检查的方式主要有以下3种。

(1) 桌面检查

桌面检查是程序员对源程序代码进行分析、检验,并补充相关的文档,发现程序中的错误的过程。由于程序员熟悉自己的程序,可以由程序员自己检查,这样可以节省很多时间,但要注意避免自己的主观判断。

(2) 走查

走查是程序员和测试员组成的审查小组通过运行程序,发现问题。小组成员要提前阅读设计规格说明书、程序文本等相关文档,然后利用测试用例使程序逻辑运行。

走查可分为以下两个步骤。

① 小组负责人把材料发给每个组员,然后由小组成员提出发现的问题。

② 通过记录,小组成员对程序逻辑及功能提出自己的疑问,开会探讨发现的问题和解决方法。

(3) 代码审查

代码审查是程序员和测试员组成的审查小组通过阅读、讨论、分析对程序进行静态分析的过程。

代码审查可分为以下两个步骤。

① 小组负责人把程序文本、规范、相关要求、流程图及设计说明书发给每个成员。

② 每个成员将所发材料作为审查依据,但是由程序员讲解程序的结构、逻辑和源程序。在此过程中,小组成员可以提出自己的疑问;程序员在讲解自己的程序时,也能发现自己原来没有注意到的问题。

为了提高效率,小组在审查会议前,可以准备一份常见错误清单,提供给参加成员对照检查。在实际应用中,代码检查能快速找到20%~30%的编码缺陷和逻辑设计缺陷,代码检查看到的是问题本身而非问题的征兆。代码走查是要消耗时间的,而且需要知识和经验的积累。

4. 代码检查项目及原则

代码检查的主要项目及原则如表5-5所示。

表5-5 代码检查的主要项目及原则

检查项目	基本原则
目录文件组织	① 所有的文件名简单明了,见名知意。 ② 文件和模块分组清晰。 ③ 每行代码在80个字符以内。 ④ 每个文件只包含一个完整模块的代码
函数	① 函数头清晰地描述了函数的功能。 ② 函数的名字清晰地定义了它所要做的事情。 ③ 各个参数的定义和排序遵循特定的顺序。 ④ 所有的参数都要是有用的。 ⑤ 函数参数接口关系清晰明了。 ⑥ 函数所使用的算法要有说明

续表

检查项目	基本原则
数据类型及变量	① 每个数据类型都有其解释。 ② 每个数据类型都有正确的取值。 ③ 数据结构尽量简单,降低复杂性。 ④ 每一个变量的命名都明确地表示了其代表什么。 ⑤ 全部变量的描述要清晰。 ⑥ 所有的变量都初始化。 ⑦ 在混合表达式中,所有的运算符应该应用于相同的数据类型之间
条件判断语句	① 条件检查和代码在程序中清晰表露。 ② 正确使用了 if/else 语句。 ③ 数字、字符和指针判断明确。 ④ 最常见的情况优先判断
循环语句	① 任何循环不得为空,循环体清晰易懂。 ② 当有明确的多次循环操作时使用 for 循环。 ③ 循环命名要有意义。 ④ 循环终止条件清晰
代码注释	① 有一个简单的关于代码结构的说明。 ② 每个文件和模块都要有相应的解释。 ③ 源代码能够自我解释,并且易懂。 ④ 每个代码的解释说明要明确地表达出代码的意义。 ⑤ 所有注释要具体、清晰。 ⑥ 删除了所有无用的代码及注释
桌面检查	① 检查代码和设计的一致性。 ② 代码对标准的遵循与可读性。 ③ 代码逻辑表达的正确性。 ④ 代码结构的合理性。 ⑤ 编写的程序与编码标准的符合性。 ⑥ 程序中不安全、不明确和模糊的部分。 ⑦ 编程风格问题等
其他	① 软件的扩展字符、编码、兼容性、警告/提示信息。 ② 检查变量的交叉引用表:检查未说明的变量和违反了类型规定的变量,以及变量的引用和使用情况。 ③ 检查标号的交叉引用表:验证所有标号的正确性。 ④ 检查子程序、宏、函数:验证每次调用与所调用位置是否正确,调用的子程序、宏、函数是否存在,参数是否一致。 ⑤ 等价性检查:检查全部等价变量的类型的一致性。 ⑥ 常量检查:确认常量的取值和数制、数据类型。 ⑦ 设计标准检查:检查程序中是否有违反设计标准的问题。 ⑧ 风格检查:检查程序的设计风格。 ⑨ 比较控制流:比较设计控制流图和实际程序生成的控制流图的差异。 ⑩ 选择与激活路径:在设计控制流图中选择某条路径,然后在实际的程序中激活这条路径,如果不能激活,则程序可能有错

5. 使用缺陷检查表列出典型错误

在进行人工代码检查时,可以制作代码走查缺陷表。在缺陷检查表中,可以列出工作中遇到的典型错误，如表 5-6 所示。

表 5-6 缺陷检查表

(1) 格式部分	① 嵌套的 if 语句是否正确地缩进。 ② 注释是否准确并有意义。 ③ 使用的符号是否有意义。 ④ 代码是否与开始时的模块模式一致。 ⑤ 是否遵循了全套的编程标准
(2) 入口和出口的连接	① 初始入口和最终出口是否正确。 ② 被传送的参数值是否正确地设置了。 ③ 对被调用的关键模块的意外情况是否有所处理(如丢失、混乱)。 ④ 对另一个模块进行每一次调用时，全部所需的参数是否传送给每一个被调用的模块
(3) 存储器问题	① 每一个域在第一次使用前是否正确地初始化。 ② 规定的域是否正确。 ③ 每个域是否有正确的变量类型声明
(4) 判断及转移	① 用于判断是否是正确的变量。 ② 判断是否为正确的条件。 ③ 每个转移目标是否正确地并且至少执行了一次
(5) 性能	性能是否最佳
(6) 可靠性	对从外部接口采集的数据是否确认过
(7) 可维护性	① 清单格式是否适用于提高可读性。 ② 各个程序块之间是否符合代码的逻辑意义
(8) 逻辑	① 全部设计是否已经实现。 ② 代码所做的是否是设计规定的内容。 ③ 每一个循环是否执行了正确的次数
(9) 内存设计	① 数组或指针的下标是否越界。 ② 是否修改了指向常量的指针的内容。 ③ 是否有效地处理了内存耗尽的问题。 ④ 是否出现了不规范指针(指针变量没有被初始化、用 free 或者 delete 释放了内存之后，忘记将指针设置为 Null)。 ⑤ 是否忘记为数组和动态内存赋初值。 ⑥ 用 malloc 或者 new 申请内存之后，是否立即检查指针值是否为 Null

6. 静态结构分析

静态结构分析主要是以图形的方式表现程序的内部结构，例如函数调用关系图、函数内部控制流图。

静态结构分析是测试者通过使用测试工具分析程序源代码的系统结构、数据结构、数据接口、内部控制逻辑等内部结构，生成函数调用关系图、模块控制流图、内部文件调用关系图等各种图形和图表，清晰地标识整个软件的组成结构，通过分析这些图表(包括控制流分析、数据流分析、接口分析、表达式分析)，检查软件是否存在缺陷或错误。

通过应用程序各函数之间的调用关系展示了系统的结构，这可以通过列出所有函数，用连线表示调用关系和作用来实现。静态结构主要分析以下内容：

(1) 检查函数的调用关系是否正确。

(2) 确认是否存在孤立的函数没有被调用。

(3) 明确函数被调用的频繁度,对调用频繁的函数可以重点检查。

5.4.3 逻辑覆盖法

逻辑覆盖是白盒测试的主要动态测试方法之一,是以程序内部的逻辑结构为基础的测试技术,通过对程序逻辑结构的遍历实现程序的覆盖。从覆盖源代码的不同程度可以分为以下6个标准:语句覆盖(Statement Coverage,SC)、判定覆盖(Decision Coverage,DC,又称为分支覆盖)、条件覆盖(Condition Coverage,CC)、判定/条件覆盖(Decision/Condition Coverage,D/CC,又称为分支/条件覆盖)、条件组合覆盖(Condition Combination Coverage,CCC)和路径覆盖(Path Coverage,PC)。

正确使用白盒测试,就要先从代码分析入手,根据不同的代码逻辑规则、语句执行情况,选用适合的覆盖方法。任何一个高效的测试用例,都是针对具体测试场景的。逻辑测试不是片面地测试正确的结果或是测试错误的结果,而是尽可能全面地覆盖每一个逻辑路径。

首先对表5-7所示的方法logicExample()的代码进行分析。

表 5-7　方法 logicExample()的程序代码

行　号	程序代码
01	`/*-----------------------------------------------*/`
02	`/*功能:逻辑覆盖测试示例                              */`
03	`/*日期:2015-10-08                                   */`
04	`/*作者:陈承欢                                       */`
05	`/*-----------------------------------------------*/`
06	`private int logicExample(int x ,int y )`
07	`{`
08	`    int magic=0;`
09	`    if(x>0 && y>0)`
10	`        {`
11	`            magic=x+y+10;            //语句块 1`
12	`        }`
13	`    else`
14	`        {`
15	`            magic=x+y-10;            //语句块 2`
16	`        }`
17	`    if(magic <0)`
18	`    {`
19	`            magic=0;                 //语句块 3`
20	`    }`
21	`    return magic;                    //语句块 4`
22	`}`

一般做白盒测试不会直接根据源代码,而是根据流程图来设计测试用例和编写测试代

码，在没有设计文档时，要根据源代码画出流程图。方法 logicExample()的流程图如图 5-1 所示。

做好了上面的准备工作，接下来就开始探讨、分析 6 个逻辑覆盖标准。

1. 语句覆盖

(1) 基本概念

设计足够多的测试用例，使得被测试程序中的每条可执行语句至少被执行一次。在本例中，可执行语句是指语句块 1、语句块 2、语句块 3、语句块 4 中的语句。

(2) 设计测试用例

语句覆盖的测试用例如表 5-8 所示。

{$x=3$，$y=3$}可以执行到语句块 1 和语句块 4，所走的路径为：a-b-e-f。

{$x=-3$，$y=0$}可以执行到语句块 2、语句块 3 和语句块 4，所走的路径为：a-c-d-f。

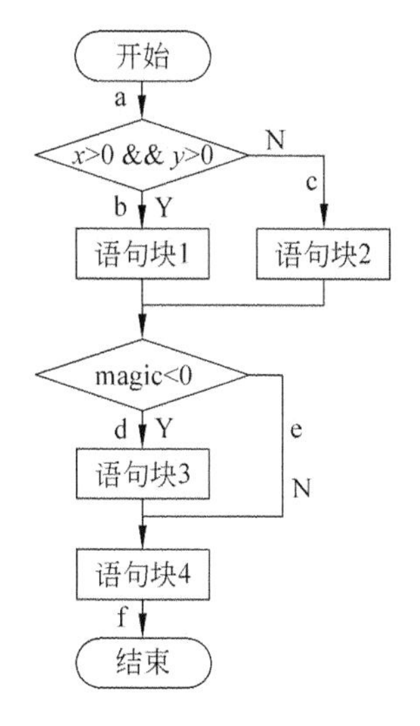

图 5-1　方法 logicExample()的流程图

表 5-8　语句覆盖的测试用例

路　　径	测试数据	语句块 1	语句块 2	语句块 3	语句块 4
a-b-e-f	{$x=3$，$y=3$}	覆盖	未覆盖	未覆盖	覆盖
a-c-d-f	{$x=-3$，$y=0$}	未覆盖	覆盖	覆盖	覆盖

这样，通过两个测试用例即达到了语句覆盖的标准，当然，测试用例(测试用例组)并不是唯一的。

(3) 主要特点

语句覆盖可以很直观地从源代码得到测试用例，无须细分每条判定表达式。由于这种测试方法仅仅针对程序逻辑中显式存在的语句，但对于隐藏的条件和可能到达的隐式逻辑分支是无法测试的。在 if 结构中若源代码没有给出 else 后面的执行分支，那么语句覆盖测试就不会考虑这种情况。但是我们不能排除这种以外的分支不会被执行，而往往这种错误会经常出现。再如，在 do-while 结构中，语句覆盖执行其中某一个条件分支。那么显然，语句覆盖对于多分支的逻辑运算是无法全面反映的，它只在乎运行一次，而不考虑其他情况。

(4) 测试充分性说明

假设第一个判断语句 if(x>0 && y>0)中的“&&”被程序员错误地写成了“||”，即 if(x>0||y>0)，使用上面设计出来的一组测试用例来进行测试，仍然可以达到 100%的语句覆盖，所以语句覆盖无法发现上述的逻辑错误。

在 6 种逻辑覆盖标准中，语句覆盖标准是最弱的。

2. 判定覆盖(分支覆盖)

(1) 基本概念

设计足够多的测试用例，使得被测试程序中的每个判断的“真”、“假”分支至少被执行一次。在本例中共有两个判断，即 if(x>0 && y>0)(记为 P1)和 if(magic<0)(记为 P2)。

(2) 设计测试用例

判定覆盖的测试用例如表 5-9 所示。

表 5-9 判定覆盖的测试用例

路 径	测试数据	P1	P2	路 径	测试数据	P1	P2
a-b-e-f	{$x=3$, $y=3$}	T	F	a-c-d-f	{$x=-3$, $y=0$}	F	T

判断条件的取真和取假分支都已经被执行过,所以满足了判定覆盖的标准。

(3) 主要特点

判定覆盖比语句覆盖要多几乎一倍的测试路径,当然也就具有比语句覆盖更强的测试能力。同样判定覆盖也具有和语句覆盖一样的简单性,无须细分每个判定就可以得到测试用例。往往大部分的判定语句是由多个逻辑条件组合而成(例如,判定语句中包含 AND、OR、CASE),若仅仅判断其整个最终结果,而忽略每个条件的取值情况,必然会遗漏部分测试路径。

(4) 测试充分性说明

方法同语句覆盖的测试。

跟语句覆盖相比,由于可执行语句要么就在判定的真分支上,要么就在假分支上,所以,只要满足了判定覆盖标准就一定满足语句覆盖标准,反之则不一定是这样。因此,判定覆盖比语句覆盖更强。

3. 条件覆盖

(1) 基本概念

设计足够多的测试用例,使得被测试程序中的每个判断语句中的每个逻辑条件的可能值至少被满足一次。

也可以描述成:设计足够多的测试用例,使得被测试程序中的每个逻辑条件的可能值至少被满足一次。

在本例中有两个判断,即 if(x>0 && y>0)(记为 P1)和 if(magic < 0)(记为 P2),共计 3 个条件,即 x>0(记为 C1)、y>0(记为 C2)和 magic<0(记为 C3)。

(2) 设计测试用例

条件覆盖的测试用例如表 5-10 所示。

表 5-10 条件覆盖的测试用例

路 径	测试数据	C1	C2	C3	P1	P2
a-b-e-f	{$x=3$, $y=3$}	T	T	T	T	F
a-c-d-f	{$x=-3$, $y=0$}	F	F	F	F	T

三个条件的各种可能取值都满足了一次,因此,达到了 100%条件覆盖的标准。

(3) 主要特点

显然条件覆盖比判定覆盖增加了对符合判定情况的测试,增加了测试路径。要达到条件覆盖,需要足够多的测试用例,但条件覆盖并不能保证判定覆盖。条件覆盖只能保证每个条件至少有一次为真,而不考虑所有的判定结果。

(4) 测试充分性说明

上面的测试用例同时也到达了 100%判定覆盖的标准,但并不能保证达到 100%条件覆盖标准的测试用例(组)都能到达 100%的判定覆盖标准,看下面的例子。

条件覆盖的第 2 组测试用例如表 5-11 所示。

表 5-11　条件覆盖的第 2 组测试用例

路　　径	测试数据	C1	C2	C3	P1	P2
a-c-e-f	{x=3, y=0}	T	F	T	F	F
a-c-e-f	{x=-3, y=5}	F	T	F	F	F

既然条件覆盖标准不能 100%达到判定覆盖的标准,也就不一定能够达到 100%的语句覆盖标准了。

4. 判定/条件覆盖(分支/条件覆盖)

(1) 基本概念

设计足够多的测试用例,使得被测试程序中的每个判断本身的判定结果(真假)至少满足一次,同时,每个逻辑条件的可能值也至少被满足一次。即同时满足 100%判定覆盖和 100%条件覆盖的标准。

(2) 设计测试用例

判定/条件覆盖的测试用例如表 5-12 所示。

表 5-12　判定/条件覆盖的测试用例

路　　径	测试数据	C1	C2	C3	P1	P2
a-b-e-f	{x=3, y=3}	T	T	T	T	F
a-c-d-f	{x=-3, y=0}	F	F	F	F	T

所有条件的可能取值都满足了一次,而且所有的判断本身的判定结果也都满足了一次。

(3) 主要特点

判定/条件覆盖满足判定覆盖准则和条件覆盖准则,弥补了二者的不足。判定/条件覆盖准则的缺点是未考虑条件的组合情况。

(4) 测试充分性说明

达到 100%判定—条件覆盖标准一定能够达到 100%条件覆盖、100%判定覆盖和 100%语句覆盖。

5. 条件组合覆盖

(1) 基本概念

设计足够多的测试用例,使得被测试程序中的每个判断的所有可能条件取值的组合至少被满足一次。

注意:

① 条件组合只针对同一个判断语句内存在多个条件的情况,让这些条件的取值进行笛卡儿乘积组合。

② 不同的判断语句内的条件取值之间无须组合。

③ 对于单条件的判断语句,只需要满足自己的所有取值即可。

(2) 设计测试用例

条件组合覆盖的测试用例如表 5-13 所示。

表 5-13 条件组合覆盖的测试用例

路　径	测试数据	C1	C2	C3	P1	P2
a-c-e-f	{x=−3, y=0}	F	F	F	F	F
a-c-e-f	{x=−3, y=2}	F	T	F	F	F
a-c-e-f	{x=−3, y=0}	T	F	F	F	F
a-b-d-f	{x=3, y=3}	T	T	T	T	T

C1 和 C2 处于同一判断语句中，它们的所有取值的组合都被满足了一次。

(3) 主要特点

条件覆盖准则满足判定覆盖、条件覆盖和判定/条件覆盖准则。更改的判定/条件覆盖要求设计足够多的测试用例，使得判定中每个条件的所有可能结果至少出现一次，每个判定本身的所有可能结果也至少出现一次，并且每个条件都显示能单独影响判定结果，但增加了测试用例的数量。

(4) 测试充分性说明

100%满足条件组合标准一定满足 100%条件覆盖标准和 100%判定覆盖标准。

但上面的例子中，只走了两条路径 a-c-e-f 和 a-b-d-f，而本例的程序存在 3 条路径。

6. 路径覆盖

(1) 基本概念

设计足够多的测试用例，使得被测试程序中的每条路径至少被覆盖一次。

(2) 设计测试用例

路径覆盖的测试用例如表 5-14 所示。

表 5-14 路径覆盖的测试用例

路　径	数　据	C1	C2	C3	P1	P2
a-b-d-f	{x=3, y=5}	T	T	T	T	T
a-c-d-f	{x=0, y=2}	F	T	T	F	T
a-b-e-f	这条路径不可能实现	—	—	—	—	—
a-c-e-f	{x=−8, y=3}	F	T	F	F	F

所有可能的路径都满足过一次。

(3) 主要特点

这种测试方法可以对程序进行彻底的测试，比前面五种的覆盖面都广。由于路径覆盖需要对所有可能的路径进行测试(包括循环、条件组合、分支选择等)，那么需要设计大量、复杂的测试用例，使得工作量呈指数级增长。而在有些情况下，一些执行路径是不可能被执行的，例如：

```
if (!a ) b++;
```

```
if (!a ) d--;
```

这两个语句实际只包括了2条执行路径，即A为真或假时对B和D的处理，真或假不可能都存在，而路径覆盖测试则认为是包含了真与假的4条执行路径。这样不仅降低了测试效率，而且大量的测试结果的累积，也为排错带来麻烦。

(4) 测试充分性说明

由表5-14可见，100%满足路径覆盖，但并不一定能100%满足条件覆盖(C2只取到了真)，但一定能100%满足判定覆盖标准(因为路径就是从判断的某条分支走的)。

7. 6种逻辑覆盖的强弱关系

一般都认为这6种逻辑覆盖从弱到强的排列顺序是：

语句覆盖→判定覆盖→条件覆盖→判定/条件覆盖→条件组合覆盖→路径覆盖

但经过上面的分析，它们之间的关系实际上可以用图5-2表示。

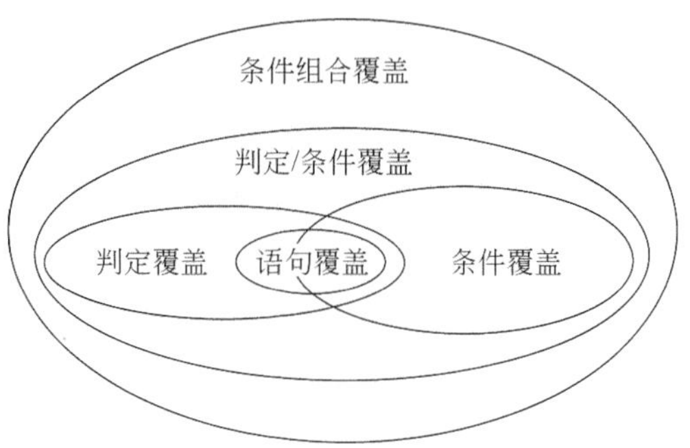

图5-2　逻辑覆盖标准之间的关系示意图

而路径覆盖很难在该图表示出来。

5.4.4　基本路径测试法

1. 基本概念

基本路径测试法在程序控制流图的基础上，通过分析控制构造的环路复杂性，导出基本可执行路径集合，从而设计测试用例的方法。设计出的测试用例要保证在测试中程序的每个可执行语句至少执行一次。基本路径测试法包括以下4个步骤和1个工具方法。

(1) 绘制程序控制流图，程序控制流图是描述程序控制流的一种图示方法。

(2) 计算程序的环路复杂度，即McCabe复杂性度量。从程序的环路复杂性可以导出程序基本路径集合中的独立路径条数，这是确定程序中每个可执行语句至少执行一次所必需的测试用例数目的上界。

(3) 确定独立路径：根据环路复杂度和程序结构确定独立路径。

(4) 设计测试用例：根据独立路径设计输入数据，确保基本路径集中的每一条路径的执行。

方法工具：采用图形矩阵。图形矩阵是在基本路径测试中起辅助作用的方法工具，利用它可以实现自动地确定一个基本路径集。

程序控制流图只有两种图形符号：圆圈和带箭头的直线或曲线，每一个圆圈称为控制流图的一个节点，表示一个或多个无分支的语句或源程序语句。流图中的带箭头的直线或曲线称为边或连接，代表控制流。基本结构的程序控制流图如图5-3所示。

任何过程设计都要被翻译成控制流图，在将程序流程图简化成控制流图时，应注意以下几点。

(1) 在选择或多分支结构中，分支的汇聚处应有一个汇聚结点。

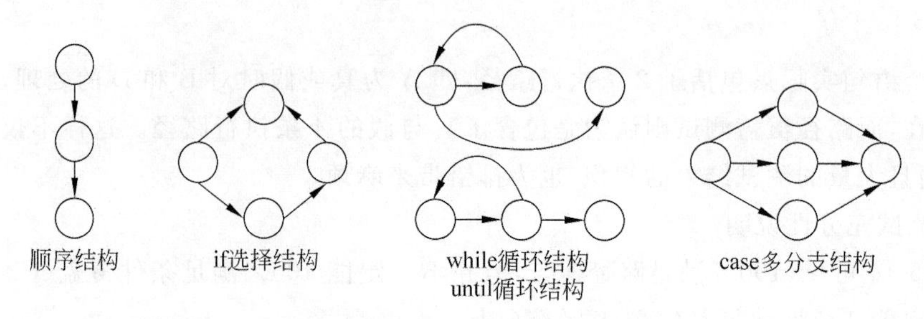

图 5-3　基本结构的程序控制流图

(2) 边和节点圈定的范围叫作区域,当对区域计数时,图形外的区域也应计为一个区域。程序流程图和对应的控制流程图如图 5-4 所示。

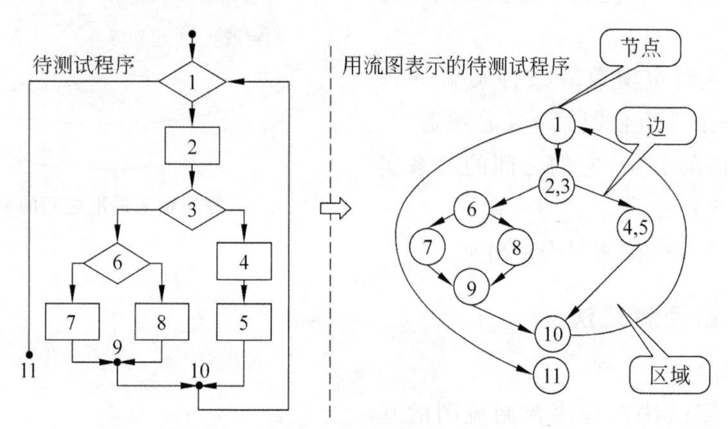

图 5-4　程序流程图和对应的控制流程图

(3) 如果判断中的条件表达式是由一个或多个逻辑运算符(or、and、nand、nor)连接的逻辑表达式,则需要将复合条件的判断改为一系列只有单条件的嵌套判断。

例如,对于以下程序:

```
if a or b then
    x
else
    y
```

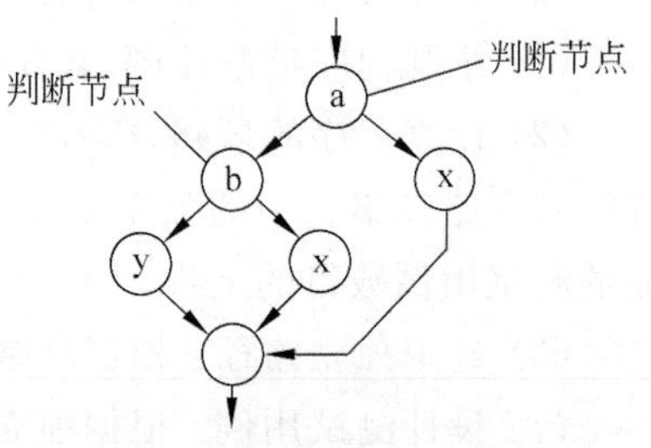

图 5-5　复合条件对应的控制流程图

该程序对应的控制流程图如图 5-5 所示。

2. 基本路径测试法的实现步骤

(1) 绘制控制流图

程序流程图用来描述程序的控制结构,可将程序流程图映射到一个相应的程序控制流图(假设流程图的菱形决定框中不包含复合条件)。在控制流图中,每一个圆圈称为流图的节点,代表一个或多个语句。程序流程图中的一个处理方框和一个菱形判定框可被映射为程序控制流图中的一个节点。控制流图中的箭头称为边或连接,代表控制流,类似于程序流程图中的箭头。一条边必须终止于一个节点,即使该节点并不代表任何语句(例如:if-else-then 结构)。

例如,对于表 5-15 所示的方法 NumCalc(),可用基本路径测试法进行测试。

表 5-15 方法 NumCalc()的程序代码

行 号	代 码
00	`private void NumCalc(int num1 ,int num2 )`
01	`{`
02	`int x=0 ;`
03	`int y=0;`
04	`while (num1-->0 )`
05	`{`
06	`if(num2==0 )`
07	`{x=y+2; break;}`
08	`else`
09	`if (num2==1)`
10	`x=y+10;`
11	`else`
12	`x=y+20;`
13	`}`
14	`}`

方法 NumCalc()的程序流程图和对应的控制流图如图 5-6 所示。

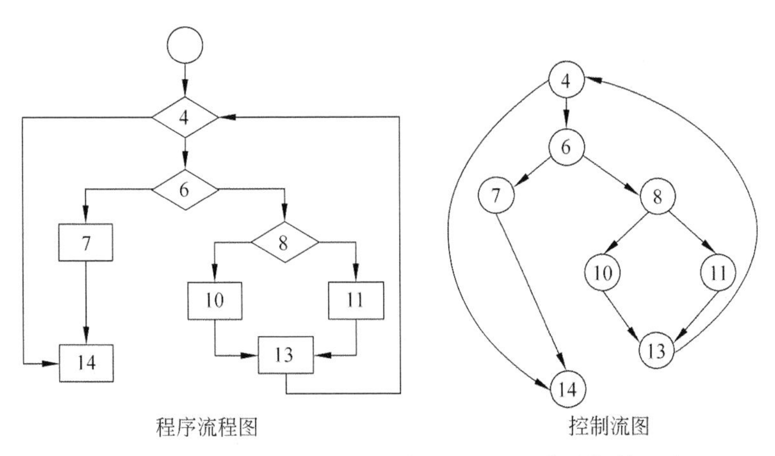

图 5-6 方法 NumCalc()的程序流程图和对应的控制流图

(2) 计算环路复杂度

环路复杂度(也称为圈复杂度)是一种为程序逻辑复杂性提供定量测度的软件度量,将该度量用于计算程序基本的独立路径数目,这是确保所有语句至少执行一次的测试数量的上界。

下面以图 5-7 为例讨论环路复杂度的计算方法。

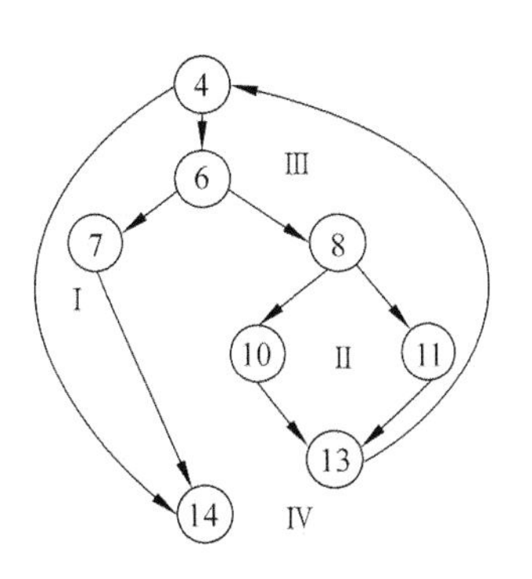

图 5-7 环路复杂度计算示例

有以下 3 种方法计算环路复杂度。

① 观察法

控制流图中区域的数量对应于环路的复杂性。环路复杂度=总的区域数=控制流图中封闭区域数量+1 个开放区域。图 5-7 中有 3 个封闭区域，分别为Ⅰ、Ⅱ、Ⅲ。Ⅳ为开放区域，因此环路复杂度为 4。

② 公式法

控制流图 G 的环路复杂度 $V(\mathrm{G})$ 的计算公式为：

$$V(\mathrm{G})=e-n+2$$

其中，e 表示控制流图中边的数量，n 表示控制流图中节点的数量。

图 5-7 中有 10 条边、8 个节点，所以环路复杂度 $V(\mathrm{G})=10-8+2=4$。

③ 判定节点法

利用程序代码中独立判定节点的数量来计算环路复杂度。

控制流图 G 的环路复杂度 $V(\mathrm{G})$ 的计算公式为：

$$V(\mathrm{G})=P+1$$

其中，P 表示控制流图 G 中判定节点的数量。

图 5-7 中有 3 个判定节点，分别为④、⑥、⑧，所以环路复杂度 $V(\mathrm{G})=3+1=4$。

环路复杂度 4 是构成基本路径集的独立路径数的上界，可以据此得到应该设计的测试用例的数目。

(3) 确定独立路径

根据上面的计算方法，可得出 4 个独立路径。所谓独立路径，是指和其他的独立路径相比，至少引入一个新处理语句或一个新判断的程序通路。$V(\mathrm{G})$ 的值正好等于该程序的独立路径的条数。

图 5-7 中的 4 条独立路径如下所示。

路径 1：4→14

路径 2：4→6→7→14

路径 3：4→6→8→10→13→4→14

路径 4：4→6→8→11→13→4→14

根据上面的独立路径去设计输入数据，使程序分别执行上面 4 条路径。

(4) 设计测试用例

为了确保基本路径集中的每一条路径的执行，根据判断节点给出的条件，选择适当的数据以保证某一条路径可以被测试到，满足上面例子基本路径集的测试用例如表 5-16 所示。

表 5-16 基本路径集的测试用例

测试用例 ID	输入数据		预期输出		路径
	num1	num2	x	y	
TC01	0	0	0	0	路径 1
TC02	1	0	2	0	路径 2
TC03	1	1	10	0	路径 3
TC04	1	2	20	0	路径 4

每个测试用例执行之后，与预期结果进行比较，如果所有测试用例都执行完毕，则可以确信程序中所有的可执行语句至少被执行了一次。

注意：一些独立的路径往往不是完全孤立的，有时它是程序正常的控制流的一部分，这时，这些路径的测试可以是另一条路径测试的一部分。

3. 基本路径测试法的图形矩阵工具

为了使导出控制流图和决定基本测试路径的过程均自动实现，可以开发一个辅助基本路径测试的方法工具，称为图形矩阵(graph matrix)。

利用图形矩阵可以自动地确定一个基本路径集。一个图形矩阵是一个方阵，其行/列数对应程序控制流图中的节点数，每行和每列依次对应到一个被标识的节点，矩阵元素对应到节点间的连接(即边)。在图中，程序控制流图的每一个节点都用数字加以标识，每一条边都用字母加以标识。如果在控制流图中第 i 个节点到第 j 个节点之间有一个名为 x 的边相连接，则在对应的图形矩阵中第 i 行/第 j 列有一个非空的元素 x。

对每个矩阵项加入链接权值(link weight)，图形矩阵就可以用于在测试中评估程序的控制结构，链接权值为控制流提供了另外的信息。最简单情况下，链接权值是 1(存在链接)或 0(不存在链接)，但是，链接权值也可以赋予如下更多的属性。

① 执行链接(边)的概率。

② 穿越链接的处理时间。

③ 穿越链接时所需的内存。

④ 穿越链接时所需的资源。

根据上面介绍的方法，对应图 5-7 所示的控制流图画出图形矩阵，如图 5-8 所示。

	4	6	7	8	10	11	13	14
4		1						1
6			1	1				
7								1
8					1	1		
10							1	
11							1	
13	1							
14								

图 5-8　图形矩阵

链接权为 1 表示存在一个链接，在图中如果一行有两个或更多的元素 1，则这行所代表的节点一定是一个判定节点。通过链接矩阵中有两个以上(包括两个)元素为 1 的个数，就可以得到该图环路复杂度的另一种算法。

5.4.5　循环语句测试

从本质上说，循环语句测试的目的就是检查程序中循环结构的有效性。循环语句是实现算法的重要组成部分，循环语句测试是一种白盒测试技术，它总是与边界值测试密切相关。可以把循环语句分为以下 4 种：简单循环、串接循环、嵌套循环和不规则循环，前三种如图 5-9 所示。

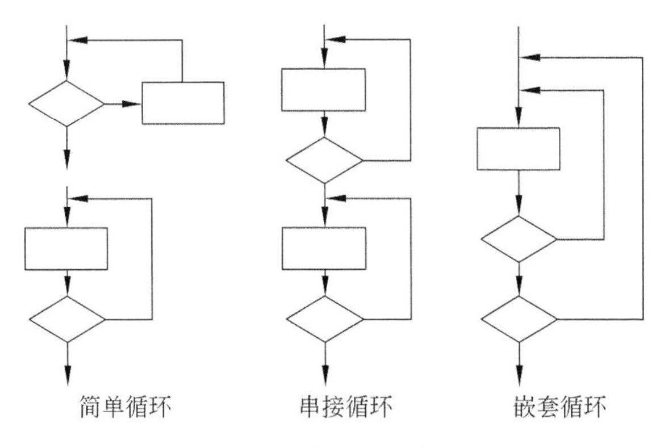

图 5-9　常见循环类型

1. 简单循环

使用下列测试集来测试简单循环,其中 n 表示允许通过循环的最大次数。

(1) 0 次循环:从循环入口直接跳到循环出口。

(2) 1 次循环:只有一次通过循环,用于查找循环初始值方面的错误。

(3) 2 次循环:2 次通过循环,用于查找循环初始值方面的错误。

(4) m 次循环:m 次通过循环,其中 $m<n$,用于检查在多次循环时才能暴露的错误。

(5) $n-1$ 次循环:$n-1$ 次通过循环,比最大循环次数少一次。

(6) n 次循环:n 次通过循环,最大循环次数。

(7) $n+1$ 次循环:$n+1$ 次通过循环,比最大循环次数多 1 次。

简单循环应重点测试以下方面。

(1) 循环变量的初始值是否正确。

(2) 循环变量的最大值是否正确。

(3) 循环变量的增量是否正确。

(4) 何时退出循环。

2. 嵌套循环

如果将简单循环的测试方法用于嵌套循环,可能的测试数就会随嵌套层数成几何级增加,这会导致不实际的测试数目,以下是一种减少测试数目的方法,步骤如下所示。

(1) 从最内层循环开始,将其他循环设置为最小值。

(2) 对最内层循环使用简单循环,而使外层循环的迭代参数(即循环计数器)取最小值,并为范围外或排除的值增加一些额外的测试。

(3) 从内向外构造下一个循环的测试,但其他的外层循环为最小值,并使其他的嵌套循环为"典型"值。

(4) 继续执行,直到测试完所有的循环为止。

嵌套循环应重点测试以下方面。

(1) 当外循环变量为最小值、内层循环也为最小值时,运算结果是否正确。

(2) 当外循环变量为最小值、内层循环为最大值时,运算结果是否正确。

(3) 当外循环变量为最大值、内层循环为最小值时,运算结果是否正确。

(4) 当外循环变量为最大值、内层循环也为最大值时,运算结果是否正确。

(5) 循环变量的增量是否正确。

(6) 何时退出循环。

3. 串接循环

串接循环也称为并列循环。如果串接循环的每个循环都彼此独立,则可以简化为两个单个循环来分别处理。但是如果两个循环串接起来,而且第 1 个循环的循环计数值是第 2 个循环的初始值,则这两个循环并不是独立的。如果循环不独立,则推荐使用嵌套循环的方法进行测试。

4. 不规则循环

应尽可能先将不规则循环重新设计为结构化的程序结构,然后再进行测试。

【方法指导】

5.5 集成测试

单元是构成软件系统的最小单位，单元和单元之间需要成为更大粒度的系统或子系统以实现软件所应提供的功能。在这些较大粒度的系统或子系统中，单元和单元之间通过交互协作完成指定功能。正是因为有了单元之间的这种协作，使得通过单元测试的单元在组成子系统或系统时，并不能保证集成的子系统或系统功能的正常。集成测试的主要对象就是跨越单元之间的这种交互，其目的是确保按设计要求组合在一起的各个单元能够按照既定的意图协作。

1. 集成测试的基本概念

集成测试又称为组装测试或联合测试，介于单元测试和系统测试之间，它是将所有经过单元测试的软件构成单位按照设计要求组装成子系统或系统，然后进行测试的活动。集成测试对象的粒度要大于单元测试阶段的粒度，是单元测试的逻辑扩展，其主要目的是检查单元模块之间是否能正确交互，主要关注各个单元模块之间的接口，以及各模块集成后所实现的功能，以确保各个单元模块组合在一起后，能够达到软件概要设计说明的要求，并能协调工作。虽然经过单元测试的软件单元其功能已经得以验证，但是这并不能保证单元和单元之间的协作不存在问题，例如存在接口错误、业务流程不正确等情况。集成测试更多是站在测试人员的角度进行检测，以便发现更多的问题。

2. 集成测试的主要关注内容

集成测试关注的是软件单元之间的接口、接口之间的数据传递关系以及单元组合后是否实现预计的功能，具体包括以下几个方面。

(1) 在把各个模块连接起来的时候，穿越模块接口的数据是否会丢失。

(2) 一个模块的功能是否会对另一个模块的功能产生不利的影响。

(3) 各个子功能组合起来，能否达到预期要求的父功能。

(4) 全局数据结构是否存在问题。

(5) 单个模块的误差累积起来，是否会放大，以至于达到不能接受的程度。

3. 系统集成的主要策略

集成策略是在对测试对象分析的基础上，描述软件单元集成(组装)的方式和方法。集成策略是集成测试过程中各种活动的基础，其后的各项活动都是以集成策略为依据。集成策略有多种，本单元主要介绍基于功能分解的集成和基于 MM 路径的集成两种策略。

(1) 基于功能分解的集成策略

功能分解是一种基于系统功能和子功能系统分解为多个组件的模块分解方式。基于功能分解的集成包括：一次性组装、自顶向下集成、自底向上集成和混合集成等策略。一次性组装是一种非增值式策略，自顶向下、自底向上和混合集成属于增值式策略。

一次性组装也称为整体拼装，使用这种方式，在对所有单元进行过单元测试之后，一次性把所有单元组装成要求的软件系统，然后进行测试。这种方法的优点是简单，但是，如果集成后的系统中包含多个错误或系统规划较大，则难以对错误定位和纠正。

自顶向下集成是将模块按系统功能分解结构，从顶层模块开始，沿分解层自顶向下进行移动，从而逐渐将各个模块组装起来。

自底向上的集成是从最底层组件开始，按照分解树的结构，逐层向上集成，调用下层单元的上层单元以驱动出现。这种组装方式是从程序模块结构的最底层的模块开始组装和测试，其优点是可以利用已经测试过的模块作为下一次测试的支撑模块，减少编写测试代码和辅助模块的工作量；其缺点是直到最后才测试到上层模块。由于主要的控制和判断点在最上层模块，这时发现错误后改动较大，往往会造成底层模块的变动，并要对以前的工作进行返工。

(2) 基于 MM 路径的集成策略

MM(message-method)路径可以用于描述单元之间的控制转移。MM 路径是模块执行路径和消息的序列，是描述单元之间控制转移的模块执行路径序列。一条 MM 路径从一个消息开始，通过激活一个相应的方法和函数执行，到一个自身不产生任何消息的方法结束。

可以基于系统中的调用关系或者对象之间协作图、顺序图等建模信息以及代码识别系统的 MM 路径，并确保所有消息均至少被某条 MM 路径覆盖一次。在面向对象的系统中，MM 路径可以看成是一个由消息连接的方法执行序列。

4. 集成测试的主要过程

集成测试的主要依据是《软件需求规格说明书》、《软件设计说明书》和源代码等。集成测试过程是由一系列相互关联的受控活动组成，主要包括集成测试计划、集成测试设计、集成测试实现、集成测试执行和集成测试执行 5 个阶段，当然也包含集成回归测试活动。

集成测试计划的主要任务是依据测试策略和相关文档确定集成测试目的、集成策略，识别集成测试需求，安排测试进度，规划测试资源，制定测试开始和结束准则等。集成测试设计的主要任务是确定集成测试方案，包括测试所依据的标准和文档，测试使用的方法，另外如果需要编写测试代码或使用自动化测试工具，还需要准备测试代码与测试工具的设计描述。集成测试实现的主要任务是依据规范编写集成测试用例并确保满足测试需求，测试用例可以是手工测试用例，也可以是自动化测试脚本。集成测试执行的主要任务是搭建测试环境，运行测试用例以及发现被集成系统中的缺陷，当发现缺陷后提交缺陷报告单，并在缺陷修复后对缺陷的修正进行验证。

集成测试报告的主要任务是对集成测试过程进行总结，提供相关测试数据说明和缺陷说明，评价被测对象并给出改进意见，输出《软件集成测试报告》。

集成测试基本上采用黑盒测试和白盒测试相结合的方法，可以由开发人员承担，也可以由测试人员承担，或者两者共同承担。

5. 集成测试执行和报告

在集成测试执行阶段，集成测试人员将搭建测试环境，运行测试用例，查看实际运行结果并判断该结果是否与预期结果相吻合，以确定被测对象中是否存在缺陷。当满足以下条件时，集成测试正式进入执行阶段：

(1) 单元测试结束。

(2) 经过单元测试的代码已完成。

(3) 集成测试计划、测试用例已经过评审。

(4) 人员到位，测试环境准备就绪。

在执行测试用例的过程中，如果发现被测对象的缺陷，则需要进行缺陷跟踪处理。当所有测试用例执行完毕，达到覆盖要求，发现的缺陷数量呈收敛状态且所有提交的缺陷都被修改并且通过验证，集成测试执行则可以停止。接下来的任务就是编写集成测试报告，集成测试报告主要包含了每个集成测试用例的执行结果，此次集成测试执行情况，包括统计测试用例执行的情况、缺陷发现的情况、达到测试停止准则的客观说明等。

5.6　系统测试

系统测试是软件测试过程中级别最高的一种测试活动，是站在用户角度进行的测试，主要根据需求规格说明书而采用黑盒测试方法，其核心是验证系统的实现是否满足用户各方面的需求。由于系统测试是产品提交给用户之前在公司内部进行的最后阶段的测试，因此可以将系统测试看成是软件产品质量的最后一道防线。

1. 系统测试的基本概念

系统测试是将已经集成好的软件系统作为整个基于计算机系统的一个元素，与计算机硬件、某些支持软件、数据库和人员等其他系统元素结合在一起，在实际运用或使用环境中，对计算机系统进行一系列的组装测试和确认测试。系统测试的对象不局限于软件系统，还应包括软件系统所依赖的硬件、外部设备和各类接口，其目的在于通过与系统的需求定义做比较，发现软件与系统定义不相符的地方以及系统各个部分是否可以协调工作。

2. 系统测试的依据与承担人员

系统测试需要依据包括各类开发文档、企业标准、行业标准等，其中《系统需求规格说明书》是系统测试的最主要依据。

与单元测试和集成测试不同，系统测试是站在用户角度进行的测试，通常采用黑盒测试方法，由不同于系统开发人员的测试人员承担以回避由开发人员设计实现系统时的思维模式和立场等原因而产生的不良结果。开发人员在系统测试阶段的主要职责是参与系统测试计划和方案的评审、跟踪解决测试人员发现的缺陷、评审系统测试报告。测试人员在系统测试阶段的主要职责包括制订系统测试计划和方案并组织评审，按照系统测试方案实现测试用例和测试代码，选用所需的测试工具，编写测试规程，执行系统测试用例，提交并跟踪缺陷，完成系统测试报告并组织评审，输出测试案例和总结类文档。另外系统测试过程中还可能涉及系统分析人员、配置管理人员和质量保证人员等。

3. 系统测试的主要过程

系统测试过程通常包括系统测试计划、系统测试设计、系统测试实现、系统预测试、系统测试执行、回归测试和系统测试报告等活动。在系统执行期间可包含多轮回归测试。

系统测试过程中包含的各个活动并不一定是在集成测试完全结束后才开始，遵循全流程的测试思想，系统测试的这些活动最好与开发活动同时进行。例如，在需求分析阶段进行系统测试计划，在设计阶段进行系统测试设计，在系统编码完成后开始测试用例的实现，系统测试的执行则需要在集成测试完成之后开始。

（1）系统测试计划

系统测试计划指明了系统测试的过程，估计测试工作量，为其分配必要的人力、物力资源，为系统测试的顺利实施奠定了基础。在系统测试计划中需要明确测试方法、测试范围、测试交付件、测试过程及准则、工作任务分布、测试进度、测试资源、测试用例结构、测试结论约定等内容。测试方法是根据测试内容指明在本次系统测试中所采用的发现缺陷的技术，系统测试通常综合运用各种黑盒测试方法。

（2）系统测试用例设计

在系统测试用例设计活动中，测试人员根据系统测试计划中指出的各项测试需求，结合被测试系统本身特点，综合地运用各种测试用例设计方法，主要是黑盒测试方法。

(3) 系统预测试

在系统测试过程中，为了避免由于前期测试不充分，导致大量缺陷遗留到系统测试阶段而使其过程进入不可控的状况，最好在执行正式系统测试之前安排一个简短的以验证系统是否可测为目的的活动，这就是系统预测试。其主要任务是检查被测系统的各个功能是否基本上达到了可以测试的程度，因此其测试用例要求的是广度而非深度，即必须要覆盖到即将被测试的每个功能特点，但对每个点只进行基本而非彻底的测试。只有通过所有预测试项的系统才能按照系统测试计划和测试用例正式开始系统测试的执行，否则，测试人员应将系统返回给开发人员并要求其进行相应的修改。

(4) 系统测试执行

在系统测试执行阶段，测试人员将搭建测试环境，运行测试用例，查看实际运行结果并判断该结果是否与预期结果相吻合，以确定被测系统中是否存在缺陷。与单元测试和集成测试不同，系统测试环境通常首选与用户部署环境一致的软、硬件配置，以期能够客观反映用户在实际使用时的情况。

系统测试可以手工执行，也可以借助自动化测试工具或者两者结合。在执行过程中如果发现缺陷，需要提交缺陷报告单。

(5) 回归测试

回归测试是验证缺陷是否修改正确和是否引入了新问题的活动，回归测试并不是一个测试级别，却是各个测试级别必须包括的一个测试活动。回归测试可以小到仅运行一些测试用例，也可以大到重新进行测试需求分析、设计、开发、执行等一个完整的测试级别所包含的所有活动。

(6) 系统测试报告

系统测试报告是分析被测系统质量和系统测试过程质量的重要依据，记录了系统测试过程中各个活动开展的实际情况。另外在系统测试报告中还需要对被测系统进行评价。

4. 系统测试的入口准则和出口准则

系统测试的入口准则是可以开始进行系统测试的前提条件，通常描述为当某些活动完成并达到指定的质量标准，常用的入口准则包括：

(1) 集成测试结束报告已提交并通过批准。

(2) 集成测试后的代码完成基线。

(3) 系统预测试项全部通过。

(4) 系统测试计划和用例开发完成并通过评审。

系统测试的出口准则是指系统测试可以结束的标准，常用的出口准则包括：

(1) 达到100%的功能覆盖。

(2) 缺陷呈收敛状态。

(3) 缺陷修改完成并通过回归测试。

(4) 系统测试报告提交，通过评审并获得批准。

5.7 验收测试

5.7.1 验收测试概述

通过综合测试之后，软件已完全组装起来，接口方面的错误也已排除，软件测试的最后一步——验收测试即可开始。验收测试应检查软件能否按合同要求进行工作，即是否满足软件需求说明书中的确认标准。

1. 验收测试的基本概述

验收测试(Acceptance Testing)又称为接受测试，是在系统测试后期，以用户测试为主，或有质量保证人员共同参与的测试。验收测试是软件正式交付给用户使用的最后一个测试环节，这时相关的用户和/或独立测试人员根据测试计划和结果对系统进行测试和接收。它是一项确定产品是否能够满足合同或用户所规定需求的测试，并决定用户是否最终接收系统并验收签字和结清所有应付款。

2. 验收测试的总体思路

用户验收测试是软件开发结束后，用户对软件产品投入实际应用以前进行的最后一次质量检验活动。它要回答开发的软件产品是否符合预期的各项要求，以及用户能否接受的问题。由于它不只是检验软件某个方面的质量，而是要进行全面的质量检验，并且要决定软件是否合格。因此验收测试是一项严格的正式测试活动，需要根据事先制订的计划进行软件配置评审、功能测试、性能测试等多方面检测。

用户验收测试可以分为两个大的部分：软件配置审核和可执行程序测试，其大致顺序可分为：文档审核、源代码审核、配置脚本审核、测试程序或脚本审核、可执行程序测试。

要注意的是，在开发方将软件提交用户方进行验收测试之前，必须保证开发方本身已经对软件的各方面进行了足够的正式测试。

用户在按照合同接收并清点开发方的提交物时(包括以前已经提交的)，要查看开发方提供的各种审核报告和测试报告内容是否齐全，再加上平时对开发方工作情况的了解，基本可以初步判断开发方是否已经进行了足够的正式测试。

用户验收测试的每一个相对独立的部分，都应该有目标(本步骤的目的)、启动标准(本步骤必须满足的条件)、活动(本步骤的具体活动)、完成标准(完成本步骤要满足的条件)和度量(应该收集的产品与过程数据)。

5.7.2 验收测试的常用策略

实施验收测试的常用策略有三种：正式验收测试、非正式验收测试或 Alpha(α)测试、Beta(β)测试，验收测试时选择的策略通常建立在合同需求、组织和公司标准以及应用领域的基础上。

1. 正式验收测试

正式验收测试是一项管理严格的过程，它通常是系统测试的延续。计划和设计这些测试的周密和详细程度不亚于系统测试。选择的测试用例应该是系统测试中所执行测试用例的子集。在很多组织中，正式验收测试是完全自动执行的。

通常验收测试由最终用户组织执行，或者由最终用户组织选择人员组成一个客观公正的小组来执行，开发人员和最终用户代表一起执行验收测试。

2. 非正式验收测试或 Alpha(α)测试

Alpha(α)测试也称为非正式验收测试或开发方测试，开发方通过检测和提供客观证据，证明软件运行是否满足用户规定的需求。它是在软件开发环境下，由用户、测试人员和开发人员共同参与的内部测试，属于软件产品早期性测试。该测试一般在可控制环境下进行,可以是用户在开发环境下进行的测试,也可以是软件公司内部用户在模拟实际操作环境下进行的受控测试。

在非正式验收测试中,执行测试过程的限定不像正式验收测试中那样严格。在此测试中,确定并记录要研究的功能和业务任务,但没有可以遵循的特定测试用例。测试内容由各测试人员决定。这种验收测试方法不像正式验收测试那样组织有序,而且更为主观。

3. Beta(β)测试

Beta(β)测试是内部测试之后的外部公开测试,是将软件完全交给用户,让用户在实际使用环境下进行的对产品预发版本的测试。该测试是在开发者无法控制的环境下进行的软件现场测试。其实施过程是先将软件产品有计划地分发到目标市场,让最终用户大量使用、评价和检查软件,从而发现软件缺陷,然后从市场收集反馈信息,把关于反馈信息的评价制成容易处理的数据表,再将这些数据分发给所涉及的各个部门进行修改。

β测试通常被看成是一种"用户测试",它使得"实际"用户有机会将自己的意见渗透到公司产品的设计功能和使用过程中,这些意见不但可对测试软件起到非常重要的作用,还有利于将收集的数据有效利用并促进公司未来新产品的研发。β测试可以发现一些在测试实验室无法发现,甚至重复出现的缺陷,使软件公司更了解用户的需求,并为产品设计提供指南,有助于对产品的未来做出重要决策。

5.7.3 验收测试的测试流程

验收测试的测试步骤和主要测试活动如下所示。

(1) 软件需求分析:了解软件功能和性能要求、软硬件环境要求等,并特别要了解软件的质量要求和验收要求。

(2) 编制《测试计划》和《项目验收准则》:根据软件需求和验收要求编制软件系统验收测试计划,制定需测试的测试项,制定测试策略及验收通过准则,并经过客户参与的计划评审。

(3) 测试设计和测试用例设计:根据《验收测试计划》和《项目验收准则》编制软件系统测试用例,并经过评审。

(4) 测试环境搭建:建立测试的硬件环境、软件环境等。

(5) 测试实施:测试并记录测试结果。

(6) 测试结果分析:根据验收通过准则分析测试结果,作出验收是否通过及测试评价。

(7) 测试报告:根据测试结果编制缺陷报告和验收测试报告,并提交给客户。

5.7.4 验收测试的测试内容

验收测试通常可以包括:安装(升级)、启动与关机、功能测试(正例、重要算法、边界、时序、反例、错误处理)、性能测试(正常的负载、容量变化)、压力测试(临界的负载、容量变化)、配置测试、平台测试、安全性测试、恢复测试(在出现掉电、硬件故障或切换、网络故障等情况时,系统是否能够正常运行)、可靠性测试等。

性能测试和压力测试一般情况下是在一起进行的,通常还需要辅助工具的支持。在进行性能测试和压力测试时,测试范围必须限定在那些使用频度高的和时间要求苛刻的软件功能子集中。由于开发方已经事先进行过性能测试和压力测试,因此可以直接使用开发方的辅助工具。也可以通过购买或自己开发来获得辅助工具。如果执行了所有的测试案例、测试程序或脚本,用户验收测试中发现的所有软件问题都已解决,而且所有的软件配置均已更新和审核,可以反映出软件在用户验收测试中所发生的变化,用户验收测试就完成了。

【模板预览】

5.8 软件项目的综合测试与验收阶段的主要文档

软件项目的综合测试与验收阶段的主要文档包括《测试用例标准》、《测试计划》、《系统测试报告》等。

5.8.1 测试用例标准模板

表5-17是ANSI/IEEE 829标准中给出的测试用例编写的表格形式,编写测试用例时可以参考。

表5-17 测试用例标准

编制人		编号	
审定人		时间	
软件名称		编号/版本	
测试用例			
用例编号			
参考信息(参考的文档及章节号或功能项)			
输入说明(列出选用的输入项,列出预期输出)			
输出说明(与输入项逐条对应,列出预期输出)			
环境要求(测试要求的软、硬件和网络要求)			
特殊规程要求			
操作步骤			
用例间的依赖关系			
用例产生的测试程序限制			

5.8.2 测试计划模板

测试计划描述了要进行的测试活动的范围、方法、资源和进度的文档。它确定测试项、被测特性、测试任务、谁执行任务、各种可能的风险。测试计划可以有效预防计划的风险,保障计划的顺利实施。测试计划参考模板如下所示。

测试计划

1 引言
1.1 编写目的
1.2 背景
1.3 定义
1.4 参考资料
2 计划
2.1 软件说明
2.2 测试内容
2.3 测试1(标识符)
2.3.1 进度安排
2.3.2 条件
2.3.3 测试资料
2.3.4 测试培训
2.4 测试2(标识符)
3 测试设计说明
3.1 测试1(标识符)
3.1.1 控制
3.1.2 输入
3.1.3 输出
3.1.4 过程
3.2 测试2(标识符)
4 评价准则
4.1 范围
4.2 数据整理
4.3 尺度

5.8.3 测试分析报告模板

测试分析报告参考模板如下所示。

测试分析报告

1 引言
1.1 编写目的
1.2 背景
1.3 定义
1.4 参考资料
2 测试概要
3 测试结果及发现
3.1 测试1(标识符)
3.2 测试2(标识符)
4 对软件功能的结论
4.1 功能1(标识符)
4.1.1 能力
4.1.2 限制
4.2 功能2(标识符)
5 分析摘要
5.1 能力
5.2 缺陷和限制
5.3 建议
5.4 评价
6 测试资源消耗

【项目实战】

任务描述：在完成人力资源管理系统的各功能模块的编码和调试后，即可开始进行系统联调和综合测试，包括集成测试、系统测试、验收测试等。最后，将测试后的系统交付用户进行验收测试和试运行。

任务5-1 人力资源管理系统的集成测试

人力资源管理系统1.0版已开发完成，前面已经过单元测试并达到入口条件，为了测试各基本组成单位之间的接口交互是否正确，拟进行集成测试。本系统的集成测试采用基于消息集成的策略，通过遍历"用户登录"、"单位信息设置"、"基本信息设置"相关的消息路径，确定各个逻辑层之间的消息协作是否正确，是否满足设计要求。

人力资源管理系统集成测试的基本测试步骤和主要测试活动如下所示。

(1) 软件系统的安装、配置。根据《人力资源管理系统需求说明书》中的详细需求的要求，安装应用软件到正式环境，提供《明德学院人力资源管理系统安装与配置报告》。

(2) 明确集成测试方法，识别"用户登录"、"单位信息设置"、"基本信息设置"相关的消息路径，准备用于人力资源管理系统集成测试的数据。

(3) 设计人力资源管理系统集成测试用例。

(4) 编制并提交《明德学院人力资源管理系统集成测试方案》，包括功能测试、性能测试、安全性测试、压力测试、疲劳测试、集成测试等测试内容。

(5) 编制并提交《明德学院人力资源管理系统用户可接受度测试方案》，包括用户可接受度等测试内容。

(6) 根据《明德学院人力资源管理系统集成测试方案》、《明德学院人力资源管理系统用户可接受度测试方案》进行功能测试、性能测试、安全性测试、压力测试、疲劳测试、集成测试、用户可接受度测试。

具体的测试要求如下：

① 对各模块每个功能点进行测试，功能测试用例的覆盖率要达到100%。

② 进行系统压力测试，使用专业的压力测试软件，模拟100个以上并发用户访问时的访问量，保证系统的稳定性和响应速度在需求书的要求之内。进行系统疲劳测试，模拟50个并发用户持续周期约8小时的疲劳压力下，要求保证能够稳定运行。

③ 在符合明德学院安全体系要求的前提下，对系统相关的接口进行集成测试，在各集成系统正常的情况进行调试，保障系统达到试运行要求。

(7) 完成测试后，编制并提交《明德学院人力资源管理系统集成测试报告》、《明德学院人力资源管理系统用户可接受度测试报告》。

任务5-2 人力资源管理系统的系统测试

在完成单元测试和集成测试之后，将进行系统测试，系统测试是站在用户角度验证系统是否满足用户需求。按照系统测试计划、系统测试设计、系统测试执行和系统测试报告的测试过程对"用户登录"、"单位信息设置"、"基本信息设置"3项功能进行系统测试。

人力资源管理系统系统测试的基本测试步骤和主要测试活动如下所示。

(1) 明确人力资源管理系统系统测试方法。

(2) 明确被测特性。

(3) 分析典型的用户使用场景，对主要场景进行列表说明。

(4) 准备用于系统测试的数据。

(5) 设计人力资源管理系统系统测试用例。

(6) 执行人力资源管理系统系统测试,并记录测试过程。

(7) 记录系统测试过程中发现的缺陷,编写人力资源管理系统系统测试报告。

任务 5-3　人力资源管理系统的验收

验收测试的主要依据是软件需求规格说明书和验收标准。验收测试的测试用例可以直接采用内部测试组所设计和系统测试用例的子集,也可以由验收人员自行设计。

人力资源管理系统的初步验收的主要活动如下所示。

1. 项目验收的组织机构

业主方负责组建验收小组,该验收小组负责整个验收工作。实施方应组建由有关专业技术人员构成的测试小组,并在验收小组指导监督下开展工作。验收小组提出的验收测试要求及质量保证要求,实施方应积极响应,并会同业主方共同制订合适的验收和质量保证方案。

2. 验收标准

(1) 各阶段实施满足需求书要求,并完成相关知识转移工作。

(2) 按需求书完成相关工作并提交项目成果,所有项目成果均已达到需求书要求、通过业主方的审查并签字确认。

(3) 功能满足需求,通过相关的功能测试和达到相关性能要求,上线试运行三个月,系统运行稳定,各功能模块能支撑业务正常运作。

(4) 对于不满足需求书要求的实施方交付物,实施方应及时予以整改、修订、完善以满足要求。运行期间若出现功能故障、系统不稳定现象,解决故障时间不计入试运行时间,上线试运行时间向后顺延。

(5) 提交培训文档,完成相关培训工作。

(6) 属于业主方团队负责的工作内容,将由实施方给出审核意见。

3. 阶段成果确认

阶段成果交付后,业主方将依据需求书要求,组织进行阶段成果的审查、确认工作。

4. 初步验收

项目成果交付后,业主方检查项目符合验收标准后,组织进行项目初步验收相关工作。信息系统建设项目的初步验收需在系统稳定试运行三个月后进行。试运行三个月后,实施方提出申请,业主方组织初步验收会议,实施方报告项目情况,通过业主方初步验收后,配合业主方组织正式上线。

软件验收期间需要编制并提交《明德学院人力资源管理系统上线试运行报告》、《明德学院人力资源管理系统项目总结报告》、《明德学院人力资源管理系统项目初步验收报告》。

任务 5-4　人力资源管理系统综合测试与验收的扩展任务

(1) 参照测试用例标准模板,编写人力资源管理系统集成测试和系统测试的测试用例。

(2) 根据人力资源管理系统的综合测试内容,参照测试计划模块,编写人力资源管理系统集成测试、系统测试和验收测试的《测试计划》。

(3) 根据人力资源管理系统的综合测试情况,参照测试分析报告,编写人力资源管理系统《测试分析报告》。

(4) 将新开发的“部门设置”模块、“人事管理”模块、“人事档案管理”模块、“薪酬管理”模块进行组装，然后再一次进行集成测试和系统测试。

(5) 对B/S模式中的“用户登录”模块、“用户注册”模块、人员信息查询、新增与修改模块进行组装，然后在B/S环境中进行集成测试和系统测试。

【小试牛刀】

任务5-5 进、销、存管理系统的综合测试与验收

1. 任务描述

(1) 将进、销、存管理系统的“用户登录”、“员工基本信息管理”、“供货商基本信息管理”、“商品类别和商品信息管理”等模块以及“主界面”进行组装。

(2) 对进、销、存管理系统进行集成测试。

(3) 对进、销、存管理系统进行系统测试。

(4) 对进、销、存管理系统进行验收测试。

2. 提示信息

(1) 通过进、销、存管理系统的“主界面”调用“用户登录”、“员工基本信息管理”、“供货商基本信息管理”和“商品类别和商品信息管理”等模块。

(2) 参考人力资源管理系统集成测试的测试步骤和测试活动对进、销、存管理系统进行集成测试。

(3) 参考人力资源管理系统系统测试的测试步骤和测试活动对进、销、存管理系统进行系统测试。

(4) 参考人力资源管理系统验收测试的测试步骤和测试活动对进、销、存管理系统进行验收测试。

【单元小结】

本单元主要介绍了软件测试的地位和作用、目的、原则、分类、流程，测试用例设计、黑盒测试、白盒测试、集成测试、系统测试和验收测试等内容。软件测试是使用人工操作或者软件自动运行的方式来检验它是否满足规定的需求或弄清预期结果与实际结果之间的差别的过程。它是帮助识别开发完成的计算机软件的正确度、完全度和质量的软件过程。本单元以人力资源管理系统为例，重点阐述了软件系统的集成测试、系统测试和验收测试，集成测试是在单元测试的基础上，测试在将所有的软件单元按照概要设计规格说明的要求组装成模块、子系统或系统的过程中各部分工作是否达到或实现相应技术指标及要求的活动。系统测试是将经过集成测试的软件作为计算机系统的一部分，与系统中其他部分结合起来，在实际运行环境下对计算机系统进行的一系列严格有效的测试，以发现软件潜在的问题，保证

系统的正常运行。系统测试是针对整个产品系统进行的测试，目的是验证系统是否满足了需求规格的定义，找出与需求规格不符或与之矛盾的地方，从而提出更加完善的方案。验收测试是部署软件之前的最后一个测试操作，在软件产品完成了单元测试、集成测试和系统测试之后、产品发布之前所进行的软件测试活动，也称为交付测试。验收测试的目的是确保软件准备就绪，并且可以让最终用户将其用于执行软件的既定功能和任务。

【单元习题】

(1) 成功的测试是指(　　)。

A. 运行测试实例后未发现错误项　　B. 发现程序的错误

C. 证明程序正确　　D. 改正程序的错误

(2) 在软件工程中，软件测试的目的是(　　)。

A. 试验性运行软件　　B. 发现软件是错误的

C. 证明软件是正确的　　D. 找出软件中的全部错误

(3) 软件测试中设计测试实例(test case)主要由输入数据和(　　)两部分组成。

A. 测试规则　　B. 测试计划

C. 预期输出结果　　D. 以往测试记录分析

(4) 采用黑盒法测试程序是根据(　　)。

A. 程序的逻辑　　B. 程序的功能说明

C. 程序中的语句　　D. 程序中的数据

(5) 采用白盒法测试模块(程序)，应根据(　　)。

A. 内部逻辑结构　　B. 算法复杂度　　C. 外部功能特性　　D. 支撑环境

(6) 软件测试中，白盒方法是通过分析程序的(　　)来设计测试实例的方法，除了测试程序外，还适用于对(　　)阶段的软件文档进行测试。

A. 内部逻辑　　B. 功能　　C. 软件概要设计　　D. 需求分析

(7) 软件测试中，黑盒方法是根据程序的(　　)来设计测试实例的方法，除了测试程序外，它也适用于(　　)阶段的软件文档进行测试。

A. 内部逻辑　　B. 功能　　C. 软件概要设计　　D. 需求分析

(8) 仅依据规格说明书描述的程序功能来设计测试实例的方法称为(　　)。

A. 白盒法　　B. 静态分析法　　C. 黑盒法　　D. 人工分析法

(9) 软件工程中，只根据程序的功能说明而不关心程序内部逻辑的测试方法，称为(　　)测试。

A. 白盒法　　B. 灰盒法　　C. 黑盒法　　D. 综合法

(10) 若有一个计算类型的程序，它的输入量只有一个 X，其范围是 $-1.0 \leqslant X \leqslant 1.0$。现从输入角度考虑设计了一组测试该程序的测试用例为 -1.0001、-1.0、1.0、1.0001。设计这组测试用例的方法是(　　)。

A. 条件覆盖法　　B. 等价分类法　　C. 边缘值分析法　　D. 错误推测法

(11) 月收入≤1500元者免税，现用输入数1500元和1501元测试程序，则采用的是(　　)方法。

A. 边缘值分析　　B. 条件覆盖　　C. 错误推测　　D. 等价类

(12) 用白盒法测试程序时，常按照给定的覆盖条件选取测试用例。(　　)覆盖比其他覆盖都要严格，但它仍不能保证覆盖程序中的每一条路径。

A. 判定　　B. 条件　　C. 条件组合　　D. 判定/条件

(13) 对某程序进行测试时，选择足够多的测试用例，使程序的每个判定中条件的各种可能组合都至少出现一次，这称为(　　)覆盖法。

A. 判定　　B. 判定/条件　　C. 条件　　D. 条件组合

(14) 已知程序用插入法排序(升序)，现有已排序列1、2、3、4、5。现向序列中插入−2，观察插入结果是否在1之前，则采用的是(　　)测试法。

A. 黑盒　　B. 白盒　　C. 条件覆盖　　D. 错误推测

(15) 下列关于软件工程方面的叙述中，正确的说法是(　　)。

A. 软件的质量标准中，某些因素是不可兼得的

B. 数据词典包括数据流、文件、模块调用关系等三种条目

C. 测试过程即调试

D. 白盒法测试用例中，满足条件覆盖的一定满足判定覆盖

(16) 在下列测试技术中，(　　)不属于黑盒测试技术。

A. 等价划分　　B. 边界值分析　　C. 错误推测　　D. 逻辑覆盖

(17) 在集成(联合)测试中，测试的主要目的是发现(　　)阶段的错误。

A. 软件计划　　B. 需求分析　　C. 设计　　D. 编码

(18) 在验收测试时，测试所依据的文档是(　　)。

A. 可行性报告　　B. 系统(需求)说明书

C. 模块说明书　　D. 用户手册

单元 6　软件系统的运行与维护

软件系统的测试和试运行完成后，便可交付使用。在系统正式使用之前必须收集必要的相关数据，且对这些数据进行编码。为了保证系统正常运行，必须制定相应数据编码标准、运行管理制度、安全保障制度。在系统运行过程，对系统的功能、性能进行评价，考察和评审系统是否达到了预期目标，技术性能是否达到了设计的要求，系统的各种资源是否得到充分的利用，经济效益是否理想。为了使系统适应环境和其他变化的因素，对系统应及时地进行维护，保证软件系统正常工作并不断适应新环境、满足新需要。

【知识梳理】

6.1　软件系统的数据采集

数据采集就是确认和获取新产生数据的过程，是为了更好地掌握和使用信息而对其进行吸收和集中，以便进一步对信息的加工、存储、传输和共享提供原料。

6.1.1　数据采集的作用

数据采集的作用主要表现在以下方面。

1. 数据采集是信息处理的基础

俗话说，巧妇难为无米之炊，如果没有数据，软件系统也就没有加工对象，信息的处理也就成了无源之水。

2. 数据采集的数量和质量，直接影响和决定着信息加工的数量和质量

俗话说：垃圾进，垃圾出。如果采集数据的数量偏少，经软件系统处理后输出的结果可能会产生偏差，不具有代表性，也就无法反映事物的本质特性。同样如果采集的数据不准确，甚至包含错误数据，软件系统在处理数据时无法识别和改正错误数据，输出结果同样会不准确。

3. 数据采集是信息化的关键环节

数据采集与数据存储、传输和加工相比，工作量大，费用较高。由于数据采集目前还需要大量手工完成，人为影响因素较多，数据采集的效率不高，严重影响了信息化水平。

6.1.2　数据获取的新技术

1. 图像扫描技术

扫描仪是继键盘、鼠标之后的第三代输入设备，是获取图像信息的重要工具。扫描仪可以捕捉各种印刷品、照片以及物体的图像信息。它是一种高精度的光机电一体化产品，能通过光电器件将检测到的光信号转换为电信号，再将电信号通过模拟/数字转换器转换为数字信号并传输到计算机中进行处理。对文字进行扫描输入，经过相应软件处理可将图形文字转换为相应的文本文件并可以对其中的文字进行处理，是一种快速输入印刷体文献信息的好方法。

2. 数字照相技术

数码相机中的照片可以直接传送到计算机中，并用软件进行加工和修改，然后将它们添加到网页中，或者通过电子邮件发送到指定的网站，使人们拍摄的照片可以在极短的时间内传向世界各地。数码相机是光、机、电一体化的产品，其工作原理与传统相机不同，而更像是一台扫描仪或复印机。数码相机可以直接连接到计算机、电视机或者打印机上，在一定条件下，数码相机还可以直接连接到移动式电话机或者手持PC上。可以在相机的显示器上观看所拍的照片，也可以打印输出或者将其进行编辑处理。

3. 条形码技术

条形码也称为条码，它是迄今为止在自动识别、自动数据采集中应用最普遍、最经济的一种信息标志技术，已普遍应用到计算机管理的各个领域，特别是商业自动销售系统（Point of Sale，POS）上应用尤为普遍。我国1991年批准的《通用商品条码》国家标准就是参照国际物品编码协会的技术规范制定的，它是国际贸易中和商业自动销售系统中的物品标识标准。

4. 触摸屏技术

触摸屏作为一种新型计算机输入设备，它是目前最简单、方便的一种人机交互技术。触摸屏工作时，用手指或其他物体触摸屏幕，然后系统根据手指触摸的图标或菜单来定位选择信息并进行输入。

触摸屏由触摸检测部件和触摸控制器组成，触摸检测部件安装在显示器屏幕前面，用于检测用户触摸位置，接收触摸信号后传送到触摸屏控制器；触摸控制器的主要作用是从触摸点检测装置上接收触摸信息，并将它转换成触点坐标，再送给计算机的CPU，它同时能接收CPU发来的命令并加以执行。

5. 手写输入技术

手写输入技术沿袭了人们日常的书写习惯，所以容易被人们接受。同时，又可以发挥计算机在输入、编辑、修改等方面的优势。手写输入法是一种方便而且易被人们接受的输入方式。手写系统包括手写板和手写笔。从20世纪80年代中期研发出第一代手写汉字输入产品至今，在识别技术上已经成熟，已解决了工整书写，连笔手写和行、草书字识别问题，在技术上有了重大突破。

6.2　软件系统的数据编码

6.2.1　数据编码概述

1. 数据编码的作用

(1) 使数据输入简单方便。用字母或数字表示复杂的汉字或英语单词，使得输入简单，提高了输入速度和准确性。

(2) 保证数据定义的唯一性。用编码表示实体或属性，编码成为识别对象的唯一标识，消除了数据含义的不确定性，保证了数据的唯一性，不会出现重复输入现象，也便于反映数据之间的逻辑关系。

(3) 便于计算机检索和处理。编码是进行信息的分类、校核、检索、统计的关键值,利用编码这一关键值可以识别数据库文件中的每一条记录,进行分类和校核,提高处理速度,减少错误,节省存储空间。

(4) 编码可以保证数据的正确性。利用编码可以识别不同的数据,在企业各部门间传递数据时,通过编码可以保证数据的正确性。

(5) 企业只有建立一个完善、可行的编码体系,才可能实现三化(系统化、标准化、通用化),才可能利用软件系统有效地管理生产和经营。

2. 数据编码的类型

编码的种类很多,设计编码时可以根据需要进行选择,也可以把不同类型组合使用。常用的编码方法如下。

(1) 序列码。用连续数字表示编码。序列码简单明了,使用方便,易于扩充,易于管理。但没有逻辑含义,不能反映编码对象的特征,不便于分类汇总,另外缺乏灵活性,新增加的数据只能排在最后,删除数据则要造成空码。例如用 0001 表示王颖的职工号,用 0126 表示张小林的职工号。ASCII 码中对字符进行了编码,比如“A”的编码为 62,“B”的编码为 66 等。GB2261-80 中对人的性别进行了编码,1 表示男人,2 表示女人。

(2) 区间码。对编码对象分区间进行编码。区间码用较少的位数表示较多的信息,便于插入和追加。例如:会计科目编码,用区间码表示会计科目性质,101～199 表示资产类科目,201～299 表示负债类科目等。

(3) 分组码。编码分为几段,每一段有一定的含义,各段编码的组合表示一个完整的编码。分组码易于识别、校验、分类、扩充。例如,我国行政区编码由 6 位数字组成,分成三组,每组由 2 位数字组成,第一组表示省(自治区、直辖市),第二组表示市(州、地、盟),第三组表示县(县级市、旗)。有一个编号 430121,其前 2 位 43 表示“湖南省”,中间 2 位 01 表示“长沙市”,右边 2 位 21 表示“长沙县”。

(4) 助记码。以编码对象名或缩写符号和规格等作为编码的一部分。助记码直观,便于记忆和使用,但不利于计算机处理。例如编码 TV_CL_34,TV 表示电视机,CL 表示彩色,34 表示 34 英寸。

6.2.2 数据编码设计

1. 数据编码设计的原则

由于编码与数据的使用有着密切的关系,涉及数据输入、输出和数据处理的各个环节,并和数据库的结构有关,所以编码设计时一定要考虑周全、反复推敲,逐步优化后再确定。数据编码设计时应遵循以下原则。

(1) 唯一确定性

在软件系统中,每一个编码只代表唯一和确定的实体或属性,每一个实体或属性只能有唯一确定的编码。不能存在同物异码或异物同码现象。当一物为多码时,系统将视其为多种物品而不会使之自动合并。反之,当多物一码时,系统会将这些物品视为同一物而不作分辨。

(2) 整体性和系统性

编码组织应该具有一定的系统性,便于分类和识别。物料编码必须覆盖所有的物料,有物料就必须有编码。

(3) 易于识别和记忆

编码应便于管理人员识别、记忆,也要便于计算机识别、分类。对于容易与数字混淆的字母I、O、Z、V等尽量不用。

(4) 可扩充性

制定编码方案时,应考虑企业未来业务、生产、人员等方面可能的发展,预留足够的备用代码位,以免编码不够使用。当增加新的实体或属性时,可以直接利用原编码体系进行编码,而不需要变动原编码体系。

(5) 简明性和效率性

在不影响编码系统的容量和扩充性的前提下,编码尽可能简短、统一,以方便输入,提高处理效率。

(6) 标准化和规范化

编码设计要尽量采用国际或国内的标准,以方便实现信息的共享,并可以减少以后系统更新和维护的工作量。编码的结构、类型、格式等必须严格统一,同时要有规律性,以便于计算机进行处理。

(7) 中文限制

如果以中文加字符的方式来编码,虽然容易记住,但不便于有序化和输入,一般应尽量避免使用中文字来编码。

2. 数据编码标准

对信息分类与编码进行标准化是实现信息表达、组织、交换与共享的基础,采用计算机技术、建立软件系统是提高管理水平与综合效益的重要手段。而要建立软件系统,需要对信息进行有效地组织,即要对信息进行分类和编码。要实现软件系统之间的数据交换和共享,必须首先实现各系统之间在信息分类与编码上的统一,采用相同的信息分类与编码标准是最节省人力和费用的方法。

信息分类编码标准化是把信息分类编码的原则、方法、分类结构、编码结构、分类项、分类项代码等内容制定成标准。

一个数据编码标准的主要内容如下。

(1) 分类原则。所进行的分类依赖事物的哪些特征,采用什么分类方法或分类结构。

(2) 编码方法。标准所采用的代码类型、代码结构以及编码方法。

(3) 分类项表和代码表。按分类结构列出的分类项表和代码表。

(4) 进一步编码的方法。在某些情况下,对一定范围内的事物,只能把粗分类制定成标准,不同的部门或单位可以根据自身不同的特点和细分类,在标准中规定细分类的基本原则与方法,以达到最大程序的统一。

6.3 软件系统的运行

软件系统开发出来并交付用户使用之后,就进入了软件的运行维护阶段,其基本任务是保证软件系统在一个相当长的时期能够正常运行。

一个大型软件系统投入正式运行之后,信息不断地输入系统,经处理后又不断地传送到各个职能部门。为了保证系统正常、有序地运行,建立严格的系统运行人员的岗位责任制和严格的规章制度是十分必要的。主要的规章制度包括以下方面。

(1) 系统安全管理制度;

(2) 系统定期维修制度;

(3) 系统运行操作规程;

(4) 用户使用操作规程;

(5) 系统管理人员的岗位职责;

(6) 软件系统的保密制度;

(7) 系统中数据修改规程;

(8) 系统运行日志。

6.4 软件系统的维护

软件系统的维护是指系统交付使用后,为了使系统适应环境和各种其他变化的因素,对原系统及时地进行改进和完善,保证软件系统正常工作并不断适应新环境、满足新需要。

1. 软件系统维护的需求来源

软件系统维护的需求主要来源有以下方面。

(1) 源于企业管理机制、策略的改变;

(2) 来自用户意见及对软件系统更高的要求;

(3) 来自于系统本身,系统本身存在一些缺陷需要改进;

(4) 先进技术的出现,例如计算机软、硬件技术的更新换代;

(5) 用户需求的临时性调整。

2. 软件系统维护的类型

(1) 纠错性维护

指为保证系统正常可靠运行而对系统进行的维护,改正系统测试中未发现的软件缺陷。

(2) 适应性维护

指为适应变化的外界环境而对系统进行的维护。一方面由于硬件和软件平台的升级换代,要求所开发的软件系统不断适应新的硬软件环境,以提高系统的性能和运行效率。另一方面企业或组织本身也在不断变化,例如体制的改变、机构的调整、用户需求的变化等都可能导致编码、数据格式、数据结构、输入/输出方式等发生改变,系统要适应这些变化,必须进行调整和完善,以满足用户的新要求。

(3) 完善性维护

指为扩充功能和改善性能而进行的修改。随着用户对软件系统使用的逐步熟悉和软件使用单位管理水平的提高,对软件提出更高的要求,这些要求虽然在软件开发初期并没有写进需求规格说明书中,但对完善系统以满足软件使用单位的需要是合理的,一般应列入维护阶段的计划。

(4) 预防性维护

为了改进软件的可靠性和可维护性,适应未来环境和用户需求的变化,主动增加预防性功能,减少以后的维护工作量和延长软件使用寿命。

【方法指导】

6.5 数据采集的方法

数据采集的方法主要有四种方式：人工采集、联机自动化采集、通过网络渠道采集和通过软件系统采集。数据采集的途径主要包括各种单据(例如各种入库单、收据、凭证、清单、卡片)、账本、各种报表、各种记录；现行系统的说明文件，例如各种流程图、程序；各部门外的数据来源，例如上级文件、计算机公司的说明书、外单位的经验材料等。

1. 人工采集

人工采集的数据，一般是经过一定的中间环节而获得的数据，例如凭证、票据、档案文件等。利用人工采集时，我们要对数据的来源和数据本身的准确性有充分的了解，以保证采集数据的可靠性。

人工采集数据的方法有多种，比较常用的数据采集方法有以下几种。

(1) 统计资料法：通过单据、凭证、报表等途径，获取所需的数据。

(2) 实地收集法：到生产、流通、库存等现场进行实地考察，收集所需的数据。

(3) 市场调查法：通过问卷调查、抽样调查、电话咨询等方式收集数据。

(4) 网络获取法：通过互联网获取所需的数据。

(5) 阅读分析法：通过阅读有关文件、报纸杂志获取各种数据。

人工采集数据简单易行、一次性投资较少，但时效性较差，受人为因素影响较多，容易出错。

2. 联机自动化采集

联机自动化采集数据是采用自动化装置来实现的，主要是指将某种测量设备、计算机装置直接与电子数据处理系统连接，利用电磁、光电、声电、电热等感应及机械原理等，将所需的有关数值或状态数据直接送入计算机数据处理系统，不经过人工测量、记录和整理，而由计算机直接处理。

联机采集数据速度快、准确性高、精度高，但投资较大，通用性较差。

3. 网络渠道采集

网络渠道采集通常利用局域网或互联网，从网上获取有用的信息。网络渠道是一种既快捷又经济的数据采集方式，但也受设备、时间和安全性等条件的限制。

4. 软件系统采集

通过其他的软件系统或软件系统的其他模块获取所需的共享数据。

6.6 数据整理的方法

目前软件系统中大部分数据的采集仍然是通过人工采集方法获取的。数据采集完成后要及时对采集的数据进行表达和整理，数据表达的主要形式有：文字表述、数字表述、图表表述和图像表述等。

1. 整理、分析调查得到的原始资料

(1) 分析已采集的数据能否提供足够的支持，能否满足正常的信息处理业务和定量化分析的需要。

(2) 分清所采集的信息的来龙去脉、目前的用途、与周围环境之间的关系。

(3) 分析现有报表的数据是否全面，是否满足管理的需要，是否正确地反映业务的实物流。

2. 对数据进行分类处理

将得到的数据分成输入数据类、过程数据类和输出数据类。

3. 数据汇总

(1) 数据分类编码

将采集的数据按业务过程进行分类编码，按处理过程的顺序进行排列。

(2) 数据完整性分析

按业务过程自顶向下对数据项进行整理，从本到源，直到记录数据的原始单据或凭证，确保数据的完整性和正确性。

(3) 将所有原始数据和最终数据分类整理出来

原始数据是软件系统的主要输入数据，输出数据则是反映管理业务所需要的主要指标。

6.7 数据编码设计的方法

数据编码的设计方法如下：

(1) 确定编码对象、明确编码的目的。对数据词典所列出项目，首先根据其重要性确定初始编码对象，然后考察它们是否有标准代码，若没有才最终确定为编码对象。

(2) 选用标准代码。例如图书类型编码应使用《中国图书馆图书分类法》，固定资产编码应使用《固定资产分类与代码》(国家标准 GB/T 14885—1994)，产品编码应使用《全国主要产品分类与代码 第1部分：可运输产品》(国家标准 GB/T 7635.1—2002)。

(3) 设计编码结构。根据使用者的要求和习惯、信息量的多少、使用频率、使用范围、使用期限设计编码结构。

(4) 设计编码校验。设置校验位会增加输入量并降低处理速度，应根据系统错误处理能力，考虑是否需要校验位。如果需要校验位则进行校验位设计。

(5) 编制编码表。

(6) 编写编码设计书。

【模板预览】

6.8 软件系统的运行与维护的主要文档

软件系统的运行与维护阶段的主要文档包括《管理员使用手册》、《用户操作手册》、《系统开发总结报告》、《项目运行报告》和《项目验收报告》等。

6.8.1 管理员使用手册模板

管理员使用手册的编制是使用非专门术语的语言，充分地描述该软件系统所具有的功能及基本的使用方法。使用户通过本手册能够了解该软件的用途，并且能够熟悉操作方法。

该手册主要包括系统概述、系统目标、系统功能、系统输入/输出格式、系统操作方法等。管理员使用手册参考模板如下所示。

管理员使用手册

1 引言
1.1 编写目的
1.2 背景
1.3 定义
1.4 参考资料
2 用途
2.1 功能
2.2 性能
2.2.1 精度
2.2.2 时间特性
2.2.3 灵活性
2.3 安全保密
3 运行环境
3.1 硬设备
3.2 支持软件
3.3 数据结构
4 使用过程
4.1 安装与初始化
4.2 输入
4.2.1 输入数据的现实背景
4.2.2 输入格式
4.2.3 输入举例
4.3 输出对每项输出作出说明
4.3.1 输出数据的现实背景
4.3.2 输出格式
4.3.3 输出举例
4.4 文卷查询
4.5 出错处理和恢复
4.6 终端操作

6.8.2 用户操作手册模板

用户操作手册的编制是为了向操作人员提供该软件每一个运行的具体过程和有关知识，包括操作方法的细节、详细的操作步骤、输入/输出数据、注意事项等。用户操作手册的参考模块如下所示。

用户操作手册

1 引言
1.1 编写目的
1.2 前景
1.3 定义
1.4 参考资料
2 软件征述
2.1 软件的结构
2.2 程序表
2.3 文卷表
3 安装与初始化
4 运行说明
4.1 运行表
4.2 运行步骤
4.3 运行1说明
4.3.1 运行控制
4.3.2 操作信息
4.3.3 输入一输出文卷
4.3.4 输出文段
4.3.5 输出文段的复制
4.3.6 恢复过程
4.4 运行2说明
5 非常规过程
6 远程操作

6.8.3 软件系统开发总结报告

在整个软件系统开发完成并正式运行一段时间后，开发人员应与项目实施计划对照，总结实际执行情况，从而对开发工作做出评价，总结经验教训，为今后的开发工作提供借鉴。软件系统开发总结报告包括以下内容。

(1) 软件系统开发概述。包括软件系统的提出者、开发者、用户，软件系统开发的主要依据，软件系统开发的目的，软件系统开发的可行性分析等。

(2) 软件系统的完成情况。包括软件系统构成与主要功能，软件系统性能与技术指标，计划与实际进度对比，费用预算与实际费用的对比等。

(3) 软件系统评价。包括软件系统的主要特点，采用的技术方法与评价，软件系统工作效率与质量，存在的问题与原因，用户的评价与反馈意见。

(4) 经验与教训。包括软件系统开发过程中的经验与教训，对今后工作的建议等。

软件系统开发总结报告的参考模板如下所示。

软件系统开发总结报告

1 引言
1.1 编写目的
1.2 背景
1.3 定义
1.4 参考资料
2 实际开发结果
2.1 产品
2.2 主要功能和性能
2.3 基本流程
2.4 进度
2.5 费用
3 开发工作评价
3.1 对生产效率的评价
3.2 对产品质量的评价
3.3 对技术方法的评价
3.4 出错原因的分析
4 经验与教训

【项目实战】

任务描述：人力资源管理系统的测试和试运行完成后，便可交付使用。在系统正式使用之前必须收集必要的相关数据，且对这些数据进行编码。在系统运行过程中，对系统的功能、性能进行评价。为了使人力资源管理系统适应环境和其他变化的因素，对系统应及时地进行维护，保证人力资源管理系统正常工作并不断适应新环境、满足新需要。

任务 6-1 人力资源管理系统的数据采集与数据初始化

完成各项测试后，收集和整理软件系统正常运行所需的各项初始化数据，并将数据导入系统正常运行。

1. 个人基本信息的采集与编码

软件系统的正常运行和业务功能的实施依赖于基础数据，系统实现业务功能之前，必须先添加必要的基础数据，人力资源管理系统的基础数据主要包括民族、政治面貌、婚姻状况、行政级别、职务、职称、学历、专业、离职类别、岗位工种、用工形式、在职状态、工资等级、外语语种、外语水平、部门、单位信息等，这些基础数据一般属于静态数据。

(1) 性别

性别编号与名称数据如表 6-1 所示。

表 6-1 性别编号与名称一览表

编　　号	名　　称	编　　号	名　　称
0	未知的性别	1	男
9	未说明的性别	2	女

(2) 民族

我国的民族编号与名称数据如表 6-2 所示。

表 6-2 我国的民族编号与名称一览表

编　　号	民　　族	编　　号	民　　族	编　　号	民　　族
01	汉族	21	佤族	41	塔吉克族
02	蒙古族	22	畲族	42	怒族
03	回族	23	高山族	43	乌兹别克族
04	藏族	24	拉祜族	44	俄罗斯族
05	维吾尔族	25	水族	45	鄂温克族
06	苗族	26	东乡族	46	得昂族
07	彝族	27	纳西族	47	保安族
08	壮族	28	景颇族	48	裕固族
09	布依族	29	柯尔克孜	49	京族
10	朝鲜族	30	土族	50	塔塔尔族
11	满族	31	达斡尔族	51	独龙族
12	侗族	32	仫佬族	52	鄂伦春族
13	瑶族	33	羌族	53	赫哲族
14	白族	34	布朗族	54	门巴族
15	土家族	35	撒拉族	55	珞巴族
16	哈尼族	36	毛南族	56	基诺族
17	哈萨克族	37	仡佬族	97	其他
18	傣族	38	锡伯族	98	外国血统中国籍人士
19	黎族	39	阿昌族		
20	傈僳族	40	普米族		

（3）籍贯

我国的籍贯编号与名称数据如表 6-3 所示。

表 6-3　我国的籍贯编号与名称一览表

编号	籍　　贯	编号	籍　　贯	编号	籍　　贯
11	北京市	35	福建省	53	云南省
12	天津市	36	江西省	54	西藏自治区
13	河北省	37	山东省	61	陕西省
14	山西省	41	河南省	62	甘肃省
15	内蒙古自治区	42	湖北省	63	青海省
21	辽宁省	43	湖南省	64	宁夏回族自治区
22	吉林省	44	广东省	65	新疆维吾尔自治区
23	黑龙江省	45	广西壮族自治区	71	台湾省
31	上海市	46	海南省	81	香港特别行政区
32	江苏省	50	重庆市	82	澳门特别行政区
33	浙江省	51	四川省	90	境外
34	安徽省	52	贵州省		

（4）政治面貌

我国的政治面貌编号与名称数据如表 6-4 所示。

表 6-4　我国的政治面貌编号与名称一览表

编　　号	政治面貌名称	政治面貌简称	政治面貌缩称
01	中国共产党党员	中共党员	中共
02	中国共产党预备党员	中共预备党员	预备
03	中国共产主义青年团团员	共青团员	共青
04	中国国民党革命委员会会员	民革会员	民革
05	中国民主同盟盟员	民盟盟员	民盟
06	中国民主建国会会员	民建会员	民建
07	中国民主促进会会员	民进会员	民进
08	中国农工民主党党员	农工党党员	农工
09	中国致公党党员	致公党党员	致公
10	九三学社社员	九三学社社员	九三
11	台湾民主自治同盟盟员	台盟盟员	台盟
12	无党派民主人士	无党派民主人士	无党派
13	群众	群众	群众
99	其他	其他	其他

(5) 学历

我国的学历编号与名称数据如表6-5所示。

表6-5 我国的学历编号与名称一览表

编号	学历名称	编号	学历名称	编号	学历名称
10	研究生	41	中专毕业	69	高中肄业
11	研究生毕业	42	中技毕业	70	初中
19	研究生肄业	48	相当中专/中技毕业	71	初中毕业
20	大学本科	49	中专/中技肄业	72	职业初中毕业
21	本科毕业	50	技工学校	73	农业初中毕业
28	相当大学毕业	51	技工学校毕业	78	相当初中毕业
29	大学肄业	59	技工学校肄业	79	初中肄业
30	大专和专科学校	60	高中	80	小学
31	专科毕业	61	高中毕业	81	小学毕业
38	相当专科毕业	62	职业高中毕业	88	相当小学毕业
39	专科肄业	63	农业高中毕业	89	小学肄业
40	中等专科学校和中技	68	农业职高毕业	90	文盲或半文盲

(6) 学位

我国的学位编号与名称数据如表6-6所示。

表6-6 我国的学位编号与名称一览表

编号	学位名称	编号	学位名称	编号	学位名称
0	博士后	010	医学博士后	205	文学博士
001	哲学博士后	011	军事学博士后	206	历史学博士
002	经济学博士后	019	其他学博士后	207	理学博士
003	法学博士后	1	名誉博士后	208	工学博士
004	教育学博士后	100	名誉博士	209	农学博士
005	文学博士后	2	博士	210	医学博士
006	历史学博士后	201	哲学博士	211	军事学博士
007	理学博士后	202	经济学博士	219	其他学博士
008	工学博士后	203	法学博士	280	副博士
009	农学博士后	204	教育学博士	281	哲学副博士

续表

编 号	学位名称	编 号	学位名称	编 号	学位名称
282	经济学副博士	302	经济学硕士	402	经济学学士
283	法学副博士	303	法学硕士	403	法学学士
284	教育学副博士	304	教育学硕士	404	教育学学士
285	文学副博士	305	文学硕士	405	文学学士
286	历史学副博士	306	历史学硕士	406	历史学学士
287	理学副博士	307	理学硕士	407	理学学士
288	工学副博士	308	工学硕士	408	工学学士
289	农学副博士	309	农学硕士	409	农学学士
290	医学副博士	310	医学硕士	410	医学学士
291	军事学副博士	311	军事学硕士	411	军事学学士
299	其他副博士	399	其他硕士	499	其他学士
3	硕士	4	学士	5	双学士
301	哲学硕士	401	哲学学士		

(7) 职称

我国的职称编号与名称的部分数据如表 6-7 所示。

表 6-7 我国的职称编号与名称的部分数据一览表

编号	职称名称	编号	职称名称	编号	职称名称
01	高等专业学校教师	03	技工学校教师(讲师)	052	中学高级教师
011	教授	032	中技高级讲师	053	中学一级教师
012	副教授	033	中技讲师	054	中学二级教师
013	讲师	034	中技助理讲师	055	中学三级教师
014	助教	035	中技教员	06	科学研究人员
015	技术员	04	技工学校教师(实习)	061	研究员
02	中等专业学校教师	042	高级实习指导教师	062	副研究员
022	中专高级讲师	043	一级实习指导教师	063	助理研究员
023	中专讲师	044	二级实习指导教师	064	研究实习员
024	中专助理讲师	045	三级实习指导教师	065	技术员
025	中专教员	05	中学教师	07	实验人员

续表

编号	职称名称	编号	职称名称	编号	职称名称
072	高级实验师	095	农业技术员	124	助理经济师
073	实验师	10	农业技术人员(兽医)	125	经济员
074	助理实验师	102	高级兽医师	13	会计人员
075	实验员	103	兽医师	132	高级会计师
08	工程技术人员	104	助理兽医师	133	会计师
082	高级工程师	105	兽医技术员	134	助理会计师
083	工程师	11	农业技术人员(畜牧)	135	会计员
084	助理工程师	112	高级畜牧师	14	统计人员
085	技术员	113	畜牧师	142	高级统计师
09	农业技术人员(农艺)	114	助理畜牧师	143	统计师
091	农业推广研究员	115	畜牧技术员	144	助理统计师
092	高级农艺师	12	经济专业人员	145	统计员
093	农艺师	122	高级经济师		
094	助理农艺师	123	经济师		

(8) 职务类别

我国的职务类别的编号与名称数据如表 6-8 所示。

表 6-8 职务类别的编号与名称一览表

编号	名称	编号	名称
11	党委正职	24	行政职能部门副职
12	行政正职	25	民主党派副职
13	党的职能部门正职	26	社会团体副职
14	行政职能部门正职	31	党委其他职
15	民主党派正职	32	行政其他职
16	社会团体正职	33	党的职能部门其他职
21	党委副职	34	行政职能部门其他职
22	行政副职	35	民主党派其他职
23	党的职能部门副职	36	社会团体其他职

(9) 婚姻状况

婚姻状况编号与名称数据如表6-9所示。

表6-9 婚姻状况编号与名称一览表

编号	名称	编号	名称
10	未婚	30	丧偶
20	已婚	40	离婚
21	初婚	80	未知的婚姻
22	再婚	90	未说明的婚姻
23	复婚		

(10) 从业状况(个人身份)

从业状况(个人身份)编号与名称数据如表6-10所示。

表6-10 从业状况(个人身份)编号与名称一览表

编号	名称	编号	名称
11	国家公务员	37	现役军人
13	专业技术人员	51	自由职业者
17	职员	54	个体经营者
21	企业管理人员	70	无业人员
24	工人	80	退(离)休人员
27	农民	90	其他
31	学生		

(11) 教职工当前状态

教职工当前状态的编号与名称数据如表6-11所示。

表6-11 教职工当前状态的编号与名称一览表

编号	名称	编号	名称	编号	名称
01	在职	08	退休	15	退养
02	返聘	09	调出	16	待岗
03	延聘	10	开除	17	长病假
04	离职	11	参军	18	因公出国
05	辞职	12	停薪留职	19	带薪进修或培训
06	退职	13	死亡	20	下落不明
07	离休	14	待退休	21	其他

教职工离校离职原因的编号与名称数据如表6-12所示。

表 6-12 教职工离校离职原因的编号与名称一览表

编号	名称	编号	名称	编号	名称
11	离休	32	进修学习	53	死亡
12	退休	41	辞职	54	失踪
21	调至其他高校	42	辞退	55	借调期满
22	调出至系统外	43	合同期满	56	借调外出
23	调至系统内其他单位	51	除名	99	其他
31	参军	52	开除		

(12) 健康状况

健康状况编号与名称数据如表 6-13 所示。

表 6-13 健康状况编号与名称一览表

编号	名称	说明
1	健康或良好	人体生理机能、营养、发育状况良好
2	一般或较弱	人体生理机能、营养、发育状况正常,但身体体质较弱
3	有慢性病	有慢性疾病
6	残疾	心理、生理、人体结构上,某种组织、功能丧失或不正常

(13) 教职工类别

教职工类别的编号与名称数据如表 6-14 所示。

表 6-14 教职工类别的编号与名称一览表

编号	名称	编号	名称	编号	名称
10	普通教职工	19	其他普通教职工	52	来自校外企业
11	专任教师	20	科研机构人员	53	国外聘请
12	教辅人员	30	校办企业职工	59	其他兼任(职)教师
13	行政人员	40	其他附属机构人员	99	其他教职工
14	工勤人员	50	兼任(职)教师		
15	技术工人	51	来自校外科研、事业单位		

(14) 考察(考核)结果

考察(考核)结果的编号与名称数据如表 6-15 所示。

表 6-15 考察(考核)的编号与名称一览表

编号	名称	编号	名称
1	优秀	3	基本合格
2	合格	4	不合格

（15）聘任情况

聘任情况的编号与名称数据如表 6-16 所示。

表 6-16 聘任情况的编号与名称一览表

编　号	名　称	编　号	名　称	编　号	名　称
1	已聘	3	低聘	5	未聘
2	高聘	4	待聘	9	其他

（16）聘用合同类别

聘用合同类别的编号与名称数据如表 6-17 所示。

表 6-17 聘用合同类别的编号与名称一览表

编　号	名　称	编　号	名　称	编　号	名　称
1	固定期	3	人事代理	5	计划外用工
2	合同制	4	临时合同	9	其他

2. 荣誉称号和荣誉奖章数据的采集与编码

（1）荣誉称号级别

荣誉称号级别的编号与名称数据如表 6-18 所示

表 6-18 荣誉称号级别的编号与名称一览表

编　号	名　称	编　号	名　称
0	国家级荣誉称号	6	区(县、局)级荣誉称号
1	省(自治区、直辖市)级荣誉称号	7	基层单位荣誉称号
3	部(委)级荣誉称号	8	国际国外荣誉称号
5	地(市、厅、局)级荣誉称号		

（2）荣誉称号

荣誉称号的编号与名称数据如表 6-19 所示。

表 6-19 荣誉称号的编号与名称一览表

编　号	名　称	编　号	名　称
01	特级劳动模范	08	技术协作能手
02	劳动模范	09	新长征突击手
03	劳动英雄	10	优秀共青团员干部
04	先进工作者	11	三八红旗手
05	优秀共产党员	13	三好学生
06	优秀工会工作者	14	优秀毕业生
07	优秀工会积极分子	15	优秀共青团员

续表

编号	名称	编号	名称
16	优秀学生干部	37	“双学双比”活动先进工作者
17	十佳少先队辅导员	38	十大绿化女状元
18	青年岗位能手	39	巾帼创业带头人
19	杰出(优秀)青年卫士	40	“巾帼建功”标兵
20	十大杰出青年	41	巾帼文明示范岗
21	各族青年团结进步杰出(优秀)奖	42	“不让毒品进我家”先进个人
22	农村优秀人才	43	“不让毒品进我家”活动先进工作
23	杰出青年农民	44	维护妇女儿童权益先进个人
24	农村青年创业致富带头人	45	先进工作者
25	杰出(优秀)进城务工青年	46	优秀党务工作者
26	杰出(优秀)青年外事工作者	47	模范公务员
27	青年科学家奖	48	人民满意的公务员
28	青年科技创新奖	49	有突出贡献的中青年专家
29	五四新闻奖	50	政府特殊津贴获得者
30	未成年人保护杰出(优秀)公民	51	杰出专业技术人才
31	留学回国人民成就奖	52	模范教师
32	全国留学回国人员先进个人	53	优秀教师
33	民族团结进步模范	54	优秀教育工作者
34	十大农民女状元	55	中华技能大奖
35	中国十大女杰	56	技术能手
36	“双学双比”先进女能手	90	其他

(3) 荣誉奖章

荣誉奖章的编号与名称数据如表6-20所示。

表6-20 荣誉奖章的编号与名称一览表

编号	名称	编号	名称
901	五一劳动奖章	910	优秀毕业生奖章
902	一级英雄模范奖章	911	中国青年五四奖章
903	二级英雄模范奖章	912	雏鹰奖章
904	一等功奖章	913	全国星星火炬奖章
905	二等功奖章	914	全国“三八绿色”奖章
906	三等功奖章	915	杰出专业技术人才奖章

3. 纪律处分数据的采集与编码

纪律处分的编号与名称数据如表 6-21 所示。

表 6-21　纪律处分的编号与名称一览表

编　　号	名　　称	编　　号	名　　称
1	国家公务员纪律处分	33	记大过
10	警告	34	降一级
12	记过	35	降二级
13	记大过	36	降职
14	降级	37	撤职
17	撤职	39	开除军籍
19	开除	4	中国共产主义青年团团员纪律处分
2	企业职工纪律处分	40	警告
20	警告	41	严重警告
22	记过	47	撤销团内职务
23	记大过	48	留团察看
24	降级	49	开除团籍
27	撤职	5	中国共产党党员纪律处分
28	留用察看	50	警告
29	开除	51	严重警告
3	中国人民解放军军人纪律处分	57	撤销党内职务
30	警告	58	留党察看
31	严重警告	59	开除党籍
32	记过		

4. 成果获奖数据的采集与编码

(1) 成果获奖类别

成果获奖类别的编号与名称数据如表 6-22 所示。

表 6-22　成果获奖类别的编号与名称一览表

编　　号	名　　称	编　　号	名　　称
0	科学技术奖	5	优秀教材
1	发明	6	合理化和技术改造
2	自然科学	7	技术展览
3	哲学社会科学	8	星火计划
4	科技进步	9	其他

(2) 成果类型

成果类型的编号与名称数据如表 6-23 所示。

表 6-23　成果类型的编号与名称一览表

编　　号	名　　称	编　　号	名　　称
100	新产品	306	参考书
200	新技术、新工艺	307	古籍整理
300	理论性研究成果	308	论文
301	专著	309	译文
302	编著	310	调查报告
303	教材	311	咨询报告
304	译著	312	音像软件
305	工具书	999	其他

5. 工资数据的采集与编码

(1) 工资项目

工资项目的编号与名称数据如表 6-24 所示。

表 6-24　工资项目的编号与名称一览表

编号	名　　称	编号	名　　称	编号	名　　称
11	职工工资	24	伙食补贴	37	班组津贴
12	工资性津贴	25	地区补贴	38	项目奖励
13	地区补贴	26	生活补贴	39	其他津贴
14	地方职务津贴	27	住房补贴	71	停薪
15	百分之十	28	其他津贴	72	扣他费
16	教护龄津贴	29	医疗补贴	73	工会会费
17	物价补贴	30	奖金	74	房租费
18	交通费	31	缺编费	81	养老保险
19	房租补贴	32	增减	82	住房公积金
20	独生子女补贴	33	独生子女费	83	医疗保险
21	退公积金	34	电话补贴	84	失业保险
22	书报费	35	特殊津贴	91	个人所得税
23	浮动工资	36	课时津贴	99	其他扣款

(2) 工资变动原因

工资变动原因的编号与名称数据如表 6-25 所示。

表 6-25 工资变动原因的编号与名称一览表

编号	名　称	编号	名　称	编号	名　称
01	普调升级	13	见习、临时工资	24	调动工作
02	正常升级	14	定级工资	31	工资改革
03	奖励升级	15	考工升级	32	提高工资标准
04	处分降级	21	工资套改	33	调整工资区
11	职务变动	22	工资集体转制	41	落实政策
12	职称工资兑现	23	军人转业复退	42	离退休

任务 6-2　人力资源管理系统的运行管理

人力资源管理系统开发完成并交付用户使用以后还存在着一个系统运行管理的问题。如果运行管理不善，新系统仍然不能充分发挥其效益。人力资源管理系统运行管理的主要工作内容如下。

1. 记录软件系统运行情况

系统运行情况记录为系统的评价和完善提供重要的第一手资料，主要记录的内容包括开机时间、各种数据使用频率、用户临时性要求的满足程度、系统完成一次正常工作需要多少时间、系统提供的服务方式是否满意、系统所输出的信息是否完全符合要求、系统运行过程中出现的故障等。其中系统运行过程出现的各种故障必须要有详细、具体的记录，包括故障发生的时间、工作环境、处理方法、处理结构、善后处理措施和原因分析等。如果系统经常出现故障或出现一些重大的故障，说明系统设计过程存在缺陷，要分析原因，及时整改。对系统运行情况的记录应事先制定记录格式和记录要点，具体工作由使用人员完成。人工记录的系统运行情况和系统自动记录的运行情况，都应作为基本的系统文档并按照规定的期限保管。这些文档既可以作为在系统出现问题时查清原因和责任，还能作为系统维护的依据和参考。

2. 日常例行操作

日常例行操作包括新数据的录入、存储、更新、备份、统计分析、生成报表以及与外界数据的交流。这些工作一般要求按照操作规程进行，必须确保数据的准确性和及时性。还包括硬件的简单维护及设施管理。

3. 即时信息的查询

各级业务部门或领导查询有关人力资源的相关信息，进行某种预测或方案预算等，按要求显示查询结果或生成报表。

4. 审计运行踪迹

系统中设置自动记录功能，通过自动记录的信息发现或判定系统的问题和原因。常用的方法是建立审计日志。通过审计日志，系统管理员可以了解到有哪些用户在什么时间、以什么身份登录到系统，也可以查到对特定文件和数据所进行的改动。

5. 落实应急措施

为了减少意外事件引起的对系统的损害，要制订应付突发性事件的应急计划，应急计划主要针对一些突发性的、灾害性的事件。

软件系统一旦建立起来之后，就进入了系统运行管理阶段，软件系统运行的好坏，一是取决于系统开发水平，二是取决于软件系统的管理人员素质的高低。为了让软件系统长期高效地运行，必须加强对软件系统运行的日常管理。软件系统的日常管理不仅是机房环境和设备的管理，更主要的是对系统每天运行状况、数据输入和输出情况以及系统的安全性与完备性及时并如实地记录和处理。

任务6-3 人力资源管理系统的维护

软件系统的维护主要包括对系统硬件设备的维护和软件的维护。

硬件维护指对硬件系统的日常维修和故障处理。系统使用过程中要观察环境温度、湿度的变化，以及电源等是否正常。日常维护要做到制度化，按期对设备进行例行检查和保养，更换易损部件，发现异常要及时处理。必要时可以停机检修，停机前必须做好数据备份。

软件维护是软件系统中最重要的方面，工作量很大。软件维护是指在软件交付使用之后，为了改正软件设计存在的缺陷或为了扩充新的功能、满足新的要求而进行的修改工作。软件维护主要包括以下方面。

1. 程序维护

系统维护的主要工作量是对程序的维护，当系统的业务发生变化或程序出现错误时，必须对程序进行修改和调整。

2. 数据维护

指对系统中数据文件或数据库进行修改，包括建立新文件、更新现有文件内容、调整数据表的结构、对数据进行备份和恢复等。

3. 编码维护

当系统应用范围扩大和应用环境变化时，系统中的各种编码需要进行一定程度的扩充、修改、删除以及设置新的编码。

4. 文档维护

根据系统、数据、编码及其他维护的变化，对相应文档进行修改，并对所进行的维护进行记载。

任务6-4 人力资源管理系统运行与维护的扩展任务

(1) 参照用户手册模板，编写《人力资源管理系统用户手册》。

(2) 参照操作手册模板，编写《人力资源管理系统操作手册》。

(3) 根据人力资源管理系统的开发过程和开发内容，参照软件系统开发总结报告模块，编写《人力资源管理系统开发总结报告》。

【小试牛刀】

任务6-5 进、销、存管理系统的运行与维护

1. 任务描述

(1) 实地调查一家计算机销售公司或家电销售公司，了解商品入库与销售情况。收集

公司、公司部门、公司员工、供应商、客户、商品类型、商品、仓库、商品入库、商品销售等方面的数据，设计合适的表格，将所收集的数据填入表中。

(2) 将各项初始化数据导入系统并能正常运行。

(3) 对进、销、存管理系统的开发与运行进行评价。

(4) 参照用户手册模板，编写《进、销、存管理系用户手册》。

(5) 参照操作手册模板，编写《进、销、存管理系操作手册》。

(6) 根据进、销、存管理系的开发过程和开发内容，参照软件系统开发总结报告模块，编写《进、销、存管理系开发总结报告》。

2. 提示信息

(1) 进、销、存管理系统的数据采集与数据初始化

进、销、存管理公司的基本信息样表如表6-26所示。

表6-26　进、销、存管理公司的基本信息

公司名称	联系人	联系电话	电子邮件	单位地址

进、销、存管理公司部门的基本信息样表如表6-27所示。

表6-27　进、销、存管理公司部门的基本信息

部门编号	部门名称	拼音代码	联系电话	部门负责人

进、销、存管理公司员工的基本信息样表如表6-28所示。

表6-28　进、销、存管理公司员工的基本信息

姓　　名	拼音代码	职　　务	身份证号码	住宅电话	手　　机	住　　址

进、销、存管理公司供货商的基本信息样表如表6-29所示。

表6-29　进、销、存管理公司供货商的基本信息

供货商名称	拼音代码	联系人	电话	手机	地址	预付货款/未付货款

进、销、存管理公司客户类别样表如表6-30所示。

表6-30　进、销、存管理公司客户类别

类别编号	类别名称	类别描述

进、销、存管理公司客户信息样表如表6-31所示。

表 6-31　进、销、存管理公司客户信息

客户名称	拼音代码	所属地区	联系人	固定电话	手机	地址	期初欠款	折扣额度

进、销、存管理公司的商品类别样表如表 6-32 所示。

表 6-32　进、销、存管理公司商品类别

类别编号	类别名称	类别描述

进、销、存管理公司的商品信息样表如表 6-33 所示。

表 6-33　进、销、存管理公司的商品信息

条形码	商品名称	拼音代码	品牌	规格型号	款式	计量单位	生产厂家	等级	产地	库存下限	库存上限	进价	建议售价

进、销、存管理公司的仓库信息样表如表 6-34 所示。

表 6-34　进、销、存管理公司的仓库信息

仓库名称	拼音代码	联系人	固定电话	手机	地址

进、销、存管理公司的入库单主表数据样表如表 6-35 所示。

表 6-35　进、销、存管理公司的入库单主表数据

入库单号	供货商名称	入库日期	合计数量	仓库名称	经办人	备注

每张入库单的商品数据样表如表 6-36 所示。

表 6-36　入库单明细表数据

入库单号	入库日期	商品名称	品牌	款式	型号规格	仓库名称	经办人	计量单位	进价	数量

提货单主表数据样表如表 6-37 所示。

表 6-37　提货单主表数据

提货单号	提货日期	提货人	客户名称	合计数量	仓库名称	经办人	付款方式	应付金额合计	实付金额合计	备注

每张提货单的商品数据样表如表 6-38 所示。

表 6-38 提货单明细表数据

提货单号	提货日期	提货人	客户名称	商品名称		品牌	款式
型号规格	仓库名称	经办人	计量单位	数量	单价	应付金额	实付金额

计量单位名称一般有公斤、克、吨、米、厘米、升、毫升、年、月、日、箱、件、包、罐、盒、台、瓶、袋、桶、条、块、张、把、辆、丸等。其编码、名称和描述如表 6-39 所示。

表 6-39 计量单位及其编码

计算单位编码	计算单位名称	描述	计算单位编码	计算单位名称	描述
T	吨	ton	CS	箱	case
KG	千克	kilogram	BX	盒	box
G	克	gram	BA	桶	barrel
M	米	meter	KE	罐	kettle
CM	厘米	centimeter	BG	袋	bag
MM	毫米	millimeter	BO	瓶	bottle
L	升	litre	EA	个	each
ML	毫升	milliliter	PI	件	piece
Y	年	year	PL	丸	pill

部分货币数据如表 6-40 所示。

表 6-40 部分货币数据

币种编码	币种名称	币种缩写	币种编码	币种名称	币种缩写
01	人民币	RMB	22	丹麦克朗	DKK
12	英镑	GBP	23	挪威克朗	NOK
13	港币	HKD	27	日元	JPY
14	美元	USD	28	加拿大元	CAD
15	瑞士法郎	CHF	29	澳大利亚元	AUD
18	新加坡元	SGD	33	欧元	EUR
21	瑞典克朗	SEK	70	卢布	SUR

运输途径数据如表 6-41 所示。

表 6-41　运输途径数据

运输途径编号	运输途径编码	运输途径描述
01	BS	汽车(busses)
02	TR	火车(train)
03	SB	轮船(steamboat)
04	AP	飞机(airplane)

(2) 进、销、存管理系统的评价

进、销、存管理系统投入运行后，阳光电器公司的管理人员可以从烦琐的工作中解脱出来，集中精力进行企业的策划和运作，有效地管理账目，带动企业步入现代化管理阶段，节省了大量的人力、物力和财力，使企业经营运作物流畅通，账目清晰明了，经营状况翔实准确，使企业的经营管理体系更加科学化、规范化。

采用计算机管理后，规范了日常业务操作流程，除了进货时验货票仍采用手工填写外，其余单据全部由计算机产生，计算机内保留了全部金额账和数量账及各种报表。需要数据时可随时从计算机中获取，一切进、销、存信息以计算机为准，大大简化了业务流程，为一线销售人员减轻了工作压力，使他们能全身心地投入到为顾客服务、为企业创效益之中。将现代化科技管理手段引入商业管理，为商业企业带来的不仅是流程的规范化、操作的自动化，更重要的是加速了传统商业的管理模式向现代化管理体系的转变，实现了进、销、存管理流程的规范化、自动化，受到了一线人员的普遍欢迎。

财务管理是企业经营核算的关键环节，由于所有进、销、存数据的规范化，为财务子系统的正常运行创造了条件。实现计算机进、销、存管理自动化后，所有经营信息可以做到共享，财务系统所有经营数据自动取自于进、销、存系统，进、销、存系统数据生成以后自动记入会计相关账目，并产生相应的记账凭证，使财会人员工作强度大幅度减轻。每逢汇总和月底出报表，财务人员只需在键盘上操作几分钟，正确无误的财务数据就呈现眼前，使他们有时间介入管理及分析工作。

【单元小结】

本单元主要介绍了软件系统的数据采集、数据编码、运行和维护等内容，软件系统在完成系统实施、投入正常运行之后，就进入了系统运行与维护阶段。在软件系统的整个使用寿命中，都将伴随着系统维护工作的进行。系统维护的目的是要保证软件系统正常而可靠地运行，并能使系统不断得到改善和提高，以充分发挥作用。因此，系统维护的任务就是要有计划、有组织地对软件系统进行必要的改动，以保证系统中的各个要素随着环境的变化始终处于最新的、正确的工作状态。本单元以人力资源管理系统为例，阐述了数据采集和数据初始化、运行管理和维护的方法。

【单元习题】

(1) 软件生命期中花费最多、持续时间最长的阶段是(　　)阶段。

A. 需求分析　　B. 维护　　C. 设计　　D. 测试

(2) 软件的维护指的是(　　)。

A. 对软件的改进、适应和完善　　B. 维护正常运行

C. 配置新软件　　D. 软件开发期的一个阶段

(3) 软件维护大体上可分为 4 种类型,其中(　　)维护是根据用户的需求来改进和扩充软件使之更完善。

A. 纠正性　　B. 可靠性　　C. 适应性　　D. 完善性

(4) 在软件生存期的维护阶段,继续诊断和修正错误的过程称为(　　)。

A. 完善性维护　　B. 适应性维护　　C. 预防性维护　　D. 改正性维护

(5) 由于更新了操作系统而对软件进行的修改工作属于(　　)。

A. 修正性维护　　B. 适应性维护　　C. 完善性维护　　D. 预防性维护

(6) 适应性维护的含义是(　　)所进行的维护。

A. 为使软件在改变了的环境下仍能使用

B. 为改正在开发期产生、测试阶段没有发现、运行时出现的错误

C. 为改善系统性能、扩充功能

D. 为软件的正常执行

(7) 为软件系统今后的改进和发展打好基础而进行的维护工作称为(　　)。

A. 改正性维护　　B. 适应性维护　　C. 完善性维护　　D. 预防性维护

(8) 某应用系统为今后的发展将单用户系统改为多用户系统,并形成新的应用软件,由此进行的维护工作称为(　　)。

A. 改正性维护和预防性维护　　B. 适应性维护和完善性维护

C. 完善性维护和改正性维护　　D. 预防性维护和适应性维护

(9) 如果按用户要求增加新功能或修改已有的功能而进行的维护工作,称为(　　)。

A. 完善性维护　　B. 适应性维护　　C. 预防性维护　　D. 改正性维护

单元7　软件项目的管理与安全保障

在软件项目的建设过程中，不仅要有先进的设计方法和优良的开发工具，而且要有完善的管理策略和先进的管理技术。软件项目是以软件工程为主的知识密集型产品，它综合了多种技术，其开发过程是一项创造性的工作，存在着一系列组织管理特点，必须遵循其特有的规律，加强组织管理工作。管理的目的是要保证开发的质量、进度、经费能够达到预定的目标。为了保证软件系统正常运行，应建立一整套安全保障管理制度，并在软件系统运行过程中严格执行。

【知识梳理】

7.1　软件系统开发的项目管理

项目管理是20世纪50年代后期发展起来的一种计划管理方法。所谓项目管理，是指在一定资源（包括人力、设备、材料、经费、能源、时间等）约束条件下，运用系统科学的原理和方法对项目及其资源进行计划、组织和控制，旨在实现项目的既定目标（包括质量、速度、经费）的管理方法体系。

1. 项目管理的必要性

（1）从系统的观点进行全局又切合实际的安排，使得预期的多目标能达到最优的结果。

软件系统是一个投资较大、建设周期较长的系统工程，要重点考虑各分项目之间的关系与协调，众多资源的调配与利用。在此基础上制订出切实可行的计划，避免不必要的返工或重复劳动，也避免对能力估计不足而导致计划不能执行。

（2）为估计人力资源的需求提供依据。

在项目的计划安排中，对软件的工作量做了估计，需要什么级别的软件开发人员，系统的设计与编程的工作量是多少，对硬件的安装调试，对使用人员的配置都有详细的要求，以便对系统建设的人力资源的需要提出一个比较准确的数字。同时，可以通过计划的执行来考查各级人员的素质及效率。

（3）能通过计划安排来进行项目的控制。

当制定了项目执行的日程表后，就可以定期检查计划的进展情况，分析拖延或超前的原因，决定如何采取行动或措施，使其回到计划日程表上来。同时系统追踪记录各项目的运行时间及费用，并与预计的数字进行比较，以便项目管理人员为下一步行动做出决策。

（4）提供准确一致的文档数据。

项目管理要求事先整理好有关基础数据，使每个项目的建设者都能使用同一文件及数据。同时，在项目进行过程中生成的各类数据又可以为大家所共享，保证项目建设者之间的工作协调有序。

2. 软件项目的特点

软件系统的建设是一类项目，它具有项目的一般特点，同时还具有自己独特的特点，可以用项目管理的思想和方法来指导软件系统的建设。

（1）软件系统的目标是不精确的，任务的边界是模糊的，质量要求更多是由项目团队来定义的。

对于软件系统的开发，许多客户一开始只有一些初步的功能要求，给不出明确的想法，提不出确切的要求。软件系统项目的任务范围很大程度上取决于项目组所做的系统规划和需求分析。

（2）软件系统项目进行过程中，客户的需求会不断被激发，被不断地进一步明确，导致项目的进度、费用等计划不断更改。

客户需求的进一步明确，系统的相关内容就得随之修改，而在修改的过程中又可能产生新的问题，并且这些问题很可能在过了相当长的时间以后才会发现。这样，就要求项目经理要不断监控和调整项目计划的执行情况。

（3）软件系统是智力密集、劳动密集型的项目，受人力资源影响最大，项目成员的结构、责任心、能力和稳定性对软件系统项目的质量以及是否成功有决定性的影响。因而在软件系统项目的管理过程中，要将人力放在与进度、成本一样高的地位来对待。

3. 项目管理的主要任务

项目管理的主要任务有以下几个方面。

（1）明确总体目标，制订项目计划，对开发过程进行组织管理，保证总体目标的顺利实现。

（2）严格选拔和培训人员，合理组织开发机构和管理机构。

（3）编制和调整开发计划进程表。

（4）开发经费的概算与控制。

（5）组织项目复审和书面文件资料的复查与管理。

（6）系统建成后运行与维护过程的组织管理。

7.2 软件项目开发的风险管理

软件项目风险管理是软件项目管理的重要内容，风险管理的主要目标是预防风险。在进行软件项目风险管理时，要辨识风险，评估它们出现的概率及产生的影响，然后建立一个规划来管理风险。软件项目风险是指在软件开发过程中遇到的预算和进度等方面的问题以及这些问题对软件项目的影响。软件项目风险会影响项目计划的实现，如果项目风险变成现实，就有可能影响项目的进度，增加项目的成本，甚至使软件项目不能实现。

软件项目的风险无非体现在以下四个方面：需求、技术、成本和进度。软件项目开发中常见的风险如表 7-1 所示。

表 7-1　软件项目开发中常见的风险

风险类型	产生风险的原因
需求风险	①需求已经成为项目基准，但需求还在继续变化；②需求定义欠佳，而进一步的定义会扩展项目范畴；③添加额外的需求；④产品定义含糊的部分比预期需要更多的时间；⑤在做需求中客户参与不够；⑥缺少有效的需求变化管理过程
计划编制风险	①计划、资源和产品定义全凭客户或上层领导口头指令，并且不完全一致；②计划是优化的，是“最佳状态”，但计划不实现，只能算是“期望状态”；③计划基于使用特定的小组成员，而那个特定的小组成员其实指望不上；④产品规模（代码行数、功能点、与前一产品规模的百分比）比估计的要大；⑤完成任务日期提前，但没有相应地调整产品范围或可用资源；⑥涉足不熟悉的产品领域，花费在设计和实现上的时间比预期的要多
组织和管理风险	①仅由管理层或市场人员进行技术决策，导致计划进度缓慢，计划时间延长；②低效的项目组织结构降低生产率；③管理层审查、决策的周期比预期的时间长；④预算削减，打乱项目计划；⑤管理层作出了打击项目组织积极性的决定；⑥缺乏必要的规范，导致工作失误与重复工作；⑦非技术的第三方的工作（预算批准、设备采购批准、法律方面的审查、安全保证等）时间比预期的延长
人员风险	①作为先决条件的任务（如培训及其他项目）不能按时完成；②开发人员和管理层之间关系不佳，导致决策缓慢，影响全局；③缺乏激励措施，士气低下，降低了生产能力；④某些人员需要更多的时间适应还不熟悉的软件工具和环境；⑤项目后期加入新的开发人员，需进行培训并逐渐与现有成员沟通，从而使现有成员的工作效率降低；⑥由于项目组成员之间发生冲突，导致沟通不畅、设计欠佳、接口出现错误和额外的重复工作；⑦不适应工作的成员没有调离项目组，影响了项目组其他成员的积极性；⑧没有找到项目急需的具有特定技能的人
开发环境风险	①设施未及时到位；②设施虽到位，但不配套，如没有电话、网线、办公用品等；③设施拥挤、杂乱或者破损；④开发工具未及时到位；⑤开发工具不如期望的那样有效，开发人员需要时间创建工作环境或者切换新的工具；⑥新的开发工具的学习期比预期的长，内容繁多
客户风险	①客户对于最后交付的产品不满意，要求重新设计和重做；②客户的意见未被采纳，造成产品最终无法满足用户要求，因而必须重做；③客户对规划、原型和规格的审核、决策周期比预期的要长；④客户没有或不能参与规划、分析和原型阶段的审核，导致需求不稳定和产品生产周期的变更；⑤客户答复的时间（如回答或澄清与需求相关问题的时间）比预期长；⑥客户提供的组件质量欠佳，导致额外的测试、设计和集成工作，以及额外的客户关系管理工作
产品风险	①矫正质量低下的不可接受的产品，需要比预期更多的测试、设计和实现工作；②开发额外的不需要的功能延长了计划进度；③严格要求与现有系统兼容，需要进行比预期更多的测试、设计和实现工作；④要求与其他系统或不受本项目组控制的系统相连，导致无法预料的设计、实现和测试工作；⑤在不熟悉或未经检验的软件和硬件环境中运行所产生的未预料到的问题；⑥开发一种全新的模块将比预期花费更长的时间；⑦依赖正在开发中的技术将延长计划进度
设计和实现风险	①设计质量低下，导致重复设计；②一些必要的功能无法使用现有的代码和库实现，开发人员必须使用新的库或者自行开发新的功能；③代码和库质量低下，导致需要进行额外的测试，修正错误，或重新制作；④过高估计了增强型工具对计划进度的节省量；⑤分别开发的模块无法有效集成，需要重新设计或制作
过程风险	①大量的纸面工作导致进程比预期的慢；②前期的质量保证行为不真实，导致后期的重复工作；③开发过程太不正规（缺乏对软件开发策略和标准的遵循），导致沟通不足，质量欠佳，甚至需重新开发；④开发过程过于正规（教条地坚持软件开发策略和标准），导致过多耗时于无用的工作；⑤向管理层撰写进程报告占用开发人员的时间比预期的多；⑥风险管理粗心，导致未能发现重大的项目风险

风险管理涉及的主要过程包括：风险识别，风险量化，风险应对计划制订和风险监控。

(1) 风险识别：风险识别包括确定风险的来源，风险产生的条件，描述其风险特征和确定哪些风险事件有可能影响本项目。风险识别在项目的开始时就要进行，并在项目执行中不断进行。也就是说，在项目的整个生命周期内，风险识别是一个连续的过程，应当在项目的自始至终定期进行。

(2) 风险量化：涉及对风险及风险的相互作用的评估，是衡量风险概率和风险对项目目标影响程度的过程。风险量化的基本内容是确定哪些事件需要制定应对措施。

(3) 风险应对计划制订：针对风险量化的结果，为降低项目风险的负面效应制定风险应对策略和技术手段的过程。风险应对计划依据风险管理计划、风险排序、风险认知等依据，得出风险应对计划、剩余风险、次要风险以及为其他过程提供得依据。

(4) 风险监控：涉及整个项目管理过程中的风险进行应对。该过程的输出包括应对风险的纠正措施以及风险管理计划的更新。

在软件项目开发过程中，当对软件的期望很高时，一般都会进行项目风险分析、预测、评估、管理及监控等风险管理。通过风险管理可以使项目进程更加平稳，可以获得很高的跟踪和控制项目的能力，并且可以增强项目组成员对项目如期完成的信心。风险管理是项目管理中很重要的管理活动，有效的实施软件风险管理是软件项目开发工作顺利完成的保证。

7.3 软件项目开发的文档管理

软件项目开发的文档是描述系统从无到有整个发展过程和演变过程状态的文字资料。软件系统实际是由物理的信息系统与对应的文档两大部分组成，系统的开发应以文档的描述为依据，而系统的运行与维护更需要文档来支持。

系统文档不是事先一次形成的，而是在系统开发、运行与维护过程中不断地按阶段依次编写、修改、完善与积累而形成的。规范系统文档的质量，将直接影响系统开发或运行的结果。当系统开发人员发生变化时，规范的系统文档显得尤为重要。

文档资料是软件项目开发过程按照国家软件开发规范编写的一套有价值的资料集合。软件项目开发过程中的各个阶段，都是从上一阶段产生的文档开始，以产生该阶段的文档而告终。文档是每个阶段工作成果的总结，也是开展下一阶段的工作依据。在系统完成并交付用户使用后，这套文档就是维护系统的依据。这些文档资料在不同的开发阶段，由参加该阶段工作的技术人员编写，编写文档时一定要遵守国家有关文档书写的规范，要求做到标准化、规范化，尽可能简单明了，便于阅读和理解，除了文字以外，适当使用图表加以说明。为保证文档的一致性与可追踪性，所有文档要及时收齐，统一保管。

1. 文档编写的基本原则

(1) 立足于用户和使用者。

(2) 立足于实际需要。

(3) 文字准确、图表清晰、简单明了。

2. 文档管理的要求

(1) 文档管理制度化

必须形成一整套的文档管理制度，根据完善的制度来协调、控制系统开发工作，并以此对每一个开发成员的工作进行评价。

(2) 文档编写标准化

在系统开发前制定或选择统一的文档编写标准,在标准的制约下,开发人员完成所承担任务的文档编写。

(3) 保证文档的一致性

软件系统开发过程是一个不断变化的动态过程,一旦需要对某一个文档进行修改,要及时、准确地修改与之相关的文档。

(4) 文档管理由专人负责

项目开发过程形成的文档应指定专人负责保管、整理和借阅。

3. 软件系统文档的类型

软件系统开发的各个阶段都要产生相应的文档,这些文档按用途可以分为管理文档、开发文档和应用文档,主要文档如表7-2所示,各个文档的详细内容在前面各单元已有详细阐述,在此不再赘述。

表7-2 软件系统文档类型

文档类型	文档名称
管理文档	软件项目立项报告、软件项目开发合同、软件项目开发可行性研究报告、软件项目开发计划、软件需求说明书、需求变更申请书、系统开发进度月报、软件系统开发总结报告
开发文档	软件系统分析报告、概要设计说明书、详细设计说明书、数据库设计说明书、程序设计报告、系统测试计划、单元测试报告、测试分析报告、系统评价报告
应用文档	用户手册、操作手册、运行日志/月报、维护修改建议书

7.4 软件项目开发的质量管理

软件项目建设的目的是在一定的时间和一定费用下完成一定的任务,并且这些任务必须达到一定的质量要求。因而软件系统项目管理的一个很重要方面就是系统建设的质量管理。

软件项目开发的质量管理不仅仅是项目开发完成之后的最终评价,而且是在软件系统开发过程中的全面质量控制。也就是说,不仅包括系统实现时质量控制,也包括系统分析、系统设计时的质量控制;不仅包括对系统实现时软件质量控制,而且还包括对文档、开发人员和用户培训的质量控制。

7.5 软件项目开发的行为管理

软件项目开发的行为管理是保证系统正常运行的重要措施之一。不同职业的行为规范有所不同,总的目的是约束从业人员的行为,努力减少由于从业人员的不良行为给企业或组织带来的不良影响和后果,创造和谐的工作环境。规范软件项目开发行为需要结合用户实际和软件项目自身的特点,依据相关法规建立和逐步完善。

1. 制定相关法规,规范从业人员的行为

我国在计算机领域先后颁布了《中华人民共和国计算机信息网络国际互联网规定》和《中华人民共和国信息系统安全保护条例》等法规,一定程度上规范了从业人员的行为。各个企业或组织根据自身特点进一步作出了明确的规定,主要包括以下几点。

(1) 规范对社会的行为。保证员工的行为符合社会普遍公认的行为准则,并努力服务于社会,不对社会造成破坏。

(2) 规范对集体的行为。保证员工的行为不使集体利益受到损害,促使员工为集体作出应有的贡献。

(3) 规范个人的行为。促使员工具有正义感和道德感。

2. 制定道德规范,提高从业人员的职业道德水平

由于软件工程项目的特点及其影响,以及人的因素、人员的管理等在软件开发和管理中所处的特殊地位,因此软件人员的职业行为和职业道德水平是一个不容忽视的问题。任何职业都有其特殊性,针对本行业的特点制定相应的道德规范,是对本行业的从业人员提出的一些特别的和较高的要求,这些要求既体现了从事本行业的人所特有的品质,也指出了本行业的从业者担负的特殊责任和义务,只有具备了这些品质的人才能成为本行业的优秀人才。

职业道德规范是与法律、法规相配套的具有针对性的制度,除了具有教育的作用外,还可以起到监督和约束的作用,有助于规范从业人员的职业行为,减少违法违规行为的发生,也有利于我国软件行业的健康发展。

对于软件开发人员来说,应把道德规范和技术置于同样的地位加以学习和掌握,加强对违反规则所负的责任和后果的清楚认识,有助于逐渐地培养出自觉的公德意识和规则意识,从而提高软件从业人员的社会责任感。对于新的从业人员,上岗培训除了业务培训外,职业道德教育也是一项重要的内容,并且应在今后的工作岗位上不断地自觉加强修养。

7.6 软件项目开发的配置管理

软件配置管理是在软件的整个生命周期内管理变化的一组活动,这组活动有以下作用:①标识变化;②控制变化;③确保适当地实现了变化;④向需要知道这类信息的人报告变化。

软件配置管理的目标是,使变化更正确且更容易被适应,在必须变化时减少所需花费的工作量。软件配置管理主要有以下 5 项任务。

1. 标识软件配置中的对象

每个对象都有一组能唯一地标识其特征的标识,例如名字、描述等,在设计标识软件对象的模式时,必须考虑到对象在其整个生命周期中一直都在演化这个事实,因此,标识模式必须能无歧义地标识每个对象的不同版本。

2. 版本控制

通过使用规程和工具,管理在软件工程过程中所创建的配置对象的不同版本,借助版本控制技术,用户能够通过选择适当的版本来指定软件系统的配置。

3. 变化控制

在一个软件配置项变成基线(是指通过了正式复审的软件配置项)之前,仅需应用非正式的变化控制。该配置对象的开发者可以对它进行任何合理的修改。一旦该对象经过了正式技术复审并获得批准,就创建了一个基线。而一旦一个软件配置项变成了基线,就开始实施项目级的变化控制。

4. 配置审计

为了确保正确地实现所需要的变化,通常既进行正式的技术复审,又进行配置审计。配置审计评估配置对象的那些不在复审过程中考虑的特征,从而成为对正式的技术复审的补充。

5. 状态报告

配置状态报告向有关人员提供下述信息内容：

① 发生了什么事；

② 谁做的这件事；

③ 这件事是什么时间发生的；

④ 它影响的其他事物。

7.7　能力成熟度模型简介

能力成熟度模型(Capability Maturity Model,CMM)是一种用于评价软件组织的软件过程能力成熟度的开发模型。Carnegie Mellon 大学的研究人员从美国国防部合同承包方那里收集数据并加以研究，提出了 CMM，美国国防部资助了这项研究。Carnegie Mellon 以该模型为基础，创办了软件工程研究所(SEI)。CMM 的目标是改善现有软件开发过程，也可用于其他过程。其假设是只要集中精力持续努力去建立有效的软件工程过程的基础结构，不断进行管理的实践和过程的改进，就可以克服软件生产中的困难。

它是对软件组织在定义、实施、度量、控制和改善其软件过程的实践中各个发展阶段的描述。CMM 的核心是把软件开发视为一个过程，并根据这一原则对软件开发和维护过程进行监控和研究，以使其更加科学化、标准化，使软件企业能够更好地实现其目标。

CMM 是一种用于评价软件承包能力以改善软件质量的方法，侧重于软件开发过程的管理及工程能力的提高与评估。CMM 自 1987 年开始实施认证，现已成为软件业权威的评估认证体系。CMM 分为 5 个等级：一级为初始级，二级为可重复级，三级为已定义级，四级为已管理级，五级为优先级，共计 18 个过程域、52 个目标、300 多个关键实践。

CMM 的 5 个能力等级的特点和关键过程如表 7-3 所示。

表 7-3　CMM 的 5 个能力等级的特点和关键过程

能力等级	特点	关键过程
第一级　初始级(最低级)	软件工程管理制度缺乏，过程缺乏定义、混乱无序。成功依靠的是个人的才能和经验，经常由于缺乏管理和计划导致时间、费用超支。管理方式属于反应式，主要用来应付危机。过程不可预测，难以重复	
第二级　可重复级	基于类似项目中的经验，建立了基本的项目管理制度，采取了一定的措施控制费用和时间。管理人员可及时发现问题，采取措施。一定程度上可重复类似项目的软件开发	需求管理、项目计划、项目跟踪和监控、软件子合同管理、软件配置管理、软件质量保障
第三级　已定义级	已将软件过程文档化、标准化，可按需要改进开发过程，采用评审方法保证软件质量。可借助 CASE 工具提高质量和效率	组织过程定义、培训大纲、软件集成管理、软件产品工程、组织协调、专家评审
第四级　已管理级	针对软件质量、效率目标，收集、测量相应指标。利用统计工具分析并采取改进措施。对软件过程和产品质量有定量的理解和控制	定量的软件过程管理和产品质量管理
第五级　优先级(最高级)	基于统计质量和过程控制工具，持续改进软件过程。质量和效率稳步改进	缺陷预防、过程变更管理和技术变更管理

在表7-3中可以看出，CMM为软件的过程能力提供了一个阶梯式的改进框架，它基于以往软件工程的经验教训，提供了一个基于过程改进的框架图，它指出一个软件组织在软件开发方面需要哪些主要工作、这些工作之间的关系，以及开展工作的先后顺序，如何一步一步地做好这些工作而使软件组织走向成熟。CMM的思想来源于已有多年历史的项目管理和质量管理，自产生以来几经修订，成为软件业具有广泛影响的模型，并对以后项目管理成熟度模型的建立产生了重要的影响。尽管已有个人或团体提出了各种各样的成熟度模型，但还没有一个像CMM那样在业界确立了权威标准的地位。

CMM标准并不意味着高品质工程，不意味着最高水平的组织，也不意味着生产效率最高，其标准本身与项目的品质没有直接关系，CMM只是一种形式测试，表示是否有一定的程序来遵循。它是大型项目开发的必要条件，不是高品质的充分条件，过度拘泥于CMM形式就失去了灵活性，也可能失去市场，并且CMM并不能保证品质，因为CMM不检测程序的内容，只是检测程序的形式。

并非实施了CMM，软件项目的质量就能有所保障。CMM是一种资质认证，它可以证明一个软件企业对整个软件开发过程的控制能力。按照CMM的思想进行管理与通过CMM认证并不能画等号。CMM认证并不仅仅是在评估软件企业的生产能力，整个评估过程同时还在帮助企业完善已经按照CMM建立的科学工作流程，发现企业在软件质量、生产进度以及成本控制等方面可能存在的问题，并且及时予以纠正。

实施CMM对软件企业的发展起着至关重要的作用，CMM过程本身就是对软件企业发展历程的一个完整而准确的描述，企业通过实施CMM，可以更好地规范软件生产和管理流程，使企业组织规范化。

7.8 软件系统的正常使用与安全保障

随着计算机网络技术的迅速发展和计算机在管理工作中的广泛应用，软件系统的安全问题越来越受到人们的重视，加强对软件系统的安全保障势在必行，主要有以下几方面的原因。

(1) 软件系统在使用过程中会出现一些无法预料的缺陷，软件质量存在着这样或那样的不足。

(2) 对投入运行的软件系统的管理和操作的不当，造成系统工作状况不够理想。

(3) 计算机犯罪、网络黑客、计算机病毒借助于Internet到处进行故意破坏或非法盗用，使软件系统的安全和质量保障受到巨大的挑战。

软件系统的安全保障是指采取各种有效手段，通过系统开发过程中的安全设计和运行过程中的安全管理，使系统中的硬件、软件、数据资源受到妥善的保护，不因人为因素和自然因素而被破坏、篡改、丢失或者泄露，保证系统能连续正常运行。

7.8.1 软件系统的安全隐患

以计算机为主要处理工具的现代软件系统，给人们日常工作和生活带来了前所未有的高效率，同时也产生了难以避免的安全隐患。软件系统虽然功能强大、技术先进，但由于受到它自身的体系结构、设计构思、运行机制的限制，隐含了许多不安全的因素。影响软件系统安全的主要因素有以下几方面。

1. 软件与数据因素

（1）软件本身存在的先天性缺陷

由于软件程序的复杂性和编程的多样性，在软件系统中会留下一些不易发现的安全漏洞，软件漏洞显然会对系统的安全与保密产生严重的影响，使程序不能对数据进行正确或完整的处理，用户的需求得不到满足，致命错误导致系统不能正常工作。

（2）系统本身和数据的质量问题

操作系统、数据库管理系统运行不稳定，造成经常死机。有的软件缺陷导致系统运行速度慢，有的软件缺陷导致系统突然崩溃或数据丢失。

（3）系统支持软件被破坏

操作系统是支持系统运行、保障数据安全、协调处理业务的关键软件，如果遭到攻击或破坏，将造成系统运行的崩溃。数据库中存放了系统的数据资源，如果被失窃或被破坏，将造成系统无法访问或处理数据。另外文档的遗失将使得软件的升级与维护十分困难。

2. 硬件与物理因素

（1）硬件的失灵、破坏和盗窃

硬件失灵将导致数据得不到正确或完整的处理，硬件的破坏或盗窃造成重要数据被破坏或永远丢失。

（2）电源失效

电源突然出现故障，使计算机停机，硬件可能受到操伤、磁盘崩溃，存储在磁盘上的数据丢失或无法读出。

3. 环境与灾害因素

（1）软件系统需要一个良好的运行环境，环境的温度、湿度、清洁度都对计算机硬件、软件有影响。

（2）意外的灾害，例如地震、火灾、水灾、风暴、社会暴力或战争等，使得计算机硬件、软件、文件以及记录在纸上的数据都可能被毁坏。

（3）空间的电磁波对系统产生电磁干扰，影响系统的正常运行。

4. 人为与管理因素

（1）用户使用不当

在数据输入、传输、处理、分配过程中，用户无心的操作可能会导致数据毁坏、数据处理产生错误并产生错误的输出。

（2）人为的恶意攻击

人为的恶意攻击是有意破坏，非法使用系统硬件、软件或数据，可能会导致数据被毁坏、机密信息被非法截取、系统服务失灵等情况。

（3）企业或组织内部的管理不善或内部人员的违法犯罪

企业或组织内部低水平的安全管理和保障，内部人员的违法犯罪行为等都会影响系统的安全性，例如防火墙是一种常用的网络安全装置，它可以防止外部人员对内部网资源的非法入侵或破坏，但不能防止内部人员对系统的破坏。

7.8.2　软件系统的数据安全与保密

在软件系统中，由于数据要被各个用户共享，因此必须进行数据保护，以防止被一些人无意或有意地非法使用或破坏，而给企业造成巨大损失。所以数据的安全与保密是系统设计应考虑的重要环节。

1. 数据的不安全因素

数据的不安全因素主要来自自然灾害或意外事件(例如意外掉电)、计算机病毒、非法访问、人为破坏等。

2. 数据的安全保护

数据安全性保护的基本目的是防止对数据资源的破坏和篡改。安全保护的方法可以分为物理限制、利用操作系统功能的限制和基于数据库管理系统功能的限制等方法。

在进行数据的安全保护时,首先要明确需要进行保护的对象以及保护要求,然后针对具体对象和具体要求采取保护措施。常见的安全保护对象包括数据定义、数据文件、程序以及有关数据库的各种操作等。

3. 数据的安全保护措施

(1) 采用用户认定、用户权限检查措施限制非法访问

使用用户名和口令登录,口令不要使用可以联想到或很容易套出的数据,并且经常变更。使用访问权限控制,规定用户对计算机、数据、文件访问的权限,使每个用户只能在自己的权限范围内使用数据和文件。使用防火墙,防火墙是隔离外部网络与内部局域网的软件,使用防火墙可以防止非法用户通过 Internet 对局域网进行未经许可的访问和对数据的非法修改等。

(2) 采用数据备份措施,定期对程序和数据进行备份

采取硬盘镜像、双服务器等备份系统,将数据映象到另一个硬盘,当一个服务器发生故障时能切换到另一个服务器继续提供服务。定期对运行的程序和数据进行备份,一旦数据被破坏,可以用备份数据予以恢复,保证系统能正常工作。对于要删除的重要数据也应进行必要的备份,以防误删或日后查找。例如资金、账户数据在清算前、后及当日要进行备份。

(3) 进行数据加密

对数据进行加密,使非法用户无法阅读。

7.8.3 软件系统开发过程的安全保障措施

软件系统的安全保障除了在技术上需要提供各种防范措施之外,还需借助于法律和社会监督,需要有健全的管理制度。软件系统的安全保障指制定有关的政策、规章制度或采用适当的硬件手段、软件程序和技术工具,保证软件系统不被未经授权进入并使用、修改、盗窃而采取的各种行之有效的措施。软件系统的安全保障措施必须贯穿于整个系统设计、建立和运行的过程中,在设计软件系统时应采取专门的技术、策略、手段来保护信息系统中数据的准确性和可靠性,使其不受各种不利因素的影响。

系统开发过程的安全保障措施是指在系统的分析、设计、实现过程中应充分考虑系统的安全问题,并采用有效的安全防范措施,以保证系统在运行过程中的安全与正确。

软件系统开发过程的安全保障措施主要包括以下几个方面。

(1) 系统总体安全保障措施。

(2) 硬件的安全保障措施。

(3) 环境的安全保障措施。

(4) 通信网络的安全保障措施。

(5) 软件的安全保障措施。

(6) 数据的安全保障措施。

7.8.4 软件系统运行过程的安全保障措施

系统运行过程的安全保障措施主要是在系统运行过程中强化安全管理，建立和健全软件系统运行制度，不断提高各类人员的素质，有效地利用运行日志对系统实行监督和控制，以确保系统的正确和安全地运行。

软件系统运行过程的安全保障措施主要包括以下几个方面。

(1) 系统运行的管理制度。

(2) 系统运行过程中硬件与环境的安全保障措施。

(3) 系统运行过程中通信网络的安全保障措施。

(4) 系统运行过程中软件的安全保障措施。

(5) 系统运行过程中数据的安全保障措施。

(6) 灾难性事故的恢复措施。

【方法指导】

7.9 编制软件项目开发工作计划的常用方法

编制软件项目开发工作计划的常用方法有甘特图和网络计划法。

(1) 甘特图也称为线条图或横道图。它是以横线来表示每项活动的起止时间。其优点是简单、明了、直观、易于编制，但各项工作之间的管理不清。它是小型项目中常用的工具，也是大型复杂的工程项目中高层管理者了解全局、安排子项目工作进度时使用的工具。

(2) 网络计划法用网状图表安排与控制项目各项活动的方法，一般适用于工作步骤密切相关、错综复杂的工程项目的计划管理。

目前常用的项目管理软件有 Microsoft 公司的 Project、Welcome 公司的 OpenPlan 和 TimeLine 公司的 TimeLine 等。这些软件主要用于编排项目的进度计划，通过资源的分析和成本管理，合理配置资源，使计划进度更为合理，同时按计划来安排工程进度，并对进度进行动态跟踪与控制等。

7.10 软件系统项目管理的方法

1. 任务管理

将整个开发工作划分成一个个较细的具体任务，并将这些任务落实到人员或各个开发小组里，明确工作责任，使开发工作高效、有序。

划分任务时，应该按统一的标准，包括任务内容、文档资料、计划进度、验收标准等。同时要根据任务的大小、复杂程度以及所需的软硬件资源等方面的情况分配资金。在开发过程中，各开发小组、参与者如何协调，需要哪些服务支持和技术支持等，都应在任务划分时予以明确。

2. 计划编制与进度控制

任务划分后，还要制定详尽的开发计划表，包括配置计划表、软件开发计划表、测试评估计划表、质量保证计划表、安全保证计划表、安装计划表、培训计划表、验收计划表等。这些计划表的建立应尽可能考虑周全，不要在开发过程中随意增加项目内容或改动计划。

这些计划表可以采用任务时间计划表表示出来，以进一步明确任务的开始和结束时间、任务之间的依赖关系和关键路径。任务时间计划表的建立可以采用表格形式（如 PERT 技术），也可以采用图形方式（如计划网络图、甘特图等）。

3. 人员管理

软件系统开发时一定要做好人员的组织管理工作，人在系统项目中既是成本，又是资本。人力成本是软件系统项目成本构成中最大的一项，开发过程应尽量使人力资源的投入最小，并尽量发挥人力资源的价值，使人力资源的产出最大。软件系统开发过程所需要的各类人员以及工作任务如表 7-4 所示。

表 7-4　软件系统开发过程所需要的各类人员以及工作任务

人 员 类 别	主要工作任务
项目负责人	相当于系统开发的总工程师地位，应当精通管理业务，并熟悉软件系统的开发
系统分析员	负责系统分析和设计，他们应当既懂管理业务，又懂系统开发
程序员	负责编写、调试程序和软件文档编写
网络设计员	负责网络设计与建立
数据库设计员	负责数据库建立和数据管理
软件测试员	负责软件测试
操作人员	上机操作人员，数据输入人员
硬件人员	负责机器的维护和保养工作

除此之外，开发项目还需要抽调管理人员参加开发工作，由于系统开发人员对具体的问题不够熟悉，没有使用部门和管理人员的参与和配合，往往使设计脱离实际，不能很好地投入运行。

4. 经费管理

首先要制订好经费支出计划，包括各项任务所需的资金分配、系统开发时间表及相应的经费支出、各项任务可能出现的超支情况及应付办法等，在执行过程中，如果经费有变动，要及时通知相关人员。其次要严格控制经费支出。

5. 审计与控制

审计与控制是保证开发工作在预算的范围内，按照任务时间表来完成相应开发任务。首先要制定开发的工作制度，明确开发任务，确定质量标准。还要制订详细的审计计划，针对每个开发阶段进行审计，并分析审计结果，处理开发过程中出现的问题，修正开发过程中出现的偏差。

6. 风险管理

任何一个系统开发项目都具有风险性，在风险管理中，应注意技术方面必须满足需求，经费开销控制在预算范围内，保证开发进度，在开发过程中尽量与用户沟通，充分估计可能出现的风险。

总之，在开发过程中，要以科学思想为指导，采用正确的开发方法，开发人员要统一思想，有计划、有步骤地开展工作，同时要做好项目管理工作，协调好各类人员之间的关系，随时注意开发过程中出现的问题，并及早给予解决。要充分发挥集体的作用，集思广益，团结协作，才能完成软件系统的开发任务。

【模板预览】

7.11 软件项目管理与安全保障的主要文档

为了保证软件项目开发进度、控制软件项目的质量、提高软件项目开发的效率，必须制定有关项目管理、风险管理、文档管理、质量管理、行为管理、配置管理、人员管理、费用管理等方面的规章制度，在项目开发过程中严格执行这些规章制度，从而实现优质、高效、低成本、按时完成软件项目开发。还应制定有关硬件、软件、环境、通信网络、数据的安全保障措施。

为了保证软件系统正常运行，应制定相应的管理制度，这些制度主要包括数据管理制度、数据备份制度、密码口令管理制度、病毒的防治管理制度、安全培训制度、系统失效或数据被破坏后的数据恢复制度、使用系统登记管理制度等。在软件系统运行过程中要严格执行这些管理制度。

7.11.1 数据备份制度模板

数据备份是容灾的基础，是指为防止系统出现操作失误或系统故障而导致数据丢失，将全部或部分数据集合从应用主机的硬盘或阵列复制到其他的存储介质的过程。数据备份制度参考模板如下所示。

明德学院系统数据定期备份制度

1 总则

1.1 目的。为规范学校数据备份管理工作，合理存储历史数据及保证数据的安全性，防止因硬件故障、意外断电、病毒等因素造成数据的丢失，保障学校正常的知识产权利益和技术资料的储备。备份管理工作应由系统管理员安排专人负责。备份管理人员负责制定备份、恢复策略，组织实施备份、恢复操作，指导备份介质的取放、更换和登记工作。日常备份操作可由备份管理人员完成。

1.2 适应范围。本制度是学校信息系统数据定期备份的基本制度，适用于学校各职能部门信息系统数据定期备份的管理工作。

1.3 职责部门。信息中心是学校信息系统数据定期备份的日常管理部门，负责监督、检查和指导各部门信息系统数据的定期备份工作。

2 一般规定

2.1 学校服务器等主要设备均由学校授权系统管理员负责数据管理和备份。

2.2　根据学校情况，将数据分为一般数据和重要数据两种。一般数据（比如服务器共享文件夹下面的数据）主要指个人或部门的各种信息及办公文档、电子邮件、人事档案、考勤管理、监控数据等。重要数据主要包括各部门日常表单记录，财务数据、人力资源管理数据、教务管理数据、学生管理数据、项目管理数据、招生就业数据、标书、合同、OA等。

2.3　一般数据由各部门每月自行备份，部门主管负责整理归档后刻盘，系统管理员每半年应对一般数据资料进行选择性收集归档。

2.4　重要数据由系统管理员负责。

2.5　财务管理部每月底将当月电子账、表格等数据统一整理，系统管理员负责刻盘，由财务管理部保存。

2.6　学生管理数据、项目管理数据、招生就业数据、标书须在每月月底前由各部门的文件管理员上传至服务器，由系统管理员做光盘和硬盘备份。

2.7　人力资源管理数据、教务管理数据由系统管理员在服务器硬盘每周做软件备份，并在每月最后一周的周六下午统一刻盘保存。

2.8　当服务器、交换机及其他系统主要设备配置更新变动，以及服务器应用系统、软件修改后，均要在改动当天进行备份。

2.9　备份数据所使用的刻录机、光盘均由系统管理员保存，当刻录机故障或光盘不足时，应及时申请、联系维修或购买，确保备份工作的正常进行。

2.10　所有数据备份工作由系统管理员进行翔实记录，并建立档案。

2.11　如遇网络攻击或病毒感染等突发事件，各部门应积极配合系统管理员进行处理，同时将有关情况记录到备份档案中。

2.12　各部门负责人应严格执行学校规定，如发现不及时上传资料、故意隐瞒资料或没有及时执行备份任务的，将进行严肃处理。

3　备份介质的存放和管理

3.1　所有备份介质一律不准外借，不准流出学校，任何人员不得擅自取用。若要取用，须经相关部门批准，借用人员使用完介质后，应立即归还。由备份管理员检查，确认介质完好。

3.2　备份介质要每半年进行一次检查，以确认介质能否继续使用、备份内容是否正确。一旦发现介质损坏，应立即更换，并对损坏介质进行销毁处理。

3.3　长期保存的备份介质，必须按照制造厂商确定的存储寿命定期转储，磁盘、光盘等介质使用有效期规定为三年，三年后更换新介质进行备份。需要长期保存的数据，应在介质有效期内进行转存，防止存储介质过期失效。

3.4　存放备份数据的介质必须具有明确的标识；标识必须使用统一的命名规范，注明介质编号、备份内容、备份日期、备份时间、光盘的启用日期和保留期限等重要信息（如有备份软件，可采用备份软件编码规则）。

3.5　编码规则：文件名称＋主机名＋编号＋备份日期＋保留期限＋用途。

备份介质的运送（本地和异地备份介质）应由专责人员负责，备份介质的存放应由专责人员负责，该人员必须不同于运送人员。

3.6 备份介质存放场所必须满足防火、防水、防潮、防磁、防盗、防鼠等要求。备份介质必须有由专人负责进行存取,其他人员未经批准不能操作。

3.7 存放备份数据的介质需要废弃或销毁时,须两人以上在场,防止重要数据的泄露。

4 备份恢复

4.1 需要恢复备份数据时,需求部门应向相关部门提出申请。

4.2 备份管理员应每个月对备份数据进行恢复测试工作,确保备份恢复工作能够按照备份恢复操作手册顺利进行,备份恢复测试应有明细的记录。

4.3 信息中心应每半年对上述文档进行一次审阅,确保备份恢复工作的合规性。

7.11.2 计算机病毒防范制度模板

计算机病毒防范,是指通过建立合理的计算机病毒防范体系和制度,及时发现计算机病毒的侵入,并采取有效的手段阻止计算机病毒的传播和破坏,恢复受影响的计算机系统和数据。计算机病毒防范制度模板如下所示。

计算机病毒防范制度

(1) 网络管理人员应有较强的病毒防范意识,定期对服务器及工作计算机进行病毒检测,发现病毒应立即处理。

(2) 采用国家许可的正版防病毒软件并及时更新软件版本。

(3) 未经上级管理人员许可,当班人员不得在服务器上安装新软件,若确实需要安装,安装前应进行病毒例行检测。

(4) 经远程通信传送的程序或数据,必须经过检测确认无病毒后方可使用。

【项目实战】

任务描述:在人力资源管理系统项目的建设过程中,不仅要有先进的设计方法和优良的开发工具,而且要有完善的管理策略和先进的管理技术。人力资源管理系统的开发过程是一项创造性的工作,存在着一系列组织管理特点,必须遵循其特有的规律,加强组织管理工作,主要包括项目管理、文档管理、质量管理、行为管理、风险管理和配置管理等方面。为了保证人力资源管理系统正常运行,应建立一整套安全保障管理制度,并在系统运行过程中严格执行。

任务7-1 人力资源管理系统开发的项目管理

人力资源管理系统开发采用项目管理方法,由业主方和实施顾问方共同组成人力资源管理系统项目实施小组,双方应严格遵循项目管理制度,按照项目管理的原则实施,建立一套科学、系统、规范和有效的人力资源管理项目管理体系和运作机制，制定明确量化的系统应用目标、项目风险管理、项目进度管理、项目质量保证体系、实施绩效评价体系等，以对整个实施过程及各环节起到科学有效的控制、监督和保障作用，确保项目实施的质量和效率。

任务 7-2　人力资源管理系统开发的文档管理

从人力资源管理系统开发项目的个性出发，结合实际情况制定出适合自身的文档管理规定。《软件文档管理指南》和《计算机软件产品开发文件编制指南(GB 8567—1988)》为我们提供了相关的指导。首先要明确关于软件项目文档的具体分类，文档从重要性和质量要求方面可以分为非正式文档和正式文档；从项目周期角度可分为开发文档、产品文档、管理文档；更细致一点还可分为 14 类文档文件，具体有可行性研究报告、项目开发计划、软件需求说明书、数据要求说明书、概要设计说明书、详细设计说明书、数据库设计说明书、用户手册、操作手册、模块开发卷宗、测试计划、测试分析报告、开发进度月报、项目开发总结报告。这样的分类细化了项目进度中各个阶段所需管理的文档。其次需要将项目文档进行归类整理。

文档的重要性决定了文档管理的重要性，即必须对文档进行规范管理。人力资源管理系统开发文档管理的主要工作有：

(1) 制定文档的标准与规范。

(2) 指导与督促文档的编写。

(3) 文档的收存、保管与借用手续的办理等。

任务 7-3　人力资源管理系统开发的质量管理

为了在人力资源管理系统的建设过程中实施全面质量管理，主要采取以下几项措施。

1. 实行工程化的开发方法

软件系统特别是复杂的大型系统的开发是一项系统工程，必须建立严格的工程控制方法，要求开发小组的每个成员都要严格遵守工程规范。

2. 实行阶段性冻结与修改控制

软件系统的开发具有阶段性，每个阶段有自己的任务和成果。在每个阶段末要冻结部分成果，作为下一个阶段开发的基础。冻结后的成果如果要进行修改，必须经过一定的审批程序，并且对项目计划作相应的调整。

3. 实行阶段审查与版本控制

在软件系统生命周期的每个阶段结束之前，都要使用相关标准对该阶段的成果进行严格的技术审查，若发现问题，应在本阶段内及时解决。版本控制是保证项目小组顺利工作的重要技术。版本控制是指通过给文档和程序文件编上版本号，记录每次的修改信息，使项目小组的所有成员都了解文档和程序的修改过程。

4. 实行面向用户参与的原型演化

在每个阶段的后期，快速建立反映该阶段成果的原型，利用原型系统与用户交互及时得到反馈信息，验证该阶段的成果并及时纠正错误。

5. 强化项目管理，引入外部监理与审计

重视软件系统的项目管理，特别是项目人力资源的管理。同时还要重视第三方的监理和审计的引入，通过第三方的审查和监督来确保项目质量。

6. 尽量采用面向对象和可视化程序的开发方法进行系统开发

面向对象的开发方法强调类、封装、继承和多态，能提高软件的可重用性，有利于用户的参与。可视化程序开发方法的主要思想是用图形工具和可重用部件来交互地编制程序。可视化编程技术可以获得高度的平台独立性和可移植性。在可视化编程环境中，用户还可以自己构造可视控件，或引用其他环境构造的符合软件接口规范的可视控件，增加了编程的效率和灵活性。

7. 进行全面测试

采用适当的方法和手段，对系统分析、系统设计、系统实现和文档进行全面测试。

任务7-4 人力资源管理系统开发过程的安全保障

1. 人力资源管理系统开发的总体安全保障措施

(1) 对新开发的人力资源管理系统项目要进行严格审查，严格地按照预算进行。

(2) 对于需求规格说明书中的用户需求目标必须达到。

(3) 要满足预定的质量标准。

(4) 人力资源管理系统要建立相应的系统性文档资料。

2. 人力资源管理系统开发过程硬件的安全保障措施

选用的硬件设备或机房辅助设备本身应稳定可靠、性能优良、电磁辐射小，对环境条件的要求尽可能低，设备能抗震防潮、抗电磁辐射干扰、抗静电能力强，有过压、欠压、过流等电冲击的自动防护能力，有良好的接地保护措施等。

3. 人力资源管理系统开发过程环境的安全保障措施

(1) 合理规划中心机房与各部门机房的位置，力求减少无关人员进入机房的机会。

机房应远离有害的气体源、强振动源、噪声源及存放易燃、易爆、腐蚀的地方，避开高压电线、雷达站、无线电发射台、微波中继线路等。机房内设备的位置应远离主要通道。

(2) 机房内采取了防火、防水、防潮、防磁、防尘、防雷击、防盗窃等措施，机房内应设置火警装置。

(3) 供电安全、电源稳定。系统的主机机房采用双路供电或一级供电，应配有不间断电源(UPS)，保证连续不间断供电，以防因断电造成设备和数据的损坏。系统电源与其他电器设备不共用，电器系统接地良好，并尽量将安全接地与信号接地分开。对于不允许停止工作的软件系统，还应当自备发电设备。

为了确保网络上数据传输正确无误，防止外界干扰对网络数据的影响，必须保证整个系统有独立的信号地线，建议铺设铜网。

(4) 安装空调设备，调节室内的温度、湿度和洁净度。

(5) 防静电、防辐射。为了防止由于电磁辐射而产生的信息泄露，信息传输电缆应采用屏蔽电缆，并埋地铺设。对于保密性要求很高的系统，为严格控制电磁辐射，可采用全部或局部的不同级别的电磁屏蔽，也可以在关键设备内采用局部电磁屏蔽措施。另外，机房静电也会给系统的正常运行带来很多问题，也应采取必要的防护措施，例如防止由于湿度太低引起静电荷的聚集，机房不宜铺设地毯，工作人员一般不要穿尼龙或化纤纺织品的工作服等。

4. 人力资源管理系统开发过程中通信网络的安全保障措施

人力资源管理系统开发过程中通信网络的安全保障是指利用网络管理控制和技术措施，保证在一个网络环境中使数据信息的保密性、完整性和可利用性受到保护。网络安全的主要目标是确保经过网络传送的信息，在到达目的地时没有任何增加、改变、丢失或被非法读取等情况发生。

(1) 采用安全传输层协议和安全超文本传输协议，从而保证数据和信息传递的安全性。采用安全电子交易协议和电子数字签名技术进行安全交易。

(2) 使用防火墙技术。防火墙技术是网络安全的重要技术手段，其主要作用是在网络入口点检验网络通信，根据用户设定的安全规则，在保护内部网络安全的前提下，提供内外网络通信，主要是控制外部对内部网络的访问，以保证本地网络资源的安全。

(3) 采用加密这种主动的防卫手段。在网络应用中一般采取秘密密钥和公开密钥两种加密形式，在互联网中使用最多的是公钥加密系统。

(4) 采用 VPN(Virtual Private Network)技术。VPN 是指采用 TCP/IP 安全技术，借助现有的互联网网络环境，在公开网络信道上建立的逻辑上的专用网络。采用 VPN 技术的目的是在不安全的信道上实现安全信息传输，保证企业或组织的内部信息在互联网上传输时的机密性和完整性，同时对通过互联网的数据传输进行鉴别并确认。

5. 人力资源管理系统开发过程中软件的安全保障措施

软件是保证软件系统正常运行的主要因素和手段。

(1) 选择安全可靠的操作系统和数据库管理系统。

操作系统是其他软件的运行基础，其他的应用软件是在操作系统的支持下运行的，在安全策略和安全功能上，操作系统能够给予相当的支持和保障。所以选择一个安全可靠的操作系统是软件安全最基本的要求。

人力资源管理系统需要后台数据库管理系统的支持，安全的数据库管理系统直接制约了人力资源管理系统应用程序及数据文件的安全防护能力，选择数据库管理系统时要考虑它自身的安全策略和安全能力。数据库管理系统应保护数据具备抗攻击性，能抵御物理破坏，进行用户识别和访问控制，保证合法用户能顺利地访问数据库中授权的数据和一般的数据，不会出现拒绝服务的情况，并能进行安全的通信。

(2) 设立安全保护子程序或存取控制子程序，充分运用操作系统和数据库管理系统提供的安全手段，加强对用户的识别检查及控制用户的存取权限。

(3) 尽量采用面向对象的开发方法和模块化的设计思想，将某类功能封装起来，使模块之间、子系统之间能较好地实现隔离，避免错误发生后的错误蔓延。

(4) 对所有的程序都进行安全检查测试，及时发现不安全因素，逐步进行完善。

(5) 采用成熟的软件安全技术，软件安全技术包括软件加密技术、软件固化技术、安装高性能的防毒卡、防毒软件等，以提高系统安全防护能力。

6. 人力资源管理系统开发过程数据的安全保障措施

人力资源管理系统开发过程数据的安全管理是软件系统安全的核心。软件系统中数据安全设计主要包括数据存取的控制、采用数据加密技术防止数据信息泄露、预防计算机病毒感染、数据备份等方面。

(1) 数据存取的控制

对于获得数据使用权的用户,要根据预先定义好的用户操作权限进行存取控制,保证用户只能存取有权存取的数据。通常将存取权限的定义经编译后存储在数据字典中,每当用户发出存取数据库的操作请求后,DBMS查找数据字典,根据用户权限进行合法性检查,若用户的操作请求超过了定义的权限,系统就拒绝执行此操作。

存取控制常采用以下两种措施。

① 识别与验证访问系统的用户。系统能够识别每个合法的身份,并对其合法性进行验证,只有识别和验证过程都正确后,系统才允许用户访问系统数据。

② 决定用户访问权限。对于已被系统识别与验证的用户,还要对其访问操作实施一定的限制以确保共享资源情况下信息的安全可靠,可以防范人为的非法越权行为。

(2) 数据加密

数据加密是防止数据信息泄露,保障数据秘密性、真实性的重要措施,是数据安全保护的有效手段,也是抵抗计算机病毒感染、保护数据库完整性的重要手段。

数据加密有序列密码、分组密码、公开密钥密码、磁盘文件数据信息加密等多种方式。

任务7-5 人力资源管理系统运行过程的安全保障

1. 人力资源管理系统运行的管理制度

(1) 建立正确使用人力资源管理系统的操作步骤。

(2) 建立数据管理制度和数据备份制度。

(3) 建立密码口令管理制度,做到口令专管专用,定期更改并在失密后立即报告。

(4) 建立病毒的防治管理制度,及时检测、清除计算机病毒,并备有检测、清除的记录。

(5) 建立安全培训制度,对职工进行计算机安全法律教育、职业道德教育和计算机安全技术教育,对关键岗位的人员进行定期考核。

(6) 建立系统失效或数据被破坏后的数据恢复制度。

(7) 建立严格的使用系统登记管理制度,对系统运行情况进行记录。

人工记录的系统运行情况和系统自动记录的运行信息,都应作为基本的系统文档妥善保管,这些文档既可以在系统出现问题时查清原因和责任,还能作为系统维护的依据和参考。

(8) 建立人员调离的安全管理制度,人员调离时立即收回钥匙、更换口令、取消账号,及时办好移交,并向被调离人员申明其保密注意事项。

2. 人力资源管理系统运行过程中硬件与环境的安全保障措施

(1) 限制对硬件设备或终端无节制的使用。

(2) 按制度及时检查和保养硬件设备,及时修理有故障的设备。

(3) 信息中心的机房和计算机必须建立防火防盗等安全保护措施。

（4）人力资源管理系统中的各台计算机要设置使用权限，凭用户名和密码登录系统。

（5）制定计算机使用培训和安全操作规程。

（6）选择合适的存储介质，且保证存储介质的安全可靠，对存储介质要定期进行检查和清理。所有存储介质都应建立详尽的档案，存储介质上数据清除以及存储介质的销毁一定要严格、谨慎。

（7）限制外来人员和无关人员进入机房。

3. 人力资源管理系统运行过程中通信网络的安全保障措施

（1）采用加密技术对网络中传输的信息进行加密处理。

用户在网络上相互通信，其数据安全的威胁主要是非法窃听截取，非法用户或者黑客通过搭线窃听截取有线线路上传输的信息，或采用电磁窃听截取无线传输的信息等。因此，对网络传输的信息要进行数据加密，然后在网络信道上传输密文，这样，即使中途被截获，窃听人员也无法理解信息内容，从而可以有效避免信息失密。数据加密是一种主动的信息安全防范措施。

（2）对网络和用户的行为进行动态监测、审计和跟踪，对网络和系统的安全性进行评估，发现并找出所存在的安全问题和安全隐患。

（3）通过使用网络安全监测工具，帮助系统管理员发现系统的漏洞，监测系统的异常行为，追查安全事件。

（4）对访问的用户进行身份鉴别和验证，以防止非法用户采用冒名的方法入侵系统，从而保证数据的完整性。使用数字签名是实施身份认证的方法之一，数字签名是以电子形式存储信息的一种方法，一个签名信息能在一个通信网络中传输，基于公钥密码体制和私钥密码体制都可以获得数字签名。

4. 人力资源管理系统运行过程中软件的安全保障措施

（1）建立人力资源管理系统使用登录制度，操作人员应在指定的计算机或终端上操作，并按规定对操作内容进行登记。

（2）限制未授权用户使用本系统，不越权运行程序，不查阅无关参数。

（3）加强软件维护，妥善管理软件，按照严格的操作规程运行软件。

（4）对系统运行状况进行监视，跟踪并详细记录运行信息，出现操作异常时立即报告有关部门。

（5）不做与工作无关的操作，不运行来历不明的软件。

5. 人力资源管理系统运行过程中数据的安全保障措施

（1）建立用户密码体系。

（2）数据备份。重要数据经常定期备份，以防止自然灾害或意外事故将数据文件破坏后，使数据不至于完全丢失，并能使系统尽快恢复运行。所有的数据备份都应当进行登记，妥善保管，防止被盗取、被破坏、被误用。重要的数据备份还应当进行定期检查，定期进行复制，保证备份数据的完整性和时效性。

数据备份的方法有：全文备份（备份文件的所有内容），增量备份（只备份新增部分内容），重点备份（备份不易实现的数据）。

（3）建立用户对数据的查询、增加、修改、删除、更新分级权限制度。通过设置数据存取权限保障数据的安全，数据安全包括禁止无权用户存取数据和防止有权用户随意修改数据或在不经意的情况下无意破坏数据。数据的安全措施常采用多级保护方法，对于不同的安全级别的数据设置不同密码。例如进入主窗口设置一个密码，对系统中某些重要数据的修改、更新设置另一个密码，层层把关。

(4) 数据输入控制。进入人力资源管理系统的数据，必须格式规范，保证数据在输入前和输入过程中的正确性、无伪造、无非法输入。

(5) 程序化的例行编辑检查。程序化的例行编辑检查是在原始数据被正式处理之前，利用预先编好的预处理程序对输入的数据进行错误检查，不满足预定条件的数据反馈提示信息，系统拒绝对有疑问的数据作进一步的处理。

程序化的例行编辑检查主要包括：

① 格式检查。检查输入数据的格式、大小、内容等，如身份证号码是否符合标准格式。

② 存在检查。将输入的编码与预先已知的编码比较，确定输入的编码是否有效。

③ 合理检查。检查输入数据值是否在合理范围内，例如我国的邮政编码只能为6位。

④ 数字检查。将输入的数据与系统中预定好的某个数字进行运算，结构符合条件，则认为输入的数字正确。

(6) 总量控制技术。总量控制以确保数据总量的完整和准确。软件系统处理得到的数据总量与手工计算的数据总量应一致，如果不一致应进一步核对，找出其原因。

6. 人力资源管理系统灾难性事故的恢复措施

灾难性事故是指突发的或人们无法抗拒的意外事件的发生对软件系统的正常工作所造成的破坏性影响。例如，火灾、水灾、突然停电、人为的毁坏等。为了尽量减少灾难性事故对软件系统的严重影响和破坏，应防患于未然，事先制订周密的应急计划，将系统中最关键、最需要保护的数据进行备份，明确恢复系统运行的硬件、软件条件，熟练掌握系统恢复方法。

任务7-6 人力资源管理系统管理与安全保障的扩展任务

(1) 参考Internet或其他软件工程书籍的相关资料，使用代码行技术和功能点技术估算人力资源管理系统开发的规模。

(2) 参考Internet或其他软件工程书籍的相关资料，使用静态单变量模型和动态多变量模型估算完成人力资源管理系统开发的工作量。

(3) 参考相关资料，估算人力资源管理系统的开发时间和项目进度，并修正所制订的项目开发计划。

(4) 针对人力资源管理系统在Internet环境中的运行，制定相应的安全保障措施。

【小试牛刀】

任务7-7 进、销、存管理系统的管理与安全保障

1. 任务描述

(1) 制定进、销、存管理系统开发过程的安全保障制度。

(2) 为了保护进、销、存管理系统的数据，从硬件环境、软件系统、程序设计和组织管理

制度等方面综合考虑其运行和维护过程中的安全保障措施。

2. 提示信息

参考人力资源管理系统开发过程和运行的安全保障制度，制定进、销、存管理系统的相关制度。

【单元小结】

本单元主要介绍了软件系统开发的项目管理、风险管理、文档管理、质量管理、行为管理、配置管理、能力成熟度模型、软件系统的正常使用与安全保障等内容。为了保证软件项目开发进度、控制软件项目的质量、提高软件项目开发的效率，必须制定相应的规章制度，在项目开发过程中应严格执行这些规章制度。为了保证软件系统的正常运行，应制定相应的管理制度，在软件系统运行过程中要严格执行这些管理制度。本单元以人力资源管理系统为例，阐述了软件项目开发的项目管理、文档管理、质量管理和安全保障以及软件项目运行的安全保障等方面的方法和措施。

【单元习题】

(1) 项目管理的主要任务包括(　　)。

A. 制订项目目标及项目计划

B. 严格选拔和培训人员，合理组织开发机构和管理机构

C. 开发经费的概算与控制

D. 组织项目复审和书面文件资料的复查与管理

(2) 软件项目的风险主要体现在(　　)方面。

A. 需求　　B. 技术　　C. 成本　　D. 进度

(3) 风险管理涉及的主要过程包括(　　)。

A. 风险识别　　B. 风险量化

C. 风险应对计划的制订　　D. 风险监控

(4) 文档管理的主要要求包括(　　)。

A. 文档管理的制度化　　B. 文档编写的标准化

C. 保证文档的一致性　　D. 文档管理由专人负责

(5) 软件系统开发的各个阶段都要产生相应的文档，这些文档按用途可以分为(　　)。

A. 管理文档　　B. 开发文档

C. 应用文档　　D. 控制文档

(6) 软件配置管理是在软件的整个生命周期内管理变化的一组活动，这组活动用来(　　)。

A. 标识变化

B. 控制变化

C. 确保适当地实现变化

D. 向需要知道这类信息的人报告变化

(7) 软件配置管理的主要任务包括(　　)。

A. 标识软件配置中的对象　　B. 版本控制和变化控制

C. 配置审计　　D. 状态报告

(8) CMM 分为 5 个等级,其中最高级称为(　　)。

A. 初始级　　B. 已定义级

C. 已管理级　　D. 优先级

(9) 影响软件系统安全的主要因素是(　　)。

A. 软件与数据因素　　B. 硬件与物理因素

C. 环境与灾害因素　　D. 人为与管理因素

(10) 软件项目开发过程的管理主要包括(　　)。

A. 风险管理　　B. 质量管理

C. 文档管理　　D. 行为管理

附录A 软件工程综合实训

软件项目开发是软件工程课程教学过程中重要的实践教学环节。它是根据专业教学计划的要求，在教师指导下对学习者进行的专业技术训练，用于培养学习者综合运用理论知识分析和解决实际问题的能力，实现由理论知识向操作技能的转化，是对理论与实践教学效果的检验，也是对学习者综合分析能力与独立工作能力的培养过程。因此，加强实践教学环节，搞好综合实训教学，对实现专业培养目标、提高学习者的综合素质有着重要的作用。

A.1 综合实训目的

(1) 通过综合实训巩固、深化和扩展学习者的理论知识与专业技能。

① 使学习者进一步掌握软件的开发方法及特点，了解系统分析与设计的各个步骤。

② 进一步学习和加深对面向对象开发方法和可视化程序开发方法的理解和应用。

③ 巩固所学的计算机语言和数据库知识，培养良好的程序设计风格，提高逻辑思维能力和创新能力。

④ 掌握测试的方法，了解逻辑覆盖的主要覆盖标准。

(2) 提高学习者的编程能力，学会撰写系统开发所需的各种文档资料。

(3) 学会理论与实践相结合，培养学习者运用所学的理论知识和技能解决社会实践中所遇到的实际问题的能力及其基本工作素质。

(4) 培养学习者正确的设计思想和思维方法、理论联系实际的工作作风、严肃认真的科学态度以及独立工作的能力，树立自信心。

(5) 训练和培养学习者获取信息和综合处理信息的能力、文献检索能力、文字和语言表达能力以及合作精神。

A.2 拟开发的软件项目

本软件项目名称为图书管理系统。

1. 分析图书管理系统的开发背景

随着我国文化建设的加强，在广大街道社区和乡镇掀起了文化建设的又一高潮，许多街道社区和乡镇都添置了计算机和图书，居民看书、读报的热情也在不断高涨。张明所在的蝴蝶社区也购买了上万本图书和上百种杂志，一个社区图书室也已初具规模，为了方便居民借、还图书，提高管理效率，有效地管理图书和杂志，社区拟开发一个管理社区图书和杂志的图书管理系统来替代现有的手工管理方式。

2. 分析图书管理系统的业务需求

图书管理系统是对图书馆或图书室的藏书以及借阅者进行统一管理的系统，本实训所开发的图书管理系统主要面向社区，图书借阅采用开馆自选形式，管理图书的数量一般在一万册以上。通过实地考查，与社区图书管理人员深入交谈，我们发现使用图书管理系统的对象主要有管理员和借阅者。管理员根据其工作内容分为三种类型：图书管理员、图书借阅员和系统管理员。由于社区工作人员较少，有时这三种角色可以由同一人担任，但根据管理规定，一般情况下由不同的工作人员担任。

(1) 图书管理系统使用对象的功能划分

① 图书借阅员主要使用图书管理系统借出图书、归还图书、续借图书、查询信息等，也可以修改密码，以合法身份登录系统。

② 图书管理员主要负责管理图书类型、借阅者类型、出版社数据、藏书地点、部门数据等基础数据，编制图书条码、打印书标、整理图书并入库、管理书目信息、维护借阅者信息、办理借书证等。

③ 系统管理员主要是管理用户、为用户分配权限、设置系统参数、备份数据、保证数据完整性、保证网络畅通和清除计算机病毒等。

④ 图书借阅者可以查询书目信息、借阅信息和罚款信息。

(2) 图书管理系统的业务需求描述

经实地调查，图书管理系统应满足以下业务需求。

① 在图书管理系统中，借阅者要想借出图书，必须先在系统中注册建立一个账户，然后由图书管理员为他办理借书证，借书证可以提供借阅者的姓名、部门、借书证号和身份证号。

② 持有借书证的借阅者可以借出图书、归还图书，但这些操作都是通过图书借阅员代理来与系统进行交互。

③ 借阅者可以自己在图书室内或其他场所查询图书信息、图书借阅信息和罚款信息。

④ 在借出图书时，借阅者进入图书室内首先找到自己要借阅的图书，然后到借书处将借书证和图书交给图书借阅员办理借阅手续。

⑤ 图书借阅员进行借书操作时，首先需要输入借阅者的借书证号(提供条码扫描输入、手工输入、双击选择三种方式)，系统验证借书证是否有效(根据系统是否存在借书证号所对应的账户)，若有效，则系统还需要检验该账户中的借阅信息，以验证借阅者借阅的图书是否超过了规定的数量，或者借阅者是否有超过规定借阅期限而未归还的图书；如果通过了系统的验证，则系统会显示借阅者的信息以提示图书借阅员输入要借阅的图书信息，然后图书借阅员输入借出图书的条码(提供三种输入方式：条码扫描输入、手工输入和双击选择)，系统将增加一条借阅记录信息，并更新该借阅者账户和该图书的在藏数量，完成借出图书操作。

⑥ 借阅者还书时只需要将所借阅的图书交给图书借阅员，由图书借阅员负责输入图书条码，然后由系统验证该图书是否为本图书室中的藏书，若是则系统删除相应的借阅信息，并更新相应的借阅者账户。在还书时也会检验该借阅者是否有超期未还的图书。

⑦ 借阅者续借图书提供凭书续借和凭证续借两种方式。使用“凭书续借”方式续借图书时，图书借阅员必须输入图书条码，系统根据条码查找对应的借阅者。使用“凭证续借”方式续借图书时，图书借阅员必须输入借阅者编号，系统根据编号查找该借阅者所借阅的所有图书，然后选择需续借的图书。

⑧ 新书入库时，首先根据 ISBN 编码，判断该类图书是否已有编目信息，如果没有编目信息，则先输入编目信息，然后编制图书的条码，完成图书入库的操作；如果购买的图书已有编目信息，则直接编制图书的条码，进行图书入库操作，增加图书的总数量。

⑨ 第一次使用该图书管理系统时，由图书管理员输入初始基础数据，包括图书类型、借阅者类型、出版社数据、藏书地点数据、部门数据等。

⑩ 系统参数由系统管理员根据需要进行设置和更新。

⑪ 系统管理员可以添加新的用户，并根据用户类型设置其权限。

⑫ 对于图书超期未还、图书被损坏、图书被丢失等现象，将进行相应的罚款。如果因特殊原因当时没有及时进行罚款，可以先将罚款数据存储在“待罚款信息”数据表中，下一次借阅图书时执行罚款操作。

通过对图书管理系统业务需求的整合、归纳，可以获得如下的功能需求。

① 借阅者持有借书证借书。

② 图书借阅员作为借阅者的代理完成借出图书、归还图书的工作。

③ 图书管理员管理图书类型、借阅者类型、出版社、部门、馆藏地点等数据，添加、修改和删除借阅者数据、办理借书证，添加、修改和删除书目数据，编制图书条码，完成图书入库操作等。

④ 系统管理员添加、修改和删除用户，设置用户权限，设置、修改系统参数等。

⑤ 图书管理员、图书借阅员和借阅者本人都允许查询书目信息、借阅信息和罚款信息。

本系统不考虑“预留图书”和“图书征订”等操作。

3. 分析图书管理系统的参与者

经过实地调查、访谈，我们可以列出图书管理系统的主要业务内容。

① 系统可供图书借阅员完成借书、还书、续借的操作。

② 系统可供图书管理员完成图书编目、入库，办理借书证等操作。

③ 系统允许系统管理员对系统进行维护、管理系统用户、设置用户权限。

④ 系统可供图书管理员、图书借阅员和借阅者本人查询图书信息、借阅信息和罚款信息。

通过以上分析，可以确定系统中有四类参与者：图书借阅员、图书管理员、系统管理员和借阅者。各参与者的描述如表 A-1 所示。

表 A-1　图书管理系统的参与者

参 与 者	业 务 功 能
图书借阅员	主要使用图书管理系统借出图书、归还图书、续借图书、查询信息等，也可以修改密码，以合法身份登录系统
图书管理员	主要管理图书类型、借阅者类型、出版社、藏书地点、部门等基础数据，管理书目信息，维护借阅者信息，办理借书证，编制图书条码，打印书标，将图书入库等
系统管理员	主要是管理系统用户，为用户分配权限，设置系统参数，备份数据等
借阅者	可以查询书目信息、借阅信息和罚款信息

在识别出系统参与者后，从参与者角度就可以发现系统的用例，通过对用例的细化来处理建立系统的用例模型。

4. 分析图书管理系统的用例

在确定图书管理系统的参与者后，我们必须确定参与者所使用的用例，用例是参与者与系统交互过程中需要系统完成的任务。由于系统中存在四种类型的参与者，下面分别从这四种类型的参与者角度出发，列出图书管理系统的基本用例，如表 A-2 所示。

表 A-2 图书管理系统的基本用例

系统参与者	基 本 用 例
图书借阅员	借出图书，归还图书，续借图书，查询信息，修改密码
图书管理员	管理基础数据，管理书目，管理图书，管理借阅者，办理借书证
系统管理员	管理用户，管理用户权限，设置系统参数，备份数据
借阅者	查询信息

图书管理系统的用例图如图 A-1 所示。

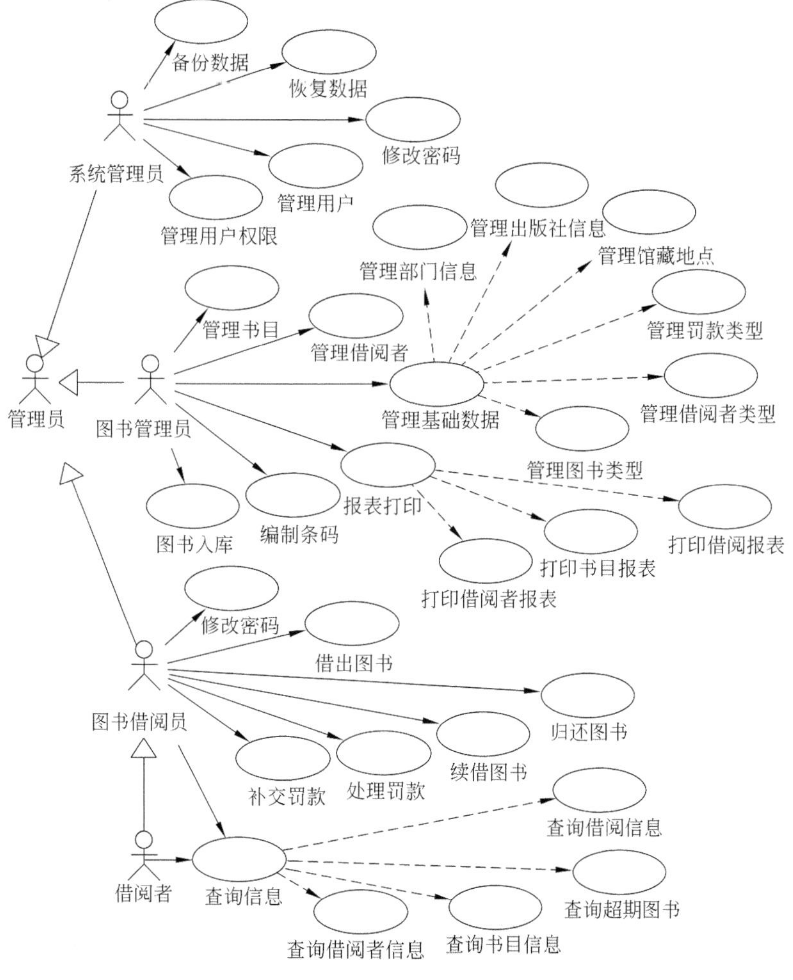

图 A-1 图书管理系统的用例图

5. 分析图书管理系统的类

为系统定义了四个类，分别是“借阅者类”、“书目类”、“图书类”和“借阅类”。根据用例模型和图书管理系统的需求描述，这几个类都是实体类，需要访问数据库。为了便于访问数据库，抽象出一个“数据库操作类”，该类可以对数据库执行读、写、检索等操作。所以，再在类图中添加一个“数据库操作类”。

用户在使用图书管理系统时需要与系统进行交互，所以，还需要为系统创建用户界面类。根据用例模型和系统的需求描述，为图书管理系统抽象出以下用户界面类：数据库连接界面、用户登录界面、系统主界面、用户管理界面、用户权限管理界面、密码修改界面、出版社数据管理界面、部门数据管理界面、藏书地点管理界面、图书类型管理界面、借阅者类型管理界面、浏览与管理书目数据界面、新增书目数据界面、修改书目数据界面、浏览与管理借阅者数据界面、新增借阅者数据界面、修改借阅者数据界面、图书借阅查询界面、图书借阅报表打印界面、书目信息报表打印界面、借阅者信息报表打印界面、条码编制与图书入库界面、条码输出界面、图书借出界面、图书归还与续借界面、图书罚款处理界面、补交罚款界面、罚款类型管理界面、补交押金界面、系统帮助界面、选择出版社界面、选择借阅者界面、选择图书界面、选择借出图书界面、选择待罚款的借阅者、提示信息对话框、错误信息对话框。

6. 分析图书管理系统的功能模块结构

为了实现图书系统管理的业务需求，便于团队合作开发系统，将图书管理系统划分为3种类型(通用操作、业务处理和整合部署)、12个模块(用户登录模块、用户管理模块、基础数据管理模块、类型管理模块、业务数据管理模块、数据查询模块、报表打印模块、条码编制与图书入库模块、图书借出与归还模块、罚款管理模块、系统整合模块、系统部署与发布模块)，功能结构图如图A-2所示。

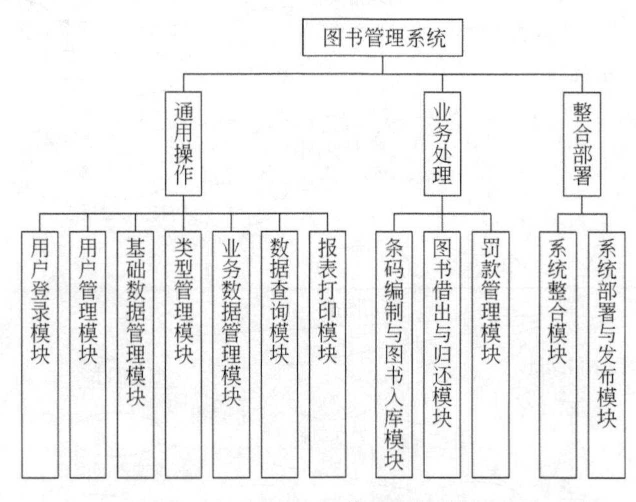

图A-2　图书管理系统的功能结构图

7. 分析图书管理系统的主要操作流程

在图书管理系统中，每个用例都可以建立顺序图和活动图，将用例执行中各个参与的对象之间的消息传递过程表现出来，反映系统的操作流程。这里主要分析图书管理系统的几个主要的操作流程。

(1) 用户登录的流程

当用户进行登录时,首先打开"用户登录"界面,然后开始输入"用户名"和"密码";"用户名"和"密码"输入完毕并提交到系统,然后系统开始检查判断"用户名"和"密码"是否正确。如果检查通过则成功登录,否则显示"错误提示信息"对话框;在"错误提示信息"对话框中选择需要进行何种操作,如果选择"重新输入",则返回"用户登录"界面并再一次输入"用户名"和"密码";如果选择"取消",则退出"用户登录"界面,此时表示登录失败。

(2) 借出图书的操作流程

借出图书的操作流程为:图书借阅员选择菜单项"借出图书",打开"图书借出"对话框,图书借阅员在该对话框中输入借阅者信息,然后由系统查询数据库,以验证该借阅者的合法性,若借阅者合法,则再由图书借阅员输入所要借阅的图书信息,并将借阅信息提交到系统,系统记录并保存该借阅信息。

(3) 归还图书的操作流程

归还图书的操作流程为:图书借阅员选择菜单项"归还图书",打开"图书归还"对话框,图书借阅员在该对话框中输入归还图书的条码,并提交到系统,然后由系统查询数据库,以验证该图书是否为本馆藏书。若图书不合法,则提示图书借阅员;若合法,则由系统查找借阅该图书的借阅者信息,然后删除相对应的借阅记录,并更新借阅者信息。

(4) 超期处理的操作流程

超期处理的前提条件为:当发生借书或还书行为时,首先由系统找到借阅者的信息,然后调用超期处理以检验该借阅者是否有超期的借阅信息。超期处理的操作流程为:获取借阅者的所有借阅信息,查询数据库以获取借阅信息的日期,然后由系统与当前日期比较,以验证图书是否超过了规定的借阅期限,若超过规定的借阅时间,则显示超期的图书信息以提示图书管理员。

8. 分析图书管理系统的数据库

(1) 确定实体

根据前面的业务需求分析可知,图书管理系统主要对图书、借阅者等对象进行有效管理,实现借书、还书、罚款等操作,对图书及借阅情况进行查询分析。通过需求分析后,可以确定该系统涉及的实体主要有图书、借阅者、出版社、部门、图书借阅、图书罚款等。

(2) 确定属性

列举各个实体的属性构成,例如图书书目的主要属性有书目编号、图书名称、作者、出版社、ISBN、出版日期、图书页数、价格、图书类型、总藏书数量、馆藏数量、馆藏地点和简介等。

(3) 确定实体联系类型

借书证与借阅者是一对一的关系(一本借书证只属于一个借阅者,一个借阅者只能办理一本借书证);出版社与图书是一对多的关系(一个出版社出版多本图书,一本图书由一个出版社出版);"书目信息"表中记载每个种类的图书信息,而"图书信息"表中记载每一本图书的信息,这两个实体之间的联系类型为一对多;"借阅信息"表记载图书借出情况,与"图书信息"表之间的联系类型为一对一;一个借阅者可以同时借阅多本图书,而一本图书在同一时间内只能被一个借阅者所借阅,因此,"借阅者信息"和"借阅信息"之间是一对多的联系;"罚款信息"表中记载因图书超期或其他原因而被罚款的情况,它和“借阅信息”是一对一的联系。

(4) 绘制局部 E-R 图

绘制每个处理模块局部的 E-R 图,图书管理系统中的借出与归还模块不同实体之间的关系如图 A-3 所示,为了便于清晰看出不同实体之间的关系,在 E-R 图中没有列出实体的属性。

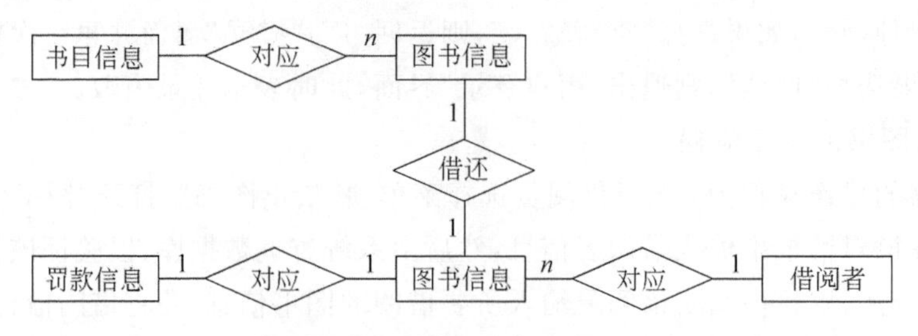

图 A-3 图书管理系统的借出与归还模块的局部 E-R 图

(5) 绘制整体 E-R 图

综合各个模块局部的 E-R 图获得总体 E-R 图,图书管理系统总体 E-R 图如图 A-4 所示,其中“书目”、“借阅”和“借阅者”是三个关键的实体。

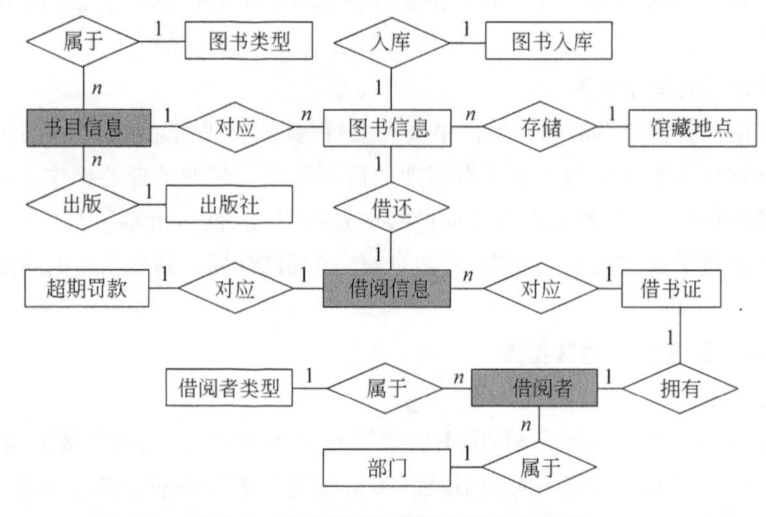

图 A-4 图书管理系统数据库的 E-R 图

(6) 获得概念模型

对总体 E-R 图进行优化,确定最终的总体 E-R 图,即概念模型。

A.3 综合实训要求

(1) 认真做好软件项目开发前各项准备工作,充分认识综合实训对提高综合素质和培养动手能力的重要性。

(2) 综合实训过程中,要结合所学的知识,对软件有一个总体的认识和全面的了解,并学会使用所学软件开发的原理和方法解决实际问题。

(3) 综合实训过程中,详细记录系统调查、系统分析、系统设计、程序编写、系统测试等过程中的各种信息。

(4) 编写规范的文档资料，文档资料要符合《计算机软件产品开发文件编制指南(GB 8567—1988)》，编制软件使用说明书。

(5) 综合实训过程中既要虚心接受老师的指导，又要充分发挥主观能动性。要结合实训项目独立思考、努力钻研、勤于实践、勇于创新。

(6) 在设计过程中，要严格要求自己，树立严密、严谨的科学态度，必须按时、保质、保量完成综合实训任务。一定独立按时完成规定的综合实训内容，不得弄虚作假，不准抄袭或拷贝他人的程序或其他内容。

(7) 小组成员之间既要分工明确，又要密切合作，应培养良好的互助、协作精神。

(8) 综合实训期间严格遵守学校的规章制度，不得迟到、早退、旷课。缺课节数达1/3以上者，综合实训成绩按不及格处理。

A.4 综合实训过程安排

软件开发综合实训与开发真实的软件侧重点有所不同，综合实训主要巩固所学过的知识，学习软件开发的方法，过程相对简单些，基于学习者的实际情况和时间限制，提出以下内容供参考。

1. 综合实训准备、制订综合实训计划

(1) 复习和巩固软件的开发方法，布置综合实训任务。

(2) 5～10人为一组，每一组选定一名组长，组长主要负责考勤并与指导教师联系。

(3) 选题应满足教学的基本要求，贯彻因材施教的原则，使学习者在水平和能力上有较大提高，鼓励学习者有所创新。难度适当并具有一定的先进性和覆盖面，一般应使学习者在规定的时间内经过努力可以完成。选择课题后，各小组进行分工。

(4) 根据综合实训时间的长短制订一个切实可行的系统开发计划，要求编制进度表。

2. 问题定义

弄清楚所开发的系统具体要解决什么问题，具体包括软件系统的名称、开发背景、待开发系统的现状、所开发的系统应达到的目标(目标包括功能、性能、使用方便性等)。

3. 可行性研究

展开初步调查，确定问题定义阶段所确定的系统目标是否能实现，所确定的问题是否可以解决，系统方案在经济上、技术上、操作上是否可以接受。

可行性研究包括以下步骤：进一步确认系统的规模和具体细化系统目标；了解和研究正在运行的类似系统，以积累开发的感性认识，取长补短；建立新系统的粗略逻辑模型；提出多套解决方案，评价各套方案的优劣，最后决定采纳的方案；编写可行性研究报告。

4. 需求分析

需求分析的基本任务是准确地定义新系统的目标，回答系统必须“做什么”的问题。

(1) 展开深入细致的调查分析。了解当前系统的工作流程，准确理解用户的要求，获得当前系统的物理模型。当前系统指目前正在运行的系统，可能是需要改进的正在运行的软件，也可能是人工手工处理的系统。

(2) 抽象出当前系统的逻辑模型。物理模型反映了系统“怎样做”的具体实现，去掉物理模型中非本质的因素，抽象出本质的因素。所谓本质因素是指系统固有的、不依赖运行环境变化而变化的因素，任何实现均可这样做。所谓非本质因素不是固有的，而是随环境不同而不同,随实现不同而不同。

(3) 进行深入细致的需求分析。需求分析的目的是使软件设计人员和用户之间进行全面的深入沟通,以明确用户所需的究竟是一种什么样的软件。需沟通的主要内容有:将要开发的软件所涉及的概念、目标、功能、性能、控制逻辑、算法、运行环境、运行过程等。通过需求分析产生的软件规格说明书是软件设计、调试和测试工作的基础,是软件评审、鉴定和验收的依据之一。一份软件规格说明书的质量优劣,一方面取决于需求分析深入的程度,另一方面取决于系统分析员刻画软件需求的正确性、完整性、合理性和一致性时所达到的程度。

(4) 建立目标系统的逻辑模型。目标系统指待开发的新系统,应分析、比较目标系统与当前系统逻辑上的差别,然后对"变化的部分"重新分解,逐步确定变化部分的内部结构,从而建立目标系统的逻辑模型。

(5) 作进一步补充和优化。为了完整描述目标系统,还要做一些补充说明,描述目标系统的人机界面,说明目标系统尚未考虑的问题。

5. 概要设计

系统的概要设计的基本任务包括:系统结构设计和数据库设计。

(1) 系统结构设计。分析功能结构,划分功能模块,确定各个模块的功能,模块之间的调用关系,模块之间的接口。

(2) 数据库设计。进行数据库的概念、逻辑两个方面的设计。

(3) 编写概要设计文档,要求绘制一套完善的UML软件模型或者层次数据流图,编写数据字典,绘制E-R图。

6. 详细设计

系统的详细设计主要确定每个功能模块的具体执行过程:为每个模块进行详细的算法设计;为模块内的数据结构进行设计;对数据库进行物理设计;进行编码设计、输入/输出格式设计、人机对话设计等;编写详细设计说明书。可以使用的工具有:IPO图、程序流程图、N-S图等。

7. 编码实现

编码实现是把详细设计阶段的结果翻译成用某种程序设计语言书写的程序。可采用可视化程序开发工具完成。程序要进行反复调试,以保证没有语法错误、逻辑错误和异常。可采用C#或Java编写系统的各功能模块的程序代码,并自行测试程序。

8. 综合测试

对所开发的系统进行全面测试,以发现程序中是否存在错误,是否有不正确或遗漏了某些功能,系统能否正确地接受输入数据,能否产生正确的输出信息;访问外部信息是否有错;性能上是否满足要求等。选择测试用例时,应由输入数据和预期的输出数据两部分组成,不仅要选用合理的输入数据,还要选择不合理的输入数据。进行综合测试时应制订测试计划并严格执行。

(1) 小组成员交叉测试程序,并记录测试情况。

(2) 综合测试所开发的系统,且记录测试情况,直到能正确运行为止。

9. 完善系统

根据综合测试结果,对程序和系统进行修改、完善,且进行回归测试。

10. 验收与评分

整理各个阶段书写的文档资料,按要求编写综合实训报告。指导教师对每个小组所开发的软件以及每个成员所开发的模块进行综合验收,结合综合实训的过程考核,根据综合实训成绩的评定办法,给所有学习者评定成绩或等级。

A.5　综合实训课时分配

软件项目开发综合实训的课时分配如表 A-3 所示。

表 A-3　软件项目开发综合实训的课时分配

序　　号	综合实训项目及要求	课时分配
1	明确软件项目要求实现的功能,制订综合实训计划和进度表	2
2	对系统做初步调查,进行可行性分析和需求分析	2
3	系统的概要设计,划分功能模块,绘制数据流图和模块结构图	4
4	进行编码设计和数据库设计	4
5	编写系统各功能模块的代码,调试、修改程序	16
6	进行系统测试,然后运行	4
7	对综合实训进行总结,书写综合实训报告	4
8	评分;综合实训情况讲评	4
合　　计		40

A.6　综合实训教学组织设计

(1) 要求学习者在机房上机的时间不低于 30 学时,并且要求一人一机。学习者上机时间可以根据具体情况进行适当增减。

(2) 5～10 人为一小组,每一小组的成员可一起制订综合实训计划和进度表;进行系统调查、可行性分析、需求分析;讨论系统的功能、进行系统概要设计和功能模块划分。

(3) 每一小组的各个成员要独立完成 UML 软件模型或数据流图的绘制、编码设计、数据库设计和算法设计,并完成各功能模块的代码编写、调试和修改,不得相互抄袭或拷贝。

A.7　综合实训报告的内容

综合实训报告应包括以下内容。

(1) 软件项目名称、开发者、开发日期、摘要、关键字等。

(2) 综合实训项目说明:包括问题定义、使用环境、开发方法、设计思路等。

(3) 可行性分析:包括现有系统状况、系统逻辑模型、新系统目标、开发计划、进度表等。

(4) 需求分析:包括 UML 软件模型或者数据流图、数据字典、新系统逻辑模型的定义等。

(5) 概要设计:包括系统功能设计、系统结构设计、数据库设计、网络环境、系统运行环境等。

(6) 详细设计:包括算法设计、数据结构设计、数据库物理设计、输入/输出设计、界面设计等。

(7) 编码实现：选择可视化开发工具和程序语言、编程、调试等。

(8) 综合测试：包括测试方法、测试用例、测试结果、出现的错误的修改等。

(9) 设计小结：总结综合实训过程的体会及存在的问题。

(10) 其他方面：包括参考文献等。

A.8 考核方式与评分标准

1. 考核方式

考核方式分为过程考核和终结考核两种形式。

过程考核主要考查以下几个方面。

(1) 明确综合实训要求，制订具体综合实训计划和进度表，且能按计划和进度要求有条不紊地进行综合实训。

(2) 对所要开发的软件系统进行系统调查、可行性分析和需求分析。

(3) 系统概要设计合理，功能模块划分正确，UML 软件模型或者数据流图绘制正确。

(4) 编码设计合理，数据库设计正确。

(5) 能按要求编写各功能模块的代码，并能调试、修改程序。

终结考核主要考查软件系统功能的实现、软件系统的正确运行、算法的正确实现、程序的可读性、用户界面的友好性、文档资料的完整性以及综合实训报告的书写情况。

2. 考核标准

软件项目开发综合实训的考核标准如表 A-4 所示。

表 A-4 软件项目开发综合实训的考核标准

序　号	考核项目		评分比例
1	过程考核	综合实训要求、综合实训计划、进度表	50%
		系统调查、可行性分析、需求分析	
		概要设计、功能模块、UML 软件模型或者数据流图	
		编码设计、数据库设计	
		程序代码、算法	
2	终结考核	功能的实现、软件系统的正确运行、算法的正确实现	30%
		程序健壮性较强，可读性较好，用户界面友好	
3	纪律考核	综合实训期间组织纪律性强，无迟到、早退、缺课现象	5%
4	创新情况	设计具有独创性，构思巧妙、有新意	5%
5	小组协作	小组协作精神强，所有的小组成员在规定时间内完成综合实训任务，无雷同现象或抄袭现象	5%
6	文档资料	文档资料书写完整，字迹清楚，页面整洁	5%
		认真书写综合实训报告，综合实训有收获	
合　计			100%

参考文献

[1] 李发陵,刘志强. 软件工程[M]. 北京：清华大学出版社,2013.

[2] 毕硕本,卢桂香. 软件工程案例教程[M]. 北京：北京大学出版社,2007.

[3] 朱利华,郭永洪. 软件开发与项目管理[M]. 北京：高等教育出版社,2013.

[4] 熊庆宇,吴映波,文俊浩,喻国良. 软件工程实训项目案例[M]. 重庆：重庆大学出版社,2013.

[5] 韩万江,姜立新. 软件项目管理案例教程[M]. 北京：机械工业出版社,2010.

[6] 陆惠恩. 实用软件工程[M]. 北京：清华大学出版社,2010.

[7] 戴坚锋. 软件项目开发与实施[M]. 北京：电子工业出版社,2009.

[8] 窦万峰. 软件工程实验教程[M]. 北京：机械工业出版社,2013.

[9] 李龙,等. 软件测试实用技术与常用模板[M]. 北京：机械工业出版社,2012.

[10] 张海藩. 软件工程导论学习辅导[M]. 北京：清华大学出版社,2009.